本书为国家社科基金重点项目《我国区域自然资源生态补偿的机制、模式与政策保障体系研究》（15AJY004）的最终成果

中国自然资源生态补偿机制理论与实践

李国志◎著

中国社会出版社
国家一级出版社 · 全国百佳图书出版单位

图书在版编目（CIP）数据

中国自然资源生态补偿机制理论与实践 / 李国志著
.— 北京 ：中国社会出版社，2022.1
ISBN 978-7-5087-6683-6

Ⅰ.①中… Ⅱ.①李… Ⅲ.①自然资源保护－补偿机制－研究－中国 Ⅳ.① X372

中国版本图书馆 CIP 数据核字（2022）第 008771 号

出 版 人：浦善新　　终 审 人：王　前
责任编辑：刘云燕　　策划编辑：刘云燕
责任校对：杜　康　　封面设计：中尚图

出版发行：中国社会出版社　　地　　址：北京市西城区二龙路甲 33 号
邮政编码：100032　　编 辑 部：(010)58124846
网　　址：shcbs.mca.gov.cn　　发 行 部：(010)58124845；58124864
经　　销：新华书店

印刷装订：天津中印联印务有限公司　　开　　本：170 mm×240 mm　1/16
印　　张：26.5　　字　　数：427 千字
版　　次：2022 年 1 月第 1 版　　印　　次：2022 年 1 月第 1 次印刷
定　　价：79.00 元

中国社会出版社微信公众号

中国社会出版社天猫旗舰店

目录

CONTENTS

1 导 论

2 生态补偿相关概念及理论基础

7 生态补偿资金分摊权重研究——以公益林为例

8 生态补偿契约设计与激励约束机制

9 森林生态效益补偿机制构建与政策实践

10 流域生态补偿机制构建与政策实践

1 导 论

1.1 研究背景及意义

1.1.1 研究背景

生态系统具备典型的公共物品和效益外溢性特征，且生态资源分布的空间差异较大，导致资源型产品生产和消费在空间上分离，必然形成资源的大范围流动。生态功能区生态资源比较丰富，为全社会提供了保护水源、生态林、湿地、生物多样性等众多生态系统服务，是国家的生态屏障区域，但同时往往经济比较落后。为了履行自己的生态屏障责任，生态功能区牺牲了大量发展机会，进一步制约了当地经济发展，但由于生态系统服务的外部性特征，这些区域并未得到应有的补偿；反之，经济发达地区享受着生态功能区提供的生态系统服务，但并未支付任何费用。这是非常不公平的。在生态系统服务无法得到应有补偿的情况下，经济欠发达地区为了自身经济发展，容易忽略生态保护，甚至对生态资源进行掠夺性开发以换取最大经济利益。这必然引起环境破坏和资源枯竭，并最终导致人类社会遭受大自然的惩罚。这种环境保护与资源开发之间关系的扭曲，不仅影响不同地区、不同利益主体之间的和谐关系，也严重制约了我国生态系统的可持续发展。因此，必须建立生态补偿机制，妥善处理好不同地区和不同主体之间的利益分配关系，促进我国经济与生态环境保护的协调发展。

自 2005 年党的十六届五中全会首次提出建立生态补偿机制后，生态补偿机制建设就成为中国政府的重要工作之一。2010 年，国家开始加快生态补偿的法制化进程，将生态补偿列入立法计划。随后，党的十八大报告和十八届三中、四中、五中全会均对生态补偿作出深刻阐述。2015 年,《中共中央国务院关于加快推进生态文明建设的意见》《生态文明体制改革总体方案》等重要文件先后出台，提出要建立多元化的生态补偿机制。2016 年，国务院颁发了《关于健全生态保护补偿机制的意见》，生态补偿制度体系建设进一步完善。此后，党的十九大报告和十九届四中全会均深刻阐述了生态补偿相关内容，并明确提出“建立市场化、多元化生态补偿机制”。

在国家政策强力推动下，我国各领域生态补偿实践工作也取得了长足进展，涌现出了很多经典生态补偿案例。但必须正视的是，由于实施时间较短，我国生态补偿机制尚存在很多问题，如法律法规体系比较滞后、补偿模式单一、补偿标准过低且“一刀切”现象普遍等，导致生态补偿效率不高，公益林偷砍滥伐、退耕地复耕等现象时有发生。

基于上述背景，本书对我国区域自然资源生态补偿机制进行了系统研究，包括补偿主体及受偿主体界定、补偿标准核算、资金分摊机制和激励约束机制等，以及对不同自然资源的生态补偿机制核心要素和政策实践等进行研究，以期为我国区域自然资源生态补偿机制的完善提供一定的借鉴和依据。

1.1.2 研究意义

自然生态系统是人类存续和发展的重要基础。由于生态系统服务具有显著的“公共物品”特征，难以进入市场获得收益，而生态系统的建设和维护者却付出了很多成本，所以必须给予他们一定的补偿，以提升其参与生态系统建设和维护的积极性，最终实现经济发展和生态保护的“双赢”。因此，本书对我国区域自然资源生态补偿机制进行研究，具有较强的理论和实践意义。

1.1.2.1 理论意义

生态补偿是目前学术界研究的一大热点。我国很多学者围绕自然资源生态补偿机制的建立进行了大量的研究，得出了很多富有价值的结论，但总体而言，现有文献在研究内容和研究方法上仍存在一定不足，如对生态补偿不同模式的临界点、补偿资金的分摊机制、补偿绩效评价、差异化补偿标准测算、利益相关者关系等内容的研究尚不深入，而这些恰恰是建立生态补偿机制的关键。本书力图在前人研究的基础上，从演化博弈、交易成本、契约设计等视角对上述问题进行尝试性研究，并构建出生态补偿的总体框架，同时对其他一些国家生态补偿的先进经验进行总结，并提出针对性的借鉴思路。这些研究一定程度上可以丰富生态补偿机制的理论内涵，研究方法和视角可以为其他学者提供理论借鉴。

1.1.2.2 实践意义

第一，有助于坚定社会公众参与保护自然生态系统旳意识。过去，我们对生态系统的认知存在偏差，片面强调自然资源的经济价值并进行大量破坏性开发，由此导致资源面临枯竭的危险，同时又产生了严重的生态破坏和环境污染。现在，我们对生态系统的认识虽然有了一定改观，但不可否认的是，目前社会公众对自然生态系统重要性的认识尚存在严重不足，对于生态系统的自觉保护意识更是远远没有形成。本书对生态系统服务类型进行系统阐述，并以公益林为例对生态系统服务价值进行测算，可以使公众深刻认识到自然生态系统的巨大生态和社会价值，并认识到生态系统对人类生产、生活的重要作用，最终坚定保护生态系统的意识。

第二，有助于提高社会资金投入生态补偿的积极性。生态系统建设作为一项公共事业，需要巨大的资金支持，如果全部依靠政府财政投入，势必存在资金缺口，导致补偿标准偏低而影响生态系统的持续发展。但如果社会成员对生态系统服务价值不了解，就不会愿意向生态系统建设投资。本书用科学的方法，对公益林等生态系统的生态和社会效益进行测算，由此彰显生态系统对人类生存和发展的重要性，可以提升社会成员对生态系统建设重要性和必要性的认识，进而促进社会成员向生态系统建设投资的积极性。

第三，有助于合理确定自然资源生态补偿模式及补偿标准。一直以来，我国的生态补偿模式都是以政府补偿为主，虽然效果不错，但由于资金来源有限，补偿标准相对较低，甚至无法弥补农户的生态建设成本，导致农户参与生态系统建设的积极性不高。尤其是在经济欠发达地区，“靠山吃山”“靠水吃水”是当地群众生活方式的必然选择，而这些地区往往是生态脆弱区，生态建设任务重，面临生态环境保护和农民增收的两难境地。因此，合理确定生态补偿方式和补偿标准，激励农户参与生态建设，对这些地区尤为重要。本书对自然资源生态补偿机制进行系统研究，针对不同补偿模式的交易成本进行比较，以及对补偿标准的测算方法进行分析，可以为生态补偿利益相关者界定、补偿方式及补偿标准确定等提供理论依据，这对于完善我国自然资源生态补偿机制，推动生态系统可持续发展有重要意义。

1.2 文献综述

1.2.1 生态补偿的内涵界定

生态补偿是目前学术界普遍关注的问题。Kellert（1984）是较早对生态补偿含义进行界定的学者，认为生态补偿是对受损生态系统进行修复或异地重建的做法。此后，Cuperus 等（1996）和 Allen 等（1996）给出的定义大同小异，认为生态补偿是通过生态修复和重建来弥补生态功能损失的。

生态系统服务付费（PES）是国际上流通更广的概念。Wunder（2005）认为当生态系统服务能被计量且确保供给时，供给者与购买者之间的自愿交易即为 PES。这一定义引发了部分学者的争议。如 Porras 等（2008）通过对大量流域付费案例进行分析，发现有一些项目是由非市场组织参与的，而 Wunder 的定义并未覆盖这一范围；Engel 等（2008）也对 Wunder 的定义进行了扩展，将政府等利益相关者也列为补偿主体。Tacconi（2012）认为 Wunder 给出的定义过于“科斯式”，交易双方范围的界定过于狭窄，实现起来比较困难。同时，Tacconi 提出了另外一种定义，即有条件地向环境服务自愿供给者支付一定报酬。与 Wunder 的定义不同的是，这一定义并未明确谁是支付者，也未对付费是否自愿进行规定，而只是强调了环境服务提供的自愿性，定义的包容性大为增加。在对其他学者观点进行综合的基础上，Wunder（2015）对 PES 定义进行修订，将其定义为生态系统服务供给者与使用者之间的自愿交易。与原来的定义相比，对交易双方的界定有所变化，即生态系统服务的使用者和提供者，但仍然强调自愿性交易。

环境服务补偿和奖励机制（CRES）是另一个更加宽泛的概念。这一概念是 Van 等（2007）基于现实性、自愿性、条件性和亲贫困性等原则提出的，一个典型案例是高山贫困居民环保服务奖励计划，该计划由世界农林中心（ICRAF）负责实施。随后，Swallow 等（2009）进一步明确了 CRES 的概念，即为了维护、增强生态系统服务或修复受损生态系统，生态系统受益者和管理者之间进行的协议安排。至此，PES 定义中所规定的自愿性规定和其他条件不再受到强制要求，激励方式也不再仅仅是货币支付、实物补偿、土地利用，甚至生态系统服务交易双方共同投资（Co-investment）等方式均包括在 CRES 概念范围内，这样可以更加有效地推动经济、生态等不同资产的相互转换（Noordwijk et al.，2012）。可见，与 PES 相比，这一概念框架更加关注多元化目标、差异化机制和社会公正，但同时也导致“额外性原则”和“条件性原则”难以实施，尤其是将脱贫作为政策目标时。

CRES 概念的提出意味着 PES 概念内涵的扩展。影响较大的广义 PES 概念是 Muradian 等（2010）给出的：PES 是不同社会主体之间的资源让渡，通过资源利用激励机制的构建，鼓励社会主体（包括个人和组织）改变土地利用方式，以实现增加社会福利的最终目的。可以发现，“条件性原则”在这一概念中完全未得到体现，环境经济学的市场逻辑也已完全偏离，关注目标不再是市场效率，而是生态持续和分配正义，这已经属于生态经济学范畴（Farley et al.，2010）。

20 世纪 90 年代，生态补偿的概念引入中国，国内部分学者也给出了自己的定义。总体而言，国内学术界对生态补偿含义的理解大体包括两种：其一，是自然生态系统自身的补偿，典型的定义包括《环境科学大辞典》（1991）给出的“生态系统应对干扰和维持生存的能力”，以及叶文虎等（1998）提出的“绿当量”概念。其二，是人类通过各种手段来实现对生态系统的补偿。但在具体表述时，不同文献有所差异。部分学者将其界定为解决生态环境问题的经济手段。如陆新元等（1994）认为生态补偿是用于环境修复的费用支付；李文华等（2006）、李云燕（2011）认为生态补偿是解决生态效益外部性的经济手段；刘春腊等（2014）认为生态补偿是一定区域内（或区域间）针对各种资源的污染、破坏和修复问题而采取的社会经济活动，并将其界定为地理学研究范畴，这与其他学者不同。另一部分文献将生态补偿界定为解决生态环境问题的制度安排或政策体系设计。如李文华和刘某承（2010）认为生态补偿是调节生态环境领域不同主体之间关系的制度安排；中国 21 世纪议程管理中心（2012）将其界定为解决生态系统服务交易中存在的问题的治理机制；李潇和李国平（2014）认为生态补偿是推动外部性内部化过程的政策体系设计；国家发展改革委国土开发与地区经济研究所课题组（2015）将其定义为协调生态保护区和受益区利益关系的制度安排。除上述文献外，王金南等（2006）将生态补偿的外延界定成三个不同层次：第一层次即指生态系统（环境）服务付费，与国际主流概念对应；第二层次是在第一层次基础上，增加生态环境修复等内容；第三层次是广义的生态补偿，泛指一切保护生态环境的经济手段。

1.2.2 生态补偿利益相关者及其相互关系

1.2.2.1 生态补偿利益相关者的界定

科学界定利益相关者是确定“谁补偿谁”这一核心问题的关键。部分学者从不同角度对此问题进行了研究，大体可分为两类：

第一，从经济学层面进行界定。如李芬等（2009）将生态补偿利益相关者划分为3类，即核心层、次核心层和边缘层，而龙开胜等（2015）则进一步将其细化为4类，即核心、次核心Ⅰ、次核心Ⅱ和边缘[①]。还有一些学者单独对补偿主体和补偿对象进行界定。如郑云辰等（2019）从利益相关者“权、责、利”视角，把流域生态补偿主体抽象为政府、市场主体和社会公众组织三元主体；孙开和孙琳（2015）基于跨界断面水质标准考核，双向判定区域间横向生态补偿主体。国外一些文献从成本效益角度对补偿对象进行划分。如Taff和Runge（1986）基于“成本－效益”标准，将补偿对象分为4类，即“高－高”“高－低”“低－高”和“低－低”；Babcock等（1997）对界定标准进行细化，包括效益标准、成本标准和效益成本比标准3类，并进行实证分析。

第二，从法律层面进行界定。如秦扬和李俊坪（2013）从法学层面将生态补偿利益相关者划分为3类，即补偿主体、受偿主体、实施主体[②]；成红和孙良琪（2014）认为生态补偿包括抑损性和增益性两类，其中，抑损性生态补偿的法律补偿主体为政府和受益者，增益性生态补偿的法律补偿主体为政府和贡献者。

在生态补偿具体实践中，决策者和付费者通常是同一主体，如政府、企业和其他非政府组织等。但不可否认的是，有些生态补偿项目的决策者和付费者不是同一主体，如政府为决策者而实际付费者是生态系统服务的使用者。在这种情况下，更

---

① 长三角区域生态补偿具体实践中，市、县（区）政府是核心利益相关者，乡镇和村为次核心利益相关者Ⅰ，次核心利益相关者Ⅱ包括媒体、环保NGO和科研机构等。

② 以油气资源开发补偿为例，补偿主体为国家和企业法人（自然人不能成为补偿主体），受偿主体为油气资源区居民，实施主体是油气资源区政府，补偿客体为实施生态补偿的行为而非油气资源本身或者自然生态环境。

为重要的是谁能够决定付费者，并且实际付费者必须接受这个决定。根据 Engel 等（2008）的观点，当决策者与付费者是不同主体时，补偿主体应该是决策者。

1.2.2.2 利益相关者之间的关系

在生态补偿实施过程中，各利益相关者为了自身利益最大化，可能会采取损害对方的行为或策略。现有文献大多利用博弈论的方法来分析利益相关者之间的关系。如黄彬彬等（2011）根据受偿主体是否严格执行环境标准和政策（分为强硬型和软弱型），建立非对称信息下两阶段动态博弈模型；Sheng 等（2017）以森林生态补偿为例，基于演化博弈模型，分析了各种条件下“REDD+”项目的实施者（发展中国家）和受益者（发达国家）的演化稳定策略。大量研究均表明，由于追求自身利益最大化，如果缺乏外界约束，补偿主体和受偿主体之间的博弈往往面临“囚犯困境”，无法达到“保护、补偿”的最优均衡，因此需要上级政府的参与（马爱慧 等，2012；安虎森 等，2013；胡振华 等，2016；徐松鹤 等，2019；潘鹤思 等，2019）。在跨省域补偿项目中，为了保障“保护，补偿”策略均衡的实现，中央政府必须建立强有力的激励约束机制，加大监管力度（张跃胜，2015）。研究发现，弱监管不利于生态补偿目标的实现（胡振通 等，2016），而对博弈双方的违约处罚将有利于长期合作局面的形成（肖加元，2016）。

在实践中，很多生态补偿项目在形式上具有委托代理特征（如政府主导的项目），政府作为委托人，与代理人之间存在严重的信息不对称，因此政府应科学设计补偿契约，以激励代理人付出足够的努力。部分学者对此进行了一定研究。如 Mosey 等（1999）认为如果代理人隐藏行动或信息，按投入土地面积来核算补偿标准可以较好地显示代理人信息；而 White（2002）则持不同的观点，认为按投入成本核算补偿标准更为有效，机制设计也更加简单；而 Ozanne 和 White（2007）则认为由于逆向选择和道德风险存在，这两种方式设计的契约激励效果并无差异，并且由于罚金不固定，最优的契约与农场主的风险偏好无直接关系。国内文献方面，李国平和张文彬（2014）发现在退耕还林过程中，由于信息不对称，高技术农户将低报收益以获得更高的补偿，导致契约激励成本增加；李潇和李国平（2014）基于不完全契约中的“敲竹杠”问题，认为生态系统建设者拥有生态资源的使用权是最优的产权治理结构；张文彬和李国平（2015）分别针对代理人隐藏信息、隐藏行为、同时隐藏信息和行为三种情况构建了不同生态补偿激励契约；陈儒等（2018）基于多任务委托代理模型构建了农业生态补偿契约。

1.2.3 生态补偿标准

生态补偿标准是解决“补多少”的问题，这也是生态补偿机制中必不可少的组成部分。如果补偿标准过低，对生态建设者将起不到激励作用，如果补偿标准过高，补偿主体可能无法支付，对政府而言将会带来巨大的财政负担。目前，学术界有很多学者对补偿标准问题进行研究，其核算基础包括生态系统服务价值、生态建设成本、居民支付意愿、生态足迹变化等多个方面。

1.2.3.1 以生态系统服务价值为基础进行核算

生态系统尤其是森林、流域等大型生态系统，具有巨大的生态和社会效益，而由于外部性和公共品特性的存在，生态系统服务难以进入市场实现其价值，因此应该给予补偿。

Costanza 等（1997）对生态系统服务种类和价值（包括市场价值和非市场价值）进行了明确界定和分类；Vander 和 Lorenz（2002）根据 Costanza 等的方法评估了莱茵河流域的生态与经济价值，Turner（2008）等则在 Costanza 等的研究基础上构建了生态系统服务框架（ESF）。

国内大量文献对各类生态系统的生态服务价值量进行了核算，并据此确定了补偿标准。Xie 等（2003）基于我国实际对 Costanza 等给出的生态系统服务价值系数进行调整，并据此估算我国的生态系统服务价值；王女杰等（2010）基于生态系统服务价值来确定山东省各区域的生态补偿优先级，郭年冬（2015）则基于单位面积生态系统服务价值，来确定环京津地区不同空间尺度的生态补偿优先次序；周晨等（2015）基于生态系统服务价值基础，测算出南水北调中线工程受水区生态补偿标准上限为 46.12 亿元 / 年；赖敏等（2015）以青海三江源区为例，认为要完全恢复该区域退化草地，需要支付的生态补偿总量为 911.62 亿元；许丽丽等（2016）以生态系统服务价值为基础，测算出对我国 14 个集中连片特困区，每年需要支付 1971 亿元的生态补偿资金；孟雅丽等（2017）基于生态系统服务价值，从上、中、下游流域和县域 2 个空间尺度来计算生态补偿优先级；高振斌等（2018）测算出东江流域生态系统服务总价值为 1711.41 亿元，生态补偿理论总额度为 1047.26 亿元，其中补偿森林生态系统 880.21 亿元；盛文萍等（2019）认为应考虑公益林所在区位、立地环境和资源稀缺度等因素，确定差异化补偿标准，并基于生态系统服务价值，测算出北京公益林补偿标准范围在 176 元 / 公顷到 2168 元 / 公顷之间；刘利花和杨彬如（2019）基于省域耕地生态系统服务净价值，认为不同省域应制定不同的补偿标准，西藏为最低的 142.04 元 / 公顷，上海为最高的 28694.8 元 / 公顷；蒙吉军等（2019）利用情景分析法，测算出 3 种不同情景下退耕还林的生态系统服务增量及补偿标准。

由于生态系统服务种类繁多，不同种类生态系统服务之间往往难以比较，部分学者将其转换为能值来进行统一评价。能值理论由 Odum 提出，其核心是将各种能源、物质、服务等统一用太阳能值（Solar Energy）来度量，这样不同能值之间就可以进行比较了。因此，借用能值概念，可以将生态系统各项生态、经济和社会价值整合在一起进行评价。如严茂超和 Odum（1998）、Sherry 和 Mark（2011）利用能值理论，分别对我国西藏自治区的生态经济系统和全球 13 个主要生物群落进行定量评价；付意成等（2013）基于农业生产能值数据，认为永定河流域下游受益区（包括政府）应支付上游 4 亿元补偿以保护农业水土流失；毛德华等（2014）基于生态服务能值总量，得出洞庭湖区退田还湖补偿标准为 40.31 ～ 86.48 元 / 平方米·年；刘文婧等（2016）基于能值理论对矿产开采的环境损失进行核算，并据此得出生态补偿指数；王显金和钟昌标（2017）构建能值拓展模型来估算滩涂围垦生态损害的补偿标准；朱冰莹等（2019）基于能值收益差异，估算出稻麦两熟农田实现可持续发展的年最低补偿标准为 4153.78 元 / 公顷。

由于生态系统服务种类较多，除少数可以进入市场外，大多数都没有市场价格，因此在价值核算时，往往通过影子价格、修复费用、机会成本等替代方法。文琦（2014）对常用方法进行了总结（见表 1.1）。

表 1.1 生态系统服务价值核算方法

测算方法	测算公式	符号含义
市场价值法	$L=\sum_{i=1}^{n}P_iR_i$	L 为生态系统价值；R_i 为第 i 种生态产品数量；P_i 为第 i 种生态产品的价格；i 为生态产品类型
机会成本法	$L=\sum S_iW_i$	L 为生态资源破坏的机会成本；S_i 为第 i 种生态资源的市场收益；W_i 为第 i 种生态资源破坏量
修复费用法	$V=x_1+x_2$	V 表示生态系统修复总费用；x_1 为可再生系统的治理费用；x_2 为不可再生系统的损失
影子工程法	$V=f(x_1, x_2, \cdots, x_n)$	V 为生态系统价值；x_1，x_2，…，x_n 为生态系统再造中各具体工程的建设成本
资产价值法	$B=\sum_{i=1}^{n}a_i(Q_1, Q_2)$	B 为生态建设价值；a_i 为第 i 个受益主体的单位支付意愿；Q_1、Q_2 为生态建设前后的生态资产数量
人力资本法	$V_i=\sum_{i=1}^{\infty}\frac{x_1^n x_2^n x_3^n}{(1+r)^{n-i}}Y_n$	i 为年龄；n 为工作时间；x_1^n 为预期收入；x_2^n 为预期寿命；x_3^n 为有劳动能力的概率；r 为利率；Y_n 为工作概率

除上述方法外，还有一些学者通过其他方法来核算生态系统服务价值，如基于风险偏好的最优报价模型（邓晓红 等，2012）、水量分摊和水质修正系数（张郁 等，2012）、作物需水系数（成波 等，2017）等。需要说明的是，根据生态系统服务价值（或能值）估算出的生态补偿标准数值往往十分巨大，甚至远超当地的GDP总量，完全按照这个标准进行补偿是不现实的（Pagiola et al.，2007）。因此，这一标准只能视为理论上的最高生态补偿标准。有学者提出，可以将生态系统服务价值乘以一定的系数（即生态补偿系数，小于1）进行折算，来作为实际补偿标准（李华，2016）。

1.2.3.2 以成本为基础进行核算

为了保护生态环境，生态系统建设牺牲了一些发展机会，如公益林禁止砍伐、生态功能区禁止开发等，对农户收入增长和区域经济发展均会带来一定影响。因此，很多学者均以机会成本为基础来核算生态补偿标准。如 Castro（2001）认为机会成本法是可行性和认可度均较高的确定补偿标准的方法；Macmillan 等（1998）认为补偿标准与机会成本直接相关，而与生态系统服务价值无关，若仅仅基于经营成本进行补偿将导致激励不足，必须包括部分或者全部机会成本；Harnndar（1999）基于农民退耕的机会成本来确定补助水平；Pagiola 等（2007）以尼加拉瓜的林草复合生态补偿项目为例，基于机会成本视角，认为将草地转为森林应给予 75 美元 / 公顷 · 年的补偿；Kosoy 等（2007）认为机会成本是补偿标准下限，但由于信息不对称和异质性等原因，机会成本往往难以精确估计；谭秋成（2012）提出将每亩作物净收益作为农田生态补偿标准，这一标准为农民的保留效用，即补偿下限；Kaczan 等（2013）发现农民的受偿意愿与土地利用方式转变产生的机会成本基本一致；谢花林和程玲娟（2017）以河北衡水地区为例，发现与机会成本对应的冬小麦休耕补偿标准为 518 元 / 亩。

除了机会成本外，有些学者认为生态环境保护导致的直接成本也应得到补偿（中国生态补偿机制与政策研究课题组，2007；谭秋成，2009）。如李文华等（2007）根据直接成本与机会成本，认为现有林和新造林的补偿标准分别为 2350 元 / 公顷 · 年和 4300 元 / 公顷 · 年；段靖等（2010）利用边际分析方法，推导出最低生态补偿标准应等于直接成本与机会成本之和；黄涛珍和宋胜帮（2013）基于关键污染因子的处理成本，确定污染超标罚款金额，并构建了淮河流域生态补偿标准测算模型；田美荣等（2014）从环境治理、生态修复成本及环境价值损失 3 个角度核算补偿标准，并对主要煤炭省份的受偿额度进行测算；刘菊等（2015）认为补偿标准的成本构成应包括保护成本、环境成本及机会成本，并且应考虑不同区域自然、经济条件的不同而实施差异化补偿；耿翔燕（2018）基于重置成本来估算小清河流域各区域的差异化补偿标准；程琳琳等（2019）利用恢复成本法，得出 2014 年东滩煤矿生态补偿标准为 16497.02 万元，占当年销售额的 2.75%。

除了直接成本和机会成本，还有一些学者认为在确定补偿标准时还应考虑交易成本，即与生态补偿直接相关的契约成本（戴其文 等，2010）。Wunscher 等（2008）认为只有准确核算出包括机会成本、直接成本和交易成本在内的所有参与成本，才能科学确定补偿标准并实现灵活的支付。贾卓等（2012）根据风险效益成本比 R，将玛曲县的 8 个乡（镇）分为三个不同的优先次序并给予不同的补偿额度，初期以参与成本为基础，中后期则以机会成本和交易成本之和为基础进行补偿。

1.2.3.3 以生态足迹（碳足迹、水足迹）为基础进行核算

生产活动和能源资源利用会增加生态足迹，带来环境压力，而生态系统建设和环境保护则会增加生态承载力和碳汇能力，因此近年来国内有部分学者探索基于生

态足迹的补偿标准核算问题。如蔡海生（2010）基于生态足迹效率视角，认为2005年鄱阳湖自然保护区的补偿标准应为2308元/户·年；程淑杰等（2013）利用改进的生态足迹“省公顷”模型，得出宁夏南部泾源县应获补偿总额为26610万元，户均9669元/年；李颖等（2014）基于碳源/碳汇方法来确定“小麦–玉米”轮作生态系统的补偿标准；肖建红等（2015）构建了大型水电工程建设的生态供给和生态需求足迹模型，并据此测算出三峡工程建设的生态补偿标准为123.18亿元/年；王奕淇和李国平（2016）基于水足迹构建流域生态补偿标准计量模型，并测算出渭河流域下游向上游的补偿额度为16.07亿元；胡小飞等（2016）构建水足迹与生态补偿标准模型，认为江西省2000—2013年水盈余需补偿1805.76亿元；何如海等（2017）基于生态足迹，认为2001—2015年安徽省耕地的补偿标准应从38.3元/公顷增加到263.7元/公顷；胡小飞等（2017）基于碳足迹和碳承载力，估算出2013年江西碳盈余生态补偿额为22.73亿元；陈儒和姜志德（2018）通过构造农业全生产过程碳账户来测算2007—2015年中国各省域农业净碳汇量，并以此确定低碳农业横向补偿标准；闫丰等（2018）根据碳足迹计算碳赤字敏感度，并据此构建生态补偿因子概念和测算京津冀三个地区的生态补偿标准；周健等（2018）基于生态足迹估算出2010—2016年重庆三峡库区补偿标准约为54.92亿元；吴立军和李文秀（2019）根据碳排放权配额和碳汇总量构建碳生态账户，并依据碳“借贷”关系确定补偿对象和补偿标准。

1.2.3.4 以居民支付（受偿）意愿为基础进行核算

为了充分激励生态系统建设者的积极性，确定补偿标准时还需要考虑他们的受偿意愿（WTA），以及受益者的支付意愿（WTP）。近年来，国内部分学者对此进行了一些研究。如蔡银莺和张安录（2011）研究发现消费者愿意以比普通稻米价格高0.78～1.82元/公斤的价格购买生态农产品，当农户减少化肥农药时，政府应向其提供3354.75～8016.9元/公顷的生态补偿；徐大伟等（2012）基于WTP和WTA数据，估算出辽河流域生态补偿标准为160.72元/人·年；朱红根等（2015）基于WTA调研数据，认为应给予鄱阳湖区参与退耕还湿的农户1072元每户的补偿；谢花林和程玲娟（2017）基于农户WTA，估算出河北衡水地下水漏斗区冬小麦休耕的补偿标准为7770元/公顷；曾黎等（2018）通过构建农户WTA的效用函数，分别利用参数估计和非参数估计方法，得出休耕补偿标准分别为 7677.60 元 / 公顷和 9962.40 元 / 公顷；郗敏等（2018）定量分析了居民对胶州湾滨海湿地的 WTP，并据此估算出补偿标准为 425.95 元 / 年・户；柳荻等（2019）研究发现 2018 年地下水超采区农户冬小麦休耕的受偿意愿为 544.69 元 / 公顷・年，要略高于当地的补偿标准，其主要原因在于休耕能增加农户的闲暇时间；周洁（2019）基于新疆 223 户牧户的调查数据，发现牧户对草畜平衡政策的合意补偿标准为 130.5 元 / 公顷。

1.2.3.5 基于多种基础的综合核算

除了根据上述单一基础来核算生态补偿标准外，还有很多学者采用了基于多种基础的综合核算方法。如 Margules 和 Pressey（2000）认为应结合生态服务价值和机会成本来确定生态补偿标准，Wunscher 等（2008）提出类似观点，认为应按照生态效益和成本的综合空间差异为基础来计算补偿标准；白景锋（2010）根据生态系统服务价值和生态建设成本，估算出南水北调中线河南水源区的补偿金额为 4.145 亿元 / 年；乔旭宁等（2012）认为流域生态补偿中，居民 WTP 和生态价值可分别视为最低和最高标准，而机会成本则是重要的参考；杨欣等（2014）综合利用生态足迹（承载力）和效益转移等方法，对武汉城市圈各区域横向补偿标准进行估算；刘春腊等（2015）利用基尼系数和变异指数法等，分析了中国不同省域生态补偿的总体差异；李国平等（2015）、张文翔等（2017）将水资源价值与机会成本结合起来，分别对南水北调中线工程陕西水源区和松花坝水源保护区的生态补偿标准进行核算，前者认为陕南三市的补偿标准应为 176.3 亿元，后者认为松花坝饮用水源地补偿标准应为 8.69 亿元；吴娜等（2018）综合生态系统服务价值和机会成本投入，得出渭河干流甘肃段不同区域退耕还林补偿标准范围为 146.39 万～ 481.98 万元 / 平方千米・年；穆贵玲等（2018）构建了水源地生态补偿标准分阶段动态测算模型①；吕悦风等（2019）根据成本效益和能值分析，测算出南京市溧水区农户稻田化肥减施的生态补偿标准。

① 各阶段采用不同的生态补偿标准估算方法，如试行阶段利用条件价值评估法，修复阶段利用总成本修正模型和水资源价值法，而稳定阶段利用水质污染赔偿法。

1.2.4 生态补偿模式构建

生态补偿机制运行过程中，主要有政府主导、市场主导以及政府补偿和市场补偿相结合 3 种模式。在具体补偿实践中选择哪种模式，学术界观点存在较大差异。

部分学者认为，生态系统服务具备显著的公共品特征，政府应在其建设中发挥主导作用（Hilson，2002；王军锋 等，2011）。如王兴杰等（2010）认为政府介入能显著降低生态补偿的交易成本；乔晓楠和王丹（2017）对中央政府、地方政府和企业主导三种模式进行比较发现，中央政府主导模式在流量型污染补偿中更有利于提升经济绩效；裘丽和唐吉斯（2019）研究发现，政府主导的生态补偿能有效推动草原“实际载畜量”向“生态载畜量”收敛。

随着市场进程加快，市场主体及非政府组织在生态环境领域的影响日益凸显，通过市场机制解决环境负外部性问题成为必然趋势（Clausen et al.，2001；Tudor et al.，2007）。

如毛显强等（2002）、马永喜等（2017）认为生态补偿应以科斯定理为基础，其理由是环境外部性的主要原因是产权不明晰，因此只要产权界定清晰就可以市场谈判来消除环境外部性问题；Pagiola 和 Platais（2007）认为在市场主导模式下，生态系统服务供给者和受益者直接参与市场谈判，双方均拥有足够的信息，因此效率更高。即使在补偿标准上存在分歧，也可以通过多次协商达到一致使双方满意。但也有学者提出，市场主导模式要顺利实施，必须满足一定条件，包括产权清晰、交易成本极低和法律制度保障等。若这些条件无法满足，则生态补偿必须由政府主导，政府可以通过强制付费来解决生态系统服务购买中的搭便车问题（Engel et al.，2008）。Jaboury 等（2009）发现，通过景观认证进行补偿可以解决交易成本高和机会成本估算困难的问题。

由于生态补偿是一个系统工程，单独依靠政府补偿或市场补偿有时效果并不好，需要将两种模式结合起来，这也是生态补偿发展的必然趋势。如 Sarker 等（2008）以澳大利亚为例，提出了市场和非市场手段相结合的流域生态系统管理模式；王彬彬和李晓燕（2015）认为在生态治理全球化趋势下，政府补偿与市场补偿融合程度日益加深，关键是如何搭建制度体系来降低交易成本；李琪等（2016）认为政府主导前提下，第三方机构广泛参与是森林生态补偿的适宜模式；郑云辰等（2019）则提出应构建政府、市场和社会补偿相结合的模式并由政府主导。

在各领域生态补偿具体实践中，有学者提出了一些特定的补偿模式。如刘兴元和龙瑞军（2013）认为应对高寒草地进行功能分区并实行分级补偿；韩鹏等（2012）根据补偿对象不同，提出了耕地补偿、劳动力转移补偿和生产结构调整补偿 3 种模式，其中生产结构调整补偿模式具有更加显著效果；李斯佳等（2019）根据我国矿产资源开发生态补偿实践，梳理出 5 种典型的补偿模式并进行优缺点比较（见表 1.2）。

表 1.2 我国矿产资源开发生态补偿典型模式

模式	典型区域	运作机制	优缺点
企业出资、企业补偿	山西平朔矿区、黑岱沟露天矿	企业投入生态补偿资金并实施生态补偿	减轻了政府的财政负担，但企业首先考虑自身经济利益
企业出资、地方政府组织补偿	甘肃、陕西的部分矿区	企业按规定的比例征收金额形成补偿资金，交给政府统一安排	减少了政府的财政负担，资金利用监管不够，使用效率不高
企业与地方政府联合补偿	淮北矿区采煤塌陷区	采矿企业与地方政府共同投入生态补偿资源，联合实施生态补偿	减少了政府的财政负担，但没有强有力的法律保障
国家出资、政府组织补偿	阜新矿区	国家投入生态补偿资本，地方政府计划实行生态补偿	法制性、强制性，有计划有组织；缺乏区域针对性
招商引资补偿	淮北矿区采煤塌陷区	市场化运作招商引资投入生态补偿资源，政府组织实行生态补偿	减轻了政府的财政负担，以公共利益为出发点

在具体补偿方式上，可选择货币、政策、实物和技术补偿等多种手段及其组合。其中，货币补偿方便灵活，是生态补偿实践中最常见的一种形式，也最受受访者青睐，但要避免补偿资金被挪用（Peralta，2007）。研究发现，多元化的生态补偿方式可以提高不同人群参与生态补偿的积极性（Smith et al.，2005）。如戴茂华和谢青霞（2014）提出，对于直接受损者，可选择货币补偿，而对于生态系统破坏，则可选择环境修复和生态系统再造等补偿方式。还有学者提出生态补偿与精准扶贫相结合的补偿思路（彭秀丽，2016），如将废弃矿区进行功能再造变成旅游景点。

1.2.5 生态补偿效应及绩效评价

1.2.5.1 生态补偿效率测度与政策设计

关于生态补偿效率测度，现有文献从多个角度进行了分析。这些分析主要包括：其一，基于时空维度的比较。如 Johst 等（2002）综合考虑生态补偿的时间、空间两个维度，对既定预算下生态补偿的时空分配及其效率进行了分析。其二，基于成本（或预算）约束视角。如 Birner 和 Wittmer（2004）基于成本有效性视角构建出生态补偿效率的基本分析框架，而 Ferraro 等（2008）则认为从预算效率视角进行分析可能更为有效。其三，基于福利视角。如 Pagiola（2005）发现生态补偿效率与参与者个人福利及社会福利的损益有关。其四，基于生态补偿基线视角。如 Wunder（2005）以森林生态补偿为例，构建了静态基线、动态下降的基线和动态改进的基线 3 种生态补偿基线；Maron 等（2015）以澳大利亚生态补偿贷款为例，提出了贷款基线、下降贷款基线、借方基线以及动态 / 静态基线等生态补偿贷款基线。其五，基于额外性视角。所谓额外性（additionality）是指生态补偿项目创造合意生态结果的能力。如 Alpizar（2013）认为额外性可用来测度 PES 项目的生态补偿效率。在实际中，由于不同补偿对象的利益偏好以及区域社会经济发展的差异性，往往导致同样的生态补偿政策在不同区域的实施效率相差较大（Morris et al.，2000）。

针对具体的政策工具，Salzman（2005）对指示、罚款、财产权、劝说和支付费用 5 种常用的基础性工具进行比较，认为指示为管制型工具，成功度较低；罚款会增加生态保护行为的成本；财产权不宜单独使用，须与其他工具配合；劝说是强化人们生态环境保护意识的手段；支付费用是通过一种方式应对所有情况（one-size-fits-all）的模式。Kemkes 等（2010）进一步从直接性、自发性、可见性和强制性等角度对上述 5 种工具的效率进行比较。

目前，世界各国广泛选择的生态补偿方式是同质性支付（Homogeneous Payment），即确定补偿标准时不考虑空间异质性。研究表明，同质性支付补偿方式的补偿效率往往偏低（Ferraro，2003），因此有学者提出了聚集红利式（Agglomeration Bonus）补偿方式（Parkhurst et al.，2002）。这种补偿方式下，农户获得的补偿金额由两部分构成，即不考虑空间差异的均等补偿再加上聚集红利。比较而言，这种差异化补偿方式的补偿效率要高于同质性支付，也因此受到学术界广泛关注。之后，又有学者提出了聚集式补偿（Agglomeration Payment）的补偿方式（Drechsler et al.，2010）。这种补偿方式下，补偿与否的衡量标准是碎片化区域的聚集程度，补偿思路为要么全部补偿，要么全部不补偿（all-or-nothing payment）。只有当某区域的土地空间聚集密度达到特定标准时，该区域的农户才能获得生态补偿，否则得不到补偿。Watzold 和 Drechsler（2014）构建了概念化的模型，对同质性支付、聚集红利式和聚集式补偿 3 种补偿方式的成本有效性和预算效率进行比较。研究发现，在各种生态和经济环境下，聚集红利式补偿方式在成本有效性和预算效率上均显著优于其他两种补偿方式。

部分学者基于生态补偿效率视角，对生态补偿政策（项目）的设计问题进行研究。如 Claassen 等（2008）认为政府在设计生态补偿政策时，需综合考虑 5 个方面因素：其一，资金使用方面，能否提高单位生态补偿支出的边际生态收益；其二，制度设计方面，能否通过竞价机制使得生态系统服务供给者主动显示自己的真实受偿意愿，由此降低交易成本；其三，监督体系方面，能否保证生态补偿契约严格执行；其四，补偿效应方面，能否带来除生态效益以外的其他收益，如促进社会公平等；其五，补偿标准方面，能否有效提升生态系统服务提供者的福利水平以及参与项目的积极性。Meyer 等（2015）则以德国的 30 多个农业环境项目为例，认为生态补偿项目要获得成功，必须满足以下 5 个条件：补偿区域单一、补偿目标单一、信息传递畅通、申请的灵活性以及自然保护机构的强制参与性。Clot 等（2015）认为发展中国家在制定生态补偿政策时，容易低估政策的长期影响。

1.2.5.2 生态补偿的生态效应

生态补偿是人类对受损自然生态系统进行修复和保护生态环境的重要手段，其生态效应引起了大量学者的关注。如 Herzog 等（2005）以瑞士为例，发现生态补偿对生态环境改善和生物多样性保护有重要作用，1998—2003 年实施生态补偿政策期间，瑞士的红背伯劳和啄木鸟等鸟类数量翻了一番（Simon et al.，2007）；Marie 等（2013）得出类似结论，认为生态补偿能显著改善小型哺乳动物的栖息地环境；Kosoy 等（2007）认为生态补偿在改善环境的同时，推动了乡村发展；Locatelli 等（2008）基于哥斯达黎加北部地区案例，发现生态补偿使再造林数量大幅增加，但对促进当地经济发展影响较小；Thanh 等（2013）以越南的 Hoa Binh 补偿项目为例，发现补偿标准提高能有效增加森林面积和提高森林质量。国内文献方面，刘玉卿等（2011）基于舟曲县退耕补偿案例，发现当补偿标准分别为 250 元 / 亩、518.63 元 / 亩和 995.65 元 / 亩时，退耕比例分别为 8.26%、49.54% 和 98.79%，而水土保持量分别增加 4.69 万吨、28.3 万吨和 56.5 万吨。胡振通等（2016）基于内蒙古三个旗县调研数据，发现生态补偿能改善草原生态环境，显著降低牲畜超载率；景守武和张捷（2018）以新安江流域为例，发现横向生态补偿试点显著降低了流域上、下游城市的水污染强度，并且政策效果持续性强。

也有学者研究发现生态补偿的生态效应并不显著。如 Sierra 和 Russman（2006）认为尽管生态补偿能促进退耕还林，但由于土地覆被变化的滞后性，以及农户土地利用方式转变的非强制性等原因，生态补偿效果并不显著；胡振通等（2015）基于内蒙古四子王旗某苏木案例，发现生态补偿与减畜之间存在严重不对等关系，超载现象仍旧很严重。

1.2.5.3　生态补偿的经济效应

生态补偿的经济效应包括对农户收入（可持续生计）以及区域经济增长、产业结构调整等方面的影响。

第一，对缓解贫困、农户增收和可持续生计等的影响。Robertson 等（2005）基于农户福利视角，较早探讨了生态补偿与减贫之间的关系。之后，大量文献对生态补偿的减贫效果进行了研究，如 Pagiola 等（2008）、Bulte 等（2008）、Kelsey 等（2008）均认为生态补偿能有效缓解贫困。Munoz 等（2008）和 Quintero 等（2009）对墨西哥的水文环境服务支付项目进行研究发现，生态补偿不但改善了生态环境质量，也显著提高了当地居民尤其是贫困居民的收入水平；Turpie 等（2008）以南非流域保护和法国的 Vittle 流域保护项目为例，发现生态保护项目创造了大量的就业机会和其他多方面收益，如技能培训、收入提高等；Wunder 等（2008）以 Pimampiro 水域保护补偿项目为例，发现除了收入增加外，还有部分穷人通过教育、医疗等补偿增加了福利。事实上，国际上有一些生态补偿案例就是把缓解贫困作为核心目标之一（如南非的流域保护项目 WFW），并且减贫效果非常好（Turpie et al.，2008）。

大量研究发现，生态补偿不仅能增加农民收入和缓解贫困，也能增加农户的可持续生计资本。如 Tacconi 等（2009）发现 PES 项目能显著增加参与者的各项生计资本，但对自然资本影响较小；赵雪雁等（2013）也认为生态补偿能提升农户总的生计资本，但自然资本有所下降，且生计多样化指数增加，农户从事非农生产的比例上升；Tacconi 等（2013）以“REDD+”项目为例，发现 PES 计划能改善参与者生计水平和增加收入；Bremer 等（2014）以厄瓜多尔安第斯山脉为例，发现生态补偿政策能促进生态环境改善和生计能力提升，并且社区组织和社会网络的参与能进一步增强补偿效果；袁梁等（2017）基于结构方程模型，发现生态补偿政策能增强生态功能区居民可持续生计能力。

此外，也有少数文献得出了一些不同的结论，认为生态补偿并不能缓解贫困，反而会扩大贫困。如 Hegde 和 Bull（2011）认为森林 PES 计划虽然会给农户带来一些额外收入，但同时农户在林产品销售等方面收入会减少，加上中介的参与也分割了一部分收益，导致农户增加的收益远远无法弥补机会成本（Mahanty et al.，2012）。Sommerville 等（2010）认为“一刀切”的补偿标准与差异化的机会成本损害了农户参与的积极性，并且是致贫的重要原因；李欣等（2015）认为无论基于何种收入指标，生态补偿项目均导致农户收入水平下降。

第二，对农户生产行为、区域经济增长、产业结构调整等的影响。如 Morris 等（2000）发现生态补偿对农户土地利用行为有显著影响，补偿标准高低决定了农户是否选择环境友好型土地利用方式；Munoz 等（2008）得出了类似的结论，认为补偿金额和期限会影响土地利用方式，若补偿期限太短，农户获得补偿后将变更土地利用方式。也有研究表明，如果农户能获得稳定的补偿收入，可以有效降低农业生产风险，农户土地利用方式也将保持稳定（中国 21 世纪议程管理中心，2012）。徐晋涛等（2004）认为，如果农户生产和收入结构未调整到位，则退耕补贴结束后很容易出现复垦现象，基于此，有学者提出，为避免复耕现象，应落实动态补偿标准，以充分弥补农户退耕的真实机会成本（李国平 等，2015）。除对农户土地利用行为产生影响外，Asquith 等（2008）以玻利维亚 Los Negros 项目为例，发现生态补偿不仅能提高生态环境质量，还能促进捐助者对当地道路和医疗诊所的投入；Gretchen 等（2009）认为生态补偿政策能提升人们为生态系统服务付费的意识，进而增加对生态领域的投入。

还有一些学者分析了生态补偿政策对产业结构和区域经济增长的宏观影响。如Pagiola等（2004）认为生态补偿政策实施的目的还应包括调整产业结构和推进集约型生产，因此补偿方式应由“输血式”补偿向“造血式”补偿转变；高广阔等（2016）也认为生态补偿能推动区域产业结构升级，而产业结构优化则会反向影响生态补偿，但存在一定滞后性；李国平和石涵予（2017）研究发现退耕还林能有效促进县域经济增长。

1.2.5.4 生态补偿绩效综合评价及满意度分析

近年来，国内有部分学者开始关注生态补偿实施的绩效评价及农户的满意度问题，研究方法上多通过构建综合评价指标体系来进行研究。如邓远建等（2015）从职能、效益和潜力3个维度构建指标体系，利用模糊评价和层次分析法（AHP），对武汉市东西湖区农业生态补偿政策实施绩效进行评价；张新华等（2017）利用熵值法和模糊综合评价法，对新疆草原生态补偿政策实施绩效进行评价；佟长福等（2017）从驱动力、压力、状态、影响、响应5个角度构建农业节水生态补偿评价体系，并利用AHP方法计算出各指标权重；耿翔燕等（2017）构建了综合评价体系，并利用影子工程法对山东省云蒙湖生态补偿的生态、经济和社会效益进行估算；王丽佳和刘兴元（2017）从三个维度构建指标体系来分析牧民对草地生态补偿政策的满意度。

1.2.6 生态补偿实施过程中居民意愿研究

生态补偿实施过程中，居民的参与意愿、支付意愿及受偿意愿等对生态补偿的实施效果会产生重要影响。

1.2.6.1 居民的参与意愿及影响因素

大量学者对生态补偿实施过程中居民的参与意愿及影响因素等问题进行了研究。如Zbindenm和Lee（2005）、Kosoy等（2008）分别以哥斯达黎加PSA项目和墨西哥Lacandon计划为例，利用多元逻辑回归方法分析了农户及社区参与森林建设的意愿；Wunder（2008）和Wunscher等（2010）分析了社区居民对生态补偿的参与意愿，前者从资格、期望、能力和合作性4个角度进行实证研究，后者是基于Nicoya半岛的案例分析。影响因素方面，Southgate和Wunder（2009）研究发现农户对政府的不信任会影响其参与生态补偿项目的积极性；Mzoughi等（2011）发现农户对社会和道德等的关切度对农户参与意愿有重要影响；Rocio 等（2012）发现生态服务使用方的异质性会影响他们对 PES 项目的参与意愿；赵雪雁等（2012）发现农户对实施中的退牧还草政策的满意度是影响其参与意愿的主要因素；Torres（2013）的研究发现，现金与非现金福利相结合的补偿方式能提高农户参与生态系统建设的积极性；Bremer 等（2014）、张化楠等（2019）、周俊俊等（2019）发现农户对生态保护及环境重要性及相关政策的认知水平越高，其参与意愿越强烈；Kwayu 等（2014）、Mudaca（2015）认为年龄、性别、受教育程度、土地面积和生计方式等因素均会影响农户参与意愿；李皓等（2017）研究发现补贴标准、合同期限、中途可否退出、是否减施化肥、是否可以浇水等因素会显著影响农户参与意愿，并且进一步估算出各因素的边际效应；楚宗岭等（2019）基于云南省 615 份农户访谈数据，分析了参与条件、参与动力、参与能力和政策吸引力等因素对农户参与退耕还林的影响。

1.2.6.2 居民的支付意愿及影响因素

居民支付意愿（WTP）是生态补偿“受益者付费”的重要依据，学术界有大量学者对此进行了研究。如 Amigues 和 Boulatoff（2002）、Bienabe 和 Hearne（2006）分析了居民对流域生态补偿的支付意愿，发现居民的环境付费意愿有所增加；Moran 等（2007）研究发现居民愿意通过收入税方式进行生态付费；Vinarroya 和 Jordi（2010）发现西班牙的流域生态补偿标准要远低于预期的支付意愿标准；杜丽永等（2013）利用 Spike 模型分析了南京市居民对长江流域生态补偿的支付意愿；周晨和李国平（2015）利用 Tobit 模型分析了郑州市居民对南水北调中线工程水源区生态服务的支付意愿，发现 84.44% 的居民愿意付费，平均支付意愿为 5 ～ 8.09 元 / 月；肖俊威和杨亦民（2017）基于湘江流域 8 个主要城市的居民调研数据，发现 83.87% 的居民愿意为生态保护付费，平均支付意愿为 127.72 元 / 人・年。

学者们从不同角度对影响居民生态补偿支付意愿的因素进行实证研究。如葛颜祥等（2009）、接玉梅等（2011）基于黄河流域下游居民调研数据，发现居民收入和工作优越性等因素与其支付意愿显著正相关，且居民大多认为应由国家进行补偿；Rocio 等（2012）认为居民异质性会影响其支付意愿甚至 PES 的可行性；Hecken 等（2012）、Bhandari 等（2016）分别以尼加拉瓜 Matiguas 地区和尼泊尔 Chure 地区为研究区域，均发现下游居民对流域的 WTP 要高于上游区域居民，但是 HE（2015）

基于中国西江跨流域生态补偿调研数据，却得出了相反的结论，这可以从跨流域污染的负外部性来进行解释；Castro 等（2016）以俄克拉何马州 Kiamichi 河流域生态补偿为例，发现流域内居民和流域外居民的支付意愿显著不同；李国志（2016）发现环境关注度和公益林认知等因素对城镇居民 WTP 有显著的正向影响；郑雪梅和白泰萱（2016）发现生态补偿认可度对居民 WTP 有重要影响。

1.2.6.3 居民的受偿意愿及影响因素

受偿意愿（WTA）是确定生态补偿标准的重要基础，如果补偿标准与居民受偿意愿偏离太大，则激励效果将大打折扣。部分学者对居民生态补偿的受偿意愿及影响因素进行了研究。如 Plantinga 等（2001）通过数学模型来分析美国农民的受偿要求与退耕意愿的关系；Wunscher 等（2010）构建了哥斯达黎加 Nicoya 半岛的居民对生态补偿的受偿意愿模型；徐大伟等（2013）研究发现农户对流域保护的受偿意愿为 248.56 元 / 人 · 年，远高于其自身的支付意愿 59.39 元 / 人 · 年；王雅敬等（2016）以贵州省江口县公益林生态补偿为例，发现当地林农最低受偿意愿为 314.14 ～ 365.15 元 / 公顷；么相姝（2017）发现七里海湿地年生态损失为 12922.11 万元，而湿地周边农户的年平均受偿意愿为 23896.65 元 / 公顷；皮泓漪等（2018）基于宁夏泾源县农户调研数据，发现农户对退耕还林的平均受偿意愿为 3180 元 / 公顷。关于居民受偿意愿的影响因素，主要研究文献包括：王宇和延军平（2010）基于结构式访谈和技术接受模型，发现村民的感知有用性和感知易用性对受偿意愿有显著影响；Lindhjema 等（2012）基于挪威森林所有者的调研，发现其 WTA 与森林生产率正相关，而与森林面积、所有权缺失程度负相关；杨欣和蔡银莺（2012）发现在同等限制程度下，农户对减施农药的受偿意愿要超过减施化肥的受偿意愿；汪霞等（2012）发现农户对农田重金属污染的年平均受偿意愿为 746.45 ～ 862.73 元 / 公顷，文化水平、耕地面积、家庭人口规模等因素对受偿意愿有显著影响；戴其文（2014）发现不同民族居民的受偿意愿存在较大差异；周晨等（2015）基于 CVM 方法，利用右端截取模型分析不同因素对受偿意愿的边际影响；严俊等（2016）发现农户对重金属污染的最低受偿意愿为 12630.75 元 / 公顷 · 年，且与耕地面积、受污染程度等正相关；朱红根和黄贤金（2018）基于鄱阳湖区农户调研数据，发现环境教育能显著降低农户对湿地生态补偿的受偿意愿。

1.2.7 现有文献述评及研究展望

1.2.7.1 现有文献述评

现有文献对生态补偿内涵界定、利益相关者及其关系、补偿标准、补偿模式、补偿效应及绩效评价、生态补偿实施过程中居民意愿研究等进行了系统的研究，得出了许多富有价值的结论。但总体而言，现有文献在研究内容、研究方法等方面尚存在一些问题，主要包括：

第一，关于生态补偿内涵界定，现有文献在具体表述和概念名称方面略有差异，如有些文献认为它是一种激励方式，有些文献则将其看成一种制度安排，概念名称则有价值补偿、效益补偿和成本补偿等不同提法。本质上，现有文献对生态补偿的概念界定并无不同，即指生态系统的受益方对生态系统的建设和维护者进行一定的补偿。但总体来说，现有文献在界定生态补偿概念时，均忽视了一个问题，即对生态补偿付费的法律强制性缺乏表述。如前文所述，生态系统服务在消费上具有非排他性，如果自愿付费必然会由于“搭便车”现象而导致付费不足，因此必须通过法律法规约束，强制要求生态系统受益方进行付费。基于此，笔者以为生态补偿的概念可表述为：特定区域内全体公民或企事业单位等生态系统受益者，依据相关法律法规，通过纳税或其他方式向政府缴纳生态补偿经费，政府通过转移支付或设立基金等方式对生态系统的建设者进行补偿。

第二，关于生态补偿标准，现有文献分别基于生态系统服务价值基础、生态系统建设成本（含机会成本）基础、生态足迹（碳足迹、水足迹）基础、居民支付（受偿）意愿基础以及多种基础综合等进行测算，为各地制定生态补偿标准提供了依据，具有较强的现实借鉴意义。但很多研究发现，各地实际执行的生态补偿标准要低于基于成本基础得出的最低理论补偿标准，更遑论基于生态系统服务价值基础的最高补偿标准，因此补偿标准需要逐步提高。李芬等（2010）以森林补偿为例提出的分阶段补偿标准具有一定的借鉴意义。笔者以为，随着经济发展和政府财政收入增长，各领域生态补偿标准可按 5 个阶段逐步提升：第一阶段为现行补偿标准，第二阶段为基于成本基础的最低理论补偿标准，第三阶段为基于居民支付（受偿）意愿基础的适宜补偿标准，第四阶段为基于生态足迹（碳足迹、水足迹）基础的补偿标准，第五阶段为基于生态系统服务价值的最高补偿标准。当然，如果提高的补偿标准全部由政府承担，势必带来沉重的财政负担，因此需要各补偿主体共同承担。由于各补偿主体的负担能力、受益程度均存在差异，其承担的资金比重也应该有所不同，这需要进行测算，现有文献对此尚缺乏系统研究。此外，现有文献对生态补偿标准进行研究时，往往存在“一刀切”问题，对差异化补偿标准缺乏研究，容易导致研究结果的适用偏差，如森林生态补偿，不同类型土地、不同林种、不同事权等级森林系统建设和维护成本、生态系统服务价值、居民支付（受偿）意愿等往往存在很大差异，需要确定差异化补偿标准。

第三，关于生态补偿模式，国内外学术界主流观点有所不同，国外多数学者认为市场化补偿是必然趋势，而国内学者多认为目前应以政府主导为主，同时要拓宽市场化补偿渠道。根据前文，生态系统服务是典型的公共品，现阶段市场化供给制度尚不完善，政府理应承担主要责任。从文献分析角度看，现有文献尚存在一些不足之处。在研究方法上，现有文献多采用规范分析方法，实证研究不够，研究结论多为定性判断而缺乏足够的实证依据。在研究内容上，缺乏对不同补偿模式的比较研究和边界分析，对不同补偿模式的交易成本测度关注不够，而这些对政府制定生态补偿政策均有重要影响。

第四，关于生态补偿效应及绩效评价，现有文献多利用实证研究方法，对生态补偿效率、生态效应和经济效应进行分析，或者通过指标评价体系进行综合评价和满意度分析。值得说明的是，大部分文献均认为生态补偿具有显著的生态效应及经济效应，但也有少量文献认为生态补偿并不能有效改善生态环境和增加农民收入，甚至会产生负向影响，这可能会制约农户参与生态系统建设和维护的积极性，现阶段必须通过政府行政力量强制推动。当然，从长远来看，必须逐步提高生态补偿标准，增强农户生态系统建设和维护的内在动力，提高生态补偿效率。此外，生态补偿政策除了生态效应和经济效应外，还会对区域社会、政治、文化等方面产生一定影响，如增强居民的生态环境意识等，现有文献对此缺乏研究。

第五，关于生态补偿实施过程中的居民意愿，现有文献基于实证分析方法进行了大量研究，得出了许多相似的结论。如很多研究均认为农户受教育程度（文化水平）、农户对生态补偿等环境政策的认知等因素对农户意愿有显著作用，这些结论为生态补偿政策制定提供了借鉴。但总体而言，现有文献在研究对象选择上，尚存在一些问题，其多局限于将农户（居民）作为研究对象，对生态补偿其他利益主体鲜有关注，在研究对象选择上存在缺失。比如，关于生态补偿支付意愿，除本区域居民外，区域内相关企事业单位、流域下游政府和居民、其他大型生态系统（如森林）的跨区域受益主体等的支付意愿也是值得研究的。关于生态补偿受偿意愿，除了农户个人外，还有一些参与生态系统建设和维护的机构主体，如国有林场、集体林场等也值得进一步分析。

1.2.7.2 研究展望

生态补偿是一个系统工程，牵涉补偿主体和受偿主体界定、补偿标准制定、补偿模式选择、激励约束机制构建、政策绩效评价等众多方面，学术界也对此展开了广泛研究，成果非常丰富。但如前文所述，现有文献在很多方面还存在研究盲点，部分领域研究尚有待深入。

第一，差异化补偿标准问题。首先，不同地域的差异化补偿标准。不同地域生态系统重要性及生态系统服务功能差异较大，对重点生态功能区域生态系统应进行重点补偿，其生态补偿系数核算应有所不同。其次，不同质量等级生态系统的差异化补偿标准。以森林为例，不同林种的生态系统服务价值差异很大，即使是同一树种，林龄和林分质量的不同也会影响其生态价值，因此，应对不同树种、林龄、林分质量的森林给予不同的补偿。再次，不同建设成本生态系统的差异化补偿标准。仍以森林为例，不同造林方式的成本有很大差异[①]，因此在确定补偿标准时也应有所体现。最后，不同区域的差异化补偿标准。不同地区经济发展水平差异较大，农户从事生态系统建设和保护的机会成本以及支付意愿（受偿意愿）也不同，制定补偿标准应有所考虑。上述这些差异化补偿问题，需要学术界对生态补偿标准核算模型进行不断修正。

第二，不同补偿主体间补偿资金分摊问题。生态补偿本质上是补偿主体（生态

① 造林方式主要包括三种：其一，人工造林（人工更新），特点是成活率高、林木生长快、林分质量高，但费工、投入大，技术要求高；其二，飞机播种造林，特点是速度快、成本低、规模大、活动范围广、效益好，但受天气影响大，作业季节性强；其三，封山（沙）育林，特点是简单易行、用工少、成本低，但见效慢。

系统受益者）和受偿主体（建设者）之间关于生态系统服务的交易过程。由于生态补偿主体众多，“搭便车”现象普遍存在，各补偿主体不愿为其消费支付代价，最终只能由政府买单，导致国家财产被其他补偿主体变相侵占，也给政府财政造成了巨大负担。这既违背了经济学基本原理，也有损公平。因此，各补偿主体根据“利益共享、成本共担”原则分摊补偿资金，既能促进社会公平，又能有效筹集补偿资金。至于具体的分摊比例如何测算，则是值得学术界研究的问题。

第三，不同补偿模式耦合的临界点问题。前文已述，生态补偿本质上是生态系统服务的交易问题。从理论上讲，只有通过市场机制才能充分调动农户生态建设的积极性和能动性，推动生态系统持续发展，发挥巨大的生态效益。但同时由于公共品特征，不能单纯依赖市场作用的发挥，政府必须加强调控与监管。因此，如何把握政府管理和市场参与的边界，寻求政府补偿与市场补偿模式耦合临界点是值得研究的问题。不同的补偿模式中，各利益主体之间博弈关系存在差异，其间产生的交易成本也很多样。如何对生态补偿机制运行过程中产生的交易成本进行测算，是一个需要突破的理论难点问题。

第四，生态补偿激励相容机制。生态补偿具有一定的委托代理性质，作为委托人的补偿主体（受益者）和作为代理人的受偿主体（建设者）的利益目标函数是不一致的，补偿主体由于“搭便车”行为存在，必然希望支付的补偿金额尽可能低，而受偿主体则希望补偿标准越高越好，双方博弈很容易陷入“囚犯困境”。因此，我们要构建激励相容机制，通过引入奖励和惩罚机制，以增加博弈双方的违约成本来修正其支付函数，使博弈双方回到合作轨道上来，确保生态补偿机制有效运行。此外，不同补偿模式和补偿机制的激励相容效果也存在差异，如何对生态补偿模式和机制的激励相容度进行测度，以构建最优的补偿模式和机制，是需要理论界进一步研究的内容。

此外，如上文所述，生态补偿对特定区域的社会、文化、政治等方面的影响机理和效应，以及其他利益主体的支付意愿和受偿意愿问题，也都是值得深入探讨的内容。上述这些研究展望，有些内容本书进行了尝试性研究，有些将成为本书作者后续研究的重要领域。

2 生态补偿相关概念及理论基础

2.1 生态补偿相关概念

2.1.1 生态系统服务

生态系统回馈人类社会的方式主要是提供生态系统产品和生态系统服务。其中生态系统产品是指生态系统提供的实物型产品（如农产品、林产品等），可进入市场进行交易，是非公共物品；生态系统服务则是指涵养水源、调节气候、固碳释氧及生物多样性保护等非实物性功能，对人类非常重要但其价值难以通过市场交易实现，具有典型的公共物品特征。

美国的 George 是最早关注生态系统服务的学者之一，其在“Man and Nature”上通过大量案例分析了地中海地区森林河流干涸和土壤流失的现状。20 世纪 40 年代以来，随着经济快速发展和由此带来的生态环境破坏现象，生态系统服务的重要性日趋凸显。如 Leopold（1949）认为人类并非自然界的统治者，人类自身的生产是很难代替生态系统服务功能的。这些观点对生态系统服务理论形成和生态补偿概念发展具有重要的影响。20 世纪 70 年代，生态系统服务（Ecosystem Services，ES）的概念逐步形成。如 Holdren 和 Ehrlich 等（1974）认为生态系统服务很难被其他产品替代，而生物多样性对于生态系统服务起重要作用。关于生态系统服务的含义，学者们的表述存在一定差异（见表 2.1）。

表 2.1 不同学者关于生态系统服务的定义

生态系统服务定义	分类系统	文献来源
自然过程和组分提供产品和服务，直接或间接满足人类需要的能力	调节功能、栖息地功能、生产功能、信息功能 4 大类，23 小类	Degroot 等(2002)
人类直接或间接地从生态系统功能获取的收益	17 类	Costanza 等（1997）
自然生态系统或物种用于构成、维持和满足人类生活的状态和过程	N/A	Daily（1997）
生态系统服务是人类从生态系统中获得的收益	供给服务、调节服务、支持服务、文化服务 4 大类	MA（2005）
最终生态系统服务是直接被享用、消费或使用以产生人类福祉的自然组分	N/A	Boyd 和 Banzhaf（2007）
生态系统服务是生态系统过程产生的特定结果，用于维持、提高人类生活或维护生态系统产品的质量	N/A	Brown 等（2007）
人类从生态系统中获得的收益（强调目的）	充足的资源、捕食者 / 疾病 / 寄生虫保护、友好自然和化学环境、社会文化成就 4 大类	Wallace（2007）
生态系统对人类福祉的直接和间接贡献	供给服务、调节服务、栖息地服务、文化服务 4 大类，22 子类	TEEB（2010）
生态系统服务是生态系统用于（主动或被动）产生人类福祉的方面	中间服务、最终服务	Fisher 等（2009）
生态系统对人类福祉的贡献，来源于生物和非生物部分的相互作用	供给、调节和维护、文化服务 3 大类，9 亚类，23 组	CICES（2010）

根据表 2.1 中各文献对生态系统服务内涵的定义，概括出生态系统服务概念的框架主要包括三部分：一是生态系统要素；二是人类价值取向；三是服务实体（见图 2.1）。在上述概念中，对生态系统要素和人类价值取向的表述虽然有所差异，但其内容本质上是相同的，即生态系统服务产生于生态系统各要素本身功能及要素间相互作用，且生态系统服务满足人类生产生活需求。上述概念根本性的差异在于对服务实体的认定不同，其跨度从自然范畴到人类价值范畴，这种差异将直接影响我们对

生态系统服务理论的认知。

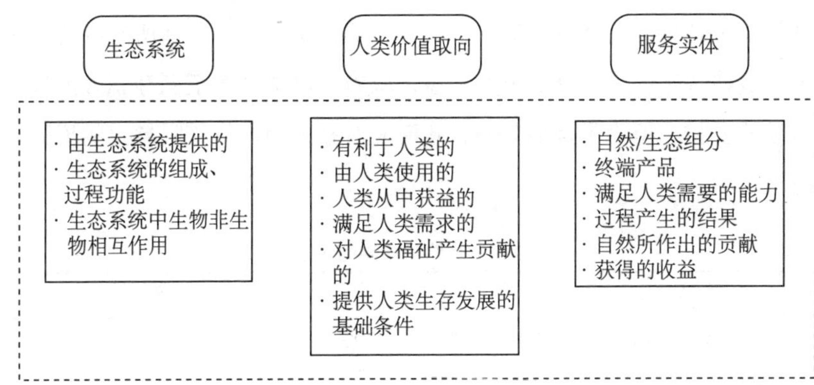

图 2.1　生态系统服务定义的分解框架

资料来源：李琰等（2013）。

2.1.2　补助与补偿

在内涵上，补助与补偿具有较大差异。根据《现代汉语词典》释义，补助指补贴及帮助，是对收入较低者的经济帮扶，属于慈善福利行为；而补偿是指在行为过程中，得到帮助且收益，但却给受帮助方造成了一定损害，受益方应当予以一定物质补偿，是一种经济行为。

不妨以林业补助和林业补偿为例进行比较。由于林业的行业特点所致，其经营者较难得到社会平均利润，国家为了鼓励发展林业，不得不使用经济杠杆，以确保林业生产可以得到正常利润，不然资源就会被报酬更高的非林行业占据。所以，政府为了加快林业发展，会通过各种措施（如补贴、减税）来对林农进行补助。可见，林业补助是通过“补”的手段实现“助”的目的，是对林业经营者无法获得平均利润的弥补，是一种行政行为。政府为什么要去调控林业经济生产行为呢？主要原因是林业生产周期长、回报低且风险较大，林农生产积极性不高，只有给予一定补助，才能弥补林业经营成本，增加林木的供给数量。

而林木补偿则是为了保护生态环境，政府对森林所有者进行限伐和禁伐等，由此导致森林所有者利益受损，因此在经济上给予其相应的补偿。森林所有者之所以造林，其目的是为了出售木材（或其他林产品）而获得利润，但是如果森林所有者任意砍伐树木，势必会破坏生态环境。因此政府为了公共利益，便对森林所有者的林木处置设立了各种限制条件，如限伐、禁伐等，这侵害了森林所有者的私人产权利益。虽然法律规定，为了维护公共利益，政府可以限制甚至剥夺私人产权，私人必须遵从政府安排，但为了保障公平，政府应对私人因产权受限导致的损失给予适当的补偿。

表 2.2　补助和补偿的区别

区别	补助	补偿
概念	政府为鼓励生产而对特定产业经营活动进行补助的制度设计	政府为了生态安全限制生态资源开发利用对资源所有者造成经济损失的一种弥补措施
目的	鼓励产业经营	公共利益（生态安全）
理论依据	市场机制：生产要素流动回报率高的产业	法律上的既得权利说、特别牺牲说、公平负担说
补偿主体	政府	政府
补偿对象	特定产业经营者	生态资源所有者
补偿金额	以保证经营者获取社会平均利润为限	以生态资源所有者经济损失为限
补偿方式	货币	补贴、贷款、税收、地租

资料来源：作者自行整理。

总体来讲，补助是指从扶困的角度出发，是对相关产业部门资金不足的一种经济帮扶行为。这样从政府角度来说，可以理解为有主动权，是否补、补多少，都由补助主体自己决定。而补偿则是对损失而非投入不足的弥补，因此从经济学视角看，补偿是必需的，而非福利性的恩赐。只有明确区分两者的差异，才能使主体明晰补偿是自身应尽的义务，而不是随意而为的恩赐行为；只有明确两者的不同，才能制定合情合理的生态补偿政策，才能使生态补偿制度更加顺利地推行。笔者认为，在明确补助与补偿的差异后，在构建生态补偿机制时，要真正基于补偿视角，不断拓宽筹资渠道，逐步提高补偿标准，这样才有利于生态资源的有序利用和社会经济的可持续发展。

2.1.3 生态补偿

2.1.3.1 生态补偿含义

生态补偿的定义最早源自人类对自然生态系统功能的研究。众所周知，自然生态系统为人类提供了大量的经济、生态和社会产品，对人类生产、生活至关重要。一是提供经济产品，这是自然生态系统的最为基础的功能，是人类赖以存续的基础。二是提供生态产品，如森林系统的固碳释氧、净化空气等，直接影响人类的生存。三是提供社会产品，如休闲旅游、文化教育等。可见，自然生态系统对人类生产、生活的作用无可替代，虽然其部分功能可以通过市场交易来实现价值（如旅游收入所得、森林碳汇交易所得等），但是由于人类认识方面和自然生态系统方面演化的渐进性，相当一部分产品或服务功能仍然处于免费状态。长久下去，建设或维护自然生态系统的劳动将无人愿意从事，自然生态系统将不断弱化，直接影响人类的生产和生活。基于此，人们开始关注自然生态系统的补偿问题。

20 世纪 90 年代起，随着生态环境问题的日益严重，生态补偿的概念逐渐形成（本书第 1 章文献综述有详细阐述）。从图 2.2 可以看出生态补偿的基础逻辑（Pagiola，2008）。图中的生态系统经营者包括农民、樵夫，以及其他保护区的管理者等，他们从环境保护相关活动（如保护树木）中获得的利益不多，而他们从替代土地的利用方式（如森林转化为草地）中得到的利益相对较多。虽然可以给经营者带来收益的这种土地利用方式看似更优，但却对他人（社会）产生损害，如水土流失、碳汇能力下降、生物多样性减少等，即出现环境负外部性问题。如果生态系统的经营者可以从生态系统使用者那里获得一部分费用，且生态系统的经营者获得的净收益超过其将林地转化为草地所获得的收益，同时这种支付的费用低于林地转化为草地给他们带来的损失，那么就能促使生态系统经营者更加保护森林，以便于供给更多的生态系统。生态系统使用者也能获得更多收益且只需要支付更少费用，互惠互利，实现双赢。

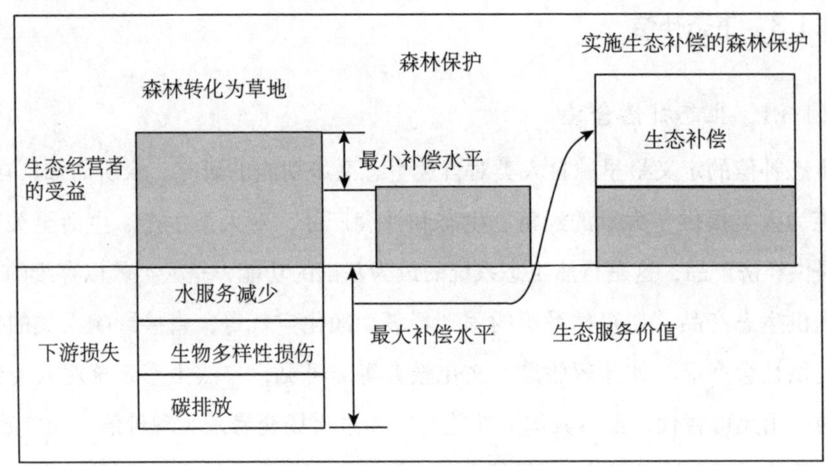

图 2.2　生态补偿的基础逻辑

从图 2.2 中还可以看出生态补偿的最小补偿、实际补偿和最大补偿。其中，最小补偿即为森林保护收益与转化为草地所获收益之差；最大补偿即森林转化为草地导致的生态系统服务价值损失；实际补偿即为两种土地利用方式收益之差（即最小补偿）与生态系统使用者付费之和。

2.1.3.2　生态补偿的类型

生态补偿的类型很多，可以从不同角度进行划分。比如，根据补偿客体（对象）的不同，生态补偿包括以下 4 种：一是污染补偿，即由于排放污染物而支付的补偿，如排污费。二是损害补偿，即由于损害生态环境而支付的补偿，如矿产开发缴纳的土地使用费。三是使用补偿，使用生态系统（或自然资源）但未对环境造成损害而支付的补偿，如为景观、娱乐等支付的费用。四是受益补偿，即因为受益于他人的生态环境保护行为而支付的补偿，如受益地区对生态功能区的补偿。

根据自然生态系统与社会经济系统之间的作用关系，可将生态系统区分为两类：一是自然生态系统内部补偿。二是社会经济系统对自然生态系统的补偿。这类补偿又可进一步分为“抑损”型补偿和“增益”型补偿，前者如矿山企业对废弃土地的复垦、排污企业缴纳排污费等，后者如流域下游对上游的补偿、政府对生态功能区的补偿等。同时，在每一种类型中，均包括“人地补偿”和“人际补偿”，前者指人类直接进行的生态恢复和环境治理行为，后者指不同主体之间的利益协调（见图 2.3）。

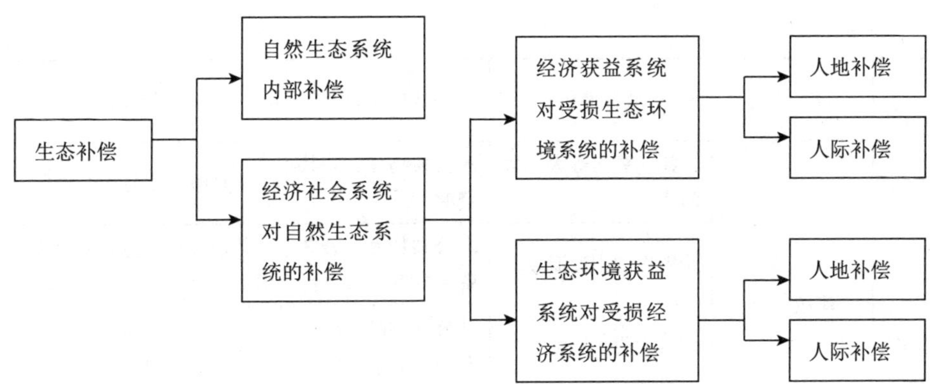

图 2.3 人地关系视角下的生态补偿类型

资料来源：王昱（2009）。

不同生态系统提供的生态服务功能具有较强的空间尺度特征，如大型公益林的固碳释氧功能可能导致全球受益，而有些生态服务的受益范围则是在国家、区域或局地等特定空间内，因此生态补偿也应具备空间尺度特征。中国生态补偿机制与政策课题组（2007）基于空间尺度特征，将生态补偿分为国际补偿和国内补偿，再基于空间特征将国内补偿进一步细分为 4 种类型（见表 2.3）。

表 2.3 生态补偿的空间尺度

地理尺度	问题性质	地区性质	公共物品属性	补偿模式
国际补偿	全球森林和生物多样性保护、污染转移等		绝大部分属于纯粹公共物品	多边协议下的全球购买、区域或双边协议下的购买、各类组织购买等，包括全球和区域市场交易
国内补偿	区域补偿	西部、东北等	纯粹公共物品	主要是国家（公共）购买
	重要生态功能区补偿	水源涵养区、生物多样性保护区、防风固沙、土壤保持区等	纯粹公共物品	主要是国家（公共）购买

续表

地理尺度	问题性质	地区性质	公共物品属性	补偿模式
国内补偿	流域补偿	长江、黄河等大江大河	准公共物品、公共资源	主要是国家（公共）购买
		跨省界的中型流域	准公共物品、公共资源或俱乐部物品	公共购买与市场交易相结合，但上级政府的协调至关重要
		城市饮用水源区	准公共物品、公共资源或俱乐部物品	公共购买与市场交易相结合，但上级政府的协调至关重要
		地方行政辖区内的小流域	准公共物品、公共资源或俱乐部物品	公共购买与市场交易相结合，但上级政府的协调至关重要
	生态要素补偿	森林保护，矿产、水资源、土地资源开发等	准私人物品	政府法规下的开发者负担原则

资料来源：中国生态补偿机制与政策研究课题组（2007）。

除了上述分类方式外，还有部分学者从其他视角对生态补偿类型进行划分，如时间维度、条块角度、补偿对象性质、政府介入程度、补偿效果、补偿途径、补偿资金来源等（见表 2.4）。

表 2.4　生态补偿的主要类型

分类依据	主要类型	内涵
补偿对象性质	保护补偿	对为生态保护作出贡献者给以补偿
	受损补偿	对在生态破坏中的受损者进行补偿和对减少生态破坏者给予补偿
条块角度	区域补偿	由经济比较发达的下游地区反哺上游地区
	部门补偿	直接受益者付费补偿
政府介入程度	强干预补偿	通过政府的转移支付实施生态保护补偿机制
	弱干预补偿	指在政府的引导下实现生态保护者与生态受益者之间自愿协商的补偿
补偿效果	输血型补偿	政府或补偿者将筹集起来的补偿资金定期转移给被补偿方
	造血型补偿	补偿的目标是增加落后地区发展能力
可持续发展	代内补偿	指同代人之间进行的补偿
	代际补偿	指当代人对后代人的补偿

续表

分类依据	主要类型	内涵
补偿的区域范围	国内补偿	国内补偿还可进一步划分为各级别区域之间的补偿
	国家间补偿	污染物通过水、大气等介质在国与国之间传递而发生的补偿，或发达国家对历史上的资源殖民掠夺进行补偿
补偿的途径	直接补偿	由责任者直接支付给直接受害者
	间接补偿	由环境破坏责任者付款给政府有关部门，再由政府给予直接受害者以补偿
补偿资金来源	国家补偿	由国家财政支付补偿
	社会补偿	社会补偿泛指由受益的地区、企业和个人提供的补偿

资料来源：何承耕（2007）。

2.1.4　生态补偿机制

生态补偿机制是“生态补偿”与“机制”相结合而形成的概念。根据前述关于生态补偿和机制概念的阐述，可以发现生态补偿机制的内涵应包括以下内容：一是生态补偿涉及的相关利益主体有哪些，补偿主体、受偿主体及生态补偿组织者应分别是谁，即生态补偿系统的构成要素问题。二是对相关利益主体之间相互关系、相互作用的方式和规律等进行分析，以确定合理的补偿方式和途径。三是构建评价指标体系，对服务价值、生态建设成本等进行科学评估，以确定补偿标准。四是构建生态补偿制度体系，对补偿的主体和对象进行有效激励，以保障生态补偿机制有序运行。部分学者对生态补偿机制的概念及内涵进行了界定（见表 2.5）。

表 2.5　不同文献对生态补偿的定义

生态补偿机制内涵	来源文献
调整不同利益主体分配关系，使外部成本内部化，维护和改善生态系统服务功能的制度安排	任勇等（2006）
其一，自然资源具有经济价值，使用权人支付相应费用，是实现所有权人经济利益的方式；其二，生态建设者为保护生态环境付出成本和努力，理应得到补偿，而生态受益人则应当支付一定费用	曹明德（2005）
生态补偿机制目的是维护和改善生态系统服务功能，以内化外部成本为原则，实现途径包括公共政策和市场手段两类，是保护生态环境的经济手段	国家环保总局环境规划院（2005）

续表

生态补偿机制内涵	来源文献
构建生态补偿机制时，应考虑以下几方面内容：对生态服务价值的付费；对生态环境本身的补偿；内化经济活动的外部成本；对生态环境保护行为进行补偿；对重要生态功能区增加保护性投入	中国生态补偿机制与政策研究课题组（2007）

资料来源：表中所列文献。

基于上述分析及现有文献基础，本书将生态补偿机制含义界定为：为了维护和改善生态系统服务功能，克服生态系统服务的外部性，对利益相关者在生态环境保护（破坏）中的利益分配关系进行协调的制度安排。

2.2 生态补偿的理论基础

2.2.1 生态系统服务价值理论

2.2.1.1 生态系统服务价值及其构成

从认识论视角看，价值是客体能满足主体特定需要的功能，更广义的理解是指客体对主体的意义。价值种类繁多，从主体需要、客体作用、价值状态等角度，可将价值划分为以下不同类型（见表 2.6）：

表 2.6 价值的分类

参考系	价值类型
主体	社会价值、群体价值、个体价值
主体需要	生存价值、享受价值、发展价值、胜利价值、安全价值、社交价值、信誉或尊严价值、自我实现价值等
满足主体需要	物质价值（自然价值、人化自然价值、经济价值）、精神价值、社会价值、人的价值
客体对主体的作用	经济价值、政治价值、科学文化价值、医疗价值等
客体作用的时间	历史价值、现实价值、将来价值（包括长远价值）
客体价值的效果	正价值、负价值
价值的现存状态	潜在价值、现实价值、自在价值、自为价值

资料来源：根据现有文献整理。

生态系统服务价值是指生态系统直接或间接为人类提供的各种功能，包括向社会经济系统注入物质和能量，吸收社会经济系统所排放的废弃物，以及直接为人类提供大量生态产品（如清洁的空气、水源）等。综合现有文献关于生态价值的论述，生态系统服务价值构成可归纳为表 2.7：

表 2.7　生态系统服务价值构成

<table>
<tr><td rowspan="5">生态环境总价值（TEV）</td><td rowspan="2">使用价值（UV）</td><td>直接使用价值（DUV）</td><td>可直接消耗的量</td><td>●食物
●原材料（生物、非生物）
●娱乐
●健康</td></tr>
<tr><td>间接使用价值（IUV）</td><td>功能效益</td><td>●生态服务功能
●生物控制
●防护</td></tr>
<tr><td rowspan="3">非使用价值（NUV）</td><td>存在价值（EV）</td><td>继续存在的知识价值</td><td>●濒危物种
●生存栖息地</td></tr>
<tr><td>遗赠价值（BV）</td><td>为后代遗留下的价值</td><td>●生存栖息地
●不可逆改变</td></tr>
<tr><td>选择价值（OV）</td><td>未来的直接或间接价值</td><td>●生物多样性
●保护生存栖息地</td></tr>
</table>

资料来源：根据现有文献整理。

使用价值包括直接使用价值和间接使用价值。其中，直接使用价值即生态系统直接满足人类生产和生活需求的价值，既包括对生态系统适度开发所获得的植物和动物等物质性价值，又包括生态系统在科研、教育和旅游开发等方面的非物质性价值；间接使用价值指生态系统为人类及其他生物提供的功能性价值，分为可利用价值和非可利用价值。其中可利用价值包括固碳释氧、水质净化、气候调节和营养物质循环等生态性功能价值；非可利用价值包括历史、美学及精神价值等。非使用价值包括存在价值、遗赠价值和选择价值三种。其中，存在价值是指人类对自然生态系统继续存在的支付意愿；遗赠价值是为后代能享受生态系统服务的支付意愿；选择价值是对生态系统服务未来可利用的支付意愿。

2.2.1.2 生态系统服务与人类福祉之间的关系

联合国《千年生态系统评估报告》(2005)指出，生态系统服务包括供给、调节、文化和支持等服务。其中，供给服务是指生态系统向人类提供的食物、燃料等各种产品；调节服务指生态系统提供的调节功能如气候、洪水、疾病的调节以及净化水质等；文化服务指人类从生态系统中所获得的精神、教育和消遣及美学等各个方面的非物质收益；支持服务指生态系统的基础作用，为其他服务功能提供相应需求支持，如养分循环、形成土壤等。关于人类福祉，联合国《千年生态系统评估报告》(2005)认为有五个层次的组成要素：一是安全，包括人身、资源方面的安全和防止灾难等。二是基本物质需求，如足够的食物、安全的住所和较强的生计能力。三是健康，如充足的体力、饱满的精神等。四是良好的社会关系，如互相尊重与帮助、凝聚力等。五是选择与行动的自由。指能够获取到个人认为有价值和意义的生活机会。五个层次与马斯洛需求理论在本质上极为相似，说明人类福祉是多要素和分层次的复杂体系。生态系统服务各项功能与人类福祉组成要素之间的关系如图 2.4 所示：

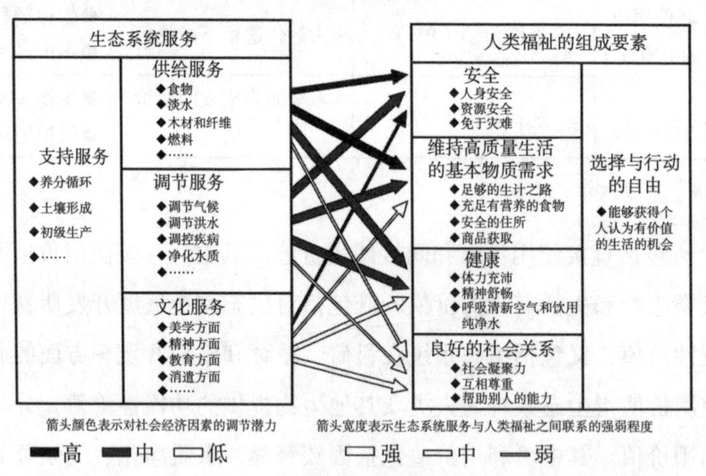

图 2.4 生态系统服务与人类福祉之间的关系

资料来源：赵士洞和张永民(2006)。

当然，生态系统服务提供的贡献只是人类福祉体系的一个组成部分，其他如社会资本、生产技术和制度体系等非生态因素对人类福祉有更深远的影响。不同层次的福祉对生态系统服务所依赖的程度有所不同，基本福祉与生态系统服务关系更紧密，而高层次福祉则受社会、经济等非生态因素影响更大。

2.2.1.3 生态系统服务与生态补偿关系

第一，生态系统服务是生态补偿的基础。生态补偿与生态系统服务具有一定的因果关系。自然生态系统是一个相对稳定的整体，如果没有人类利用和改造，其自身只要借助太阳能的补偿就可以实现自我修复和可持续发展。随着经济快速发展，人类对自然生态系统的利用和改造日益深入，导致生态系统结构的稳定性和完整性遭到严重破坏，假如仅仅单纯依靠太阳能的补偿，生态系统已经难以完成自我修复，无法保障人类生产生活需要。因此，人类需要对生态系统进行补偿以维持其可持续发展。生态系统服务在消费上具有非排他性，生态系统建设者付出了成本和代价，而得不到相应的回报，而受益者则不支付任何费用，这是不公平的，也制约了生态系统建设者的积极性。因此，我们必须设计一定的机制，要求受益者对生态系统建设者进行一定的经济补偿。

第二，生态系统服务的外部性限制生态补偿的积极性。从经济学视角看，生态补偿和生态系统服务可以理解为一种投入产出关系，即人类通过生态补偿投入使生态系统结构得到优化，进而获得相应的生态效益。但是，由于生态系统服务的外部性特征，导致生态系统资源产权不清晰，助长了人类对生态资源的过度消费和破坏，导致生态系统服务的数量和保障能力呈现不可逆的下降，已经威胁到人类社会的生存和发展。同时，地方政府和社会机构对生态补偿的积极性因为生态系统服务的外部性而受到制约，进而导致生态补偿效果不明显。因此，应当制定强制性的、有约束力的政策，推动生态补偿可持续进行。

第三，生态系统服务价值是确定生态补偿标准的重要依据。前文已述，生态补偿意愿指人类为了更好地保障生态系统服务能够可持续发展而进行的投入。评估生态系统服务价值，能增强人类对生态系统服务重要性的直观认知，根据生态系统服务价值来制定生态补偿标准，具有较强科学性也容易被接受。目前，学术界对生态系统服务价值的评价主要采用机会成本、人力资本、影子工程等方法。在现有评价技术下，生态系统服务的使用价值和非使用价值相对比较容易区分，但是非使用价值中的存在、遗赠和选择价值之间存在内容交叉，很难完全区分。同时，目前关于生态系统服务的价值构成分类也不是尽善尽美，可能有一些人类尚未知晓的基础功能价值并未包括进去。此外，生态系统服务总价值在被估算时，都是先分别计算各类价值后再简单加总，这种方法可能会存在一些问题，各种生态系统服务之间关系复杂，相互依赖。除此，在目前技术条件下，生态系统服务的非使用价值难以进行科学测算，且其估算价值可能会远远高于使用价值，因此在目前应首先补偿生态系统的使用价值，尤其是直接使用价值。总体而言，生态系统服务价值是确定生态补偿标准的重要依据，但是由于评价方法的科学性和评价标准的不统一等原因，生态系统服务价值仅仅可以作为生态补偿的上限标准。

2.2.2 外部性理论

2.2.2.1 外部性的含义

外部性是指某一主体的行为对他人（社会）产生了一种“非市场性”的额外影响。根据庇古的观点，外部性是指某经济主体福利函数中，他人的行为也成为一种自变量，但该经济主体并未向他人支付报酬或要求赔偿。其数学表达式为：

$$U_j=U_j\left(X_{1j},\ X_{2j},\ \cdots,\ X_{ij},\ X_{mk}\right)\qquad j\neq k \tag{2.1}$$

式 2.1 中：j 和 k 表示不同的经济主体；U_j 为主体 j 福利函数；X_{ij}（$i=1,\ 2,\ \cdots,\ n$）为主体 j 的各种行为；X_{mk} 为主体 k 的某项特定经济活动。

这种额外影响可能是有利的，也可能是有害的。有利的影响称正外部性，会导致私人收益小于社会收益；有害的影响称负外部性，会导致私人成本小于社会成本。无论是哪种外部性，都会导致资源配置偏离帕累托最优点，导致产量过剩或不足。不妨以矿产开发引起的负外部性为例进行说明：

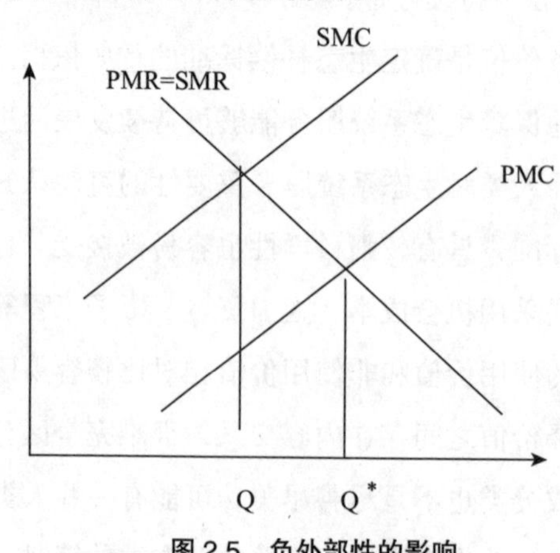

图 2.5　负外部性的影响

在现实中，矿产资源开采将对土地、空气等造成比较严重的破坏，但开采者付出的成本仅仅是自身生产经营的成本，而环境修复和土地破坏的成本均由社会承担，因此社会边际成本 SMC 将高于私人边际成本 PMC，而边际收益并没有改变（即社会边际收益 SMR 等于私人边际收益 PMR）。根据边际收益等于边际成本的原则，社会福利最大化的产量（即帕累托最优产量）为 Q，但是企业利润最大化时的产量为 Q^*，要比帕累托最优产量高，即出现产量过剩和污染过度等现象。

2.2.2.2 解决外部性的手段

上文已述，外部性将导致资源配置无法实现帕累托最优，必须通过一定的手段来纠正外部性问题。代表性理论包括两种：一是庇古的“政府干预”理论，二是科斯的“市场机制”理论。

2.2.2.2.1 庇古税理论

根据庇古的观点，当私人边际成本、私人边际收益分别与社会边际成本和社会边际收益不相符时，完全靠市场力量是无法达到帕累托最优产量的，因此必须通过政府干预才能实现社会福利最大化目标。具体措施为：当企业行为存在负外部性时（如排污），政府对企业征收一定税费，增加企业的边际成本以限制其产量；当企业行为存在正外部性时（如生态保护），政府对企业给予一定补贴，增加企业的边际收益以增加其产量。通过征税和补贴，可以有效地内部化外部影响，并使产量调节到帕累托最优产量，这就是“庇古税”理论的核心内容。

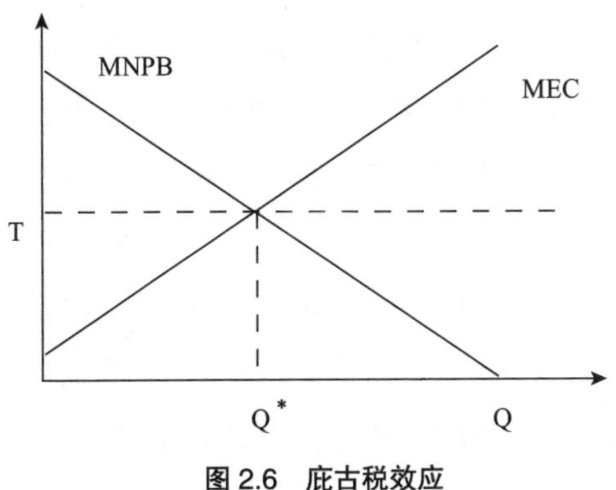

图 2.6 庇古税效应

图 2.6 中，MNPB 为私人边际净收益曲线，MEC 为外部边际成本。显然，只要 MNPB > 0，企业就将继续扩大产量，因此最终的产量将最大化到 Q。而根据社会经

济福利最大化的要求，当 MEC > MNPB 时就应停止生产，因此帕累托最优产量为 Q^*。为了实现帕累托最优产量，政府向企业征收数量为 T 的税收，其中 T 等于 MNPB 曲线与 MEC 曲线交点值。显然，当 T > MNPB 时，企业的净收益将为负值而不再生产，这样企业的最大产量即为 Q^*，与帕累托最优产量相同，实现了社会福利最大，而税收 T 将作为生态补偿以弥补社会环境成本损失。

2.2.2.2.2　科斯定理

根据科斯的观点，之所以出现外部性问题，主要是由于产权不够清晰，如果能够较为清晰地界定产权，外部性问题通过市场制度就可以较好地解决，使资源配置达到帕累托最优。科斯定理的核心内容为：如果交易成本为零，只要产权清晰，无论初始产权如何界定，交易双方即可通过市场谈判来纠正外部性问题；但是如果交易成本大于零，则不同的初始产权可能导致不同的资源配置效率，有可能无法实现帕累托最优。因此，产权制度的设计是解决外部性问题和优化资源配置的关键。

不妨用负外部性（如河流污染）为例来说明科斯定理的作用机制（见图 2.7）。假设河流初始产权属于污染受害者，即排污者无权排污。此时，原点 O 为谈判起点，即产量为零，当然污染水平也为零。但这并非最终的均衡结果，因为双方还可以再次进行商谈。假设谈判结果由 O 点变到 B 点，则排污者所获净收益为四边形 OBDA 的面积（S_{OBDA}），受害者的损失为三角形 OBC 的面积（S_{OBC}）。因为 $S_{OBDA} > S_{OBC}$，所以排污者可以支付一定的货币来补偿受害者以弥补其损失，补偿额度介于 S_{OBC} 与 S_{OBDA} 之间（具体额度取决于双方谈判能力），这样受害者和排污者都将获益。这说明，由 O 点移动到 B 点属于帕累托改进。以此类推，由 B 点继续向右移动到 Q^* 点也是帕累托改进。当产量达到 Q^* 之后，如果继续增加产量（右移），排污者所获净收益将小于受害者，排污者将无法提供补偿受害者的损失，双方将失去谈判的基础。因此，最终的均衡点为 Q^*。

反之，假设初始产权界定给排污者，即排污者有权利排污。此时，Q 点为谈判起点，是排污者最大的产量，污染比较严重，但这并非最终的均衡结果，双方谈判结果可能由 Q 点移动到 F 点。当产量由 Q 点移到 F 点时，排污者净收益减少量为三角形 QFG 的面积（S_{QFG}），受害者损失下降量为四边形 QFHJ 的面积（S_{QFHJ}）。由于 $S_{QFHJ} > S_{QFG}$，因此受害者可以支付一定的货币来弥补排污者的损失，补偿额度介

于 S_{QFHJ} 与 S_{QFG} 之间，这样双方都将获益。这表明由 Q 点向 F 点移动也属于帕累托改进。以此类推，由 F 点向 Q* 点移动也是帕累托改进。所以，无论初始产权界定给受害者还是排污者，通过双方谈判，资源配置均可达到社会最优。

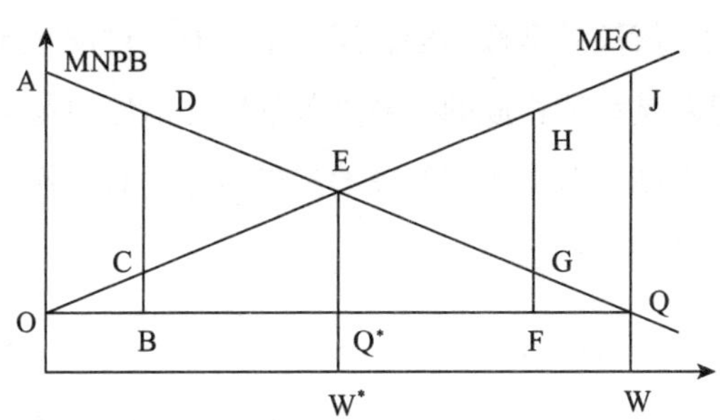

图 2.7　科斯定理作用机制

2.2.2.2.3　庇古思路与科斯思路的比较

第一，庇古思路主要通过政府干预发挥作用，具体方式为征税或补贴，而科斯思路主要通过市场机制发挥作用，具体方式为自愿协商和排污权交易。当出现市场失灵时，庇古思路往往更加有效；而当出现政府失灵时，科斯思路往往更加有效。或者反过来思考，利用庇古思路解决外部性问题时，要注意避免政府失灵问题，而利用科斯思路解决外部性问题时，要注意避免市场失灵问题。

第二，庇古思路和科斯思路，都可能达成资源配置的帕累托最优，这点上两者并无区别。但从以往实践经验看，庇古思路在计划经济体制和市场经济体制下均能较好适用，因此实践运用案例较多。但因为官僚机构运行效率较低、激励机制不完善、信息不充分以及寻租等问题的存在，政府失灵现象普遍存在。同时随着产权制度和市场机制不断健全，科斯思路的应用前景可以预见非常广阔。

第三，无论是庇古思路还是科斯思路，都要求对产权进行清晰界定，当然相比较而言，科斯思路对产权清晰的要求更高。但生态环境是典型的公共物品，其产权界定及保护非常困难，这样就限制了科斯思路的广泛运用。

第四，两种思路的成本构成有所差异，其中庇古思路交易成本低而管理成本（或组织成本）高，科斯思路则交易成本高而管理成本（或组织成本）低。当交易成本非常高时，科斯思路往往无效，而当管理成本（或组织成本）过高时，庇古思路往往无效。

第五，比较而言，政府往往倾向于庇古思路，而企业和公众则更加偏好科斯思路。因为通过征收税费，不仅可以实现相应的环境以及经济效益，而且政府还能获得环境税、排污费等额外的收入；而在产权清晰的情况下，公众和企业等市场主体可以通过协商和谈判等解决外部性问题，避免了政府的过度介入。当然，从更广阔的视角考虑，两种思路是相辅相成的，要妥善解决外部性问题需要政府和市场共同参与。市场交易效率较高，但需要有明确的产权界定，而完善产权制度和制定外部性规制政策则是政府的主要职责。

2.2.2.3 庇古思路与科斯思路的生态补偿政策含义

根据前文所述，庇古思路与科斯思路都可能实现资源配置最优，但两者所适用的条件和适用范围有区别。生态补偿政策在实际制定中，要按照公共物品具体类型及产权是否明晰等进行区分。

第一，如果通过政府干预的交易成本低于通过市场谈判的交易成本，则选庇古思路，即通过向生态环境破坏者（或受益者）收取一定金额的环境税（费）来解决外部性问题。比如对于重要生态功能区而言，由于生态系统服务受益范围非常广泛，并且流动性很大，导致产权界定比较困难，且产权保护成本较高，受益者众多且容易隐藏自身偏好，所以生态功能区经营主体要与所有的受益者直接谈判并达成交易的成本巨大。此时，科斯思路是不可行的，政府必须进行干预。目前影响较广的典型做法包括有些国家的环境税、碳税以及我国的资源税、退耕还林政策、排污费等。在现实中，庇古思路的应用也可能面临一些困难，如生态系统服务的受益范围和收益大小难以确定，即使能够确定受益范围，受益者的效用评价也会存在很大差异，因此要对生态环境外部性及征税（费）额度进行精确计量非常困难。

第二，如果市场谈判的交易成本低于政府干预的交易成本，则选科斯思路，即通过交易双方自愿协商和谈判来纠正外部性问题。在各国生态补偿实践中，科斯思路被广泛运用。如一些国家对自然资源产权进行界定，包括渔业、森林等资源的私有化；还有一些国家建立排污权交易制度，这是对科斯思路的创新，也大幅降低了环境污染。前文已述，科斯定理要成立必须满足一定的前提条件，包括产权界定非常明确，交易成本为零（或非常低），外部性影响范围较小等。但在生态补偿实践中，这些条件要全部满足还是有相当难度的。一方面，产权界定在理论上比较容易，而在实践中操作比较困难；另一方面，谈判双方为了自身利益最大化，往往会给对方制造一些障碍（如隐瞒信息等），使交易成本增加。

第三，如果通过政府干预的交易成本等于通过市场谈判的交易成本，则两种思路均可选择。值得说明的是，无论是市场谈判和政府干预，在解决生态环境外部性问题时均可能存在失灵现象，即所谓的“市场失灵”和“政府失灵”。所以我们在设计生态补偿机制时，要尽量将两种思路结合起来，而不是简单的非此即彼。

2.2.3　公共物品理论

2.2.3.1　公共物品的内涵

公共物品概念最早由萨缪尔森提出，他在1954年发表的《公共支出的纯理论》一文中，将社会物品划分为“私人消费品”和“集体消费品”两类。其中，“私人消费品”的社会消费总量为全体消费者对某物品消费量之和，可用公式表示为：

$$X_j=\sum_{i=1}^{s}X_j^i \qquad (j=1,\ 2,\ \cdots,\ n;\ i=1,\ 2,\ \cdots,\ s) \tag{2.2}$$

其中，i表示不同的消费者，j表示不同的物品。

而“集体消费品”的含义是消费者对该物品的消费不会受其他消费者消费的影响，即新增消费者的边际成本为零。可用公式表示为：

$$X_{n+j}=X_{n+j}^i \tag{2.3}$$

萨缪尔森进一步推导出了公共物品最优边际条件。其公式为：

$$\frac{u_j^i}{u_r^i}=\frac{F_j}{F_r} \qquad (i=1,\ 2,\ \cdots,\ s;\ r,\ j=1,\ 2,\ \cdots,\ n) \tag{2.4}$$

$$\sum_{i=1}^{s}\frac{u_{n+j}^i}{u_r^i}=\frac{F_{n+j}}{F_r} \qquad (j=1,\ 2,\ \cdots,\ m;\ r=1,\ 2,\ \cdots,\ n) \tag{2.5}$$

$$\frac{U_i u_k^i}{U_q u_k^q}=1 \qquad (i,\ q=1,\ 2,\ \cdots,\ s;\ k=1,\ 2,\ \cdots,\ n) \tag{2.6}$$

其中：式（2.4）为私人消费品均衡条件，其内涵是私人物品生产的边际转换率等于每个消费者对该物品的边际替代率；式（2.5）为集体消费品均衡条件，其内涵是集体物品生产的边际转换率等于全体消费者对该物品的边际替代率之和；式（2.6）是社会福利最大化的均衡条件。

根据是否具有消费上的“非排他性”和“非竞争性”，可将社会物品分为四类：纯私人物品、俱乐部产品、公共资源型物品和纯公共物品（见表 2.8），其中俱乐部产品和公共资源型物品又可称为准公共物品。

表 2.8　社会物品的分类

		排他性	
		有	无
竞争性	有	纯私人物品	公共资源型物品
	无	俱乐部产品	纯公共物品

由于消费上具有“非排他性”和“非竞争性”特征，公共物品的利用经常会出现“搭便车”和“公地的悲剧”等问题。“搭便车”问题最早是休谟在 1740 年提出的。他认为，存在公共物品必然会出现免费搭车者。由于社会公众的偏好及效用函数为私人信息，政府无法掌握，公众会故意隐瞒其从公共物品消费中得到的真实利益。再加上公共物品的非排他性特点，很可能出现人们不用支付任何费用却能享受因为别人付费而提供的公共物品的现象，即“搭便车”。很显然，如果大家都选择搭便车，都不乐意支付费用，那最终必然导致公共物品供给不足。“公地的悲剧”是 1968 年加勒特 · 哈丁提出的[①]，又被称为“公有资源的灾难”，其定义可以概括为：如果一种资源具有非排他性，那么会引起过度利用，最终损害全体成员利益。这是由于产权不清导致的。

2.2.3.2　作为公共物品的生态系统服务分类

第一，属于纯公共物品的生态系统服务。其特点是消费上同时具有非排他性和非竞争性，如国家级重要生态功能区，其所提供的生态功能是整个国家生态安全的重要屏障。一方面，重要生态功能区扩散范围非常广泛，无法排除他人直接享受；另一方面，从全局看，重要生态功能区的生态功能数量巨大，一个人消费的产生和

① 公地是英国的一种土地制度，即封建主会拿出一些未耕种过的土地无偿向牧民开放。由于是无偿进行放牧，牧民为了使个人利益最大化，虽然知道公地会不断退化，但仍尽可能地增加牲畜数量，最终使牧场彻底退化，牲畜也将被饿死。这就是“公地的悲剧”。

增加并不能对他人的消费产生什么影响。此外，一些全球性补偿问题（如生物多样性保护）也具有纯公共物品的特征。

第二，属于公共资源的生态系统服务。其特点是消费上具有非排他性而有竞争性，如跨省流域的上下游补偿问题。首先，流域跨度范围大，在技术上很难排除他人利用；其次，如果上游居民（或企业）对流域资源进行过度开发和利用，甚至造成水资源污染，必然会影响他人（尤其是下游居民）消费。当然，这种划分标准也只是相对的。在流域生态补偿中，有些可能更接近纯公共物品，比如大江大河等较大流域的生态补偿；有些流域补偿的相关主体比较明确，比较接近俱乐部物品的有南水北调中的水涵养等。

第三，属于俱乐部物品的生态系统服务。其特点是消费上具有非竞争性而有排他性，如特定行政区域内小型流域、城市水源地保护等补偿问题。由于存在一定空间距离，其他行政区域的人很难享受该区域的生态系统服务，因此排他性容易实现；但是对本内部区域来说，增加一个消费者的边际成本极小，因此具有非竞争性。当然，划分方法也是相对的。从整个国家尺度来看，地方性公共物品可以视为俱乐部物品，但如果从某一个省（或特定行政区域）来分析，则又可能是纯公共物品。与纯公共物品相比较，俱乐部物品生态补偿中的相关利益主体比较明确，因此可以通过自愿协商和谈判交易来解决外部性问题。

第四，属于准私人物品的生态系统服务。其特点是消费上既有竞争性也有排他性，但是与纯私人物品又不一样，因为国家拥有产权，具有一定的公共物品属性，因此称为准私人物品。比如，矿产资源开发的生态补偿问题就可归属为准私人物品。主要原因是：一方面，矿产资源开发的产品多为私人物品，矿业企业作为环境污染问题的责任主体非常明确；另一方面，矿产资源产权归属国家，矿产资源开发产生的污染虽然大多为点源污染，但具有部分公共物品性质。

2.2.3.3　公共物品属性与生态补偿政策边界

自然生态系统及其所提供的生态服务、功能被过度利用或供给不充足等问题的产生是由于公共物品属性导致。生态补偿就是通过制度设计，规定各利益主体的权利、责任和义务等，以激励生态建设者的供给积极性，妥善解决公共物品的过度利用或供给不足问题。在生态补偿实践中，我们在设计生态补偿政策框架时，必须明确生态补偿政策边界或者政策作用范围，比如不同类型公共物品的哪些生态功能或生态损失需要给予补偿。如果生态补偿政策边界不清晰，可能会导致生态补偿政策的偏差。

第一，对纯公共物品的生态补偿政策边界。纯公共物品的生态补偿政策需要解决两个层次的问题，即平等的发展权和责任问题。一方面，是平等的发展权问题。非生态区群众及生态区域群众都具有平等的发展权，但因国家严格约束对重要生态功能区自然资源利用及生态环境保护，制定了大量限制开发和禁止开发的制度，导致生态功能区所在地政府和居民的发展权丧失，其他受益者却无偿享用生态功能区提供的生态服务功能，这非常不公平。因此丧失的发展权是首先要获得补偿的，这也是生态补偿的最低标准。另一方面，是平等的责任问题。理论上，生态系统服务的提供者和受益者在生态环境保护方面具有平等的责任。但在现实中，国家对重要生态功能区生态环境保护的要求更加严格，所以生态功能区为保护生态环境而付出的成本更大，因此受益者要给予环境保护者一定的补偿以弥补生态功能区居民额外成本的支出。对于全球范围内的纯公共物品的补偿主体应当是所有的受益国，各国承担的具体责任可以通过多边协定来确定。如果生态系统服务可以量化确定，比如森林的固碳功能，则可以通过市场贸易和碳交易等方式进行补偿。

第二，对公共资源的生态补偿政策边界。公共资源的生态补偿主要发生在跨省流域的上下游之间，主要包括下游对上游的生态补偿和上游对下游的污染赔偿。一方面，流域上游地区有义务按照法律要求或者初始权利界定对本区域水源进行治理，保证水质达到国家要求。为此，上游地区可能会丧失部分发展权或者付出额外的治理成本，而下游地区则从中受益。因此，下游地区的地方政府作为受益者集体代表应成为补偿主体，而补偿的客体应当是上游的地方政府、企业以及社区居民等。对于这类生态补偿，补偿模式可以选择市场交易模式，也可以选择公共购买模式，具体取决于相关利益主体的意愿及实施条件是否成熟。当然，无论选择何种模式，都需要上级政府的监督协调，特别是当利益主体根据科斯思路进行协商谈判时，上级政府要搭建相应的工作平台。另一方面，如果上游地区没有履行好自身义务，造成水源污染或水质未达到国家标准，给下游地区带来损失，则必须向下游地区赔偿。此时，上游地区污染企业或地方政府应该是支付赔偿的主体，而下游地区的地方政府、企业和社区居民等由于利益受损，应该是受偿主体。

第三，对俱乐部物品的生态补偿政策边界。前文已述，俱乐部物品主要针对整个国家尺度而言，假如空间尺度为一个省或者一个特定行政区域，则俱乐部物品又能再进行细分为纯公共物品、公共资源以及准私人产品。因此在国家尺度上其他类型物品的补偿可作为俱乐部物品的生态补偿政策边界的参照，不过生态补偿相关主体均受限于本行政辖区内。

第四，对准私人产品的生态补偿政策边界。前文已述，矿产资源开发具有准私人物品的属性。在实际开发中，矿产资源开发导致的负外部性问题包括：首先，矿产资源开发直接引起的空气、水、地表等生态要素的污染或破坏，这些污染企业自身有能力进行治理。对这一类问题，可以根据“谁污染，谁付费”原则，由矿产资源开发企业自行解决污染及破坏问题，如矿山复垦等。其次，矿产资源开发导致如区域性地表塌陷、地下水污染等区域性生态环境问题，这些问题企业自身很难解决，需要由地方政府进行补偿和修复，但企业应支付一定费用，如保证金等。最后，生态环境污染或破坏对矿区居民带来的不利影响及损失，也应该由矿产资源开发企业进行补偿。

2.2.4 可持续发展理论

2.2.4.1 可持续发展内涵

可持续发展概念最早是在 1980 年发布的《世界环境保护纲要》中提出的[①],其后联合国发布的《我们共同的未来》《里约环境与发展宣言》《21 世纪议程》以及中国政府发布的《中国 21 世纪议程——中国 21 世纪人口、环境与发展白皮书》等一系列重要文件进一步深化了可持续发展内涵。

可持续发展一般包括经济、社会和环境三部分，其主导因素有人口、污染、贫穷、资源损耗、环境问题等。可持续发展与环境以及贫穷之间的关系如图 2.8 所示。

图中，左边的循环解释了贫穷如何引起资源损耗与退化。贫穷时，为了满足生

① 《世界环境保护纲要》由国际自然资源保护联合会、世界野生生物基金会和联合国环境规划署共同拟定，提出“必须研究自然的、社会的、生态的、经济的以及利用自然资源过程中的基本关系，以确保全球的可持续发展”。

存需要，会引起土壤侵蚀和环境污染，而土壤侵蚀和环境污染则会进一步加剧贫困；右边的循环解释了发展如何引起资源损耗、退化及气候变化，这些生态环境问题反过来又将影响发展进程。因此，要实现可持续发展，必须通过强有力的干预措施，打破这两个恶性循环。

可持续发展的内涵包括：其一，突出发展主题。发展是集经济、社会、文化、科技、环境等于一体的综合现象，与经济增长有本质区别，不同国家的发展权利是平等的。其二，发展的可持续性。人类必须在资源与环境所能承载的范围内发展社会经济，超载则会出现灾难性的严重后果。其三，发展的公平性，包括代内公平和代际公平。代内公平指同代中一部分人的发展不能损害他人的利益；代际公平指当代人的发展不能牺牲后代人的发展机会。其四，人与自然的协调共生。人类是整个自然界的一个组成部分，要与自然和谐共处，尊重和保护自然。

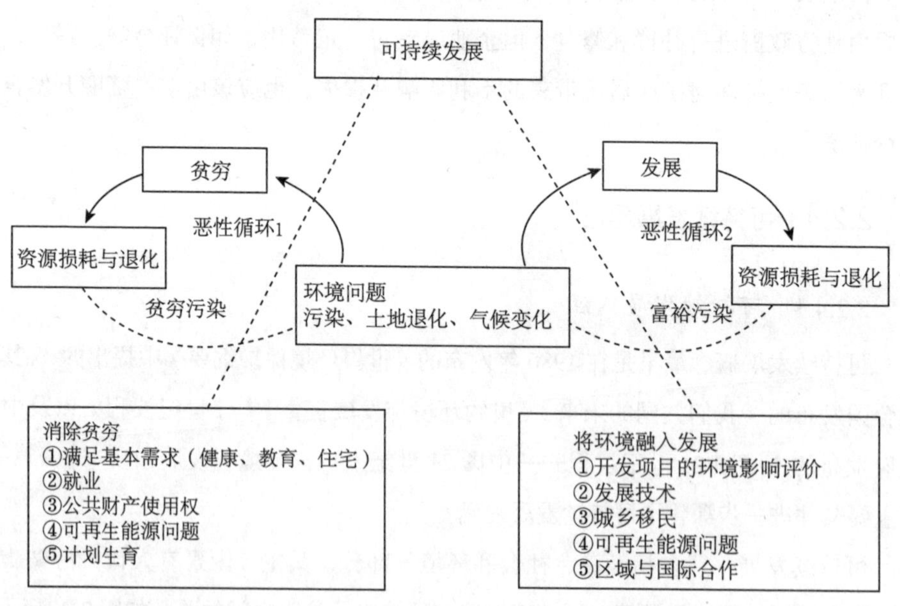

图 2.8　可持续发展、环境与贫穷之间的关系

2.2.4.2　可持续发展与生态补偿关系

可持续发展是一种新型发展观，要求人类经济社会发展必须在资源与环境的承载范围内，对于发展过程中产生的对自然生态系统的破坏，应当进行补偿。可持续发展视角下的生态补偿内涵应包括：

第一，生态补偿政策应纳入国家整个经济、社会、环境协调发展框架内。可持续发展意味着发展过程中人口、经济、社会、生态环境等要素相互协调，人类社会对生态资源的消耗不能超出生态系统的承载能力，同时生态补偿也应在社会经济承受能力范围内。

第二，代内的公平。生态危机的爆发，既有贫困地区为了解决温饱问题而对资源进行掠夺性开发的原因，也有发达地区过度利用资源而盲目追求奢侈生活的原因。发达地区自己不断增加对资源和环境的消耗，却要求欠发达地区牺牲自身发展机会来保护生态环境，这是非常不公平的。与富人相比，穷人承担了更多的环境保护责任，但经济获益却很少，由此引起的两极分化问题可能会制约整个社会的可持续发展。可持续发展要求根据“污染者付费、受益者付费”等原则，公平承担补偿责任，政府再通过转移支付手段对贫困地区给予支持，协调不同区域间的补偿能力。

第三，代际的公平。每代人都是后代人地球权益的托管人，不同代际人类应该拥有平等的开发利用自然资源的权利。代际公平要求我们对自然资源进行开发时，不能使其产生退化和损害后代人的权利，这也是可持续发展的本质要求。通过生态补偿政策对受损生态环境进行修复，促进自然资源的可持续利用，以更好地满足后代人的需求，是我们每个人义不容辞的责任。

2.2.5 博弈和演化博弈论

2.2.5.1 博弈论基本概念

根据谢识予（2002）的观点，博弈是指各参与者在一定约束条件下，依据各自所掌握的信息，同时或先后，一次或重复多次，从各自允许选择的行为或策略集中进行选择并实施，并获得相应结果的过程。可见，一个博弈的构成要素包括参与人、行动、信息、策略、支付、结果和均衡等，其中最核心的要素是参与人、策略和支付。依据不同的角度，可以将博弈分为不同的种类（见表 2.9）：

表 2.9　博弈的类型

划分依据	类型	含义
参与人决策的先后顺序	静态博弈	参与人同时决策或虽然不同时决策但相互之间并不了解对方策略
	动态博弈	参与人决策有前后顺序并且后面决策的参与人能够观察到对手的决策
参与人对其他参与人的了解程度	完全信息博弈	在博弈过程中，每一个博弈参与人对其他参与人的特征、策略空间及收益函数等都有准确的了解
	不完全信息博弈	参与人并不完全清楚有关博弈的一些信息
参与人之间是否有合作	合作博弈	参与人之间有具有约束力的协议，彼此在协议范围内进行博弈
	非合作博弈	参与人在博弈过程中不能达成一个具有约束力的协议，博弈者独立自主作出决策

资料来源：谢识予（2002）。

纳什均衡是非合作博弈论的核心概念，是指当对手策略（或行为）给定时，各参与者制定的最佳策略（或行为）组合，可用数学符号表示为：

对于博弈 $G=\{S_1, S_2, \cdots, S_n; u_1, u_2, \cdots, u_n\}$，若策略组合（$s_1^*, s_2^*, \cdots, s_n^*$）中，参与者 i 的策略 s_i^* 是应对参与者策略组合（$s_1^*, \cdots, s_{i-1}^*, s_{i+1}^*, \cdots, s_n^*$）的最佳策略，也即 $u_i(s_1^*, \cdots, s_{i-1}^*, s_i^*, s_{i+1}^*, \cdots, s_n^*) \geqslant u_i(s_1^*, \cdots, s_{i-1}^*, s_{ij}^*, s_{i+1}^*, \cdots, s_n^*)$ 对任意 $s_{ij} \notin S_i$ 都成立，则称（$s_1^*, s_2^*, \cdots, s_n^*$）为 G 的一个纳什均衡。

可见，当其他参与者不改变策略时，各参与者均不会改变自己的策略，即所有参与者都不会率先改变自身策略，因此纳什均衡是稳定的。

2.2.5.2　演化博弈内涵

传统的博弈理论是建立在完全信息和理性人假定基础上的，而这往往与现实情况并不吻合，对现实中的参与者来说，由于知识储备的不足以及经济环境的复杂性，不可能完全掌握信息和做到完全理性，只能是有限信息和有限理性，而演化博弈正是建立在有限信息和有限理性基础上的。

选择和突变是构建演化博弈模型的基础。所谓选择，是指在博弈中较多的参与者都将采用可以获得比较高支付的策略；而突变是指有部分参与者将随机选择异于群体的策略，这个策略有可能获得较高或较低的支付。从本质上看，突变也是选择的一种，是一个不断尝试错误的过程，但是能留到最后的只有好的策略。演化博弈理论包括演化稳定策略和模仿者动态两个核心概念。

第一，演化稳定策略。其含义是指当种群的所有成员均选择某一策略，则该种群将不会受到具有突变特征策略的冲击。它可表述为，假设单个 A 策略者面对采取 B 策略者的种群的适存度为 $W(A, B)$，若对于任何 $J \neq I$，$W(J, I) < W(I, I)$ 均成立，则 I 将是一个演化稳定策略。为理解演化稳定策略的含义，进一步给出如下两个定义：

定义 1 如果 $\forall y \in A$，$y \neq x$，存在一个 $\overline{\varepsilon_y} \in (0, 1)$，对于任意 $x \in (0, \overline{\varepsilon_y})$，$u[x, \varepsilon y+(1-\varepsilon)x] > u[y, \varepsilon y+(1-\varepsilon)x]$ 均成立，则 $x \in A$ 被称为演化稳定策略。其中 A 表示群体中个体的支付矩阵；y 表示突变策略；ε_y 称为侵入界限，是与 y 有关的一个常数；$\varepsilon y+(1-\varepsilon)x$ 为选择不同策略的群体构成的混合群体。

由定义 1 可以看出，如果没有强有力的外部冲击，系统将保持原有的稳定状态，即存在类似于“锁定”的效应。

定义 2 在博弈 G 中，如果一个行为策略 $s=(s^1, s^2)$ 满足以下两个条件：①对任意的 $s' \in S \times S$，满足 $f(s, s) \geqslant f(s', s)$；②如果 $f(s, s) = f(s', s)$，那么对任意的 $s \neq s'$，有 $f(s', s) \geqslant f(s', s')$，则称该策略为演化稳定策略。

演化博弈模型是描述状态 S 如何随时间变化的动态结构，如果考虑时间的连续性，状态 S 对时间的导数可定义为 $\bar{s} = (\bar{s}^1, \cdots, \bar{s}^K)$。其中，$\bar{s}^k = (\bar{s}_1^k, \cdots, \bar{s}_N^k)$，还可以表示为 $\bar{s}^k = (ds_1^k / dt, \cdots, ds_N^k / dt), (k = 1, 2, \cdots, K)$。因此，该过程可用函数 $F: S \to R^{NK}$ 表示，即 $\bar{s} = F(s)$。可见，演化博弈是微分方程自治系统，当初始条件 $s(0) \in S$ 给定时，该博弈的具体演化过程可用 $\bar{s} = F(s)$ 的解所对应的曲线来描绘。并且，如果系统中有稳定解，这个解就对应于演化稳定策略（ESS）。

第二，模仿者动态。假设在任何时候，每一个种群都只能选择一个纯策略，则可以用混合策略来表示在不同时刻整个群体所处的状态。在演化博弈模型中，$SK=\{s_1, s_2, \cdots, s_k\}$ 为纯策略集；N 为种群中个体总数；$n_i(t)$ 表示种群中在 t 时刻有多少个体选择纯策略 i。$x(x_1, x_2, \cdots, x_k)$ 表示在时刻 t 时群体的状态，其中，x_i 表示有多大比重的人选择纯策略 i，即 $x_i = n_i(t)/N$。以 $f(s_i, x')$ 表示个体选择纯策略 s_i 时的期望支付，$f(x, x) = \sum x_i f(s_i, x)$ 则表示群体中所有个体平均期望支付。

所以，可将系统的微分方程表示为：$dx_i(t)/dt = x_i \cdot [f(s_i, x) - f(x, x)]$

2.2.5.3 博弈论与生态补偿的关系

博弈论与生态补偿的关系主要表现在以下几方面：

第一，博弈论研究的核心问题是不同主体之间的冲突与合作问题，而生态补偿实质上是利益再分配的过程，生态补偿相关主体之间难免产生利益冲突，势必引起众多利益主体和政府部门的参与和较量。只有正视这些矛盾和冲突，尊重所有主体的利益诉求并加强合作，才能通过构建科学合理的补偿机制来促进生态系统可持续发展。在此过程中，人的行为成为影响构建生态补偿机制的主要变量。

第二，博弈论主张个体理性，认为个体理性要与集体理性兼容，个体利益的最大化并不代表集体利益最大化。满足个体理性条件下达到集体理性，才能实现社会整体利益最大化。在生态补偿过程中，个体理性与集体理性的差异不仅是造成生态系统破坏的主要原因，同时也是推动生态系统建设各主体间合作的逻辑起点。同样可以说明，生态补偿制度如果不能构成纳什均衡，则这种制度安排显然不能发挥作用，或者说仅仅是一种无效的制度。

第三，博弈论把不同制度模式作为主要分析变量，把可满足纳什均衡条件作为研究结果。在生态补偿中，各利益主体会根据具体制度约束选择自己的最优策略，而只有满足博弈内生规则的制度才是有效的，这也为生态补偿利益主体从冲突走向合作的制度设计提供了理论支持。

第四，博弈论主要是基于信息不对称和外部性等视角来研究个体决策问题。而在生态系统建设中，外部性大量存在，且不同主体之间存在严重的信息不对称（如受益者无法观测到生态系统建设者的努力程度及成本信息等），加剧了生态补偿的复杂程度，为决策者制定政策带来不确定性和风险。

3 生态补偿机制的理论框架

3.1 生态补偿机制构建的主要原则

构建生态补偿机制需要解决好“谁补偿、补给谁、怎样补”的问题。“谁补偿、补给谁”实质上是补偿权责的确定问题，“怎样补”是生态补偿具体实施问题，包括补偿标准、补偿手段等。在这两项问题的确定上，都应该遵循一定的原则。

3.1.1 补偿权责确定的原则

关于补偿权责的确定，现有文献多从权利和责任两个视角进行分析，基于前文对生态补偿概念的界定以及现有文献基础，本书提出以下几个原则：

3.1.1.1 破坏者补偿原则

行为主体的行为造成了生态破坏和环境污染，使生态系统服务价值及功能发生退化，理应承担补偿责任。如 2017 年 6 月长庆油田对额日克淖尔湖造成严重的污染，导致数万亩草场上水源和植被受到污染以及几百头牲畜死亡。中石油作为直接责任人，必须对额日克淖尔湖水污染承担补偿责任。

3.1.1.2 使用者补偿原则

生态资源作为一种稀缺资源，为全社会成员所共有，因此生态资源使用者必须为其独占行为向共同拥有者支付补偿，而政府则作为社会公众代表来接受补偿。如行为主体发生矿产开发、木材砍伐、耕地占用等行为时，都应向政府支付一定的占用费，如果破坏了环境就要赔偿相关损失。

3.1.1.3 受益者补偿原则

受益者补偿是指生态环境受益者应该向生态系统建设和保护者支付补偿，这一原则对跨区域生态补偿责任界定尤其重要。在现实中，很多地方政府不愿投入资金进行生态环境治理，很重要的原因就是生态环境效益的外溢性，导致本地区获益难以弥补其投入的人、财、物等治理成本。根据受益者补偿原则，受益区地方政府必须向治理区地方政府支付补偿，由此调动生态系统建设和保护者的积极性①。

3.1.1.4 保护者受偿原则

该原则的核心思想是生态系统建设和保护者为生态环境保护作出了贡献，并为此投入了大量成本和丧失了很多发展机会，理应得到补偿。前文已述，生态系统具有典型的公共物品特征，且生态效益外溢性很强，如果不对生态系统建设和保护者进行补偿，必然导致“搭便车”行为，除了少数志愿者外，将没有人愿意从事生态环境保护。

3.1.1.5 政府补偿为主原则

生态系统服务受益方非常广泛，并且难以准确界定，同时生态系统服务很难进入市场通过交易实现其价值。因此，政府理所当然地成为生态补偿主体。政府通过税收、收费等方式获得生态补偿资金，再分配给生态系统建设和保护者。当然，除了政府部门，其他直接受益方也应承担一定的补偿责任，共同筹集生态补偿资金。此外，政府在发挥主导作用的同时，还应进一步完善相关政策和法规，提升市场主体自觉保护生态环境的积极性。

3.1.2 生态补偿实施的原则

在生态补偿机制实施过程中，为提高补偿效率，也必须遵循一定的原则。目前，部分学者对此进行了一定研究，确定的原则繁简程度不一，但都具备一定的合理性，

① 具体实施时，可将生态系统的生态效益分解成比较容易操作的若干项目。以公益林为例：公益林蓄水、保土、防淤、延长水库和堤坝工程使用寿命，受益方是水电水利部门；公益林提供稳定优质的水源，减免水旱灾害，保障农业生产，受益方是农业部门；公益林减缓河湖泥沙淤积，确保江河水量稳定并使之具有风景观赏价值，受益方是水运和旅游部门；公益林提供洁净的淡水，受益方是城镇居民和企业；公益林保护生物多样性，保持陆地生态平衡，受益方是全社会。

值得借鉴。笔者认为，生态补偿实施的原则不宜过繁，否则交易费用过大，但也不宜过简，否则无法有效指导生态补偿的实施。综合考虑实用性和指导性的原则，结合现有文献基础，本书提出如下几项生态补偿实施的原则：

3.1.2.1 差异性原则

实施差异性补偿原则，主要基于以下几方面原因：其一，不同区域社会经济发展和农户收入水平差异很大，因此生态系统建设和保护的直接投入和机会成本也不同。其二，各区域生态环境禀赋及其发挥的作用大小不同，以及不同质量的生态系统服务价值也不同。其三，社会公众对生态环境重要性认知水平不同，导致其对生态系统建设的支付意愿和受偿意愿也不同。基于上述原因，构建生态补偿机制时，必须考虑区域发展水平、生态环境禀赋和居民认知差异等确定差异化补偿标准和范围，选取适宜的补偿方式，才能提高生态补偿效率。此外，不同的生态系统给经营者带来的收益也有所不同，有些没有收益，有些有收益，因此有必要进行分类补偿[①]。

3.1.2.2 灵活性与效用性结合原则

生态系统服务由于不具备商品属性，难以通过市场交易实现其价值，但事实上人们从生态系统服务受益巨大，因此人们到底应该为生态系统服务支付多少金额（即补偿标准）是关键问题。大量学者均认为，针对不同的生态系统，可以灵活选用影子工程法、替代市场法、旅行费用法、陈述偏好法等不同手段来估算其价值，并据此确定补偿标准，提高生态补偿及资金利用效率。

3.1.2.3 分级补偿原则

分级补偿即合理界定中央政府与地方政府之间的补偿责任。根据“受益者补偿”原则，对于全国性受益的生态系统，其生态补偿资金由中央财政负担；对于地方性受益的生态系统，其生态补偿资金由地方财政负担。实际运行中，很多生态功能区均位于欠发达地区，地方政府因为财力不足难以承担所有的生态补偿责任，因此中央政府必须承担部分责任，地方政府实行配套支持。

---

① 具体思路为：对没有收益的生态系统要完全依靠国家财政扶持，对有收益的生态系统，应该通过科学评估确定经营者收入多少，损失多少，从而确定补偿标准，这样就可以把有限的补偿资金用在刀刃上。

3.1.2.4 可行性原则

任何一项制度在设计时就应考虑到可行性问题，生态补偿机制也不例外，其各项具体管理制度和实施办法必须便于利益主体理解和操作。比如，在确定补偿标准时，必须将充分补偿和现实可行结合起来。充分补偿即完全按生态系统服务价值进行补偿，显然这是不切实际的，政府财力不可能负担得起，只能采用理论上的最高补偿标准。在具体实施时，必须充分考虑补偿主体的支付能力，从成本补偿、意愿补偿等视角确定补偿标准，分阶段逐步提高，不能盲目要求一步到位。

3.2 生态补偿机制的构成要素

生态补偿机制是一个多因素复杂系统，其涉及的因素（主体）包括政府、补偿资金给付者和接受者、生态环境以及补偿金额和方式等。上述因素中，政府和补偿资金给付者是补偿主体，补偿资金接受者是受偿主体，生态环境及生态保护行为是补偿客体（或补偿范围），补偿金额和补偿方式是生态补偿的标准和生态补偿实施的手段，这些因素是生态补偿机制的核心要素。

3.2.1 补偿主体

3.2.1.1 政府

政府是生态补偿机制的经常主体。这主要基于两方面原因：①国家的职能。国家是全体成员利益的代表，负有统治和社会公共管理的天然职责，有权制定相关制度法律，对自然资源利用和生态环境保护进行统一协调和管理。而政府是国家政策的执行机关，按照法律规定，有责任实施生态补偿，促进自然资源有序开发和生态环境可持续发展。②生态环境和自然资源的特征。包括：其一，生态环境价值论。生态环境归全体社会成员共有，对人类生存和发展具有不可或缺的价值，因此其使用者（独占者）应该向其他社会成员支付补偿。同时，生态系统是一个整体，难以分割和确定所有权，因此在很多国家都是生态资源归国家所有，政府作为执行机关代表国家接受补偿。其二，生态环境的外部性。生态环境的外部性非常显著，市场配置资源时效率较低，因此需要政府介入，通过各种手段来纠正市场失灵。否则，由于生态资源使用者无须承担任何外部成本，势必造成生态资源的过度开发利用，制约生态环境的可持续发展。其三，生态环境的公共产品属性。生态环境是典型的公共品，而政府的重要职责之一就是提供公共物品。这就要求政府必须通过征收税费等手段，来保障生态环境的治理和可持续发展。

前文已述，政府作为一类补偿主体，应科学界定中央政府和地方政府的补偿责任。中央政府主要负责全国性受益的生态补偿，如重要生态功能区、大型生态环境建设和修复工程，以及重要的环境技术攻关等；地方政府主要负责地方性受益的生态补偿，如小型生态功能区、小型生态环境治理等，具体在省、市、县（区）和镇（乡）等各级地方政府之间又有不同的责任和分工。

3.2.1.2 补偿资金给付者

补偿资金给付者是指那些需要按一定标准向受偿主体支付补偿金的个人、企业或组织。根据支付补偿的原因不同，补偿资金给付者可以分为：一是生态环境破坏者。主要是指那些由于自身行为而造成生态环境破坏的行为主体，如污染排放者。二是生态资源使用者。主要是指那些通过开发生态资源而获益的行为主体，如矿产开发者、木材采伐者等①。三是生态环境受益者。主要是指那些从受偿主体的生态环境保护行为受益的行为主体，如流域下游居民和企业会因为上游的污染治理行为而受益，因此应该向上游支付补偿。

除上述三类补偿资金给付者，还有一些非营利性社会组织（如环境公益组织）也可能成为补偿主体，其经费主要来自那些关注生态环境的社会公众和机构的捐赠及资金募集。当然，社会组织的补偿行为是自愿的，它们并非生态补偿的经常主体。

随着全球一体化进程的加快，以及全球生态环境的整体性等原因，很多生态环境问题已经成为全球性问题，单独以一国之力难以有效解决，要求世界各国必须携手合作才能有效应对全球性生态环境危机。尤其是发达国家更应当承担主要的责任，因为目前的生态环境问题很大程度上是由于发达国家对自然资源过度开发所致。发达国家不仅要治理好本国的生态环境，还要向发展中国家提供一定的资金技术援助。

① 生态资源使用者也可能因为在生态资源开发利用过程中破坏生态环境，所以其身份可能具有双重特征，既是生态资源使用者，又是生态环境破坏者。

从这个层面理解，外国政府也应成为生态补偿的主体①。

3.2.2 受偿主体

受偿主体即补偿资金接受者，是指因从事生态系统建设和保护、使用绿色环保技术等付出了成本（或丧失了发展机会），或者因为他人开发生态资源导致环境破坏而受到损害，根据合同约定或法律规定应获得补偿（或优惠）的社会组织、地区和个人。根据上述定义，可将受偿主体分为两类：一是接受补偿的施益者。这类主体通过生态系统建设和保护，创造出巨大的生态效益和社会效益，并为全社会成员所享用，同时自身又投入了很多成本，因此必须得到补偿②。二是接受补偿的受害者。这类主体主要是由于补偿支付者的行为破坏了环境使其受到了损害。比如矿产资源开采区内的单位和居民，因为矿产开发导致空气和水源受到污染，而受到潜在或实质性危害，因此应当得到一定的补偿。还有一类受害者是由于生态环境保护而丧失了一些发展机会。如生态功能区内的地方政府和居民，因为国家对生态功能区实行限制性开发甚至禁止开发③，区域内原有企业多数被"关""停"或"转"，这严重损害了区域经济发展，也影响了居民收入和地方政府财政，理应获得一定补偿④。

除上述两类受偿主体外，在全球性生态补偿过程中，某一国家既可以是补偿主体，也可以是受偿主体。当一个国家为了保护其他国家利益而牺牲发展机会，或者由于其他国家的资源开发而使该国的生态环境遭受破坏时，该国应得到其他国家的补偿。

---

① 1992年联合国环境与发展大会上通过的《21世纪议程》中规定，发达国家每年拿出其国内生产总值的0.7%用于官方发展援助。这可以理解为发达国家对发展中国家的生态补偿，尽管执行并不尽如人意，但毕竟有了很大进步。

② 如1978年开始的"三北"防护林体系工程建设，工程建设范围总面积406.9万平方千米，被誉为"世界生态工程之最"，预计到2050年结束，共需造林3560万公顷。此项工程牵涉地区和人员众多，不论是工程前期建设还是后期管护，不论是单位还是个体，都应对他们的付出应给予相应补偿。

③ 如三江源自然保护区，为保护"三江"河水免受污染，避免源头水土流失和保护野生动物，几乎停止了一切资源的开发和利用。

④ 这类受害者同时也可能直接参与生态系统建设而成为施益者。

3.2.3 补偿客体

从法律上看，补偿客体是补偿主体与受偿主体之间权利义务共同指向的对象，也可理解为补偿范围（秦扬 等，2013）。补偿客体主要包括：

3.2.3.1 水土保持

水土保持是我国生态环境保护的重要内容，尤其是西部地区，土壤沙化问题非常严重，同时又是很多江河的源头所在，更要重视水土保持。目前我国广泛实施的“退耕还林、退耕还草”等大型生态工程，就是保护水土的重要举措，但很多农户因此失去了基本的生活来源，所以要给予补偿。此外，为保护水土，很多耕作方式也要作出改变，如坡度超过 25 度的耕地必须建造梯田或禁止耕作，这样会增加农户耕作成本，也应给予一定补偿。

3.2.3.2 野生动物保护

野生动物保护包括狭义和广义两个理解口径。狭义的理解即指对野生动物本身的保护，包括直接投入的保护成本和间接遭受的人身及财产等方面的损失；广义的理解除了对野生动物本身的保护外，还包括对其栖息地、食物、水源等进行保护。如为改善野生动物栖息环境，当地居民可能要移居别处，或者由于野生动物保护区建设可能影响当地居民的生产生活，因此必须进行补偿。

3.2.3.3 流域生态环境保护

为了保护流域生态系统，上游地区投入了很多成本，并且还丧失了一些发展机会，主要包括：其一，流域周边植树造林和水土保持的投入。其二，对水质保护的投入（如污水的无害化处理成本）和保障水量的投入（如水利工程支出和节水性设施投入等）。其三，洪涝时期为保障下游地区不被洪水吞噬而在上游地区的行洪、蓄洪等造成的损失，以及干旱时期为保障下游居民和企业需求而限制上游地区用水而造成的损失等。在流域生态系统保护中，虽然上游地区自身也可获益，但整个流域的生态建设成本全部要上游地区来承担显然是不公平的，因此下游地区理应给予一定补偿。

3.2.3.4 湿地保护

湿地是一种复杂的生态系统，在抵御洪水、调节气候、保护生物多样性等方面有重要作用。湿地保护是一项系统工程，牵涉政府、企业、居民等多个利益主体，需要全社会成员的广泛参与。为了保护湿地，湿地所在区域会付出一些成本或丧失一些发展机会，主要包括：将周边原属个人（或集体）所有的土地纳入湿地保护；周边的居民、企业和政府因承担湿地保护特别责任而增加的额外成本或损失，如因湿地水源限制使用而受到灌溉损失等。

3.2.3.5 自然景观及动植物资源多样性保护

很多自然景观都是不可再生的，一旦受到破坏就难以恢复，加上自然景观本身的稀缺性，因此为了子孙后代也能享受到美丽的自然景观，我们必须加强对自然景观的保护。此外，自然风景区内动植物资源丰富，对这些地区的保护对生物多样性保护也有重要意义。自然景观保护需要大量投入，不能光靠地方政府投入，也应当予以补偿。补偿范围主要包括：对自然景观构成要素的保护；对景观生态系统的辅助要素进行的保护；对景区生物多样性资源的保护①；景区居民为保护景区生态环境而作出的生产生活方式的调整等。

3.2.3.6 因生态环境保护而导致公平发展权的丧失

发展权与生存权一样都是基本人权，必须予以保护。但在特定情况下，国家为了保护整体利益，或者更重要的利益，可能会对部分地区的发展权进行限制。如为了保护北京的饮用水源——密云水库不受污染，在水库周边很大范围内均不允许建设可能污染水质的企业或威胁水库安全的工程。这显然会制约水库周边地区的发展，北京作为受益地区，应该对水库周边地区居民给予一定补偿。

除上述外，根据 Groot（2002）观点，全球生态系统服务可以分为 23 类②，从理

---

① 生物资源确切地说也是自然景观的构成要素，但相对其他要素来说具有特殊性。对景区生物多样性的保护区别于对野生动物和珍稀植物品种保护，后两者侧重于稀有、濒危的生物物种的抢救式保护，而景区生物多样性保护并不区分物种的稀有与否，将景区内的物种作为生态系统的组成部分进行一体式保护。

② 即气体调节、气候调节、干扰调节、水调节、水供给、土壤保持、土壤形成、营养调节、废物处理、传授花粉、生物控制、残遗物种保护区功能、繁殖功能、食物生产、原材料、基因资源、医药资源、观赏资源、审美信息与生活条件、娱乐、文化与艺术信息、精神和历史信息、科学与教育。

论上说这些都应作为补偿客体纳入补偿范围。

3.2.4 补偿标准

生态补偿标准是补偿主体支付给受偿主体的补偿金额。根据确定补偿标准时是否有明确法律规定，可分为法定标准和协定标准。法定标准即指法律明确规定补偿金额多少，不允许双方主体自行提高或降低；协定标准则是由双方主体基于一定原则协商确定，如排污权的交易价格等。

3.2.4.1 确定生态补偿标准的依据

从现有文献来看，确定生态补偿标准的依据主要包括 4 类：

第一，生态保护者的直接投入和机会成本。为了保护生态环境，生态系统建设者投入了大量的人力、物力和财力，这些直接投入显然应予以补偿。此外，他们还为保护生态环境而放弃了一些发展机会，这部分机会成本也应得到补偿。从理论上来说，可将生态保护者的直接投入和机会成本之和作为生态补偿的最低标准。

第二，生态受益者的获利。生态受益者享受生态系统服务却未支付任何费用，导致生态保护者的行为未获得应有回报，即出现正外部性，会打击生态保护者的积极性，出现市场失灵。为纠正市场失灵，需要生态受益者支付一定补偿给生态保护者。对于那些可以进入市场的生态系统服务，可以根据市场价格和市场交易量来核算补偿标准。这样既操作简单，也有利于生态保护者通过技术创新来降低生态保护的成本。

第三，生态破坏的恢复成本。资源开发（如矿产）会造成植被、水资源、空气、生物多样性等的破坏，严重损害区域的气候调节、水源涵养、水土保持等生态系统服务功能，影响了他人福利。所以，遵循“破坏者付费”的原则，应当根据生态环境治理和修复所需成本来确定生态补偿标准。

第四，生态系统服务的价值。该方法主要是根据生态系统提供的固碳释氧、涵养水源、生物多样性保护等各种生态系统服务的价值来确定补偿标准。由于生态系统服务种类很多，并且大多无法直接进入市场进行交易，因此如何科学测算生态系统服务的价值是目前的学术热点之一。但总体而言，尚无统一的标准和方法，不同文献估算出的生态系统服务价值相差甚大，并且直接根据生态系统服务价值进行补偿在现实中也难以实现，因此根据这种方法得到的补偿标准只能作为理论上的最高补偿。各地在具体操作时，可以根据经济发展水平、生态破坏程度、修复成本大小等实际情况，通过主体间博弈和协商来确定补偿标准，并进行动态调整。

3.2.4.2　生态补偿标准的计算方法

许多学者对生态补偿标准问题进行了研究，采用的方法包括机会成本法、费用分析法、价值评估法、影子价格法、支付意愿法等。

3.2.4.2.1　机会成本法

机会成本的数学表达式为：

$$P_i = \max\{C_1, C_2, \cdots, C_n\} \tag{3.1}$$

式（3.1）中：P_i 为 i 方案的机会成本；C_1，C_2，⋯，C_n 为 i 方案以外其他方案的效益。不妨以流域为例，其机会成本法的计算公式为：

$$P = (T_0 - T) \times N_e + (S_0 - S) \times N_f \tag{3.2}$$

式（3.2）中：P 为补偿标准；T_0 和 T 分别为对照区和流域上游地区城镇居民人均可支配收入；N_e 为流域上游地区城镇居民人口；S_0 和 S 分别为对照区和流域上游地区农民人均纯收入；N_f 为上游地区农业人口。

此外，还有学者将所有机会成本相加得到补偿标准。仍以流域为例，机会成本主要包括因产业结构调整的工业损失、发展权限制的损失、退耕还林损失以及因涵养水源导致的渔业损失等。因此总的机会成本为：

$$P = L_1 + L_2 + \cdots + L_n \tag{3.3}$$

式（3.3）中：P 为总的机会成本；L_1，L_2，⋯，L_n 为各种机会成本。

3.2.4.2.2　需求成本法

一旦实施了生态补偿机制，一方面补偿地区要对受偿地区进行补偿，另一方面受偿地区要确保生态环境达标。以流域补偿为例，通常根据流域水质量是否达标来界定补偿主体和受偿主体。假设规定的水质标准为Ⅲ类，如果流域界面水质优于Ⅲ类标准，则下游补偿上游；如果界面水质低于Ⅲ类标准，则上游补偿下游；如果界面水质正好达到Ⅲ类标准，则上下游都不补偿。补偿金额与下游地区用水量有关，具体计算公式为：

$$P = Q \times \sum (L_i \times C_i \times N_i) \quad i = 1,\ 2,\ \cdots,\ n \tag{3.4}$$

式（3.4）中：P 为补偿标准；Q 为下游取水量；L_i 和 C_i 分别为第 i 种污染物水质提高的级别及单位级别提升所需成本；N_i 为超标倍数。其中下游取水量核算公式为：

$$Q = \frac{S_1 T_1}{S_2 T_2 V_1} \tag{3.5}$$

式（3.5）中：S_1、T_1 分别为上游支流流域面积和降水量；S_2、T_2 分别为下游库区流域面积和降水量；V_1 为水库正常库容。

3.2.4.2.3　市场价值法

市场价值法也称生产率法，是通过估算环境影响前后产量及生产成本变动来确定补偿标准。将整个生态系统看成一种生产要素，环境质量的变化会对生态系统的生产率和生产成本产生影响，进而引起产量、价格和预期收益的变化。其计算公式为：

$$V = q \times (P - C_v) \times \Delta Q - C \tag{3.6}$$

式（3.6）中：V 为生态系统服务价值；P 为产品价格；C_v 为单位产品的可变成本；ΔQ 为产量变化量；C 为成本；q 为单位产量。

现实中，产量的变化可能引起产品价格的变化，此时计算公式变为：

$$V = q \times \left(\frac{P_1 + P_2}{2} - C_v\right) \times \Delta Q - C \tag{3.7}$$

式（3.7）中：P_1、P_2 分别为产量变化前后的价格，其余变量含义与式（3.6）相同。

市场价值法目前应用比较广泛，但由于只考虑了直接经济价值，没有考虑间接经济效益，往往会低估真实的经济价值。

3.2.4.2.4　费用分析法

费用分析法是通过计算保护或恢复环境等措施的费用变化来进行估算的，包括恢复费用法、防护费用法及影子工程法等。恢复 / 防护费用法通过核算生态系统的修复费（修复已破坏的生态系统）或防护费（为避免生态系统遭破坏）来确定补偿标准。影子工程法是指通过建造新的工程来替代原有的生态系统，并且用新工程建造所需费用来估算生态系统价值损失（补偿标准）的方法。其数学表达式为：

$$P=V=\sum X_i \quad i=1, 2, \cdots, n \tag{3.8}$$

式（3.8）中：P 为补偿标准；V 为新工程的造价；X_i 为新工程中 i 项目的建造费。

影子工程法在现实中得到广泛应用，但也有不足之处。替代工程并不是唯一的，而且并不是所有的生态系统都能用技术手段替代，因此影子工程法并不能完全替代生态系统服务功能。

3.2.4.2.5　改进的人力资本法

人力资本法是通过核算环境变化导致劳动能力丧失或过早死亡而带来的工资（收入）损失来确定补偿标准，具体计算时，要将未来的工资（收入）折算为现值。有学者对传统的人力资本法进行改进，用潜在寿命损失年法（YPLL）来估算生态系统价值[①]。计算公式为：

$$P=P_1+P_2=M_1\times YPLL_a\times V_1+M_2\times T\times V_2 \tag{3.9}$$

式（3.9）中：P 为人力资本或健康损失总价值；P_1、P_2 分别为污染导致过早死亡和生病带来的人力资本或健康损失价值；M_1 和 M_2 分别为污染导致的死亡和生病人数；$YPLL_a$ 为死亡者的平均 YPLL；V_1 为社会人均年工资；T 为因生病而误工的天数；V_2 为患者每天的工资、医疗费和陪护费之和。

与传统的人力资本法相比较，改进的人力资本法数据比较容易获得且理论无争议，消除了伦理道德问题。

3.2.4.2.6　影子价格法

影子价格是当资源配置达到帕累托最优时单位资源的边际效益，通常可用求线性规划模型的对偶解来获取[②]。假设资源的优化配置模型为：

$$\begin{aligned} &MaxZ=Cf(x)\\ &s.t.g_m(x)\leqslant b_m \quad m=1, 2, \cdots, n \quad x\geqslant 0 \end{aligned} \tag{3.10}$$

式（3.10）中：x 为资源量；C 为常数；Z 为利用资源量 x 所获社会净效益；

---

① YPLL 是流行病学中用以衡量疾病负担的一个指标，是死亡时实际年龄与预期寿命之差。

② 资源的最优配置可以转化为一个线性规划问题，规划的最优解就是该资源的影子价格，即所求的资源价值。若资源优化配置模型为线性的，则其对偶问题中与约束条件对应的对偶变量最优解就是资源的影子价格；若该模型为非线性的，那么根据非线性规划理论，在模型的最优解中和约束条件相应的拉格朗日因子就是资源的影子价格。

$g_m(x) \leq b_m$ 为第 m 种资源的约束条件；b_m 为第 m 种资源的可利用量。

此外，影子价格还可以通过国内市场价格、国际市场价格和机会成本法等方法获得。根据求出的影子价格，可进一步求出生态系统服务价值，其数学表达式为：

$$P = Q \times V \tag{3.11}$$

式（3.11）中：P 为生态系统服务价值；Q 为生态系统服务量；V 为生态系统服务的影子价格。

影子价格法的优点在于它能够反映资源量、资源价值与生态系统总效益之间的关系，即影子价格、资源带来的经济效益和资源利用效率之间成正比。但是影子价格无法对科技、政策等因素进行货币化，可能会导致计算结果存在偏差。

3.2.4.2.7　旅行费用法

旅行费用法是通过计算旅游者花费的交通、门票、餐饮等费用来衡量景区生态环境变化所引起的效益变化，并据此估算环境变化导致的效益或损失。在具体应用时，旅行费用法包括个体模型、分区模型和随机效用模型 3 种方法。不妨以分区模型[①]为例，其基本步骤为：

第一，以景区（或其他生态系统所在区域）为中心，按距离远近将其周边区域划分为若干个同心圆。

第二，对游客出发地、旅行费用、旅游率和其他社会经济因子进行实地调查。

第三，通过回归分析求出“全经验”的需求函数。其数学表达式为：

$$Q_i = f(TC, X_1, X_2, \cdots, X_n) \tag{3.12}$$

式（3.12）中：Q_i 为旅游率；TC 为旅行费用；X_1，X_2，…，X_n 为其他有关的社会经济变量。

第四，采取积分或梯形面积求和法计算生态系统服务价值。

旅行费用法所需要的信息虽然比较容易获得且操作简单，但容易存在偏差，比如所估算的费用可能并非都是为环境游憩而支出，忽略了收入差距等。

① 利用分区模型时，必须具备四个假设条件：一是所有旅行者对于生态系统服务的使用而获得的总效益相同，且等于边际旅游者的旅行费用；二是边际旅游者的消费者剩余为零；三是所有人的需求曲线具有相同的斜率；四是旅行费用是一种可靠的替代价格。

3.2.4.2.8 调查估值法

调查估值法包括支付意愿法和专家调查法。支付意愿法是直接调查消费者来了解消费者的支付意愿，也可以根据消费者对生态系统服务的需求数量来估算生态系统服务价值。其计算公式为：

$$P = WTP \times POP \tag{3.13}$$

式（3.13）中：P 为补偿额度；WTP 为最大支付意愿；POP 为人口数。

专家调查法是根据专家意见来估算资源价值的方法。其计算公式为：

$$P = \sum A_i C_i \quad i = 1,\ 2,\ \cdots,\ n \tag{3.14}$$

式（3.14）中：P 为补偿额度；A_i 为专家所选的概率；C_i 为专家选择该数额的概率。

可以看出，支付意愿法主观性较强，消费者希望花最少的钱来得到更多的服务，因此支付意愿法一般作为生态补偿标准的下限来考虑[①]。专家调查法主观性也很大，但在数据缺乏或者是决策涉及的相关因素过多时可以考虑使用。

3.2.5 补偿方式

补偿方式主要是指补偿主体采用哪种形式对受偿主体进行补偿。从国内外生态补偿的实践看，补偿方式主要有以下几种：

3.2.5.1 经济补偿

经济补偿尤其是现金补偿是最常见的补偿方式。目前我国生态补偿资金的主要来源是政府的财政资金，这种单一渠道来源导致政府财政压力较大。如果宏观经济不景气，政府财政收入较少，对生态补偿的投入就可能会急剧下降，导致生态补偿标准和补偿效率下降，制约生态系统的可持续发展。因此，如果地方财政状况较好，可以加大经济补偿力度，这毕竟是最直接有效的补偿方式；但如果地方财政状况不理想，则一方面要尽快拓宽补偿资金来源渠道，另一方面要尽力探索其他补偿方式。

---

① 支付意愿法有一个额外好处，即可以通过直接调查居民的生态系统服务支付意愿，对生态系统服务价值进行普及和教育。

3.2.5.2　实物补偿

实物补偿是指补偿主体通过实物形式对受偿主体进行补偿，这样在一定程度上可以降低受偿主体的生产系统建设成本。所以，如果地方政府财政状况不好，可以适当采用实物补偿。如果当地粮食产量高，可将粮食作为补偿物；如果工业基础强，则可将农机农具作为补偿物。比如实施退耕还林时，还林者失去了土地，而森林又禁止采伐，可以通过粮食补偿来保障其基本生活。从这个意义上说，无论地方财政状况好坏，实物补偿都是一种很好的补偿方式。

3.2.5.3　政策补偿

前文已述，生态补偿的资金需求量大，如果完全来源于财政资金，在增加政府财政负担的同时也导致补偿标准难以提高。国家可以给予生态系统建设和保护者一定的政策优惠，如减免税收和土地使用成本等，这样也可以降低其生态建设的成本。具体实施时，国家可以将相关权力下放，这样地方政府可以更加灵活地执行生态补偿政策（杨晓萌，2013）。因此，政策补偿应为国家和地方政府实行生态补偿的必然选项。

3.2.5.4　项目补偿

项目补偿是指政府或补偿主体以项目作为补偿物提供给受偿主体，这样可以推动受偿主体的产业转型，使其在保护生态环境的同时能够创造经济收益。为了保护生态环境，受偿区域引进项目时，不能只考虑经济效益，应当引进那些无污染的经济项目。毫无疑问的是，生态环保产业（项目）是我国未来的重点发展领域，在产业布局时，应事先谋划，将这些产业（项目）向生态补偿重点区域倾斜，拉动受偿区域经济增长和农民收入增加。

3.2.5.5　技术补偿

技术补偿是一种新型补偿方式。随着人们生活水平提高，对生态环境质量要求也越来越高，这也对生态系统建设的技术含量提出了更高的要求。目前，我国生态系统建设者大多为欠发达地区农民，知识水平普遍不高，通常依靠经验进行建设，所以生态系统的技术含量和质量水平偏低。为了建设高质量生态系统，在生态补偿时可以通过提供技术咨询等方式来提高生态系统建设者的技术和管理水平，提高补偿效率。因此，技术补偿应成为生态补偿的重要补充方式，国家和地方政府要不断地向受偿区域输送人才或对相关人员进行技术培训。

综上可知，生态补偿方式多种多样，在具体实践中，应综合考虑受偿区域（农户）的实际需求，以提高补偿效率为最终目的，选择一种或多种方式的组合。

3.3 生态补偿运行的配套机制

除上述基本要素外，为了保障生态补偿机制的顺利运行，提高补偿效率，还需构建相应的配套机制。

3.3.1 补偿资金分摊机制

理论上讲，根据“受益者补偿”原则，生态补偿主体的数量应该有很多。但在实践中，由于传统观念的影响，社会公众普遍认为提供良好的生态环境是政府的应尽职责，所以现阶段生态补偿资金都来源于政府财政支出，这直接导致在补偿标准较低的情况下已经给政府带来了沉重的财政负担，更不要说对生态系统服务价值实现完全补偿。尽管我国出现了“碳排放交易”等市场补偿方式，但在碳排放交易的交易标的中，林业碳汇交易只是其中的一小部分，而且交易指向性不确定，补偿主体也只是为了完成自身的减排指标，这并不能减轻政府财政压力，只能是生态补偿资金很小的补充来源。要切实缓解政府财政压力和提高补偿标准，必须拓宽资金来源渠道，真正落实“受益者补偿”原则，所有的受益群体都应当成为补偿主体，对生态补偿资金进行分摊，这样才能保证生态补偿公平、合理地进行。当然在具体实施过程中，由于生态受益者众多，确定补偿主体时不可能穷尽所有的受益者，因此可以选择受益较大的主体最终来分摊生态补偿资金。

3.3.2 利益主体激励约束机制

激励和约束是组织管理中两项重要的活动。前者主要是解决个人工作积极性、创造性不够的问题，目的是使个人发挥更大的潜能，提高工作效率；而后者主要解决个人行为方向和人际关系问题，目的是保证个人的行动不偏离组织目标方向。两者相辅相成，不可偏废，只有将两者结合起来，才能有效发挥两者作用，最大限度保障组织健康发展。

生态补偿激励约束机制的构建，就是要在充分了解各利益主体的需求与动机的基础上，通过各种规章制度来激励和约束各利益主体的行为，保障生态补偿机制的顺利运行。

如前所述，生态补偿实质上是补偿资金从补偿主体流向受偿主体的过程，两者的利益目标函数是不一致的。由于生态系统服务具有公共品特性，补偿主体多存在“搭便车”思想，希望补偿标准越低越好，甚至希望自己不用支付也能享受到生态系统服务，但受偿主体则希望补偿标准越高越好，这就产生了矛盾，生态补偿机制难以自发进行。因此，必须构建生态补偿的激励约束机制，通过引入奖励和惩罚措施，来修正各利益主体的利益函数，增加其背离生态补偿机制的成本（或机会成本），使得各利益主体按照生态补偿既定目标行动，确保生态补偿机制高效运行。

3.3.3 生态补偿政策评价机制

我国各领域生态补偿正如火如荼进行，但到底效果怎么样，我们并不十分清楚。我国生态补偿机制存在的一个较严重的问题是评价机制的缺失，包括补偿实施前的评价和补偿实施后的评价，定量评价尤其不足。

补偿前的评价机制缺失是指在补偿实施前政府并不清楚补偿标准应为多少才是科学的，资金给付很多时候还是“拍脑袋”决定。在确定补偿标准时，也没有考虑到不同受偿区域的经济发展水平、生态重要性和生态建设成本的差异，实施“一刀切”标准，导致有些地区补偿标准过高，而有些地区补偿标准则过低，激励效果较差。另外，在核算补偿金额时，多根据生态系统数量进行核算，而忽略了生态系统质量①。

补偿后的评价机制缺失是指对生态补偿政策的实施效果及生态补偿资金利用效率等缺乏有效评估。比如实施公益林生态补偿后，受偿区域经济增长是否加快、产业结构是否优化、生态环境是否改善、受偿农户收入水平是否提高等，由于缺乏科

① 如在公益林生态补偿实践中，按照公益林面积发放补偿资金，这虽然操作起来简单方便，可是只重视公益林面积忽视公益林提供生态服务功能的质量，林农实施起来也会消极怠惰，影响公益林生态功能建设。事实上，不同林种、不同林龄和不同林分的公益林，其生态效益和社会效益往往存在很大差异，“一刀切”的补偿效果较差。

学统一的评价指标体系，补偿效果好坏难以定量评价，完全由地方林业部门主观认定。如我国部分地区在实施公益林生态补偿时，林农凭借林业部门出具的造林成果验收卡来领取补偿资金，但这种验收并没有科学明确的标准，仅凭验收人员的主观判断，存在较大的随意性。此外，这种补偿的直接导向是林农倾向于增加林业资源的数量，而忽视森林质量的提升。

值得提出的是，在对生态补偿机制运行进行评价时，除了考虑生态补偿政策实施所带来的生态、社会、经济等效益，还应将管理及政策的执行等也纳入评价指标体系中，以便更加科学地评价生态补偿机制运行绩效，为政府决策提供依据。

3.3.4 生态补偿实施的保障机制

为了保障生态补偿机制的有效实施，必须构建相关的观念、体制、政策、法制以及科技等方面的保障机制，为生态补偿提供强有力的支撑。其一，观念保障。生态补偿作为一项新制度的实施，其实施能否顺利进行，必须解决好生态补偿各利益相关者，包括补偿主体、受偿主体、补偿实施和管理者的认识问题，使他们都能认识到生态补偿的必要性和重要性。其二，体制保障。我国的生态补偿机制是单一纵向管理模式，跨区域、跨部门的横向协调机制不健全，导致跨区域的横向生态补偿实施较为困难，因此有必要构建纵横向管理一体化的管理体制。其三，政策保障。要保证生态补偿机制有效运行，国家应充分考虑受偿区域特殊性，加大政策扶持力度，包括资金投入、人才供给、技术支持等，使受偿区域得到充分补偿。其四，法制保障。我国生态补偿立法尚不完善，导致生态补偿实施和生态补偿标准确定等缺少足够的法律依据，这严重制约了生态补偿机制的有效运行，因此必须要建立相对完善的生态补偿法律，以及对应的实施细则。

3.4 生态补偿机制的基本运行框架

实践证明，只有科学地确认补偿主体、受偿主体、补偿标准等各种要素，采用适宜的补偿方式，再辅之以系统的配套机制，才能保障生态补偿机制运行顺畅，实现补偿政策目标。

根据前文所述，生态补偿机制中有多个补偿主体，既有个人主体，也有机构主体，各主体的行政权属、社会地位和受益大小存在很大差异，并且分布范围非常分散。此外，生态系统的生态和社会效益的物理边界变化较大且很难精确计量，各补偿主体很难通过协商和博弈自行确定各自应承担的补偿资金份额。再加上生态系统建设者也是数量众多且地域分散，无法自行组织起来向所有的补偿主体统一收取补偿资金，这样可能导致自身权益受损。因此，非常有必要在补偿主体和受偿主体之间引入一个中介机构，且这个机构必须有能力向各补偿主体收取补偿资金，再将其发放给受偿主体。显然，政府就是担任这一角色的不二之选：一方面，政府可以利用其行政强制手段要求各补偿主体按一定比例分摊生态补偿资金，再将生态补偿资金按一定标准支付给受偿主体，即政府在生态补偿机制运行过程中承担着补偿资金流动的主导者和管理者角色[①]。另一方面，政府强有力的行政能力能促进补偿资金有序流动，并且使各补偿主体的责任更加明确。基于此，可以构建出生态补偿机制的基本框架（见图 3.1）。

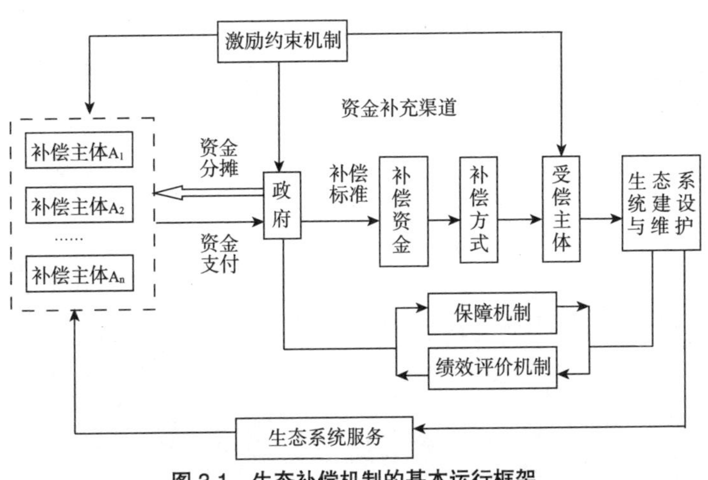

图 3.1　生态补偿机制的基本运行框架

从生态补偿机制基本运行框架来看，最重要的是补偿资金能顺利从补偿主体流动到受偿主体手中，激励受偿主体进行生态系统建设和保护，促进生态系统健康可持续发展。其运行基本路径为：补偿标准确定后，根据一定比例在各补偿主体之间进行分摊，各补偿主体通过税收、资源使用费、财政预算、横向转移支付等渠道缴

① 需指出的是，由于补偿主体的构成中也有各级政府，该机制中所指的政府特指政府设立的专门机构。

纳自身应承担的补偿资金。政府收到各补偿主体缴纳的补偿资金后，根据实际情况分别通过货币补偿、实物补偿、政策补偿、技术补偿等方式，将补偿资金发放给受偿主体。受偿主体获得补偿资金后，一方面，可以弥补其在生态系统建设和保护中投入的直接成本以及因丧失发展机会导致的损失；另一方面，必须按照约定继续履行其生态系统建设和保护的责任，提供高质量的生态系统服务。当然，生态补偿资金的来源渠道除了各受益主体的分摊资金外，还包括其他的补偿资金来源如社会捐赠等。除上述几个核心要素外，要保证生态补偿机制的顺利高效运行，相关配套机制构建也非常重要，包括激励约束机制、绩效评价机制和政策保障机制等，这些机制能有效激励各利益主体的积极性，督促其履行好自身职责，保障生态补偿机制的正常运转。

4　生态补偿相关主体及其博弈关系

4.1　生态补偿相关主体确定的复杂性及制度变迁

4.1.1　生态补偿相关主体确定的复杂性

开展生态补偿是生态系统服务在不同经济主体之间的产权转让。虽然生态系统服务是典型的公共物品，难以进行正常的市场交易，因此才用补偿一词来表现其交易的特殊性，但无法否认的是，其本质上仍然是一种交易。所以，要进行生态补偿，有两个前提：一是补偿主体和受偿主体能明确界定；二是明确交易双方在生态系统服务供给中的权利和义务，只有当受偿主体提供了超出自身义务范围的生态系统服务，才能获得补偿。

谁是补偿主体，谁是受偿主体，看起来比较简单，但在具体实施时却比较复杂。这主要表现在以下几个方面。

4.1.1.1　产权的重要性及确定困难

补偿的核心是对超越产权边界的行为的成本进行弥补，或将产权转让的成本通过市场交易体现出来，以内部化生态系统服务的外部性。基于这个角度，生态补偿是对产权的保护和尊重。根据新制度经济学理论，只要产权问题能明确，且交易成本为零，则市场可以解决一切外部性问题[①]。但在实际中，要确定资源和环境的产权

① 美国经济学家科斯曾举过一个这样的例子：新发现一个山洞，它的所有权人究竟是发现山洞的人，还是山洞入口处的土地所有者，或是山洞顶上的土地所有者，这无疑取决于财产法；至于山洞是用于储存银行账簿，还是作为天然气储存库，或者种植蘑菇，这在一般情况下与财产法没有关系，却只与使用者付出费用的多寡有关。

却非常困难或成本极高。由于生态系统服务的公共品特征显著，其产权非常模糊或虚化，产权界定非常复杂甚至是无法清晰界定的。加上资源和环境产权的内涵在不同国家（甚至相同国家的不同地区）也有所差异，导致在具体实践中生态系统服务的权利和义务无法与利益主体一一匹配，也就无法准确界定补偿主体和受偿主体。此外，世界上很多国家对产权都有所限制，尤其是自然资源的产权，国家为了维护生态环境，对自然资源开发利用都有不同程度的限制。

4.1.1.2 相关法规和补偿原则实施的困难

虽然我国很多法律法规中均有与生态补偿相关的条款，但真正关于生态补偿的专业性法规尚没有，现行法律法规中关于生态补偿的描述均为框架性条款，缺乏具体的实施细则，因此操作起来存在难度。关于补偿原则，我国相关法律确立了“谁开发、谁保护，谁污染、谁治理，谁破坏、谁恢复”的原则，但都比较粗放，具体实施起来，还是存在很多变数，要准确界定补偿主体非常困难。

4.1.1.3 公众意识和社会习惯

退一步说，即使根据产权制度和相关法律法规，能够确定生态系统建设中的受益及补偿关系，但仅仅根据这些来准确判断补偿主体和受偿主体还是不够的。因为除了法律规章外，社会习惯与公众意识也会对社会特定群体的生态系统建设和保护行为产生重大影响。比如我国南方一些地区村民保护风水林，以及西藏藏民保护“神山”的行为，就不完全是单纯的生态、经济行为，与生态补偿更没有直接关系，因为祖辈相传的社会习惯的影响，他们认为这些是自己应尽的义务。

总的来说，由于社会经济文化制度的差异，在不同时代和不同地域，对补偿主体和受偿主体的判断依据是不一样的。因为在不同的社会经济文化制度背景下，不同主体权利和义务的边界并不一致，且随着时代发展和制度演进，生态补偿中相关利益主体也会随之变迁。

4.1.2 我国资源产权制度演变与生态补偿主体变迁考察

4.1.2.1 计划经济下的公有制不存在补偿主体

在计划经济体制下，虽然宪法规定自然资源产权包括国家所有和集体所有两种类型，但实际上在经济运行中，集体所有制最终都转变为国家所有或准国家所有。比如农村土地，虽然宪法明确规定农村土地归集体所有，但国家在土地改革结束后不久，就鼓励和引导农户通过互助组、初级社和高级社等形式，走合作化的经济发展道路，到 1958 年，人民公社制度正式建立。在初级社时期，虽然土地全部由合作社统一经营，但其所有权仍然归农民所有。在高级社时期，土地的所有权和使用权均归集体，此时每个农民都是集体的一分子，不再是以独立的利益主体参与土地的使用和经营决策，其收益也不再直接与土地权利挂钩，而是作为集体成员在土地上进行劳动的回报。人民公社制度建立后，这种土地所有制形式进一步在政治上和法律上被固定下来，农地所有权和经营权不再像以前一样归属不同主体，而是都划归生产队。此外，国家严厉禁止对农地的商业性开发利用，所以有关土地及其使用权的一切商业性交易行为（如买卖、抵押、租赁等）均为非法。

可见，在改革开放前的计划经济体制下，所有经济活动（包括自然资源开发利用）都是在国家行政指令下统一实施的。既然生态补偿是调节不同产权主体之间利益关系的手段，那么在计划经济体制下，因为所有资源均归国家所有，所以补偿问题也就不存在了。比如，流域上游的林场和下游的水电站，都是国家所有，不需要也不存在补偿问题，即使存在资金的调配和划拨，这也不是补偿，而更类似于补助。

4.1.2.2 市场化改革使产权主体模糊

党的十一届三中全会后，我国自然资源的产权结构发生了很大的变化。仍以土地为例，由于家庭联产承包责任制的广泛施行，农地使用方式越来越多样化，土地的产权关系也越来越复杂，如农地出让、租赁、承包、借用等。在这些产权关系中，都存在农地使用权转让行为，但当事双方的权利义务存在很大差异。事实上，我国至今仍未在物权意义上对农地使用权的边界和内涵界定清楚，导致在对农地转为非农用地进行确认时，传统的权利边界已经失效，但新的权利边界却尚未形成，导致财产权利非常模糊。从严格的物权意义来看，我国目前在林业领域实施的一些大型生态工程，如天然林保护工程、退耕还林工程，以及将集体林划为公益林等，如果国家不给予补偿，势必造成集体林和私人林的产权残缺，因为林农和集体林业企业并没有义务向全体社会成员提供生态系统服务，因此必须提供一定的补偿来弥补他们的造林成本。

4.1.2.3 环境公平呼唤明确补偿主体

随着我国经济的快速发展和自然资源消费的快速增加，生态环境遭受严重的破坏，同时也出现了严重的环境不公平问题。从实践看，我国在制定公共政策时，越来越强调社会公正，强调环境责任原则与环境公平，强调所有的社会主体在面临环境资源问题时地位平等，任何主体在从事各类经济活动时，都必须尽到保护和改善环境的责任。除非有特殊规定，任何主体的环境权利不容侵犯，同时如果不履行环境义务也将受到相应惩罚。当然，要实现环境公平，就需要不断完善我国现行相关经济法律制度。

4.2 通过利益相关者来确定生态补偿主体

4.2.1 各国有关生态补偿主体规定

世界各国虽然没有专门针对生态补偿的立法，但在资源开发、农业、林业等相关法律法规中，都有关于生态补偿主体的相关条款。

表 4.1 各国有关生态补偿主客体规定

国别、法律	主体	行为
美国《农业法》及一系列计划	1. 中央政府 2. 地方政府 3. 农场	1. 中央政府和地方政府按比例提供资金 2. 农场主根据与政府签订的合同退耕还林、还草、休耕（有比例规定） 3. 政府按土地支付租金和支付转换生产方式的一半成本
德国《联邦矿山法》	1. 联邦政府 2. 州政府 3. 矿区业主	1. 老矿区：由联邦政府成立复垦公司，资金由联邦政府、州政府按比例分担 2. 新矿区：矿区业主提出补偿和复垦措施；预留生态补偿和复垦专项资金（3% 利润）；对占用森林和草地异地恢复
澳大利亚灌溉者支付流域上游造林协议	1. 马奎瑞河下游 600 个农场主组成的食品与纤维协会 2. 新南洲林务局 3. 上游土地所有者	1. 协会向新南洲林务局提供服务费 2. 新南洲林务局种植植物 3. 上游土地所有者从林务局获得年金 4. 种植植物所有权归林务局

续表

国别、法律	主体	行为
中国《森林法》及实施条例	1. 国家 2. 防护林和特种用途林的经营者	1. 国家设立生态效益补偿基金 2. 经营者获得森林生态效益补偿的权利
哥斯达黎加森林法	1. 森林生态服务提供方（国、私有林地的所有者） 2. 生态服务支付方（电力公司、饮料生产企业等） 3. 国家森林基金（燃料税和捐赠）	1. 国家森林基金负责与生态服务的支付方进行谈判，筹集资金，并与生态服务提供方签订生态补偿合同 2. 生态服务提供方应当履行合同中约定的造林、森林保护、森林管理等义务，并有权请求国家森林基金按照合同约定的支付方式履行支付

从表 4.1 中各国有关生态补偿主体的规定可以看出以下两点。

第一，生态补偿主体是抽象性和具体性的统一。各国在设置补偿主体时，既包括抽象的国家，也包括具体的行政机关、企业和个人。生态补偿是一个复杂系统，既包括纵向的上下级区域性补偿（如生态功能区补偿），也包括跨地域、跨部门的横向生态补偿（如流域补偿），还包括人们直接对生态环境的补偿（如对受损环境的修复），不同种类生态补偿的补偿主体确定难易程度不一。如矿产开发中对受损土地和植被修复的生态补偿，由于破坏者和受益者相对具体而明确，因此补偿主体比较容易确定；再如小流域补偿，由于相关利益主体在同一行政区域内，权属关系相对明确，因此要确定补偿主体也不困难。但在大型生态系统（如公益林、湿地、大流域）、重要生态功能区（如水源区、野生动植物保护区），以及国家划定的限制、禁止开发区生态补偿中，由于受益者众多，权属关系不明确，国家作为社会公众代表就理所当然成为抽象的补偿主体。

第二，生态补偿以权属明确为一般前提。生态补偿本质上是一种交易，是补偿主体和受偿主体之间利益的再分配，因此必须要以权属明确为前提。如果各相关利益主体的权利边界不清楚，无法判断到底是谁侵犯了谁的权利以及到底谁应该承担补偿责任，也就无法确定补偿主体和受偿主体。但根据前文所述，由于自然资源与生态环境具有公共物品特性，其权属边界比较模糊和虚化，要进行权属界定比较复杂，甚至无法清楚界定。再加上不同国家和不同地区关于资源环境权属的内涵界定也不同，导致在实践中要清楚界定补偿主体和受偿主体是比较困难的。

4.2.2 生态补偿的利益相关者

4.2.2.1 将利益相关者引入生态补偿的理由

利益相关者概念最早是斯蒂格利茨于1999年提出的，是指能影响企业目标实现或者受企业生产过程影响的任何个人和群体[①]。这一观点受到学术界广泛认同，并成为界定利益相关者的标准范式。根据这一分析框架，可以将政府、社区和环保主义者等主体也纳入生态补偿利益相关者范畴，这远比权属主体广泛。

之所以将利益相关者引入生态补偿，主要有两方面原因：①从利益视角分析生态补偿更加符合生态补偿的本质特征。生态补偿机制本质上来说是交易双方的利益协调机制，体现的是经济与环境、短期与长期、生存与发展等的利益协调关系。从这个角度来讲，在生态补偿问题上，利益是比权利更为基础的概念，是构成权利的先决条件。法律的产生、变化与发展也是基于利益协调的需要，归根到底缘于利益关系的变化和发展。②利益相关者符合生态环境的整体性要求。生态环境是众多要素的统一体，要求我们从整体视角来看待生态环境问题。生态环境是一个复杂整体，利益相关者数量众多，既有直接相关者，也有间接相关者，只有那些对生态环境整体有直接影响的相关者才有意义。因此，生态补偿就是基于生态环境整体，选择那些直接利益相关者来进行补偿主体和受偿主体的界定。当然，这并不否认间接利益相关者对整体生态环境的作用。

4.2.2.2 利益相关者的界定

利益相关者分析主要包括理性、过程和交易三个层面。理性层面要解决的是在某一系统中，谁是利益相关者，利益相关者的目的和想要得到的结果是什么。过程层面要解决的是系统的组织者如何管理其与利益相关者的关系，并促使这种管理过程向着有利于系统目标的方向发展。交易层面要解决的是不同利益相关者之间如何交易或讨价还价，并分析这种交易是否有助于系统管理者实现其目标。因此，对利益相关者的分析应有三个方面：一是明确谁是利益相关者及其利益要求；二是明确利益相关者在系统中的权力大小和影响程度；三是利益相关者在系统中的互动对系

---

① 该定义将影响企业目标的个人和群体视为利益相关者，同时还将为实现企业目标所采取的行动影响到的个人和群体也看作利益相关者，大大扩展了利益相关者的内涵。

统目标的实现或偏离情况。

界定利益相关者有很多方法，最普遍的就是研究者根据他们的常识和经验进行选择和判断。挑选利益相关者的方法一般包括自上而下的方法（宏观到微观层面）以及对团体的问卷调查。利益相关者也可以互相界定，例如咨询那些已经列为利益相关者的个人，以及还有哪些团体和个人与此有关联，应该纳入考虑范围等。在界定利益相关者的过程中会挖掘出一系列的个人、团体、非政府组织以及其他的机构和政府部门。

在具体实践时，常用评分法来确定特定系统的利益相关者。评分法最早由美国学者米歇尔提出，根据合法性、权力性和紧迫性三个属性对可能的利益相关者进行评分①，并据此将所有可能的利益相关者划分为三类，即确定利益相关者、预期利益相关者和潜在利益相关者。具体方法是：对可能的利益相关者的上述三项属性按高、中、低三个层次进行评分，若评分结果为中级及以上，则说明该利益相关者具备这一属性。最终，若某利益相关者同时具备三项属性，则将其界定为确定利益相关者；若只具备两项属性，则将其界定为预期利益相关者；若只具备一项属性，则将其界定为潜在利益相关者。可见，评分法是一种主观方法，可以通过专家访谈、实地调研等方法得到评分结果。

还有学者提出可以根据利益相关者的受影响程度和他们的重要性进行划分（见表 4.2）。重要性指的是在制定决策时利益相关者被关注（被考虑）的程度；影响性指的是利益相关者能够控制决策结果的程度。影响性可以通过利益相关者对资源的控制、获取的程度来解释，有影响力的利益相关者（企业、地方政府部门）往往已经参与到决策的制定过程中来了。根据受影响和重要性程度，可以判断该利益相关者是核心利益相关者、次核心利益相关者还是边缘利益相关者。

---

① 其中，合法性是指个体或组织是否拥有对系统利益的索取权；权力性是指个体或组织是否拥有对系统运行决策的影响力；紧迫性则是指个体或组织对系统运行的要求能否及时得到系统决策层的响应。

表 4.2 根据重要性和影响力程度判断利益相关者

	高影响力	低影响力
高重要性	该类利益相关者与项目的成败具有紧密的利害关系，而且他们的行为能够影响项目达到预期目标 项目必须保证利益相关者的利益都是统一的，项目的成功需要这些利益相关者之间建立良好关系	该类利益相关者与项目的成败有紧密的利害关系，但是他们的行为不能影响项目达到预期目标 项目必须保证利益相关者的利益和价值都是统一的
低重要性	该类利益相关者能够影响项目达到预期目标，但与项目的成败没有紧密的利害关系。他们是潜在的风险源，需要监督和管理这些风险	该类利益相关者与项目的成败没有紧密的利害关系，他们的行为对项目达到预期目标没有太大影响 他们在项目中处于观望的角色，不会参与到项目的管理过程中

资料来源：刘桂环和张惠远（2015）。

值得说明的是，在生态补偿机制建立过程中，并没有统一的标准和条件来对利益相关者进行界定。另外，利益相关者总是随着时间而改变的，因此，初期界定出来的利益相关者在项目执行过程中需要重新界定，看是否仍然相关（Brown 等，2001）。

4.3 补偿主体与受偿主体的博弈关系

在生态补偿博弈中，补偿主体为生态效益受益方（下文称受益方），受偿主体为生态系统建设和保护方（下文称保护方）。博弈双方存在严重的信息不对称，一方面，受益方对保护方的成本投入、努力程度和受偿意愿等情况不了解；另一方面，保护方对受益方的受益程度和支付意愿等也不清楚。因此，在补偿标准和补偿形式等方面，双方难以一次就达成一致，需要在博弈过程中不断修正自己的策略，使博弈双方均满意。可以看出，受益方与保护方需要经过长期的动态博弈，才有可能实现合作，博弈双方不断学习和改进策略，使得博弈由低级向高级不断演进。基于此，本书利用演化博弈模型来分析受益方与保护方的策略选择问题。

4.3.1 研究假设

对生态补偿演化博弈模型构建作如下假设：

第一，博弈直接参与者是保护方和受益方，上级政府对博弈双方的行为进行监督，若博弈参与方存在违约行为，则对其予以处罚。

第二，保护方多为生态系统所在区域居民，生活相对穷困。迫于生计压力，他们通常选择破坏生态环境来获得短期经济利益。保护方的策略有两种，即“保护”和“不保护”。

第三，受益方多为生态系统周边区域居民，生活比较富裕，愿意为良好的生态环境支付一定费用。保护方的策略也有两种，即“补偿”和“不补偿”。

第四，博弈双方分别选择“保护”和“补偿”策略时，说明双方愿意合作；博弈双方分别选择“不保护”和“不补偿”策略时，说明双方不愿意合作。只有当双方选择合作时，即策略均衡（保护、补偿）时，才能最终实现生态补偿目标。

第五，博弈双方均以个人利益最大化为目的，且都为有限理性，双方将基于自身的群体适应性，根据对方行为来确定自己的策略，是双种群演化博弈。

4.3.2 模型构建

根据博弈双方选择不同策略时的收益情况，设立如下变量：R_{s1}为保护方选择“保护”策略的收益；R_{s2}为保护方选择“不保护”策略的收益（$R_{s1}<R_{s2}$）；R_{d1}为保护方选择“保护”策略时受益方的收益（生态收益）；R_{d2}为保护方选择“不保护”策略时受益方的收益（$R_{d1}>R_{d2}$）；C_s为保护方选择“保护”策略时所需的成本；C_d为受益方选择“补偿”策略时所需的成本；R为保护方选择“保护”策略时，受益方支付的生态补偿。根据上述信息，可以得出博弈的支付矩阵（见表 4.3）：

表 4.3　无约束机制的生态补偿博弈模型

保护方	受益方	
	补偿	不补偿
保护	$R_{s1}+R-C_s$，$R_{d1}-R-C_d$	$R_{s1}-C_s$，R_{d1}
不保护	$R_{s2}+R$，$R_{d2}-R-C_d$	R_{s2}，R_{d2}

由表 4.3 可知，对保护方来说，其选择“保护”策略时所获得的收益均小于选择“不保护”策略时所获得的收益，即$R_{s1}+R-C_s<R_{s2}+R$，$R_{s1}-C_s<R_{s2}$，因此，“不保护”是其上策；对受益方来说，其选择“补偿”策略时所获得的收益均小于

选择“不补偿”策略时所获得的收益，即$R_{d1}-R-C_d<R_{d1}$，$R_{d2}-R-C_d<R_{d2}$，因此，“不补偿”是其上策。由此可知，该博弈最终的策略均衡为（不保护、不补偿），博弈陷入“囚徒困境”。为了走出囚徒困境，需要上级政府的介入，通过引入惩罚机制来改变双方的预期收益，最终达到新的纳什均衡。

假设惩罚机制为：若保护方选择“保护”策略，而受益方选择“不补偿”策略，则对受益方进行重罚F_d（$F_d \geqslant R+C_d$）；若受益方选择“补偿”策略，而保护方选择“不保护”策略，则对保护方进行重罚F_s（$\geqslant F_s\ C_s$）。由此可得到新的支付矩阵（见表4.4）：

表4.4 有约束机制的生态补偿博弈模型

保护方	受益方	
	补偿	不补偿
保护	$R_{s1}+R-C_s$，$R_{d1}-R-C_d$	$R_{s1}-C_s+F_d$，$R_{d1}-F_d$
不保护	$R_{s2}+R-F_s$，$R_{d2}-R-C_d+F_s$	R_{s2}，R_{d2}

4.3.3 演化博弈分析

假设保护方选择“保护”策略的比例为x，则选择“不保护”策略的比例为$1-x$；受益方选择“补偿”策略的比例为y，则选择“不补偿”策略的比例为$1-y$。

保护方选择“保护”策略的期望收益为：

$$E_{s1}=y(R_{s1}+R-C_s)+(1-y)(R_{s1}-C_s+F_d) \quad (4.1)$$

保护方选择“不保护”策略的期望收益为：

$$E_{s2}=y(R_{s2}+R-F_s)+(1-y)\cdot R_{s2} \quad (4.2)$$

因此，保护方的平均期望收益为：

$$\overline{E_s}=x\cdot E_{s1}+(1-x)\cdot E_{s2} \quad (4.3)$$

受益方选择“补偿”策略的期望收益为：

$$E_{d1}=x(R_{d1}-R-C_d)+(1-x)(R_{d2}-R-C_d+F_s) \quad (4.4)$$

受益方选择“不补偿”策略的期望收益为：

$$E_{d2}=x(R_{d1}-F_d)+(1-x)\cdot R_{d2} \quad (4.5)$$

受益方的平均期望收益为：

$$\overline{E_d} = y \cdot E_{d1} + (1-y) \cdot E_{d2} \tag{4.6}$$

4.3.3.1 保护方的演化稳定策略

保护方选择“保护”策略的复制动态方程为：

$$f(x) = \frac{dx}{dt} = x(E_{s1} - \overline{E_s}) = x(1-x)[R_{s1} - R_{s2} + y \cdot F_s + (1-y) \cdot F_d - C_s] \tag{4.7}$$

该方程的一阶导数为：

$$f'(x) = (1-2x)[R_{s1} - R_{s2} + y \cdot F_s + (1-y) \cdot F_d - C_s] \tag{4.8}$$

令$f(x)=0$，根据复制动态方程，可知可能的稳定状态点有两个，即$x=0$和$x=1$。

第一，当$y = y^* = \frac{R_{s2} - R_{s1} + C_s - F_d}{F_s - F_d}$（$0 \leqslant \frac{R_{s2} - R_{s1} + C_s - F_d}{F_s - F_d} \leqslant 1$）时，总有$f(x)=0$，即对于所有的$x$都是稳定状态。说明当受益方选择“补偿”策略的概率等于$\frac{R_{s2} - R_{s1} + C_s - F_d}{F_s - F_d}$时，保护方选择“保护”或“不保护”策略没有区别，所有x水平都是保护方的稳定状态。

第二，当$y > y^* = \frac{R_{s2} - R_{s1} + C_s - F_d}{F_s - F_d}$，由于$f'(0) > 0$，$f'(1) < 0$，所以$x=1$为演化稳定策略。说明当受益方选择“补偿”策略的概率大于$\frac{R_{s2} - R_{s1} + C_s - F_d}{F_s - F_d}$时，保护方策略选择将从“不保护”向“保护”转移，即“保护”策略为保护方的演化稳定策略。

第三，当$y < y^* = \frac{R_{s2} - R_{s1} + C_s - F_d}{F_s - F_d}$，由于$f'(0) < 0$，$f'(1) > 0$，所以$x=0$为演化稳定策略。说明当受益方选择“补偿”策略的概率小于$\frac{R_{s2} - R_{s1} + C_s - F_d}{F_s - F_d}$时，保护方策略选择将从“保护”向“不保护”转移，即“不保护”策略为保护方的演化稳定策略。

根据上述，可画出保护方的动态演化路径图，如图 4.1 所示：

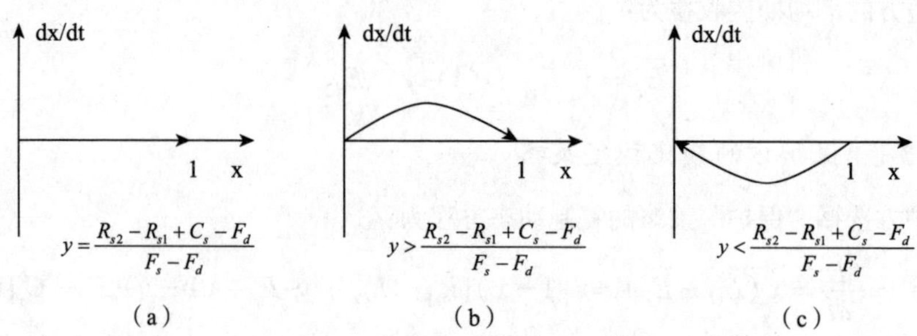

图 4.1　保护方的动态演化路径

4.3.3.2　受益方的演化稳定策略

受益方选择“补偿”策略的复制动态方程为：

$$g(y)=\frac{dy}{dt}=y(E_{d1}-\overline{E_d})=y(1-y)[x\cdot F_d+(1-x)\cdot F_s-R-C_d] \tag{4.9}$$

该方程的一阶导数为：

$$g'(y)=(1-2y)[x\cdot F_d+(1-x)\cdot F_s-R-C_d] \tag{4.10}$$

令$g(y)=0$，根据复制动态方程，可知可能的稳定状态点有两个，即$y=0$和$y=1$。

第一，当$x=x^*=\frac{R+C_d-F_s}{F_d-F_s}$（$0\leqslant\frac{R+C_d-F_s}{F_d-F_s}\leqslant 1$）时，总有$g(y)=0$，即对于所有的$y$都是稳定状态。说明当保护方选择“保护”策略的概率等于$\frac{R+C_d-F_s}{F_d-F_s}$时，此时受益方选择“补偿”策略或“不补偿”策略没有区别，所有y水平都是受益方的稳定状态。

第二，当$x>x^*=\frac{R+C_d-F_s}{F_d-F_s}$，由于$g'(0)>0$，$g'(1)<0$，所以$y=1$为演化稳定策略。说明当保护方选择“保护”策略的概率大于$\frac{R+C_d-F_s}{F_d-F_s}$时，受益方策略选择从“不补偿”向“补偿”转移，说明“补偿”策略为受益方的演化稳定策略。

第三，当$x<x^*=\frac{R+C_d-F_s}{F_d-F_s}$，由于$g'(0)<0$，$g'(1)>0$，所以$y=0$为演化稳定策略。说明当保护方选择“保护”策略的概率小于$\frac{R+C_d-F_s}{F_d-F_s}$时，受益方策略选择从“补偿”向“不补偿”转移，说明“不补偿”策略为受益方的演化稳定策略。

根据上述，可画出受益方的动态演化路径图，如图 4.2 所示：

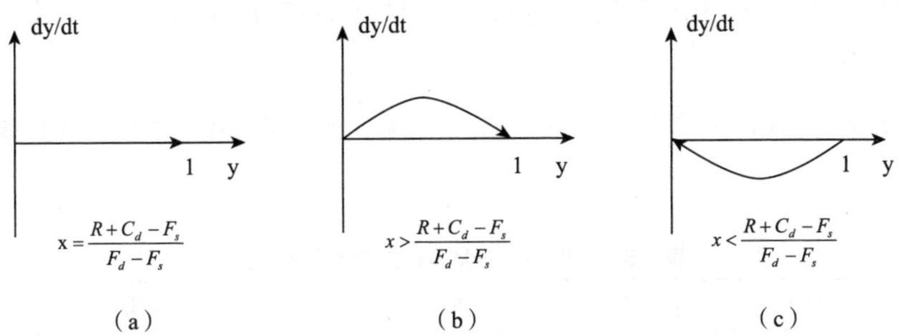

图 4.2 受益方的动态演化路径

4.3.3.3 演化稳定策略的影响因素

根据上文分析，该演化博弈存在 5 个局部均衡点，即 O（0,0）、A（0,1）、B（1, 0）、C（1, 1）和鞍点 E（x^*, y^*），其中 $x^*=\frac{R+C_d-F_s}{F_d-F_s}$，$y^*=\frac{R_{s2}-R_{s1}+C_s-F_d}{F_s-F_d}$。在 5 个局部均衡点中，仅有 O（0,0）和 C（1,1）是稳定的，是演化博弈稳定策略，分别与策略均衡（不保护、不补偿）和（保护、补偿）相对应。

博弈的演化过程如图 4.3 所示。其中折线 AEB 是演化向不同均衡收敛的分界线，在折线右上方（即 AEBC 区域），博弈将收敛于 C（1,1），即（保护、补偿），博弈双方将合作；在折线左下方（即 AEBO 区域），博弈将收敛于 O（0,0），即不保护、不补偿，博弈双方将不合作。

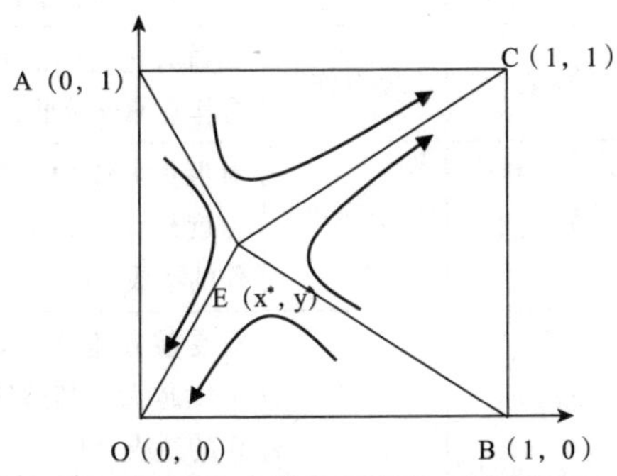

图 4.3 保护方和受益方合作关系演化图

基于上述分析可知，博弈双方最终选择合作还是不合作，取决于 AEBC 区域和

AEBO 区域的面积大小。若$S_{AEBO} > S_{AEBC}$，则双方大概率选择不合作，系统将沿着 EO 路径向不合作状态演化；若$S_{AEBO} < S_{AEBC}$，则双方大概率选择合作，系统将沿着 EC 路径向合作状态演化；若$S_{AEBO} = S_{AEBC}$，则双方合作与不合作的概率一样，系统演化方向不确定。

由图 4.3 可知，不合作区域面积$S_{AEBO} = (x^* + y^*)/2$，其主要的影响因素见表 4.5：

表 4.5　生态补偿博弈演化方向的影响因素

参数变化	鞍点变化	面积变化	演化方向	解释说明
$R\uparrow$	$x^*\uparrow$	$S_{AEBO}\uparrow$	不合作	补偿额度越大，受益方的合作意愿会下降。但是如果补偿额度太小，将不能弥补保护方的生态环境保护成本，保护方合作意愿将不足。因此博弈双方要讨价还价，确定合理的补偿金额
$R_{s1}\uparrow$	$y^*\downarrow$	$S_{AEBO}\downarrow$	合作	保护方对生态环境“保护”的收益越大，其保护的主动性越强，需要的补偿金额就会更小，有利于合作的达成
$R_{s2}\uparrow$	$y^*\uparrow$	$S_{AEBO}\uparrow$	不合作	保护方对生态环境“不保护”的收益越大，其将更倾向于发展经济，破坏生态，因此需要的补偿金额就会更大，不利于合作的达成
$C_s\uparrow$	$y^*\uparrow$	$S_{AEBO}\uparrow$	不合作	保护方对生态环境“保护”的成本越大，其保护的主动性越弱，需要的补偿金额就会更大，不利于合作的达成
$C_d\uparrow$	$x^*\uparrow$	$S_{AEBO}\uparrow$	不合作	受益方进行生态补偿的交易成本越大，其合作意愿就越低，不利于合作的达成
$F_s\uparrow$	$x^*\downarrow$、$y^*\downarrow$	$S_{AEBO}\downarrow$	合作	对保护方违约，即选择“不保护”的处罚力度越大，其违约成本就越高，有利于合作的达成
$F_d\uparrow$	$x^*\downarrow$、$y^*\downarrow$	$S_{AEBO}\downarrow$	合作	对受益方违约，即选择“不补偿”的处罚力度越大，其违约成本就越高，有利于合作的达成

4.3.4 政策建议

基于上述研究结论，简要提出如下政策建议：其一，提高生态环境保护的综合收益。一方面，政府应出台相应优惠政策，在税收减免、财政补贴等方面向生态环境保护方倾斜，提升其对生态环境保护的积极性；另一方面，生态环境保护方所在区域要主动推动产业转型，发展生态产业，使生态环境保护的收益内在化和常态化，从而自发地进行生态环境保护。其二，合理确定生态补偿额度。生态补偿额度过高，受益方合作意愿下降，补偿太低则无法弥补保护方的生态环境保护成本，保护方不愿意合作。因此，要加强生态系统服务价值及保护成本的核算，完善博弈双方讨价还价机制，合理确定生态补偿额度，使保护方和受益方均能接受。其三，加大对博弈方的违约惩罚力度。一方面，上级政府和部门要积极介入，对保护方“不保护”和受益方“不补偿”等违反协议的行为予以重罚，增加其违约成本，推动合作均衡的达成；另一方面，要建立健全专门的生态补偿法律法规，为上级政府和部门的监督、惩罚行为提供法律依据，从而保障保护方和受益方合作协议的有效执行。其四，降低生态补偿的交易成本。一方面，加大环境保护宣传教育，提高公众的环境意识，营造环境保护的舆论氛围。受益方如果认可生态补偿的公平合理性，其合作意愿会明显提升，交易成本会大幅下降，有利于合作达成；另一方面，上级政府和部门要搭建各主体利益诉求平台，建立协商机制，创造良好的合作环境，推动生态补偿合作协议的达成。

4.4 中央政府与地方政府的演化博弈

随着生态系统建设和生态补偿实践的不断深入，中央政府出台了很多与生态补偿相关的政策法规，地方政府负责执行和实施，双方存在博弈关系。在博弈中，中央政府对地方政府执行生态补偿相关政策的意愿缺乏了解，地方政府对中央政府的政策决心、监查力度等信息也不清楚，博弈双方都是有限理性的。因此，博弈双方在博弈过程中，是通过不断试错、改进和模仿来寻找自己的优势策略，需要通过多次博弈才能实现策略均衡。因此，本书利用演化博弈模型来分析地方政府与中央政府的行为。

4.4.1 研究假设

对生态系统建设及生态补偿中地方政府与中央政府的演化博弈进行如下假设：

第一，博弈直接参与方为中央政府及地方政府，双方都以自身利益最大化为决策目标，且都是有限理性的。

第二，中央政府的行为策略包括“监查”和“不监查”。假设只要中央政府对地方政府实施监查，就能发现地方政府是否执行了生态补偿政策，若地方政府执行生态补偿政策，则对其给予奖励，反之则给予处罚；如果中央政府不实施监查，则不能发现地方政府是否执行了生态补偿政策，相应地也就不存在奖励和处罚。

第三，地方政府的行为策略包括“执行”和“不执行”。若地方政府选择“执行”，则可以促进生态系统发展，改善国家和区域生态环境水平，进而提升中央政府和地方政府收益，但也会增加地方政府的成本（包括因发展生态系统而造成的机会损失）；若地方政府不执行生态补偿政策，则有损于生态系统发展，影响中央政府和地方政府收益，同时也不会增加地方政府成本。

第四，中央政府从生态系统建设中获得的收益要高于地方政府所获得的收益。

4.4.2 模型构建

根据博弈双方选择不同策略时的收益情况，设立如下变量：R_1 为地方政府选择“执行”策略时中央政府的收益，R_2 为地方政府选择“不执行”策略时中央政府的收益（$R_1 > R_2$），θR_1、θR_2 则分别为地方政府相应的收益（$0<\theta<1$）；C_1 为中央政府的监查成本，C_2 为地方政府的政策执行成本；F_1 为地方政府选择“执行”策略时，中央政府给予的奖励，F_2 为地方政府选择“不执行”策略时，中央政府给予的处罚（$F_1 < F_2$）。基于上述，可得出博弈支付矩阵如表 4.6 所示：

表 4.6 生态补偿中中央政府与地方政府博弈矩阵

中央政府	地方政府	
	执行	不执行
监查	$R_1 - C_1 - F_1$，$\theta R_1 - C_2 + F_1$	$R_2 - C_1 + F_2$，$\theta R_2 - F_2$
不监查	R_1，$\theta R_1 - C_2$	R_2，θR_2

4.4.3 演化路径与复制动态分析

假设中央政府选择“监查”策略的比例为x，则选择“不监查”策略的比例为$1-x$；地方政府选择“执行”策略的比例为y，则选择“不执行”策略的比例为$1-y$。

中央政府选择“监查”策略的期望收益为：

$$E_{z1}=y(R_1-C_1-F_1)+(1-y)(R_2-C_1+F_2) \tag{4.11}$$

中央政府选择“不监查”策略的期望收益为：

$$E_{z2}=yR_1+(1-y)\cdot R_2 \tag{4.12}$$

因此，中央政府的平均期望收益为：

$$\overline{E_z}=x\cdot E_{z1}+(1-x)\cdot E_{z2} \tag{4.13}$$

地方政府选择“执行”策略的期望收益为：

$$E_{d1}=x(\theta R_1-C_2+F_1)+(1-x)(\theta R_1-C_2) \tag{4.14}$$

地方政府选择“不执行”策略的期望收益为：

$$E_{d2}=x(\theta R_2-F_2)+(1-x)\cdot\theta R_2 \tag{4.15}$$

地方政府的平均期望收益为：

$$\overline{E_d}=y\cdot E_{d1}+(1-y)\cdot E_{d2} \tag{4.16}$$

4.4.3.1 演化路径分析

4.4.3.1.1 中央政府的演化路径分析

中央政府选择“监查”策略的复制动态方程为：

$$f(x)=\frac{dx}{dt}=x(E_{z1}-\overline{E_z})=x(1-x)[F_2-C_1-y\cdot(F_1+F_2)] \tag{4.17}$$

$$f'(x)=(1-2x)[F_2-C_1-y(F_1+F_2)] \tag{4.18}$$

令$f(x)=0$，根据复制动态方程，可知$x=0$和$x=1$为两个可能的稳定状态点。

第一，当$y=y^*=\dfrac{F_2-C_1}{F_2+F_1}$时，总有$f(x)=0$，即对于所有的$x$都是稳定状态。说明当地方政府选择“执行”策略的概率为$\dfrac{F_2-C_1}{F_2+F_1}$时，中央政府选择“监查”或“不监查”策略没有区别，所有x水平都是中央政府的稳定状态。

第二，当$y < y^* = \dfrac{F_2 - C_1}{F_2 + F_1}$，由于$f'(0) > 0$，$f'(1) < 0$，所以 x=1 为演化稳定策略。说明当地方政府以低于$\dfrac{F_2 - C_1}{F_2 + F_1}$的水平选择“执行”策略时，中央政府选择从“不监查”向“监查”转移，即“监查”策略为中央政府的演化稳定策略。

第三，当$y > y^* = \dfrac{F_2 - C_1}{F_2 + F_1}$，由于$f'(0) < 0$，$f'(1) > 0$，所以 $x = 0$ 为演化稳定策略。说明当地方政府以高于$\dfrac{F_2 - C_1}{F_2 + F_1}$的水平选择“执行”策略时，中央政府选择从“监查”向“不监查”转移，即“不监查”策略为中央政府的演化稳定策略。

根据上述，可画出中央政府的动态演化路径图，如图 4.4 所示：

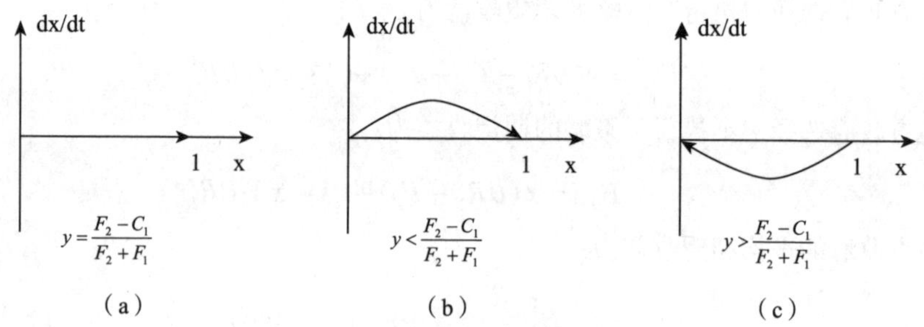

图 4.4　中央政府的动态演化路径

4.4.3.1.2　地方政府的演化路径分析

地方政府选择“执行”策略的复制动态方程为：

$$g(y) = y(1-y)[\theta(R_1 - R_2) - x(F_2 - F_1) - C_2] \tag{4.19}$$

该方程的一阶导数为：

$$g'(y) = (1-2y)[\theta(R_1 - R_2) - x(F_2 - F_1) - C_2] \tag{4.20}$$

令 $g(y) = 0$，根据复制动态方程，可知可能的稳定状态点有两个，即 $y = 0$ 和 $y = 1$。

第一，当$x = x^* = \dfrac{\theta(R_1 - R_2) - C_2}{F_2 - F_1}$时，总有$g(y) = 0$，即对于所有的 y 都是稳定状态。说明当中央政府选择“监查”策略的概率等于$\dfrac{\theta(R_1 - R_2) - C_2}{F_2 - F_1}$时，地方政

府选择“执行”或“不执行”策略没有区别，所有 y 都是地方政府的稳定状态。

第二，当$x > x^* = \dfrac{\theta(R_1 - R_2) - C_2}{F_2 - F_1}$，由于$g'(0)>0$，$g'(1)<0$，所以 $y=1$ 为演化稳定策略。说明当中央政府选择“监查”策略的概率大于$\dfrac{\theta(R_1 - R_2) - C_2}{F_2 - F_1}$时，地方政府的策略从“不执行”向“执行”转移，即“执行”策略为地方政府的演化稳定策略。

第三，当$x < x^* = \dfrac{\theta(R_1 - R_2) - C_2}{F_2 - F_1}$，由于$g'(0)<0$，$g'(1)>0$，所以 $y=0$ 为演化稳定策略。说明当中央政府选择“监查”策略的概率小于$\dfrac{\theta(R_1 - R_2) - C_2}{F_2 - F_1}$时，地方政府策略从“执行”向“不执行”转移，即“不执行”策略为地方政府的演化稳定策略。

根据上述，可画出地方政府的动态演化路径图，如图 4.5 所示：

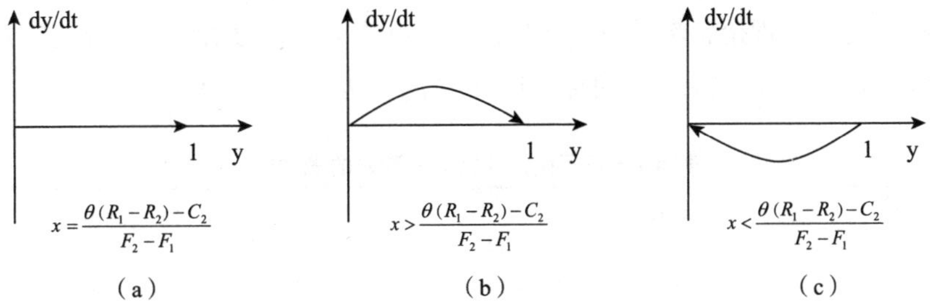

图 4.5　地方政府的动态演化路径

4.4.3.2　复制动态分析

根据上文分析可知，中央政府选择“监查”策略的复制动态方程为：

$$\dot{x} = \frac{dx}{dt} = x(E_{z1} - \overline{E_z}) = x(1-x)[F_2 - C_1 - y\cdot(F_1 + F_2)] \tag{4.21}$$

地方政府选择“执行”策略的复制动态方程为：

$$\dot{y} = \frac{dy}{dt} = y(E_{d1} - \overline{E_d}) = y(1-y)[\theta(R_1 - R_2) - x(F_2 - F_1) - C_2] \tag{4.22}$$

上述两式构成了一个二维动力自治系统。根据微分方程理论，若存在点(x_0, y_0)使得以下方程组成立，则点(x_0, y_0)为平衡点。

$$\begin{cases} x_0(1-x_0)[F_2-C_1-y(F_1+F_2)]=0 \\ y_0(1-y_0)[\theta(R_1-R_2)-x(F_2-F_1)-C_2]=0 \end{cases} \tag{4.23}$$

可以看出，该自治系统有四个平衡点，分别为$E_1(0, 0)$、$E_2(0, 1)$、$E_3(1, 0)$、$E_4(1, 1)$。根据 Friedman 结论，可根据系统雅可比矩阵的局部稳定分析来判断各平衡点的稳定性。由上述自治系统构成的雅可比矩阵为：

$$J=\begin{bmatrix} \partial \dot{x}/\partial x & \partial \dot{x}/\partial y \\ \partial \dot{y}/\partial x & \partial \dot{y}/\partial y \end{bmatrix}=\begin{Bmatrix} (1-2x)[F_2-C_1-y(F_1+F_2)] & -x(1-x)(F_1+F_2) \\ -y(1-y)(F_2-F_1) & (1-2y)[\theta(R_1-R_2)-x(F_2-F_1)-C_2] \end{Bmatrix} \tag{4.24}$$

此雅可比矩阵的行列式和迹分别为：

$$\begin{aligned} \det J=&(1-2x)[F_2-C_1-y(F_1+F_2)](1-2y)[\theta(R_1-R_2)-x(F_2-F_1)-C_2] \\ &-xy(1-x)(1-y)(F_1+F_2)(F_2-F_1) \end{aligned} \tag{4.25}$$

$$trJ=(1-2x)[F_2-C_1-y(F_1+F_2)]+(1-2y)[\theta(R_1-R_2)-x(F_2-F_1)-C_2] \tag{4.26}$$

依据演化博弈理论，满足$\det J>0$和$trJ<0$的平衡点为系统的演化稳定点。为便于分析，分别求出四个平衡点的行列式和迹的表达式（见表 4.7）：

表 4.7　各平衡点的行列式和迹的表达式

平衡点	雅可比矩阵的行列式 $\det J$	雅可比矩阵的迹 trJ
$E_1(0, 0)$	$(F_2-C_1)[\theta(R_1-R_2)-C_2]$	$(F_2-C_1)+[\theta(R_1-R_2)-C_2]$
$E_2(0, 1)$	$(F_1+C_1)[\theta(R_1-R_2)-C_2]$	$-(F_1+C_1)-[\theta(R_1-R_2)-C_2]$
$E_3(1, 0)$	$-(F_2-C_1)[\theta(R_1-R_2)+F_1-F_2-C_2]$	$-(F_2-C_1)+[\theta(R_1-R_2)+F_1-F_2-C_2]$
$E_4(1, 1)$	$-(F_1+C_1)[\theta(R_1-R_2)+F_1-F_2-C_2]$	$(F_1+C_1)-[\theta(R_1-R_2)+F_1-F_2-C_2]$

在上述条件表达式中，F_2为地方政府缴纳的罚款，可以理解为中央政府的监查收益；$\theta(R_1-R_2)$可理解为地方政府执行生态补偿政策的净收益；C_2可理解为地方政府执行政策直接成本，$C_2+F_2-F_1$可理解为地方政府执行政策的总成本。下文分别讨论不同情况下各平衡点的行列式和迹的符号。

①当$F_2>C_1$，且$\theta(R_1-R_2)<C_2$时，各平衡点的行列式和迹的符号如表 4.8 所示：

表 4.8　各平衡点的行列式和迹的符号 [$F_2 > C_1$，$\theta(R_1 - R_2) < C_2$]

平衡点	雅可比矩阵的行列式 $\det J$	雅可比矩阵的迹 trJ	稳定性
$E_1(0,0)$	$\det J < 0$	不确定	鞍点
$E_2(0,1)$	$\det J < 0$	不确定	鞍点
$E_3(1,0)$	$\det J > 0$	$trJ < 0$	ESS
$E_4(1,1)$	$\det J > 0$	$trJ > 0$	不稳定

由表 4.8 可知，当中央政府监查收益超过监查成本，且地方政府执行生态补偿政策的净收益低于直接成本时，均衡点中$E_3(1,0)$为演化稳定点，其对应的演化稳定策略为（监查，不执行），即中央政府选择“监查”策略，地方政府选择“不执行”策略。

②当$F_2 > C_1$，且$C_2 < \theta(R_1 - R_2) < C_2 + F_2 - F_1$时，各平衡点的行列式和迹的符号如表 4.9 所示：

表 4.9　各平衡点的行列式和迹的符号 [$F_2 > C_1$，$C_2 < \theta(R_1 - R_2) < C_2 + F_2 - F_1$]

平衡点	雅可比矩阵的行列式 $\det J$	雅可比矩阵的迹 trJ	稳定性
$E_1(0,0)$	$\det J > 0$	$trJ > 0$	不稳定
$E_2(0,1)$	$\det J > 0$	$trJ < 0$	ESS
$E_3(1,0)$	$\det J > 0$	$trJ < 0$	ESS
$E_4(1,1)$	$\det J > 0$	$trJ > 0$	不稳定

由表 4.9 可知，当中央政府监查收益超过监查成本，且地方政府执行生态补偿政策的净收益高于直接成本但低于总成本时，均衡点中$E_2(0,1)$、$E_3(1,0)$均为演化稳定点，其对应的演化稳定策略为（不监查，执行）或（监查，不执行），具体在实践中会出现哪种策略组合，这取决于中央政府和地方政府的预期。

③当$F_2 > C_1$，且$\theta(R_1 - R_2) > C_2 + F_2 - F_1$时，各平衡点的行列式和迹的符号如表 4.10 所示：

表 4.10　各平衡点的行列式和迹的符号 [$F_2 > C_1$ ，$\theta(R_1-R_2) > C_2+F_2-F_1$]

平衡点	雅可比矩阵的行列式 $\det J$	雅可比矩阵的迹 trJ	稳定性
$E_1(0, 0)$	$\det J>0$	$trJ>0$	不稳定
$E_2(0, 1)$	$\det J>0$	$trJ<0$	ESS
$E_3(1, 0)$	$\det J<0$	不确定	鞍点
$E_4(1, 1)$	$\det J<0$	不确定	鞍点

由表 4.10 可知，当中央政府监查收益超过监查成本，且地方政府执行生态补偿政策的净收益高于总成本时，均衡点中$E_2(0, 1)$为演化稳定点，其对应的演化稳定策略为（不监查，执行），即中央政府选择“不监查”策略，地方政府选择“执行”策略。

④当 $F_2 < C_1$，且 $\theta(R_1-R_2) < C_2$ 时，各平衡点的行列式和迹的符号如表 4.11 所示：

表 4.11　各平衡点的行列式和迹的符号 [$F_2 < C_1$ ，$\theta(R_1-R_2) < C_2$]

平衡点	雅可比矩阵的行列式 $\det J$	雅可比矩阵的迹 trJ	稳定性
$E_1(0, 0)$	$\det J>0$	$trJ<0$	ESS
$E_2(0, 1)$	$\det J<0$	不确定	鞍点
$E_3(1, 0)$	$\det J<0$	不确定	鞍点
$E_4(1, 1)$	$\det J>0$	$trJ>0$	不稳定

由表 4.11 可知，当中央政府监查收益低于监查成本，且地方政府执行生态补偿政策的净收益低于直接成本时，均衡点中$E_1(0, 0)$为演化稳定点，其对应的演化稳定策略为（不监查，不执行），即中央政府选择“不监查”策略，地方政府选择“不执行”策略。

⑤当 $F_2 < C_1$，且$C_2 < \theta(R_1-R_2) < C_2+F_2-F_1$时，各平衡点的行列式和迹的符号如表 4.12 所示：

表 4.12 各平衡点的行列式和迹的符号 [$F_2 < C_1$ ，$C_2 < \theta(R_1 - R_2) < C_2 + F_2 - F_1$]

平衡点	雅可比矩阵的行列式 $\det J$	雅可比矩阵的迹 trJ	稳定性
$E_1(0, 0)$	$\det J < 0$	不确定	鞍点
$E_2(0, 1)$	$\det J > 0$	$trJ < 0$	ESS
$E_3(1, 0)$	$\det J < 0$	不确定	鞍点
$E_4(1, 1)$	$\det J > 0$	$trJ > 0$	不稳定

由表 4.12 可知，当中央政府监查收益低于监查成本，且地方政府执行生态补偿政策的净收益高于直接成本但低于总成本时，均衡点中$E_2(0, 1)$为演化稳定点，其对应的演化稳定策略为（不监查，执行），即中央政府选择“不监查”策略，地方政府选择“执行”策略。

⑥当$F_2 < C_1$，且$\theta(R_1 - R_2) > C_2 + F_2 - F_1$时，各平衡点的行列式和迹的符号如表 4.13 所示：

表 4.13 各平衡点的行列式和迹的符号 [$F_2 < C_1$ ，$\theta(R_1 - R_2) > C_2 + F_2 - F_1$]

平衡点	雅可比矩阵的行列式 $\det J$	雅可比矩阵的迹 trJ	稳定性
$E_1(0, 0)$	$\det J < 0$	不确定	鞍点
$E_2(0, 1)$	$\det J > 0$	$trJ < 0$	ESS
$E_3(1, 0)$	$\det J > 0$	$trJ > 0$	不稳定
$E_4(1, 1)$	$\det J < 0$	不确定	鞍点

由表 4.13 可知，当中央政府监查收益低于监查成本，且地方政府执行生态补偿政策的净收益高于总成本时，均衡点中$E_2(0, 1)$为演化稳定点，其对应的演化稳定策略为（不监查，执行），即中央政府选择“不监查”策略，地方政府选择“执行”策略。

4.4.4 结论与建议

上述利用演化博弈理论，分析了中央政府和地方政府的策略选择。研究发现：①当地方政府执行生态补偿政策的净收益低于直接成本时，其将选择“不执行”。②当地方政府执行生态补偿政策的净收益高于直接成本时，其将选择“执行”。③中央政府是否进行监查，以及对地方政府的奖励惩罚力度不会影响地方政府的决策。

基于上述，提出如下政策建议：

第一，建立健全引导地方政府执行生态补偿政策的激励机制。生态系统建设区主要位于限制开发区域和禁止开发区域，而对于限制开发区域和禁止开发区域的地方政府，不仅要为封山育林、森林防火、林木管护等生态建设和修复承担相应的支出，还将由于禁止生态资源的开发利用而丧失一定的经济发展机会。因此，应改变以往地方政府绩效评估中对GDP增长过于偏重的做法，将生态改善、森林资源耗费以及环境保护作为地方政府政绩考核的重要方面。另外，中央政府还可以通过合约的形式确定激励性补贴，补贴中应综合考虑地方政府进行生态补偿的机会成本以及森林面积、地形地貌、森林覆盖率、限制开发区或禁止开发区面积占国土面积的比例等因素。

第二，搭建多层次、多渠道的生态补偿平台。平台具体包括：对于优化开发区域和重点开发区域的投入应侧重对现有生态成果的保护；对于限制开发区域，鼓励各地方积极发展生态标识物品和服务，将生态优势转化为替代产业优势和经济优势，引导消费者积极自愿地支付生态补偿的费用；建立受益者直接补偿体系，如从依托生态系统服务效益的旅游、内河航运、水电等企业的营业收入中提取一定比例的资金；对于禁止开发区，符合区域生态资源承载力的新型接续产业应予以税收减免，以促进生态建设，形成良性循环。

第三，构建中央政府与地方政府合作机制。生态系统服务是典型的公共产品，需要中央政府与地方政府在各自层面发挥相应的作用。中央政府应将补偿资金重点用于关系国家生态安全的国家级重点生态功能区、国家级自然保护区、国家级风景名胜区和国家级森林公园等区域的生态建设等，对具有跨行政区外部性、代际外部性、跨省流域的生态补偿也应承担相应的责任。地方政府作为落实主体功能区的直接行为主体，在生态补偿中应将补偿资金更多地惠及限制开发区和禁止开发区域内的生态建设。

5 生态补偿机制运行模式及交易成本

5.1 政府补偿模式

5.1.1 政府主导生态补偿的理由

5.1.1.1 维护国家生态安全的需要

经济发展和环境保护是对立统一的关系。一方面，经济发展需要消耗大量的自然资源，会对生态环境造成破坏。生态环境被破坏就降低了社会再生产能力，资源也会随之减少，经济的可持续性也就很难维持。另一方面，经济发展水平提高后，国家有更多财力对生态环境进行修复和治理，能促进生态环境的可持续发展；生态环境变好后，就会给经济发展提供更好的资源，促进经济的可持续发展。

近年来，随着各国经济快速发展，全球生态环境问题日益突出，如全球变暖、生物多样性下降、土壤沙化、水资源污染等，这不仅使人们日常生产、生活受到干扰，更制约了国家经济和社会的发展，甚至严重威胁到国家安全。从世界各国实践看，生态安全已上升到与政治安全、军事安全等同等重要的地位，逐渐成为国家安全的重要组成部分，而维护国家安全则是各国政府的最重要的职责。基于上述原因，生态安全问题的爆发要求政府承担主要的角色，通过制定相关法律规章和生态补偿政策来促进生态环境保护。

5.1.1.2 政府是公共产品的主要供给者

前文已述，生态系统服务是典型的公共物品，而公共物品在供给时容易出现“搭便车”现象而导致供给不足，在消费时容易出现过度利用的现象，导致“公地的悲剧”出现。政府的主要职责之一就是为全社会提供公共物品，其应该出台各种政策来促进生态系统建设者的积极性，进而增加生态系统服务的供给量，限制生态系统的过度开发和利用。而生态补偿就是其中一项非常重要的政策安排，通过向受偿主体支付一定补偿，协调各主体之间的利益，由此解决生态系统服务供给不足和过度利用的问题，以实现生态系统的可持续发展。

5.1.1.3 政府是生态补偿资金的主要来源

生态系统是人类生存和发展的重要物质基础。为了保护生态环境，在现阶段政府应承担主要的责任，尤其是在建立生态补偿公共财政体系中应发挥重要作用。在建立生态补偿政策和制度的同时，政府也是生态保护和生态建设的主要购买者。在自然环境保护和建设过程中，最大的困难就是资金不足。生态治理和环境恢复过程中需要大量的资金，而仅仅依靠市场融资是远远不够的。很少有企业和个人愿意进行环保投资，只有政府有能力承担。经济欠发达地区的环境破坏更加严重，这些地方往往以牺牲环境和资源支持经济发展，地方政府和企业也无力承担生态环境治理和修复所需的巨额费用，需要中央政府的财政转移支付，以及其他的横向资金来源，为这些地区生态补偿提供充足资金。

5.1.1.4 弥补环境保护中市场失灵的需要

从经济学角度看，环境损害具有“外部不经济性”，污染者并未对受损方进行补偿，由此市场失灵，污染物排放量超过社会最优污染水平。为了纠正负外部性，理论上有市场补偿和政府补偿两种手段。当补偿主体和受偿主体非常清晰时，通过市场补偿能更有效率地配置资源。但在实际中，产权不清晰，补偿主体和受偿主体比较模糊。而政府是公共物品的所有者，当生态补偿的主体不明确时，政府将代表支付方向受偿方支付一定的补偿，由此解决环境保护中的市场失灵现象。

5.1.2 政府补偿的主要手段

5.1.2.1 财政转移支付

第一，纵向转移支付。最典型的例子是国家直接投资的大型生态系统工程，如退耕还林还草工程、南水北调工程、长江及三北防护林工程、重点湿地保护等这些都是中央政府补助、专项资金和对生态保护区的直接财政转移支付的大型国家项目。还有一些地方财政转移支付项目，如小型生态保护区、小型流域的生态补偿等。

第二，横向转移支付。最典型的例子是异地开发。异地开发是基于区域经济学，根据国家生态资源禀赋分布和区域经济发展差异，把生态环境脆弱区、自然遗产地区的企业转移到其他区域发展，将所得税收返还原地区用于生态环境建设和保护①。这部分返还的税收主要用于原地区的生态补偿，促进生态功能区的产业转型，发展生态农业、生态旅游业等环境友好型产业，完成从“输血”到“造血”的彻底转变，实现经济发展与环境保护双赢。

5.1.2.2 政策支持

政策支持即政府制定一些优惠政策来激励人们保护生态环境。它包括两方面内容：一是对环保型产业和行为的鼓励，如鼓励企业进行生态技术创新、鼓励节水节能型产业发展等；二是对污染型产业和行为的限制，如很多地方政府对污染企业的关停等。政策支持在生态保护区和水源保护区等领域得到广泛使用②。政府可以通过各种政策工具来推动这些地区的企业和居民的生态保护行为，包括对企业利用节能设备、废弃物的循环利用等的税收优惠，以及为当地居民的生态移民提供便利等。

需要说明的是，政策支持作为政府对生态资源提供和利用的一种干预形式，往往只是生态补偿的一种辅助形式，为其他形式的补偿提供保障和支持。虽然，政策的制定和设计比较容易，只需要投入很少的人力和物力就可以。但是，为了实施这些政策并达到预定的效果，需要投入更高的系统运行成本，最直接的是监管成本。所以，只通过政策支持，很难实现生态保护和可持续的改善目标，但没有政策支持，其他的补偿方式难以有效运行。

---

① 国内异地开发早期的实践是浙江金磐扶贫经济开发区。磐安县是浙江中部一个经济发展相对落后、交通不方便但靠近水源的地方，水资源质态很好，直接影响到下游地区的用水，对整个流域的供水发挥了重要作用。金华市为了保护水源，在 1990 年建立了金磐扶贫经济技术开发区。根据要求，磐安县禁止高污染企业的引入，并负责保护水源生态环境，流域的所得税全部返还磐安县进行水源保护补偿。通过此举，磐安县的生态环境得到了很大程度的改善，实现了生态效益与经济效益的双赢局面。

② 例如，为了保护东江源，当地政府禁止居民过度砍伐森林并关闭了污染严重的企业，使水源的生态环境得到了很好的保护。同时，对这些地区也给予相应的政策支持，包括对环境友好型产业实行减税和减免其他费用等政策。

5.1.2.3 生态补偿基金

生态补偿基金的资金来源主要包括财政专项资金、环境税费以及私人和社会机构的捐款，其中，环境税费、民间组织和社会公众捐款是生态补偿基金的主要来源。目前，在我国，各领域引入生态补偿基金的做法逐年增多，比如启用“森林生态效益补贴基金”。随着经济增长和法规制度的建设，生态补偿基金发挥的作用越来越显著。它能在扩大生态补偿资金总量的同时，有效减轻政府财政压力。同时，它更容易操作，因为它受国家财政体系的影响较小。这种形式也可以与其他模式相结合，具有很强的灵活性，如引入市场机制确定生态补偿的标准。生态补偿基金的不足之处在于资金相对有限，且容易受补偿主体意愿的影响。例如，各种组织捐赠的资金通常希望将这部分资金用于与自身利益相关的生态系统建设中。此外，生态补偿基金的管理和使用需要有相应的监管机制。

5.1.2.4 环境税费制度

环境税费又称庇古税，即通过征收环境税费来纠正负外部性和筹集生态保护资金。环境税费主要包括废气排放税，企业排放的污水和工业废物的环境税等。环境税的征收方式也在不断创新。例如，根据车辆征收的环境税，将环境税添加到燃料价格中，这种变化降低了税收征管的难度，降低了逃税的可能性和监督成本。环境税费制度的执行机构是政府，国家通过强制性权力来保证执行，强制执行的对象包括企业和公众等纳税主体。环境税费主要面向污染源征收，符合“谁污染谁治理”的原则。但在征收环境税费的过程中，需要制定很多制度以及投入大量人力物力来降低偷税、漏税等的发生率，监管成本较高。现阶段，生态补偿税征收管理体制也在不断创新，这样将减少相应的监督费用，并降低交易成本。此外，环境税费制度对污染者的处罚更重，也是政府其他生态补偿方式的重要资金来源。

5.1.3 政府补偿模式的优缺点

5.1.3.1 政府补偿模式的优点

第一，政府补偿模式具有平衡性。政府的重要职责之一就是向社会公众提供公共物品，因此，其在制定政策制度时要从整体和长远利益统筹考虑。而在市场机制中，市场主体更多地考虑经济和个人利益，因此完全依靠市场机制将不利于资源均衡配置，导致区域发展不均衡。在生态环境保护的过程中，以市场为导向的贸易方式将导致生态系统在各个领域中发展不协调。生态补偿涉及领域非常宽泛，如森林生态效益、流域、自然保护区、矿产资源、生态功能区等。而政府补偿模式的最大优势之一，就是将生态补偿应用于某个补偿对象时，其他内容的补偿也可以被考虑在内，使得各种生态补偿政策和手段能够补偿其他地区的流域和生态环境。如在浙江省杭州市开展的生态补偿中，重点领域是加强环境污染治理，改善大气和水环境，主要手段是建立生态补偿专项资金，制定生态补偿产业发展规划，政府可以通过履行职责来行使自己的权力，动员一切资源，全面整治大气和水环境。而市场机制却难以在厘清权力和责任的前提下进行综合生态环境交易。

第二，政府补偿模式具有针对性。在一些省级或跨省的生态补偿实践中，地方政府更加贴近社会实际，能够掌握当地的具体情况和信息，更好地了解当地居民的喜好和环境条件，由此制定的生态补偿政策和方案更具针对性。如在矿产开发生态补偿中，受益者包括地方政府和矿产开发企业，而受害者是当地居民。政府基于矿产开发损害的房屋、田地等财产基础，确定补偿标准和补偿方式，并由地方政府和矿产企业共同进行补偿。

第三，政府补偿模式具有稳定性。政府是行政主体，利用行政权力出台政策和法律规章制度等实施生态补偿，无论是采用直接补偿（如资金补偿）方式还是间接补偿方式（如政策补偿），都具有较高的稳定性。在政策或制度期限内，受偿主体不用担心补偿标准下降、资金不足甚至政策取消等问题①。

第四，政府补偿模式具有公平性和确定性。政府的核心目标是社会稳定和国家安全，在生态补偿实施过程中更加强调公平性和准确性。政府出台了大量与生态补偿有关的政策与法律法规，通过强制性手段和制度来规范生态补偿，确定补偿的对象、标准和方法。在市场生态补偿中，补偿标准无法明确界定，要根据市场需求确定标准，买卖双方都在为自己的利益讨价还价。而且，由于交易双方存在严重的信

① 例如在陕西省秦岭地区，对于水土流失的控制区域，所有坡度超过25度的耕地将被转换为森林和草地，由国家向农民和地方政府提供补偿，补偿期为5～8年。每亩退耕还林地将补偿粮食100千克，并分别给予50元和20元的种苗费补贴，这个补偿政策非常稳定。

息不对称，信息优势方可能会利用信息优势损害另一方的利益，这是不公平的。

5.1.3.2 政府补偿模式的缺点

第一，补偿资金存在较大缺口。生态补偿实施过程中，政府补偿的资金来源主要包括专项财政拨款、征收的生态补偿费和排污费等。由于生态系统建设补偿需要巨额的资金投入，单纯依靠国家财政支出是远远不够的。并且，很多地方政府财政困难，尤其是欠发达地区的财政转移支付制度不完善，导致财政支付不及时的现象时有发生，生态补偿资金存在较大缺口，不利于生态补偿标准的提高。

第二，资源定价制度不合理。生态补偿本质上是不同主体之间的利益再分配，补偿标准高低与生态环境、自然资源的价值密切相关。长期以来，我国对自然资源定价一直偏低，由此导致征收的资源使用税费和生态补偿标准也偏低，容易引发自然资源的过度开发利用，进而产生更大范围的生态破坏。

第三，生态受益者与补偿者脱节。政府补偿的资金来源很大一部分是财政专项资金，而财政资金来源主要是税收，这是一种变相的由全体社会成员为生态受益者支付费用的情况，违反了“谁受益谁补偿”的环境责任和生态补偿原则。

除上述外，官僚主义、效率低下、政策寻租空间、信息不对称以及政府预算支出领域变更等，都可能会对政府补偿效率产生影响。

5.2 市场补偿模式

根据上述，政府补偿存在一些缺陷，因此必须引入市场机制。从世界范围看，市场化补偿也是生态补偿发展的必然趋势。市场补偿即以市场交易为主要补偿手段，由交易双方通过市场谈判确定补偿标准及补偿方式。

5.2.1 市场主导生态补偿的理由

5.2.1.1 经济学依据决定了生态补偿离不开市场机制

由于过度开发利用，生态资源的稀缺不断加剧，其公共物品特性逐渐消失。而一些企业为了自身利益，造成的环境污染和生态破坏却由其他社会成员来承担，这是不公平的。为了纠正这种负外部性，有必要引入市场机制，实行资源有偿使用制度，发挥市场调节作用，可以提高资源利用效率，促进社会公平。

5.2.1.2 政府主导的生态补偿机制存在着先天不足

理论上讲，生态资源为国家所有，生态经济发展应由政府主导和控制。但实际上，政府不可能完全对生态经济负责。一方面，单纯地利用政府规制配置环境资源，可能诱发权力寻租，导致资源浪费、环境保护效率低下，即出现“政府失灵”；另一方面，政府本身也有一定的利益导向，如有的国有企业曾经通过计划垄断和控制市场，通过部门和行政手段配置资源，导致环保投入不足。再退一步说，即使政府能有效配置资源，也可能由于财政投入不足等，无法提供足够的生态系统服务。事实上，只要能得到相应补偿，市场主体（包括民间组织）也完全有可能从事环境保护事业（见图 5.1）。

由图 5.1 可知，生态环境保护者的行为存在正外部性，即边际私人收益（MPB）小于边际社会收益（MSB）。如果没有生态补偿，根据边际收益等于边际成本的原则，私人提供的生态系统服务产量为 Q_1，要低于社会最优产量 Q_2。但如果能获得一定的补偿，使边际私人收益增加到边际社会收益的水平，私人提供的生态系统服务产量将增加到 Q_2，实现最优资源配置。从图中可以看出，要实现最优产量，最低的补偿水平为三角形 ABC 的面积。

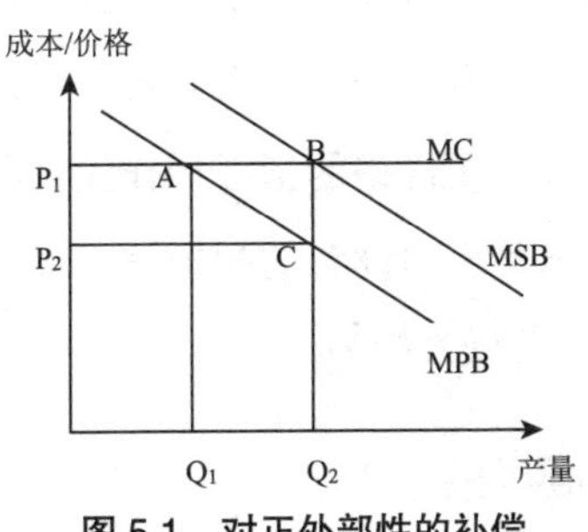

图 5.1 对正外部性的补偿

5.2.1.3 生态补偿市场化是我国社会主义经济发展的必经阶段

改革开放以来，我国的能源、建材、机械、化工等重工业发展十分迅速，煤炭、钢铁、水泥等制造业已处于世界先进水平。但必须正视的是，我国经济的发展存在严重的环境污染和生态破坏，动用生态补偿措施已成为政策必然。政府主导的生态补偿建设的主要特点是，政府既是生态建设政策制定者和资金投入者，又是具体生态项目的决策者和实施者。虽然资金投入由中央和地方共同承担，但必须由中央承担主体部分，甚至全部承担。因为生态项目实施区域多为欠发达地区，地方财政投入有限。

理论上，政府进行生态建设投资，遵循的也是效益最大化原则。一方面，虽然从长期来看，生态系统建设者是为自己和子孙后代创造良好的生活条件，但在短期内，他们将追求利益最大化，希望从政府那里赚钱或得到补偿。如企业和代理人因投入资本，需要资本利润；承包人因退耕（牧）还林（草）牺牲了部分切身利益而希望获得补偿；用材林的所有者需要得到补偿，因为他们的树木在发挥生态效益，而国家禁止砍伐则使他们没有经济收入。另一方面，政府投入（或补偿）能有效激励生态系统建设者的积极性，增加生态系统服务的数量和质量。激励程度与投入规模成正比，由此国家成为最大的“种植者”。但在实际中，某些政府主导的生态建设往往存在多环节委托代理链条，政府投入沿着这个链条自上而下流动，最终到达生态系统建设者手中的资金往往很少，其激励效果大大降低。大量生态建设资金被侵蚀在链条的各环节上，这不仅损害了国家“种植者”的形象，而且还形成了腐败。由于补偿机制的不合理，即使是少数能够到达最后环节的资金也会效率低下①。因此，政府主导的生态补偿机制具有低效特征，容易陷入投资困境：不投资生态建设，生态环境将持续恶化；投资生态建设，则导致资金被侵蚀。要走出这种困境，必须将市场机制引入生态补偿，通过市场价格的指挥棒作用，既可以扩充生态补偿资金总量，提高补偿标准，调动生态系统建设者的积极性，又可以提高资金利用效率，减少政策执行过程中的“寻租”等低效行为。

5.2.2 市场补偿的主要手段

5.2.2.1 生态系统服务付费（PES）

生态系统服务付费（PES），本质上是生态系统服务受益者与供给者之间的交易。

---

① 在现实中，为了保证生态项目（工程）能被验收通过，许多地方政府均出台和实施了严格的禁伐禁牧政策。这些政策能够在短期内恢复植被，容易通过验收，并且政府支出很少，但农牧民要丧失很多发展机会，机会成本很高。

PES 的原始定义非常苛刻，对生态系统服务市场的各项要素都有严格规定，包括交易双方、交易对象和支付条件等，尤其强调交易的自愿性（Wunder，2005）。但随着生态补偿实践的不断深入，生态系统服务付费概念的外延不断扩大，对买卖双方是否明确、交易双方是否自愿等不再严格限制，政府出资和非货币支付等项目也纳入 PES 框架。从这个角度理解，我国各地广泛实施的生态保护补偿实践与之非常类似，很多学者也将生态补偿概念与生态系统 / 环境服务付费（PES）的概念等同起来（柳荻 等，2018；吴乐 等，2019）。

国际上有很多经典的生态系统服务付费案例，如哥斯达黎加的 PSA，其核心是通过向生态系统服务受益者进行强制性征税（每年征税总额约 1000 万美元），用以补贴那些自愿加入该项目的生态系统服务提供者，前提是他们必须按照规定进行造林或开展森林保护。到 2005 年底，哥斯达黎加有 10% 左右的森林覆盖土地加入 PSA 项目中（Stefano，2008）。再比如美国的环保休耕项目（CRP），其特点有两个：一是按照一定标准对受偿地块进行选择，不再按单位面积进行固定补偿；二是通过竞标机制确定补偿对象。竞标人设定不同的合同菜单，土地主可以选择是否参加以及选择哪种合同，还可以添加一些个性化条款，使得机制非常灵活。

从各国实践看，由于个体生态系统服务受益者较为分散且支付能力较弱，PES 项目的资金主要来源为政府、非营利组织（NGO）及公用事业机构。虽然法律对 PES 运行流程和资助机制有明确规定，但其与命令控制型的生态保护转移支付管理机制有着本质不同，主要体现在生态系统服务提供者是否自愿参加方面。由于交易双方数量有限，生态系统服务价格并非在充分竞争的市场条件下形成，所以 PES 可以理解为一种准市场机制。此外，由于土地主的道德风险以及一些不可控因素（如自然灾害等）的影响，生产效率往往难以保证。因此，有学者提出，在设计生态系统服务契约时，需要考虑到生态系统服务生产过程的不确定性，降低生态系统服务投入与支付条件间的扭曲程度（Astrid et al.，2009）。

5.2.2.2 缓解银行（Mitigation Banking）

缓解银行设立的初衷是保护湿地，其运行机制与货币银行比较类似，不同的是缓解银行储备的是湿地信用（柳荻 等，2018）①。虽然美国明确规定开发者必须消除其对湿地生态系统造成的破坏。但无论是开发者自行修复还是由第三方专业机构进行修复，都存在生态补偿滞后、难以实现湿地生态功能“零净损失”等缺陷。而湿地缓解银行则是在开发之前或过程中同时完成生态补偿，有效地解决了上述问题。到2018年底，美国共成立了3365家缓解银行，湿地 / 河流缓解信用销售额大幅上升。

需要说明的是，虽然缓解银行市场效率很高，但其生态功能一直受到质疑。首先，缓解银行并非对原有湿地进行恢复和重建，其修复和重建的湿地并不能完全替代原有的湿地生态功能，并且由于破坏地点和修复地点不同，将使得湿地生态系统资源在不同区域人口之间进行重新配置。只有当缓解银行数量很多时，监管机构才能更加准确匹配新修复（重建）的湿地与受破坏湿地的类型和功能，由此提高缓解的生态效益。其次，由于缺乏生态管理，加上银行可能破产，缓解银行新修复（重建）的湿地容易出现生态恶化现象。最后，缓解银行的成本可能非常高昂，包括设立银行所需费用以及成立后购买土地和修复生态的费用等。

5.2.2.3　保护银行（Conservation Banking）

保护银行发展历史相对较短，设立的主要目的是保护濒危物种及其栖息地。其运行机制为：银行通过保护濒危物种及其栖息地，可以从政府手中获得可供出售的保护信用，而这些保护信用则可以进一步出售给那些会对濒危物种及其栖息地产生破坏的项目开发者，因为项目开发者也必须承担保护濒危物种及其栖息地的责任。这种机制可能会实现双赢，对开发者而言，只要支付一定的资金，就不用直接履行保护责任，从比较优势角度看，直接购买保护信用对开发者来说是成本有效的；同时，对保护银行来说，可以发挥规模效应，能达到以较低成本来保护濒危物种及其栖息地的目的。到2016年底，美国共设立了135个保护银行，保护面积超过142000英亩（Jagdish et al.，2018）。需要指出的是，保护银行在实际运行中，也面临一些问题：首先，是土地的制约，保护银行需要大片连续的土地来提供保护，因为小块、

---

① 缓解银行的机制是：银行发起人通过保护湿地，从监管机构获得湿地信用，然后将湿地信用以市场价格出售给会对湿地造成破坏的开发者；通过购买湿地信用，开发者将缓解开发影响的责任转移给了缓解银行，由银行进行湿地生态功能恢复和监管，并从中盈利。其实质是通过法律将生态保护的产权赋予银行并赋予它们进行交易的权力，同时规定开发者减轻影响的义务，从而创造供给和需求，形成缓解信用交易市场，使市场机制在湿地保护中发挥作用。

孤立的土地无法满足动物生存的需求；其次，保护区必须进行大量的日常管理和维护，以避免栖息地环境退化和物种迁移，同时保护银行的运行成本也非常高昂，包括建设成本和大规模土地购买支出等；最后，法律对保护银行有“永久保护”的限制，这也提高了保护银行的运行成本和进入门槛。

5.2.2.4　生境交易（Habitat Exchange）

生境交易的主要原理与保护银行类似，其设立初衷是克服保护银行的局限性。如保护银行关于保护信用的申请和审批程序较为复杂，同时物种保护范围也较窄（仅限于《濒危物种保护法案》中涉及的物种）。生境交易是一个更广泛、更透明的濒危物种和栖息地保护信用交易的市场平台，在该体系中，自愿参与者可以通过保护现有栖息地或重建一个新的栖息地来获得保护信用。该项目开发了一种栖息地价值量化工具（HQT），可以对濒危物种和栖息地保护的价值进行量化，这样可以为行政机构进行保护信用估值提供依据，由此减轻审批负担和加快审批流程。只要土地主符合生境交易基本要求，就可以通过栖息地价值量化工具（HQT）来确定可获得的保护信用的大小，并且这种保护信用也是受法律保护的。与保护银行相比，生境交易由于审批流程更快捷，交易成本更低，可以有效提升土地主的参与积极性，促进濒危物种和栖息地保护效果。

生境交易的另一主要目标是扩大保护范围，即扩大到高危物种和自愿性质的保护对象。由于这些物种并未列入《濒危物种保护法案》，从法律视角来看，对这些物种进行保护缺乏监管驱动力。因此，要确保这些物种保护信用交易正常运行，必须降低保护信用估值的不确定性，尽可能避免未来由于制度改变而导致的潜在风险。所以栖息地价值量化工具（HQT）的科学性以及政府是否认可就非常重要，如果政府认为这部分物种的保护信用是无效的，那么生境交易将难以为继。

5.2.2.5　碳汇交易（Carbon Sink/Sequestration）

碳汇交易是国际上常用的通过市场进行生态保护融资的工具。比如林业领域，通过森林再造、限制砍伐等措施可以增加林业碳汇，进而抵减温室气体排放。碳汇市场刚出现时，林业和土地利用等项目获得的碳信用都是通过自愿市场进行出售的。随着国家和区域性碳排放交易体系不断涌现，碳信用在强制性碳交易市场也不断被接受。碳汇需求者为达到自身的碳排放总量控制目标，可以购买碳汇来抵减碳排放量，而碳汇生产者通过出售碳汇而获得收益，可以弥补其林业建设投入。相比较而言，自愿交易市场比较灵活，不受政府管制，而强制性碳交易市场则必须根据国际公约或政府规则进行交易，受政府管制。

在实践中，碳汇交易可能面临两方面制约：其一，碳汇交易的前提是进行碳汇认证，因此只有产权清晰，才能激励碳汇生产者的积极性，而目前很多国家的自然资源都存在产权界定不清的问题；其二，碳汇交易需求量受强制碳减排要求的影响很大，如果政府减排意愿不强或者未签署减排协议，会导致碳汇交易需求量较低，进而严重影响碳汇交易市场的发展（何桂梅 等，2018）。研究发现，中国的碳汇交易市场面临政策变动、需求不足、交易价格较低等困境，并且交易规模主要依赖政府推动（张颖 等，2019）。从长远来看，要推动碳汇交易市场的健康发展，必须完善与碳汇确权相关的法律法规，逐步推行强制减排制度，进一步拓宽融资渠道，改良碳汇认证手段。

5.2.2.6 使用者付费（User Fees）

使用者付费是指第三方受益人在使用土地自然资源时（包括打猎、捕鱼和观赏野生动物等），必须向土地所有者支付一定费用，而土地所有者则必须加强对土地的管理以保护土地生态功能[①]。从实践中看，使用者付费主要是土地所有者向狩猎者或渔民收取资源使用费，来补偿栖息地生态环境遭到的破坏，其有效性相对较差。对土地所有者而言，这种收费是有利可图的，但政府为了避免自然资源被过度利用，会对狩猎、捕鱼等资源利用活动的规模和频率进行控制，以提高使用者付费机制的经济和生态效益。因此，从适用性角度看，使用者付费主要用于那些零散的、小规模的区域，以及具有观赏、娱乐价值区域的生态保护，作为对集中连片生态区域保护的补充。

5.2.2.7 生态旅游（Ecotourism）

生态旅游是在生态保护区域内开展观光活动，并将部分旅游收入用于生态景观

① 如美国科罗拉多州的野生动物牧场计划。州政府通过发放给土地所有者一定数量的狩猎许可证并允许他们以市场价格出售许可证，同时要求土地所有者进行物种保护活动。

维护的活动。随着人们生活水平的提高，人们对良好生态环境需求日益强烈，生态旅游的发展前景巨大，这为土地所有者保护栖息地生态环境提供了经济激励。但需要指出的是，发展生态旅游必须在生态承载力的范围内，如果过度开发，会对栖息地生物多样性造成破坏。所以，政府必须对生态旅游进行统筹规划，发展生态旅游须得到政府批准，尤其是与濒危物种相关的观光项目。首先，要明确生态旅游的主要目标是保护生态环境；其次，必须保证将一部分旅游收入（或经营利润）用于生态保护。生态旅游在发展过程中，可能会出现一些不良后果，如游客太多（或素质低）可能会破坏生态景观；商业化的盈利模式可能会造成资源型产品的过度开发，甚至会损害生物多样性，如专门种植特定的观赏植物等。生态旅游和使用者付费比较类似，都是利用生态系统本身特有的资源优势，满足游客（使用者）的需求。供求双方真实存在，在我国各地均有案例，但也暴露出上述各种问题，因此必须妥善协调好生态保护和盈利的关系。

5.2.2.8 生态标签（Conservation or Eco-Labeling）

生态标签属于绿色消费范畴，主要是将生态友好型的产品信息传递给市场，以此改变生产者和消费者的行为，并且将消费者对生态友好型产品的需求与生态保护实践结合起来，达到改善环境绩效的目的（Danilo，2000）。通过设置生态标签，消费者可以通过支付更高价格来购买生态友好型产品，这也为生产者生产提供了经济激励[①]。随着市场认可度提高，生态标签的内容和形式也不断拓展。除了传统的绿色农业标签外，野生动物友好型标签等新形式也频频出现在市场中。从实践中看，生态标签可以为生产者带来更大的市场回报，但生态标签是否有效主要取决于消费者是否信任。事实上，有些地区的生产者通过减施化肥农药、保护生态环境等措施获得生态标签后，并不一定能获得消费者信任，消费者只会为他们信任的产品支付高价。生态标签生产方式还要与传统生产方式竞争，农牧产品市场竞争一般比较激烈，这也导致生态标签产品的市场扩张并不容易。虽然生产者可以开拓新市场，但可能需要巨额的市场开发成本，并且由于消费习惯和黏性效应等原因，新市场开拓可能会失败。从国际经验看，引入非政府组织能有效提高生态标签的保护效率和经济效

① 如对产于太平洋西北部的鲑鱼认证的生态标签。该标签只适用于经过生态认证的企业，以确保这些企业的养殖方式是生态友好的，这样就能够保护三文鱼栖息地的生态环境。

益，非政府组织的强大公信力和社会网络可以为生态标签产品提供隐形的担保。政府的参与也非常重要，其强大的公信力能提高消费者对生态标签产品的认同度。总的来说，生态标签可以有效区分生态友好型产品和传统商品，为消费者选择生态友好型产品提供了依据，同时也可将生产者的生态友好型行为的外部性内化到价格中，提升生产者的积极性。

生态系统价值包括物质生产服务和非物质服务的价值。从各国实践看，物质生产服务的价值完全可以通过市场交易得到实现，而随着生态资源日益稀缺和社会公众的生态付费意识增强，再加上信息、交通等基础设施的不断完善，非物质服务也开始进入市场。因此，如何建立多样化的市场生态补偿体系，将非物质服务价值也纳入补偿过程链，值得进一步探索。基于上述内容，表 5.1 对生态补偿的市场化方式进行了总结。

表 5.1　生态补偿的市场化方式

生态系统类型	主要生态服务	市场补偿方式的深化	补偿方式的运作
保护区、遗产地等生态系统	非物质服务	产权交易市场	对水资源、碳转移等可核定服务以主体谈判的产权交易实现
		建设招标与经营托管	生态工程进行建设招标，日常经营管理委托企业，由政府组织、大众参与听证评估和管理监督
		NGO 与生态基金	由民间和国际组织以募捐、基金等形式参与
		生态券或生态彩票	以低于一般利息发行生态券或生态彩票
		生态价值捆绑销售	以影像、书籍等媒体或少部分物质产品附带实现无形价值
		生态意识宣传	加强生态科普，提高社会生态支付意愿
农业生态系统	物产服务	产品市场深化发展	全面取消农副产品价格管制，发展农业交易市场
	非物质服务	农副产品生态认证	实行绿色、环保认证，提高非物质性生态服务附加值
特殊生态系统	高效用价值信息与体验服务	门票收入	市场化经营：生态旅游景区，公园、场馆等门票销售收入
		生态产品销售	以媒体传播或生态产品外销附带实现无形价值
		餐宿、交通等服务	以旅游消费带动区域整体发展，实现生态价值

根据表 5.1 内容，可以按照市场化难易程度将生态系统服务划分为三个层次，其补偿方式遵循以下原则：其一，对于生态系统的物产服务功能，应不断完善现有产品市场，鼓励通过自由交易实现其价值。其二，对于同时提供物产服务和非物质服务功能的生态系统服务，尽可能将其无形价值纳入产品价格进行销售，如生态农产品价格要高于一般农产品。其三，对于生态系统的非物质服务功能，应通过募捐、权证、彩票和基金等方式扩大筹资渠道，并且补偿资金支出时应加强市场化运作和监督机制构建。

5.2.3 市场补偿模式的优缺点

5.2.3.1 市场补偿模式的优点

第一，补偿主体的多元化。在市场补偿运行过程中，补偿主体呈现多元化特征，包括政府、生态受益者、资源利用者和环保组织等，政府不再是唯一的补偿主体。补偿主体与受偿主体之间通过市场谈判和协商等确定补偿标准和补偿方式，实现生态系统价值最大化，优化生态资源配置。

第二，利益相关者平等自愿。在市场补偿机制中，各利益相关者（包括政府）的地位是平等的，每个交易主体均从自己的真实愿望出发，与符合自己意愿的人进行交易。

第三，补偿机制的市场激励。在市场补偿机制中，政府对环境资源使用权（或排污权）总量进行控制，并按照一定方式进行权力初始配置（如拍卖），市场主体根据各自需求寻求交易。在价格机制作用下，各交易主体通过谈判自行决定是否补偿，以及补偿数额与方式。

5.2.3.2 市场补偿模式的缺点

第一，补偿难度大。在市场补偿模式下，利益相关者数量多且损益关系复杂，很难确定补偿主体和受偿主体。另外，市场补偿和政府补偿在标准和方法上也有所不同。政府补偿可以由政府直接决定，而市场补偿则需要在这些方面进行协商。在协商过程中，一方或双方都需要作出让步，可能需要很长时间才能达成令人满意的谈判结果。

第二，补偿短期行为严重。前文已述，政府补偿往往考虑长期的生态效益，政策相对较稳定。而市场补偿是补偿主体根据自身受益大小对受偿主体进行补偿，一旦受益程度降低，其补偿行为将减弱甚至停止，这容易使得补偿资金不足。可见，市场补偿中各补偿主体更加关注自身短期利益而非长期的生态效益，其短期性特征显著。

第三，市场补偿缺乏配套的法律法规。到目前为止，我国还没有一部专门的生态补偿法律，对补偿主体的强制性义务缺乏明确的法律规定，导致市场化补偿的法律依据不足。比如在流域生态补偿中，无法强制性要求流域下游区域政府和居民履行补偿责任，只能通过政策引导佐之下游区域政府和居民的自觉行为，因此存在较大的不确定性。

从全球范围看，目前已经成功实施的生态补偿案例中，涉及领域包括森林保护、生物多样性保护、碳汇交易等（孔凡斌，2010）；从补偿资金来源看，既有政府主导型项目，也有市场支付型项目[①]，本书附表 1 给出了国外的一些典型生态补偿案例。这些成功实施的案例有一些共同之处：一是生态补偿的目标明确；二是生态系统服务供求双方界定清晰且利益关系明确；三是交易双方谈判渠道畅通，多有运转良好的中介机制；四是生态系统服务需求方愿意为生态系统服务付费。

5.3 不同补偿模式的交易成本构成

5.3.1 生态补偿中的交易成本

5.3.1.1 交易成本的含义

交易成本最早是科斯在 1937 年发表《企业的性质》一文中正式提出的[②]，他认为交易成本是使用价格机制的成本。但此时交易成本概念并未引起学术界重视，直到 1960 年科斯另一篇文章《社会成本问题》发表，对交易成本概念内涵进一步拓展，才引起了学术界的广泛关注。之后，阿罗（1969）、威廉姆森（1985）、诺斯（1987）、

① 政府主导的项目是政府购买社会所需的生态服务，然后提供给社会成员；市场支付项目由生态服务的受益者和提供者直接交易，资金来源于民间。

② 严格来说，交易成本的思想在大卫·休谟和亚当·斯密的著作里已经初见端倪，但直到科斯于 1937 年才开辟了经济学交易成本的新思路。

张五常（1999，2014）等人的众多文献对交易成本的内涵进行了深入分析（见表5.2）。

表 5.2　交易成本的含义

交易成本含义	文献来源
交易成本应包括界定和保障产权的费用，寻找交易对象和交易价格的费用，以及讨价还价、订立契约、监督契约履行的费用	科斯（1960）
交易成本通常会阻碍且有时会完全阻碍市场的形成……，交易成本就是利用经济制度的成本	阿罗（1969）
交易成本分为事前、事中和事后的交易成本。其中，事前成本包括搜寻成本、信息成本、议价成本、决策成本等；事中成本包括两方调整适应不良的谈判成本、建构及营运的成本，为解决双方的纠纷和争执而必须设置的相关成本；事后成本包括监督交易进行的成本、违约成本等	威廉姆森（1985）
交易成本包括那些产生于市场因而可衡量的成本，也包括那些难以衡量的成本，如为了获取信息而花费的时间、排队等，还包括由于监督和实施的不完全而导致的损失	诺斯（1987）
广义的交易成本包括在鲁宾逊·克鲁索经济中不可能存在的所有的各种各样的成本，即除了那些和物质生产过程和运输过程直接有关的成本以外，所有可想到的都是交易成本	张五常（1999）
提出租值消散的概念，明确了交易成本的机会成本性质的具体内涵	张五常（2014）

上述概念中，阿罗认为过高的交易成本会阻碍交易发生，这对交易成本概念边界的确定非常重要；威廉姆森和诺斯则将交易成本概念从单纯的市场交易成本拓展到交易前、交易后的一系列与交易相关的成本；张五常进一步将交易成本拓展为机会成本范畴，是最广义的交易成本概念。

5.3.1.2　交易成本的分类

根据成本是否实际发生，可将交易成本分为隐性交易成本和显性交易成本（刘朝阳 等，2015）[①]。其中隐性交易成本为机会成本，不纳入会计核算；而显性交易成本为可观测成本，并且其中一部分可用货币来计量和纳入会计核算。因此，根据能否以货币计量，显性交易成本可进一步分为“非货币计量的交易成本”和“货币计量的交易

① 隐性交易成本是指由于制度缺失导致交易惠利的租值消散，或者由于制度不完善导致现有福利水平与最优福利水平的差距，而显性交易成本则是指现行制度的制定和运行成本。

成本”。需要说明的是，“非货币计量的交易成本”在经济活动中大量存在并且对经济绩效影响非常大，它包括生产契约安排和产品（服务）的数量和类型等。关于“货币计量的交易成本”，Furubotn 和 Richter（2000）认为，它们有些是“变动性”的，其大小取决于交易数量（如销售量或工时数），有些则是“固定性”的，其大小与交易数量没有直接关系（如新组织的设立成本）。交易成本的分类可概括为如图 5.2 所示。

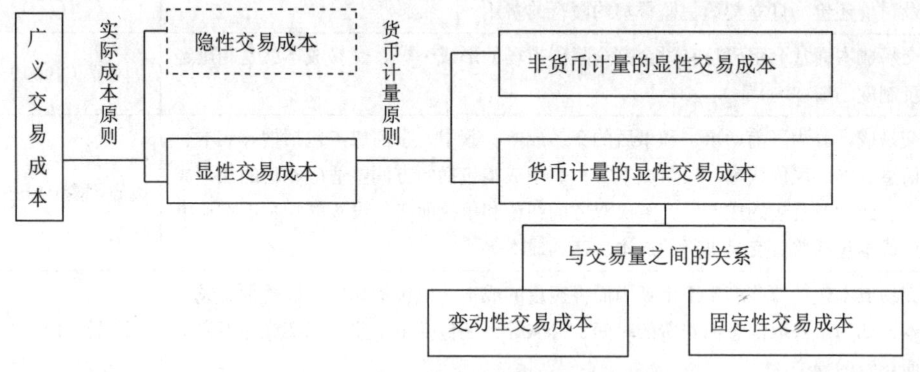

图 5.2　交易成本的分类

此外，Furubotn 和 Richter（2000）认为典型的交易成本包括利用市场的成本和在厂商内下达命令行使权力的成本，其中前者称为市场交易成本，后者称为管理交易成本。此外，从法律概念层面看，还必须考虑政治制度架构的运行与调整成本，即政治交易成本。这三类交易成本均包括两部分：一是固定性交易成本，即其与制度设计有关的特定投资、交易数量不直接相关；二是变动性交易成本，即与交易数量有关的成本。Chircu 和 Mahajan（2006）认为可从不确定性和资产专用性两个维度来理解交易成本①。

表 5.3　公共政策交易成本发生的时间轴

交易成本类型	基线期	发展期	早期施行期	全面施行期	构建程序期
研究和信息收集	√	√	√	√	√
立法和执法		√	√	√	√
政策设计与调整		√	√	√	

① 其中，不确定性是指因有限理性和机会主义的存在而导致未来结果不可预测，包括过程不确定性和结果不确定性；资产专用性是指交易方为了交易而投资的某项资产，能够被重新配置于其他替代用途或被替代使用者重新调配使用的程度。

续表

交易成本类型	基线期	发展期	早期施行期	全面施行期	构建程序期
项目支持及管理			√	√	√
合同				√	√
监督监测				√	√
冲突解决				√	√

资料来源：任毅和刘薇（2014）。

任毅和刘薇从政策的生命周期视角，将公共政策相关的交易成本分为七种，即研究和信息收集成本、立法和执法成本、政策设计与调整成本、项目支持及管理成本、合同成本、监测监督成本和冲突解决成本等。各种成本发生的时间顺序如表 5.3 所示。

5.3.1.3 生态补偿中的交易成本

前文已述，生态补偿的本质是将生态资源使用和生态系统建设中存在的外部性内部化，纠正市场失灵并最终实现生态系统可持续发展。生态补偿机制的关键是确定“谁补偿谁，补偿多少”的问题，围绕这个关键环节，需要组织利益相关主体就补偿标准和方式等核心问题进行协商谈判，对生态环境相关指标进行监测（如流域断面水质水量监测等），对交易双方出现的矛盾和纠纷进行协调，以及对生态补偿的实施进行监督等，这些方面产生的成本都是生态补偿中的交易成本。生态补偿中的交易成本与一般的生产活动中的交易成本相比，既有相同之处，也有不同之处。相同之处在于交易成本大小与交易额（补偿额）并不直接相关，这是交易成本的一般特征。不同之处主要有以下几点：

第一，生态补偿的交易成本包括更多的政府监管和保障成本。生态系统具有显著的公共物品特性，为了纠正其在供给和使用过程中存在的外部性，提高生态资源的配置效率，政府往往会进行较多干预。

第二，生态补偿机制中产生纠纷时的协调成本较高。生态补偿作为一种新的机制，实施时间相对较短，在部分领域刚开始起步，相关法律法规也不健全，而在一般的市场交易中，相关法律法规和协调机制相对完善。协调成本过高将不利于生态补偿的实施和有效运行，因此需尽快完善相关法律法规政策。

第三，在生态补偿协议的签订过程中，交易成本的范围是不同的。在一般的市场交易中，为了达成协议，交易双方可能都需要作出一定的让步（如价格让步），这些可能造成的损失都包括在交易成本中。而生态补偿协议签订过程中的谈判主要集中在直接受国家标准影响的水质、水量和其他生态环境标准的确定上，相对比较固定，不包括让步可能导致的潜在损失。

5.3.2 政府补偿模式的交易成本

由于生态系统的公共物品特征，政府补偿是最主要的补偿方式。在这种补偿方式下，除补偿资金外，其他相关费用包括财政转移支付制度的设计研究、政策的设计与实施、实施效果的监督评估、环境税的安排与征收等产生的费用，应纳入交易成本范围。

5.3.2.1 制度设计成本

为了纠正生态资源利用和生态系统建设中的外部性，政府制定了大量制度来规范生态补偿。政府在设计制度时，必须充分考虑补偿范围、补偿方式及保障措施等。在制度设计过程中，往往需要进行会议研究甚至实地研究，环境税的征收过程也是如此。此外，环境税的征收还涉及必要的法制建设，需要考虑征收环境税的方式等，这些成本也是交易成本的一部分。

5.3.2.2 组织成本

生态补偿实施过程中，组织成本主要包括确定补偿主体和受偿主体、起草补偿协议和确定补偿条款等方面的成本，既包括这些方面涉及的人、财、物等的直接投入，也包括人、财、物和时间资源占用导致的机会成本。

5.3.2.3 制度执行成本

制度执行成本主要是管理成本，包括政府相关职能部门在财政转移支付资金分配中的协作成本、税务机关的环境税征管成本等。此外，由于有关部门的低效率，以及部分官员存在的拖拉作风，在生态补偿管理过程中可能存在一些隐性成本，如寻租等。

5.3.2.4 监督成本

在生态补偿实施过程中，为了提高生态补偿资金利用效率，防止补偿资金被挪用和套取，政府主管部门需要通过调查或其他方式进行监督。由于资金利用效率评价机制缺失，监督难度和成本较高。

不妨以退耕还林为例进行说明，其交易成本包括政策制定者（决策者）、政策执行者和政策参与者（包括政策实施对象）的交易成本。制定政策过程中，决策者需要进行信息收集、实地调查、访谈等活动，这些方面的交易费用由决策者承担；在政策执行过程中，政策执行者还将承担信息收集、议价和监控等交易成本；而其他政策参与者的交易成本主要包括政策监控和政策交易等。退耕还林交易成本的分布具体如表 5.4 所示：

表 5.4 退耕还林政策的交易成本构成

政策执行阶段的主要活动	政策执行的参与者	交易成本的种类
学习、领会和研究中央下达的退耕还林政策精神	地方政府及农业、税务、财政部门等相关行政部门	决策成本
成立相关执行机构，配备相关人员	农业、税务、财政等相关部门及其分管领导	组织成本
根据中央政策精神以及本地实际情况制订实施方案	执行机构	决策成本
依据实施方案进行试点，根据出现的问题进行调整	执行机构	决策成本、监控成本、保障成本
试点结束后，进行大规模的政策宣传	执行机构	保障成本
通过各种途径了解退耕还林的效果	执行机构、农户	信息搜集成本
对所有地区农村退耕还林方案的审批	执行机构	决策成本
全面铺开实施	执行机构	执行成本
对政策执行的监督	由地方人大牵头进行	监控成本
对政策执行过程不满意的投诉处理	地方人大、执行机构及农户等	监控成本
对借改革谋取私利情况的处理	地方人大、执行机构等	监控成本，灰色成本，尽量避免寻租
执行效果评价及总结报告的撰写	执行机构、农户	监控及评估成本

由表5.4可以看出，政策执行中的总交易成本非常大。如果把政策执行过程中的所有交易费用汇总起来，其规模将更加突出，说明交易费用占整个政策执行成本的比重很大。反之，在分析交易成本影响因素的基础上，选择适合机制来降低交易成本效果更好。

5.3.3 市场补偿模式的交易成本

在市场补偿模式下，政府部门也作为生态资源消费者参与补偿。此时，生态补偿中的交易成本主要包括搜寻、谈判、实施、监督等方面。

5.3.3.1 搜寻成本

搜寻成本是指寻找和确定交易对象所发生的成本。以流域为例，下游区域为了保障正常的生产和生活，需要一定数量和质量的水资源，但上游区域的企业和居民为了自身发展需要，会对水资源造成一定污染。因此下游区域首先要确定可能污染水资源的企业和居民及其行为，这就需要进行现场调查，找到交易伙伴。在整个交易成本中，这一过程中的成本通常只占小部分。

5.3.3.2 谈判成本

交易双方需要就补偿金额和方式进行协商并订立合同。生态资源购买方希望以最低的成本获得尽可能多的生态资源以降低生产成本，而供给方则希望通过较少的努力获得更多的补偿，双方可能需要作出让步才能达成一致。此外，在谈判和签订合同过程中需要耗费一定的人力和物力。

5.3.3.3 执行成本

市场补偿模式下，为保证生态补偿机制顺利运行，需要设置专人（部门）来管理资金，同时也需要对影响补偿标准的相关生态环境指标进行监测，这些均会产生一定的成本。仍以流域生态补偿为例，其关键环节是通过对水质、水量等指标的监测，确定最终的补偿方向和补偿量，而监测过程中消耗的成本指标就属于交易成本的范畴，包括建立监测站、购置监测设备、监测实施及监测数据分析等费用。

5.3.3.4 监督成本

合同签订后，需要监督检查交易双方是否按约定采取具体行动。如在流域生态补偿中，需要对流域上游企业和居民的生产、生活行为进行监督，防止其对水资源进行污染，这需要相应设备、监督人员和时间，这些都属于交易成本范畴。

5.3.3.5 纠纷仲裁协商成本

在生态补偿机制运行中，各利益相关者之间不可避免地会出现一些纠纷和矛盾，因此有必要建立一个协商平台来应对这些问题。同时，为了保证补偿机制运行顺畅，补偿资金能够顺利达到受偿主体，还需要设置相应的管理机构。这些谈判平台和管理机构建立、运行和维护的费用也属于交易成本范畴。此外，交易成本还包括由于交易双方违约所致诉诸法律的费用。

5.4 交易成本的计量及生态补偿模式的选择

5.4.1 生态补偿交易成本的计量

政府和市场补偿模式的交易成本在内容上存在一定的重合。不同模式下同一种交易成本的大小是不同的，但可以给出一种普适性的计量方法。

5.4.1.1 固定交易成本的计量

若交易成本全部来自一个部门，那么可以利用宏观计量方法直接核算（胡浩志，2007）。但在现实中，很多部门的工作都是综合性的，如与生态补偿相关的政府职能部门、水文监测机构等，生态补偿只是其所有工作的一部分，此时对固定交易成本计量时，可以将这些部门的运行成本按一定系数进行折算和分摊。计算公式为：

$$C_1 = \sum a_i (S_i + D_i) \tag{5.1}$$

式（5.1）中，C_1 为各部门固定交易成本；a_i 为折算系数，其值大小为 $0 < a_i \leqslant 1$；S_i 为第 i 个部门薪酬；D_i 为第 i 个部门固定资产在计量期间的折旧。

5.4.1.2 可变交易成本的计量

生态补偿中，有一部分交易成本很难根据市场定价直接计量，需要通过比较分析才能确定，如生态补偿合同起草、谈判、执行和纠纷处理等方面的成本。这部分交易成本不固定，在不同生态补偿模式和外界环境下存在较大差异，具体计量时，可根据类似活动所需成本来估算环境指标监测等交易成本的大小，计算公式为：

$$C_2 = N + k_1 M + k_2 T \tag{5.2}$$

式（5.2）中，C_2 为可变交易成本；N 为生态补偿协议制定的谈判成本；k_1 为特定生态环境指标监测的次数；M 为监测一次的成本；k_2 为发生纠纷的次数；T 为单次纠纷处理平均成本。

5.4.1.3 机会成本的计量

为确保生态补偿机制有序运行，需要大量的人力、物力和财力投入，其相关的交易成本除了直接的要素成本外，还应包括相应的机会成本。如人力资源投入，其机会成本可按照当地城镇居民人均可支配收入（或农村居民人均纯收入）来衡量；资金投入的机会成本可利用时间价值来折算；设备和仪器的投入也应折算成当年资金。该部分交易成本计算公式为：

$$C_3 = (I_1 + I_2) \times (1 + r)^m - (I_1 + I_2) \tag{5.3}$$

式（5.3）中，C_3 为生态补偿机制运行的机会成本；I_1、I_2 分别为当年投入的人力成本和资金；r 为资金报酬率，可参照银行存款利率；m 为年限。

将上述成本加总，即可得到生态补偿的总交易成本，即

$$TC = \sum a_i (S_i + D_i) + N + k_1 M + k_2 T + (I_1 + I_2) * (1 + r)^m - (I_1 + I_2) \tag{5.4}$$

对交易成本进行计量的目的主要有两个：其一是降低交易成本，提高生态补偿机制运行效率；其二是确定交易成本是否合理。式（5.4）中，折算系数 a_i、部门薪酬 S_i、固定资产折旧 D_i、人力投入 I_1、资金投入 I_2、银行存款利率 r 以及年限 m 等属于非可控因素，人为努力很难改变其值；而谈判成本 N、环境指标监测次数 k_1、监测成本 M、纠纷发生的次数 k_2 以及处理纠纷的成本 T 等属于可控因素，是人为降低交易成本的关键所在。在可控因素中，环境指标监测次数 k_1 是一个重要因素。在确定补偿标准和方向时，需要对水质、水量等特定环境指标进行监测，此时监测次数应当满足两个条件：首先尽可能真实地反映出生态环境的改善状况；其次应尽力减少监测次数。监测次数越多，交易成本越高。影响交易成本的另一重要因素是纠纷发生的次数 k_2，纠纷次数越多，交易成本越高。此外，相关职能机构设置重复、机构臃肿等会导致监测成本 M 和纠纷处理成本 T 增加。

在实际操作中，我们不能完全根据绝对数值来衡量交易成本的高低，而应综合比较交易成本和生态效益增加值。如果交易成本过高，可能会制约生态补偿活动的

开展；如果生态补偿导致效益低于交易成本的增加量，说明生态补偿交易成本过高，应进一步强化管理和完善制度。

假设实施生态补偿前的交易成本为TC_1，对应的生态环境总效益为V_1；实施生态补偿机制后，交易成本增加为TC_2，同时生态环境总效益增加为V_2。虽然$V_2 > V_1$，表示实施生态补偿后生态环境有所改善，但如果$TC_2 - TC_1 > V_2 - V_1$，说明生态补偿机制实施是非经济的，并未实现卡尔多·希克斯改进。只有当交易成本增加量低于效益增加量的时候才是可行的，否则说明交易成本过高。

5.4.2　两种补偿模式的交易成本比较

政府补偿和市场补偿是生态补偿资源配置的两种模式，其效率高低可通过交易成本来判断。根据制度经济学理论，生态补偿交易成本大小与不确定性、有限理性、机会主义和资产专用性等因素密切相关。

第一，补偿的不确定性。不确定性即难以预测的变化。在政府补偿模式下，政府筹集补偿资金，确定受偿主体并与之签订补偿合同，从而对受偿主体行为进行监督。在生态补偿实施过程中，每个环节都有不确定性。但是，政府拥有大量的行政资源和财力优势，因此在筹资和确定受偿主体时不确定性较低。此外，政府在议价和薪酬监管方面也具有很强的可靠性。而在市场补偿模式下，生态受益人作为补偿主体，应确定生态产品的供应商并与之商议价格。同时，生态受益者对生态供应商的行为进行监督。有时由于利益关系难以协调，会导致谈判有始无终，不确定性较大。

第二，有限理性。有限理性是指经济主体对复杂事物和现象认知的局限性，局限的原因主要是受到信息不完全和决策价值观等因素影响。在政府补偿模式下，政府很难了解受偿主体的相关信息，即使可以了解，也必须付出很高的成本。同时，我国的生态环境破坏有些是政府为追求政绩造成的，由于生态系统服务价值难以量化，政府往往根据机会成本估算补偿标准，这容易导致过高支付。而在市场补偿模式下，市场主体能充分利用各种市场工具，充分发掘有价值的市场信息。各主体可根据信息自行决策，随时调整生态供需双方的行为。因此，从有限理性的角度看，市场获取信息的成本比政府低，信息更全面，决策更理性。

第三，机会主义。根据威廉姆森的观点，机会主义是人类追求利益最大化的狡猾倾向。由于生态系统服务具有显著的公共物品特性，在消费上具有“非排他性”，生态受益者往往存在“搭便车”的投机心理。在市场补偿模式下，机会主义比较严重。而政府的重要职责之一就是提供公共物品，承担补偿责任对政府而言是责无旁贷的，因此机会主义相对较弱。

第四，资产专用性[①]。生态投资形成的资产包括动产和不动产两方面。其中，动产主要包括水利设备、特种工具等，这些资产可以在其他生态产业中得到利用，但是在非生态产业中适用性不够；不动产包括生态环境设施、涵养雨林、房屋等，这些都与土地有抵押关系，在空间上很难移动，资产专用性明显。因此，在交易过程中，很容易陷入资产“锁定”状态，使生态供应商在市场谈判中处于不利地位，容易受到受益人的“威胁”被迫在交易条件上作出妥协，使交易成本增加。

表 5.5 两种补偿模式的交易成本比较

	政府补偿	市场补偿
不确定性	弱	强
有限理性	弱	强
机会主义行为	弱	强
资产专用性	弱	强
市场交易成本	低	高
制度运行成本	高	低

从交易成本总体来看，两种模式也存在较大差异：政府补偿模式下，政府多通过行政管制和规章制度来保障生态补偿机制的顺利运行，因此制度设计和执行成本较高；市场补偿模式下，生态受益者和供给者通过市场协商（谈判）来确定补偿方式和标准，往往需要经过多次协商（谈判）才能达成一致，因此市场交易成本较高。

5.4.3 基于交易成本的生态补偿模式的选择

在生态补偿实施中，政府和市场失灵同时存在，只有同时发挥政府与市场的双

① 资产专用性是指在人们的经济活动中，一部分投资一旦形成特定的资产，就很难转向其他用途，即使重新配置，也会造成巨大的经济损失。

向调节作用，才能保障生态补偿机制的顺利运行。从我国实际情况看，目前政府补偿模式占据主导地位，但随着生态环境的稀缺性日益显现，市场补偿必然是一种发展趋势。

从生态系统规模的角度看，在我国一些大河、大型公益林和重要生态功能区的生态补偿中，由于面积大，涉及的居民、企业、地方政府等利益相关者众多，如果采用市场补偿模式，补偿实施过程中的搜寻和谈判成本等较大，而且这些大型生态系统的生态质量对国家生态安全有重要影响，政府有更大的责任。因此，对这类大型生态系统的生态补偿应由政府主导。对于一些中小型生态系统而言，覆盖范围小，涉及的利益相关者数量少，生态受益者与供给者之间容易通过谈判达成补偿协议，因此其生态补偿应以市场模式为主。

从生态系统产权界定的明确性来看，有些生态系统产权比较清晰，而有些则比较模糊。对于前者，由于生态补偿的范围、主体、客体、责任、权利和义务等都比较明确，市场交易成本较低，应以市场补偿模式为主；而对于后者，由于产权不清，生态受益者与供给者难以明确区分，则应选择政府补偿模式。

值得注意的是，从理论上讲，简单地从公共物品和外部性视角对生态系统进行区分，容易忽视生态系统的区域和类型差异。不同区域、类型的生态系统提供的服务功能和生态价值存在较大差异，因此确定生态补偿模式时，首先应对生态系统的区域和类型进行划分，其次再根据其提供的生态系统服务的自然和社会属性来确定交易成本种类和大小，并据此确定适宜的补偿模式（见表 5.6）。

表 5.6　不同类型生态系统的交易成本及补偿模式选择

生态系统类型层次	主要生态服务功能	交易成本	利益主体、补偿途径与标准
自然保护区、遗产地、限制和禁止发展生态功能区等主要提供非物质性服务的生态类型	气候气体、水与养分循环调节、干扰调节、水土保持、生境保育等非物产价值；少部分产出功能和信息功能	生态服务物化程度低并与水、气等自然要素伴生，界定产权的信息、执行和交易成本非常高	一国范围内，生态服务受益者（补偿支付者）为全国公民，生态服务生产者（补偿接受者）为区域内居民；国家公共补偿为主，部分结合市场补偿；以生态服务价值计算结果结合公众听证为平均标准，并根据区域特点调节标准

续表

生态系统类型层次	主要生态服务功能	交易成本	利益主体、补偿途径与标准
耕地、经济林地、畜牧用草地、渔业生产水域等主要提供物产服务的农业生态系统	食物、原材料、纤维等物质产品；部分调节、支持和景观欣赏功能	大部分与社会其他物质商品一样，物理属性固定。界定产权的信息、执行和交易成本较低	主要为农副产品的生产者和购买者；市场补偿为主，部分结合地区公共补偿；主要按照市场流通中农副产品市价标准进行补偿。在公共补偿逐渐实现后，可根据经济发达程度分地区逐步推进非物质性生态服务补偿
提供具有高效用价值服务的特殊生态系统	景观欣赏、艺术文娱、精神洗礼和崇拜功能	需要消费者接近体验或以媒体形式传播，界定和实现产权收益的交易成本相对较低	生态服务受益者（补偿支付者）主要为生态旅游者及图、画、影视等媒介产品购买者，生态服务生产者（补偿接受者）为投资商和区域内居民；主要依靠市场交易补偿；主要按交易价格补偿

资料来源：冯凌（2010）。

从表5.6可以看出，对于自然保护区、生态功能区等生态系统，由于主要提供非物质服务，产权界定及交易成本非常高，容易被滥用并退化，应以国家公共补偿为主，部分结合市场补偿；对于耕地、林地、水域等农地生态系统，主要提供物产服务，产权界定及交易成本较低，应以市场补偿为主，部分结合地区公共补偿；对于具有较高体验价值、审美价值和其他有效利用价值的生态系统，产权界定及交易成本较低，主要通过生态旅游、影视传媒等市场交易得到补偿。

5.5 两种补偿模式的有效融合

根据国外生态补偿的先进经验，政府补偿和市场补偿并非能完全分割开。就我国现阶段经济发展和环境保护关系来说，政府在生态补偿机制运行中应承担主要责任。政府不仅要制定生态补偿机制的法律法规，在很多情况下，还要成为生态保护和建设的主要“支付者”。同时，没有政府强有力的管理，市场补偿机制也难以有效运行。因为在市场补偿机制运行过程中，会出现市场失灵，需要政府出台相关政策法规来纠正市场偏差。党的十九大报告提出，要“发挥市场配置资源的决定性作用，……更好发挥政府作用”。因此，在生态补偿机制运行过程中，政府与市场手段要有效融合，做到你中有我、我中有你。

5.5.1 妥善解决产权不清难题

市场化生态补偿以科斯定理为基础，尽管称为“补偿”，但本质上仍为交易，必须建立在产权清晰的前提下。有些国家通过对自然资源产权进行界定，较为成功地推动了市场化生态补偿的实施①。但是在很多国家尤其是发展中国家，由于社会、历史等因素制约，自然资源产权普遍模糊且短期内难以彻底改变。

5.5.1.1 明晰产权——针对生态友好型产品和环境容量

从法律上讲，生态系统服务是生态补偿客体，具体包括环境友好型产品和环境容量等。针对环境友好型产品，各国大多通过生态认证和明晰产权的方式将其界定为私人物品，因此普遍通过生态标签和认证等市场化补偿模式得到补偿；而环境容量的产权特征非常明显，国家通过对排放指标进行初始分配的方式来确定各企业或个人的排放权，初始权力界定清晰后即可通过市场交易方式实现生态补偿和环境保护目标。

5.5.1.2 拓展他物权权能——针对生态产品

生态系统提供了大量生态产品，包括清洁的空气和水源等，针对这些生态产品，我国实施的是公有制度（国家或集体所有），因此过去一直是由政府来对生态系统建设者进行生态补偿。实践表明，由于政府失灵的客观存在，政府不可能包揽所有的补偿责任，必须通过市场补偿进行补充。目前，我国已经出台了一些政策法规，来推动市场化生态补偿②，但总体上仍非常滞后，如对草原、滩涂、农村土地等领域生态补偿尚没有相关的规章制度安排。在实践中，这些问题可以通过拓展他物权权能和“确权赋能”制度来解决。

---

① 如哥斯达黎加成功的一项森林生态补偿就出现在一家私营水电公司和私有土地主之间。EG（Energia Global）公司是一家位于 Sarapiqui 流域的私营水电公司。为了获取盈利，EG 公司和流域上游的私有土地主之间签订协议，公司按每公顷土地 18 美元对私有土地主进行补偿，而私有土地主必须将他们的土地用于造林、从事可持续林业生产或保护林地。

② 如中国《水权交易管理暂行办法》（2016 年）明确水资源使用权可以在流域上下游以及地区、流域、行业、用水户之间流转。

在自然资源利用过程中，并非必须将其界定为私有产权才能实现资源配置最优。即使是公有产权，也可以通过拓展他物权权能来实现自然资源有效配置。如邹秀清等（2011）提出了权能支的概念，认为可以通过权能支转让来提高自然资源配置效率[①]。我国现行法律中，有部分条款涉及自然资源他物权的流转问题，包括采矿权、取水权的转让等，但覆盖面非常窄。随着市场在资源配置中越来越重要，自然资源他物权的流转将越来越普遍，现行立法将难以匹配市场需求，直接损害自然资源他物权人的利益，因此，必须进一步探索自然资源他物权的流转方式，如转包、合作、抵押等。当然，在促进自然资源他物权流转的同时，应当加强对流转市场的监管，提高自然资源利用效率的同时保护好生态环境。

5.5.1.3 通过协商和契约实现补偿——针对生态系统服务行为

生态系统服务行为主要是指人类对生态系统的干预，包括积极的干预和消极的干预。其中，积极干预是通过生态系统建设与修复等生态保护行为来提升生态产品供给能力；而消极干预是通过减少资源消耗和生态破坏来减少环境污染。在生态补偿实施过程中，对口协作、产业转移、园区共建等生态补偿模式中均包含生态系统服务行为。

由于生态系统服务的产权差异较大，学术界普遍认同的是分类补偿的观点：对大型公益林和流域保护、重要生态功能区建设、生物多样性保护等生态系统服务行为由政府补偿；对林草地、滩涂和荒地等公共型资源，通过协商和谈判等市场交易方式进行补偿。针对公共型资源存在的外部性，奥斯特罗姆认为应通过资源占有者的自组织行为来解决，而并非完全私有化，这也是独立治理理论的核心内容。蔡守秋（2017）也提出了类似的观点，认为要解决产权不清的问题，不能简单地将公有产权物品直接转变为具有排他性的私人产权物品，这容易陷入私有化陷阱。

总而言之，针对不同生态系统的产权差异，应选择多元综合模式来进行补偿。如果产权清晰，应基于产权或准物权基础设施市场化生态补偿；如果产权比较模糊，

---

① 邹秀清等（2011）认为“任何一项具有物权性质的相对独立的财产权利（包括所有权和他物权），由占有、使用、收益、处分四项基本权能或其中的若干基本权能构成；四项基本权能由若干更小的基本单元——权能支构成，其中处分权能可能包括转让、转包、互换、出租、入股、自愿返还等权能支”，因此如土地承包经营权权能结构均含占有、使用、收益、处分四项基本权能，可以将土地承包经营权转让、转包、互换、出租、入股、自愿返还等。

则应通过确权赋能或协商谈判来实施市场化生态补偿。

5.5.2 保障经济自由权

经济自由权的实质是国家尊重市场主体的盈利动机和行为，防止其受到公权力的侵犯。经济自由在生态补偿中体现在以下几方面：其一，放松对市场主体进入生态补偿的管制。其二，通过生态补偿实现生态系统服务的价值。其三，市场主体可以自由选择交易机会或契约。

5.5.2.1 放松对市场主体进入生态补偿的管制

从国际经验看，各国在实践中都尽量扩大补偿主体的范围，渠道各不相同。有的通过法律强制规定，如美国、德国等规定各级政府必须提供补偿资金；有的通过经济手段激励市场主体参与生态补偿，如生态产品认证等。为了扩大补偿主体的范围，有学者提出根据利益相关者来确定补偿主体（龙开胜 等，2015）。生态补偿的利益相关者包括各级政府、企业、农牧民、普通受益公众、第三方组织（环保部门和中介组织）、教育科研机构和媒体等众多组织和个人，可分为直接利益相关者和间接利益相关者。在具体实施中，应通过政策鼓励和引导市场主体进入生态补偿领域，扩大生态补偿的参与主体。

5.5.2.2 通过生态补偿实现生态系统服务的价值

市场补偿模式下，生态系统服务是生态补偿交易的对象，其价值是确定生态补偿额度的重要依据。目前国内外大量学者对生态系统服务的价值进行了定量研究，有些学者从环境经济学的角度，根据市场价格来确定生态系统服务价值；有些学者基于生态系统服务和交易的综合评价模型来核算生态系统服务价值。

5.5.2.3 保障契约的自由

无论是政府补偿还是市场补偿，契约精神都非常重要。例如，在美国的农业生态补偿中，《农业法》强调生态补偿是通过政府与生态系统建设者的契约来实现的。通过契约，交易双方明确各自的权利和义务，这样有利于降低后期交易的成本。契约可以是生态补偿各主体之间的自治协议，也可以是在政府等公共机构的指导或组织下约定的协议。为了保障契约的执行，还必须建立监督和约束机制，设立专门机构对契约条款进行核查以避免存在有碍生态补偿执行的内容，确保全面实现生态效益。

5.5.3 妥善选择市场工具

市场是通过一系列市场工具来实现资源配置功能的。即使是在政府主导的生态补偿中，各种市场工具仍然是克服市场失灵的重要手段。所谓市场工具，即通过市场信号而非行政指令来引导社会主体行为的规则。其至少符合以下一种以上特点：一是基于动机和规范的工具；二是破除生产的信息与制度约束的推进工具；三是涉及现金收益或处罚的财务工具；四是需要强制性行动的监管工具。与管制型工具相比，市场工具能有效利用组织优势和市场竞争，通过市场信号传递，能激励市场主体开展创新来获得利润，并实现保护生态环境的目的。

与生态补偿相关的市场工具包括三类：其一，基于价格的工具，主要包括拍卖、环境工程退税等。其特点是将生态系统服务价值直接通过价格体现出来，并通过市场信号传递给市场主体，各市场主体则根据自身利益最大原则来确定资源的利用数量和方式。这类工具虽然难以控制市场变化的程度，但可以从总量上控制政策成本。其二，基于数量的工具，主要包括限额交易等。其目的是建立一个关于破坏性活动（如水污染权）或获得稀缺性资源（如清洁饮用水）的权力市场，其实施条件为环境成果产权清晰和生态系统服务目标确定。政府或相关部门则必须事先明确权力商品总量、权力初始配置状况、交易条件等，并且要对交易进行监控。其三，市场摩擦机制，主要包括生态认证、生态标签和循环基金等。其特点是通过简化交易程序和引入经纪人等方式，来降低生态补偿的交易成本，提高补偿效率。

在具体的生态补偿项目中，选择最适合的市场工具需要注意两点：其一，对三类市场工具进行比较。市场摩擦机制侧重于降低交易成本和优化市场设计，而价格型和数量型工具的选择主要取决于生态系统服务的边际成本与收益关系。如果边际收益曲线斜率大于边际成本曲线，应优先选择数量型工具，反之则优先选择价格型工具。当然，还必须综合考虑产权预期、法治水平和交易成本等因素的影响。在实际中，由于很多项目涉及生态系统服务种类很多，选择复合型市场工具进行生态补偿效果往往更好。其二，按照一定的决策程序进行机制设计。决策程序如下：第一步，确定选择非市场工具还是市场工具，若补偿项目异质性水平较低，应选择非市场工具，否则应选择市场工具；第二步，确定选择单一或复合市场工具；第三步，设计合适的市场工具，具体可按照决策树方式来确定具体的市场工具，包括产权工具、价格型工具、数量型工具等（见图 5.3）。

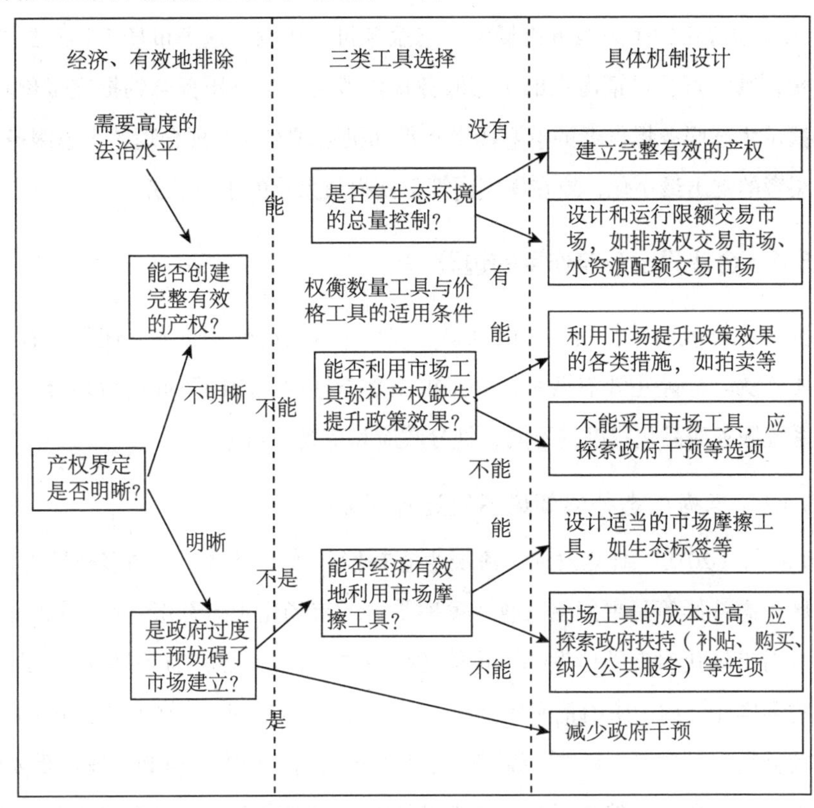

图 5.3　确定生态补偿市场工具形式的决策树图

从市场工具的发展来看，其创新较多集中在基于价格的工具上，因为修正的市场价格是最佳的市场信号，直接引导市场主体的生态环境行为并获得效果反馈。基于价格的工具创新可以细分为两个不同的趋势：

第一，设定或调整价格。将市场主体的环境保护成本纳入市场价格，并通过市场价格改革来内化环境保护成本。过去，政府通过征收各种类型的生态税，来推动资源产品价格改革，以完善资源有偿使用制度和生态补偿制度。随着绿色运动发展和新的生态经济模式的出现，使个人和企业也能通过提供和交易生态服务获得额外的报酬。如在有机农业市场中，消费者对有机农产品有较高的可持续性标准要求，并有意愿对高可持续性及其不确定性支付更高的价格。这种超出同类型的一般农产品的市场价格之上的部分，可视为生态溢价，它事实上是一种价格内的生态补偿费用。

第二，创造新的生态服务市场和生态服务付费机制。这类市场工具常见的有招标、拍卖，其特点是邀请潜在的生态服务提供者为其生态服务合约提交报价。拍卖有助于揭示生态服务提供者的意愿接受水平和机会成本，发现合理的生态服务价格；也使购买者的支出最小化，或在固定预算下获得最大化的生态服务。

5.5.4 合理界定政府作用的边界

要充分发挥政府的作用，关键是要合理界定政府的作用边界，使政府有所作为或有所不作为。思路主要有两种：一是根据生态补偿领域的不同进行划分；二是根据生态系统服务商品化程度的不同，划分政府和市场的角色。

5.5.4.1 根据生态补偿领域不同进行划分

Jeffrey 等（2010）研究发现，流域生态补偿、碳汇交易、生物多样性保护、风景名胜区生态补偿等是更能使低收入家庭受益的市场化生态补偿领域，同时也认为环境法规对市场化生态补偿发挥了重要的保障作用，包括国家和国际社会层面（如国际生物多样性公约、防治荒漠化公约、联合国气候变化框架公约等）。市场化生态补偿比较复杂，对财务、科技和谈判等能力要求很高，地方政府必须发挥重要作用。从国外大量实践看，虽然市场化的生态补偿方式种类众多，但绝大部分都涉及了某类政府干预机制（Sattler et al.，2013），主要表现在规则制定、财政支持、国际合作和监督执行等领域。在国内生态补偿实践中，政府在森林、草原、湿地、耕地、荒漠、跨省流域、国有矿山和国家重点生态功能区等各个领域的生态补偿方面均发挥了重要作用，主要涉及规则制定和直接（或间接）补偿等。

5.5.4.2 根据生态系统服务商品化的程度不同进行划分

早期的观点认为生态系统服务是典型的公共物品，而科斯方案和庇古方案则是生态补偿的两种典型模式。而 Ostrom（2000）提出的“公共池塘资源理论”从新的视角对生态系统服务进行解释，得到很多学者的认可。根据 Ostrom（2000）的观点，极少有制度不是“私有的”就是“公共的”，或者不是“市场的”就是“国家的”，事实上很多公共池塘资源制度成效显著，它们是典型的同时具备“私有特征”和“公有特征”的混合型制度。在此基础上，部分学者提出在生态补偿中应将政府与市场作用进行融合。如王彬彬和李晓燕（2015）认为，应根据生态产品的不同形态采取不同的补偿方式，若生态产品以商品形态存在，则应通过市场进行补偿；若以公共品形态存在，则应由中央政府进行专项补偿；若以俱乐部产品形态存在，则应由地方政府进行补偿；若以公共池塘资源形态存在，则可以通过市场交易和社会组织协议保护等实现补偿目的。

6 生态补偿标准研究
——以浙江省公益林为例

6.1 公益林生态补偿标准的理论机理

由于公益林生态系统服务为典型的公共物品，其价值难以通过市场交易实现，使得补偿标准也无法根据市场工具来确定。如何合理确立补偿标准，使补偿者和被补偿者都能够接受，从而使公益林持续健康地保存和发展，是公益林生态补偿机制研究的重点。

6.1.1 公益林经营利用与价值补偿

森林经营者投入人力、物力等造林，林木成材后，可以为森林经营者和社会所利用。一方面，林木资源可被森林经营者利用。森林经营者为了追求利润最大化，将砍伐部分森林加工出木材产品进入市场，以实现森林经济价值[①]。另一方面，林木资源可被社会利用，为发挥森林的生态效益，必然施行禁伐，所以森林经营者就不能通过砍伐售卖林木获得经济利益。

可见，要实现森林生态效益，就必然损害森林经营者的经济利益，如果森林经营者的损失得不到补偿，他们造林的积极性将大打折扣，导致森林无法实现可持续增加。只有对森林经营者进行一定补偿（补偿金额不能低于其可能获得的最低经济收益），森林经营者才会进行扩大再生产，通过持续造林来实现森林可持续发展。

---

① 当然，森林经营者获利后也可能用于扩大再生产，进一步增加造林面积，这样可以实现森林可持续增加。但无论是否扩大再生产，对森林进行砍伐必然会损害森林的生态效益。

6.1.2 公益林补偿标准的福利经济学分析

如前文所述，公益林生态系统服务为典型的公共物品，在消费上具有非排他性和非竞争性，因此通过市场机制来调节其供求关系是低效的。福利经济学基于社会资源最优配置视角，通过比较社会边际收益和私人边际收益的关系，提出了通过征收庇古税（或给予补贴）的手段来纠正外部性。本章对外部性纠正问题不进行深入分析，仅利用其分析范式来探讨公益林生态补偿标准。

根据福利经济学框架，提出以下假设：一是公益林建设和维护者是“经济人”，可根据利润最大化来确定自身生产经营状况。二是公益林市场为完全竞争市场，林业经营者可以自由进入或退出该市场。此外，因为公益林生态系统服务数量难以计量，且必须依附于公益林存在，所以本书用公益林面积来代替公益林生态系统服务数量，且认为公益林建设和维护行为均为公益林生产行为。因为公益林生态系统服务的正外部性，其私人边际收益小于社会边际收益，其成本收益分析如图 6.1 所示：

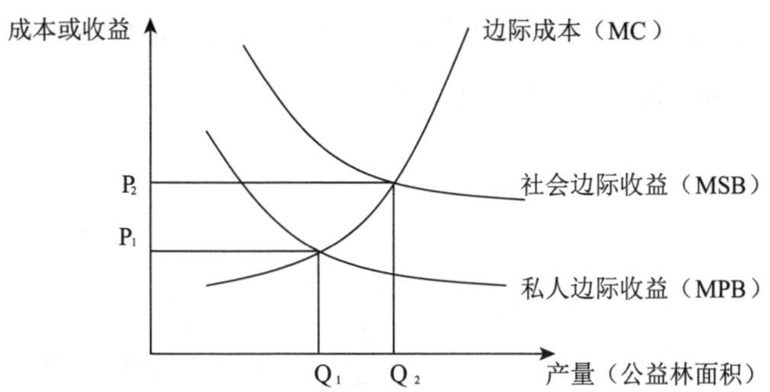

图 6.1 公益林生产中正外部效应示意图

由图 6.1 可知，公益林生产者为了利润最大化，根据私人边际收益 MPB 等于边际成本 MC 原则，其最优产量为 Q_1，此时公益林生产者可以获得社会平均利润。但显然，此时公益林产量 Q_1 难以满足社会需求。因为根据社会边际收益 MSB 与边际成本 MC 相等的原则，社会最优产量为 Q_1，此时社会福利达到最大，但又与公益林生产者的利润最大化目标不一致。因此需要通过一定的方式提高公益林生产者的收益水平，使私人边际收益 MPB 与社会边际收益 MSB 相同，此时公益林产量将实现社会最优供给。其中，对公益林生产者给予一定的生态补偿就是一种有效的手段，图 6.1

中 MPB 曲线与 MSB 曲线的垂直距离即为补偿金额。

上述分析是建立在前面的假设条件基础上的，未将公益林与经济林生产进行区分，即认为公益林生产者可以通过销售林产品获得社会平均利润。但在现实中，国家为保障公益林的生态和社会效益，对公益林实行严格禁伐，市场收益几乎为零。如果政府不进行补贴，公益林生产者将无法收回其投入成本，更不可能获得利润，此时私人边际收益曲线位置要较图 6.1 中的 MPB 曲线更低。具体如图 6.2 所示。

图 6.2 中，公益林生产者的实际收益曲线为 MPB_1，要远低于边际成本[①]，此时公益林生产者无法收回成本，处于严重亏损状态。当政府通过补贴使公益林生产者的收益曲线由 MPB_1 向上移动到 MPB 时，与边际成本曲线在产量 Q_1 处相交。此时，也可理解为最低社会边际收益曲线 MSB_1 与私人边际收益曲线 MPB 重合，因此 MPB_1 曲线与 MPB 曲线的垂直距离就是最低补偿金额。否则，公益林生产者将转行不再从事林业生产，或者通过砍伐售卖林木资源获利。但此时并未实现社会最优产量水平，如果政府财力许可，应该继续提升补偿标准，使私人边际收益曲线 MPB 继续上移至 MSB 的位置，此时公益林产量为社会最优的 Q_2，既能激励公益林生产者的积极性，又能改善生态环境，促进公益林可持续发展。

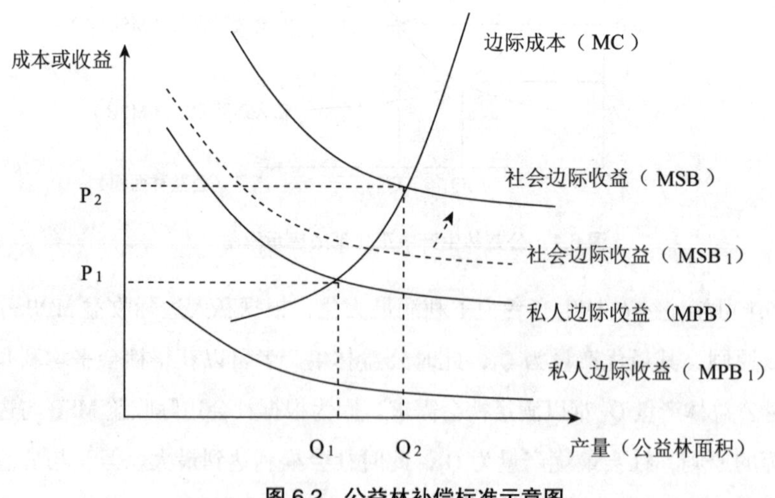

图 6.2　公益林补偿标准示意图

① 事实上，除某些可进行非木质资源开发利用的生态公益林外，生产者私人边际收益曲线极有可能处于 x 轴之下。

6.2 公益林生态补偿标准确定的依据

从现有研究结果看，确定公益林生态补偿标准主要的依据包括公益林生态系统价值、公益林生产者经营成本、受益者支付意愿等。

6.2.1 以公益林生态系统价值为依据

生态补偿的最终目的是纠正生态系统的外部性，因此基于单位生态系统服务的边际收益来确定补偿标准，是符合公正性原则的。公益林生态系统效益主要包括以下 7 个方面。

6.2.1.1 涵养水源功能

水是公益林生态系统中的重要载体，其中蕴含的物流和能流对公益林生态平衡有重要影响。因此，涵养水源是公益林重要的生态效益之一，实质上体现的是公益林的水文效应。目前学术界的研究主要集中于公益林对降水量、径流和水质的影响，以及公益林蒸发散等问题[①]。

6.2.1.2 保育土壤功能

公益林保育土壤功能包括固土和保肥两方面：其一，固土功能。公益林巨大的网状根系将土壤牢牢地盘结在一起，同时能有效改善土壤结构，增强水分吸收能力，减少地表径流；其二，保肥功能。公益林落叶经微生物分解后能有效增加土壤有机质含量，反过来又能供养更多的微生物，促进土壤肥力提高。公益林发挥固土功能的同时，也能防止土壤养分的流失。

6.2.1.3 固碳释氧功能

公益林通过林木的光合作用，能有效吸收空气中的二氧化碳，同时释放出氧气。研究结果表明，林木每增加 1 克干物质，可以固定 1.63 克二氧化碳，同时释放出

---

① 蒸发散包括蒸发和蒸腾两个过程：蒸发是指林地土壤和植物枝、干、叶表面的水分蒸发，这是个物理过程；蒸腾是指森林中所有植物通过叶片气孔和皮孔散发出水分的生理过程。

1.19 克氧气[①]。公益林巨大的固碳释氧功能能有效缓解地球温室效应，平衡全球大气环境。

6.2.1.4 积累营养物质

林木在生长过程中吸收了大量营养元素，其中一部分通过枯枝落叶等归还于土壤，其余则积累在树干树枝中并逐年增加。公益林对营养物质的积累能减少营养元素随水流向下游移动，可以有效减轻下游面源污染和水体富营养化程度。

6.2.1.5 净化大气环境

公益林净化大气环境功能主要表现在以下几方面：其一，吸收大气中的二氧化硫。硫是林木生长所需的营养元素，当空气中二氧化硫含量过高时，林木能吸收其体内正常含量 5 ～ 10 倍的二氧化硫（林木体内二氧化硫正常含量为其干重的 0.1% ～ 0.3%），因此能净化大气环境。其二，吸收大气中的氟化物。林木分别通过叶片和根系吸收空气中的氟和土壤中的可溶性氟，当空气中氟化物超标时，林木能吸收的氟化物量甚至可以达到其体内正常含量的数百倍（林木中氟元素正常含量为 0.5 ～ 25 毫克 / 升）。其三，吸收大气中的氮氧化物。氮氧化物会破坏臭氧层，进而污染生态环境。林木通过叶片吸收大气中的氮氧化物，其中一部分氮氧化物被分解为无毒物质并进行新陈代谢。其四，吸收大气中的灰尘。一方面，林木能降低风速并使空气中的灰尘降落；另一方面，林木通过蒸腾作用保持叶片表面的湿度，能有效吸附灰尘，并且降雨后吸附灰尘后的叶面又能重新恢复滞尘能力。

6.2.1.6 生物多样性保护

公益林具有丰富的食物资源，加上其特有的森林小气候，是动植物理想的栖息地。研究发现，全球大部分物种均生活在森林里，因此公益林对生物多样性保护发挥着巨大的作用，由此带来的生态和经济效益十分显著。

6.2.1.7 游憩功能

公益林有大量绿色植物，可以有效保护视神经和缓解视疲劳，同时空气中负离

---

① 在第六次全国森林资源清查期间（1999—2003 年），我国年净吸收二氧化碳 29.68 亿吨，约为我国同期工业排放二氧化碳年均增长量的 3 ～ 4 倍。

子含量很高，可以促进人体新陈代谢和提高免疫力。近年来，随着城镇人们生活水平和工作压力的提升，越来越多的人选择到乡村旅游，公益林（森林）游憩成为人们放松身心、追求心灵回归的重要选择。

6.2.2 以公益林经营成本为依据

公益林经营成本主要包括：其一，在荒山荒地上营造公益林的直接投入。其二，公益林禁伐（或禁止商业性开发）而导致的机会成本。其三，公益林管护成本，包括公益林林分时空结构调整、护林防火和病虫害防治等方面的成本，目的是提高森林生产力。其中，前两者能扩大公益林规模，后者能提升公益林质量。但无论是扩大规模还是提升质量，最终都会增加公益林生态系统服务供给量，也会增加公益林经营成本。

关于公益林经营成本和生态补偿标准的关系，可以从两个角度分析：其一，如果是市场补偿模式，则其与普通的私人物品市场交易并没有本质差别，都是市场主体之间通过协商和谈判确定交易价格和数量，因此不需要另行确定补偿标准。其二，如果是政府补偿模式，相当于政府代表社会公众购买公益林生态系统服务，必须对公益林营造成本以及林农的管护成本进行补偿，最低补偿标准应包括公益林生产成本（含营造成本和管护成本）和社会平均利润。如果国家是将原来的非公益林划定为公益林，并要求林业经营者按公益林标准进行经营管护，实施严格的禁止砍伐或商业性开发制度，此时补偿标准应包括两部分：一是由于禁止砍伐或商业性开发对林业经营者产生的机会成本；二是按公益林标准进行管护产生的管护成本。

实践中，当国家（地区）财政处于不同的境况时，补偿的标准也应有所差异。具体分析如下：其一，当政府财政非常困难时，应主要针对公益林管护费用进行补偿，而且应侧重于对生态薄弱区域和重要生态功能区的公益林管护。严格来说，这种补偿并非真正意义上的生态补偿。其二，当政府财政有所改善时，公益林生态补偿标准应包括直接营造成本和管护费用，以及因为禁止砍伐或商业性开发而产生的机会成本，即所有成本都应获得补偿，此时意味着建立了真正意义上的生态补偿制度。其三，当政府财政比较宽裕时，公益林生态补偿标准应进一步增加为所有的经营成本加社会平均利润。只有获得足够的利润，公益林经营者才有动力进行扩大再生产，促进公益林规模扩张和质量提升，满足由于人口数量增加和收入水平提高引起的日益增长的生态系统服务需求。综上所述，国家在确定公益林生态补偿标准时，应充分考虑区域经济发展实际情况，分阶段逐步提高补偿标准，促进公益林可持续发展。

6.2.3 以公益林建设者受偿意愿为依据

可借鉴希克斯等价变化（EV）和补偿变化（CV）方法来分析公益林建设者（如林农）受偿意愿及生态补偿标准问题。假设林农生产主要有两种方式，即破坏型生产和保护型生产。破坏型生产可以增加林农的收益，但是会造成生态破坏和环境污染；保护型生产能保护生态环境，但会损害林农收入。

如图 6.3 所示，横轴 Y_1 表示林农用于污染型生产的要素投入量，纵轴 Y_2 表示用于保护型生产的要素投入量；P_0 和 P_1 为林农的生产可能性曲线；U_0 和 U_1 为林农的效用曲线；h_0（P_0，U_0）和 h_1（P_1，U_1）为希克斯补偿需求曲线；Y_1（P，M）为预算曲线。假定林农初始福利水平为 U_0 曲线上的 B 点，由于政府要求林农保护公益林，降低污染型生产要素投入，林农经营收入下降，因此林农福利下降为 U_1 上的 D 点。同时由于林农污染型生产的要素投入量从 ON 下降到 OM，意味着区域生态环境得到改善，其他社会成员的福利水平将会提高。如果要使林农的福利水平达到原来的 B 点，必须给予林农一定的货币补偿（图中的 EV）。因此，EV 可以用来度量当林农响应政府号召保护公益林，而保持自身效用不变时所需的最低补偿标准，即林农的受偿意愿（WTA）。

EV 是从 U_1 到 U_0 的货币等效变化量，根据希克斯补偿需求曲线的原理，h_0（P_0，U_0）曲线与纵轴相夹组成的部分的面积 $S_{P_1A'B'P_0}$ 即可表示福利变化 EV，也就是林农的受偿意愿（WTA）的大小。而林农由于保护公益林所减少的收入，可由预算曲线 Y_1（P，M）与纵轴围成的图形面积来表示。同理，可以推导出其他社会成员对区域生态环境改善的支付意愿。假定其他社会成员起初的福利水平为 U_1 的 D 点，当林农减少污染性生产后，区域生态环境得到改善，其福利水平提高到 U_0 上的 B 点。因此，可用来度量其他社会成员为福利水平提高所愿意支付的最高价格，即其他社会成员为保护公益林的支付意愿（WTP），其大小可以用 h_1（P_1，U_1）曲线与纵轴相夹组成的部分的面积$S_{P_1D'C'P_0}$来表示。

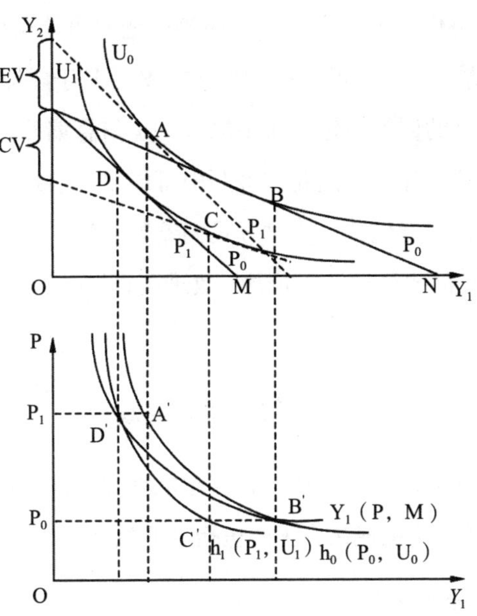

图 6.3 生态补偿的补偿变化、等价变化与希克斯需求曲线

很显然，由图 6.3 可知，$S_{P_1D'C'P_0} < S_{P_1D'B'P_0} < S_{P_1A'B'P_0}$，即其他社会成员的支付意愿无法弥补林农保护公益林而减少的收入，更加不足以满足林农的受偿意愿。政府要想达到好的效果，就必须通过货币补偿的方式来激励林农的积极性，且补偿标准至少要达到林农的平均受偿意愿。

在实际应用时，可利用意愿调查法（CVM）来获取林农受偿意愿数据。CVM 属于陈述偏好法，是在虚拟市场环境中构造出生态系统供给数量或质量的不同情境，再通过问卷询问受访者的支付意愿（WTP）或受偿意愿（WTA），并据此评估生态系统服务价值①。CVM 非常适用于那些市场价格为零或市场价格扭曲商品的价值评估，因此在生态系统和环境资源价值评估领域得到广泛应用。需要说明的是，尽管 CVM 在非市场物品价值评价中应用较广，但因为调查过程中存在较为严重的信息不对称，

① CVM 的实施过程分为以下几步：第一，从调查人和被调查人的选择、调查表的设计、调查注意事项的设定、调查活动实施的安排等方面进行意愿调查设计。第二，采用恰当的操作方式，按照有关注意事项及其要求对支付意愿、受偿意愿分别进行调查。第三，采用数理统计分析方法，选择最终有效样本，以此测算最终生态补偿金额。

同时受访人员表达的是意愿而非实际，因此调查结果可能会存在各种偏差。这种偏差主要包括：一是策略性偏差。受访者在回答问题时可能会隐瞒自己的真实偏好，这就会导致策略性偏差。二是假想偏差。因为CVM是基于虚拟市场环境变化的调查，与受访者面对真实问题的回答肯定有所不同。三是信息偏差。由于受访者对所回答问题的相关信息掌握并不充分，因此在答题中可能出现信息偏差。此外，在设计调查问卷时，还可能存在起点偏差、支付方式偏差等。为了减少调查过程中存在的偏差，调查者在正式调查前要科学设计问卷，改进调查技术（如先进行预调查等），力求将偏差降至最小。

6.2.4 公益林生态补偿标准计算的代表性观点

公益林生态补偿标准作为公益林生态补偿机制的关键和难点，理论界对此进行了大量的研究，取得了一定的成果，主要包括以下观点。

6.2.4.1 成本补偿观点

这种观点认为公益林补偿标准应等于公益林生产经营的社会平均成本（万志芳 等，1999）。计算公式为：

$$S_{ij}=\sum_{k=1}^{n}C_{ik}(1+i)^{n-k+1}-DG_{ij} \tag{6.1}$$

式（6.1）中，S_{ij} 表示第 j 个立地条件下第 i 种公益林的总补偿标准；C_{ik} 表示劣等地上第 i 种人工公益林在第 k 年的平均成本；DG_{ij} 表示在第 j 个立地条件下第 i 种公益林所负担的级差收益。

其中，级差收益构成包括两部分：一是立地条件较好的人工公益林的级差收益；二是天然林的级差收益。显然，级差收益只能是减少公益林经营成本，而无法变成公益林经营者的收益。所以，在确定补偿标准时，应将级差收益扣除掉，只补偿劳动成本，这样才相对公平。进一步，公益林补偿总标准可分割成社会补偿、市场补偿和政府补偿三部分，具体计算公式为：

$$S_{sij}=\sum_{x=1}^{n}\Delta G_{x} \tag{6.2}$$

$$S_{mij}=\sum_{y=1}^{n}(Q_{iy}\times P_y) \tag{6.3}$$

$$S_{gij}=S_{ij}-S_{sij}-S_{mij} \tag{6.4}$$

式（6.2）至式（6.4）中，S_{sij}、S_{mij} 和 S_{gij} 分别表示公益林补偿总标准中的社会补偿、市场补偿和政府补偿；ΔG_x 表示第 x 个受益者由公益林所获得的收益增量；Q_{iy} 表示第 i 种公益林提供的第 y 种产品或服务的产量；P_y 表示第 y 种产品或服务的市场价格。式（6.2）说明公益林社会补偿金额等于所有公益林受益者的级差收益之和；式（6.3）说明公益林市场补偿金额应等于公益林产品或服务的市场收入；式（6.4）表示国家财政应承担的公益林补偿金额。

6.2.4.2　“成本 + 利润”补偿观点

这种观点认为公益林补偿标准应等于公益林经营成本加上社会平均营林利润，只有如此，才能激励林农建设公益林的积极性，促进公益林扩大再生产（谢利玉，2000）。其构成要素有：一是营林直接投入，包括地租、基础设施、抚育和管护等方面的费用，这是公益林经营的直接成本，必须得到全额补偿。其中，地租等于同等立地等级条件下商品林经营的地租。二是间接投入，包括公益林经营过程中发生的监测、管理、人员工资等间接费用，也是公益林经营成本的重要构成部分，应得到补偿。三是灾害损失，包括火灾、洪涝、病虫害等引起公益林受损而需额外支出的修复费用，应得到补偿。四是利息，公益林经营需投入一定的资金，这部分资金的利息应按照同期商业利率得到补偿。五是非商品林经营利益损失，划归公益林后，由于国家禁止砍伐或其他商业性开发利用，导致林农收益受损，这属于公益林经营产生的机会成本，理应得到合理补偿，使其获得社会平均营林利润。

公益林按经营成本与社会平均利润之和进行补偿，其本质是基于成本基础的公益林林价增值补偿。其中，公益林林价计算公式为：

$$T_j=\sum_{i=1}^{j}\frac{F_i(1+r_i)^{j-i+1}(1+p_i)}{(1-t_i)(1-s_i)}\quad (j>i) \tag{6.5}$$

式（6.5）中：T_j 表示第 j 年单位面积公益林林价；F_i 表示第 i 年单位面积公益林总投入；r_i 表示第 i 年利息率；p_i 表示第 i 年经营商品林平均利润率；t_i 表示第 i 年税率；s_i 则表示第 i 年公益林灾害损失率。

根据式 6.5，公益林第 j 年林价补偿额为：

$$\Delta T_j = T_j - T_{j-1} = \frac{F_j(1+r_i)(1+p_i)}{(1-t_j)(1-s_j)} \tag{6.6}$$

1～j 年平均每年的补偿额为：

$$\Delta T_j' = \frac{1}{j}\sum_{i=1}^{j}\frac{F_i(1+r_i)^{j-i+1}(1+p_i)}{(1-t_i)(1-s_i)} \quad (j>i) \tag{6.7}$$

6.2.4.3　机会成本补偿观点

这种观点认为因禁止砍伐或其他商业性开发造成的经济损失应作为生态补偿标准的下限。实际测算时，补偿标准应以林木资产现值为基础，具体公式为：

$$S = V_n \times R + C_i + E - P \tag{6.8}$$

式（6.8）中：S 表示补偿标准；V_n 表示林木资产的现值；R 表示贴现率；C_i 表示第 i 年管护费用；E 表示地租；P 表示公益林的收益 ①；n 则表示补偿的年限。

薄其皇（2015）将公益林经营的机会成本划分为三个层次：一是公益林经营的直接投入；二是公益林相关林产品的经济利润；三是区域发展机会成本。他据此提出了分阶段补偿的思路：一是当经济发展水平较低，补偿资金缺乏时，补偿标准可根据公益林经营的直接投入来确定，包括造林、管护及基础设施建设等成本。二是当经济发展水平和补偿资金有所提高时，补偿标准应提高到直接投入成本与禁伐导致的经济损失之和。三是当经济发展水平较高，补偿资金较宽裕时，补偿标准应将区域发展受限导致的损失也纳入进去。相比较而言，前两个阶段的补偿是微观、短期、静态的，而第三阶段的补偿是宏观、长期、动态的。

6.2.4.4　“价值 + 效益”综合补偿观点

这种观点认为除了要对投入成本和利润等林木价值进行补偿外，还应将林木生态效益也考虑进去，计算公式为：

---

① 需要注意的是，此处出现 P 主要是因为该学者将公益林划分成了三种类型：第一种是没有任何收益的公益林；第二种是能够获得少量木材及林副产品收益的公益林；第三种是可以获得其他收益的公益林，如旅游收益。对于第一种公益林，P 为零；第二种公益林，P 为实际值；第三种则由于可获得正常收益建议不进行补偿。

$$S=\frac{(C+V+P-M)\times(1+K_1)\times K_2\times(1+K_3)}{K_4} \tag{6.9}$$

式（6.9）中，S 为单位面积公益林年生态补偿标准；C 为单位面积公益林年平均营林成本；V 为单位面积公益林年平均管护费用；P 为单位面积商品林年平均收益，表示公益林经营的年平均利润；M 为单位面积公益林年平均林木或林副产品收益，主要是指轮伐或间伐收益；K_1 表示生态区位调整系数，K_2 表示经济发展调整系数，K_3 表示林分质量调整系数，K_4 表示公益林规模调整系数。可见，该观点不仅考虑了公益林生态补偿的核心内容，还考虑了公益林生态补偿的其他影响因素。

6.2.4.5 对现有观点的简要评析

上述几种对公益林补偿标准进行测算的观点，对我国公益林生态补偿理论和实践均具有一定的借鉴意义。但总体而言，仍存在一些不足之处。比如，成本补偿观点只考虑直接投入成本，并未考虑机会成本以及公益林生态、社会效益，按此标准进行补偿不可能实现公益林可持续发展。此外，代表性文献给出的计算公式比较繁杂，在计算社会补偿金额时要核算出所有受益者的收益增量，这几乎不可能实现。“成本 + 利润”补偿观点将机会成本纳入进去，但仍未考虑公益林生态、社会效益，而且需考虑林价的动态变化，也比较繁杂。机会成本补偿观点只考虑已有公益林，并未考虑新建公益林，补偿范围存在缺失，且要计算林木资产的现值，这既比较繁杂，又受贴现率影响很大，导致补偿标准可能会有较大波动。“价值 + 效益”综合补偿观点考虑到了公益林补偿的所有核心内容及其他影响因素，但其中林副产品收益不确定性较大，且理想的补偿标准含义比较模糊。综上来看，公益林生态补偿标准的确定尚需进一步完善。

6.3 浙江省公益林生态补偿标准的理论测算

6.3.1 最低补偿标准

根据商品交易理论，只有能全部收回生产成本，才有可能实现产品再生产。公益林经营也是如此，只有对公益林经营过程中的直接投入成本以及禁止砍伐和商业性开发导致的机会成本进行补偿，才能促进公益林的持续发展。当然，如果按此标准进行补偿，只能维持公益林简单再生产过程。而从目前我国实际情况看，相对于社会的整体需求而言，公益林供给规模尚处于短缺状态，因此按经营成本（含直接投入成本与机会成本）进行补偿，只能作为公益林生态补偿的最低标准，以确保现有公益林面积不缩减。

为方便起见，我们不妨将该公益林生态补偿的最低标准记为 S_L，则：

$$S_L = C + D = (C_1 + C_2) + D \tag{6.10}$$

式（6.10）中，S_L 表示单位面积公益林年最低补偿标准；C 表示单位面积公益林年平均基本成本；D 表示单位面积公益林年机会成本；C_1 表示单位面积公益林年平均营林成本；C_2 表示单位面积公益林年平均管护费用。其中，营林成本是指从公益林造林到成林期间的直接投入，包括地租、苗木、基础设施建设、施肥、补植等费用，成熟林一般是补植时才会发生营林成本；管护费用包括护林人员工资、交通、通信、灾害防治及其他管理费用等；机会成本是指禁止砍伐和商业性开发导致的经济损失。

管护成本方面，目前浙江省制定的标准为 75 元 / 公顷·年，从实际运行来看效果较好，因此本书就不再另行核算，将管护成本就确定为现有的 75 元 / 公顷·年。

人工造林成本主要包括勘察设计、辅助设施和造林费三部分，按照浙江省目前的实施惯例，勘察设计费和辅助设施费分别按造林费的 1% 和 4% 确定，因此造林费核算是确定人工造林成本的关键。核算造林费时，利用全指标成本进行决算，决算项目包括清理整地费、苗木费、栽植费、未成林抚育管理费、材料费和运输费等①。本书借鉴王娇等（2015）的研究结论，人工造林成本各项构成为造林整地费（V_D）4182 元 / 公顷、苗木费（V_M）3180 元 / 公顷、栽植费（V_Z）2790 元 / 公顷、抚育管护费（V_G）3100 元 / 公顷、材料费（V_C）256 元 / 公顷、交通运输费（V_J）54 元 / 公顷，可得出总造林费为 13562 元 / 公顷。再根据造林费 1% 和 4% 的比例，可得出勘察设计费和辅助设施费分别为 135.6 元 / 公顷和 542.5 元 / 公顷。进一步将勘察设计、

① 其中，清理整地费指造林前清理地被物或采伐剩余物，松翻土壤所耗费人工产生的费用；苗木费是指按技术规程密度要求，栽植设计林种树种所需苗木费用，考虑到苗木实际损耗，供苗量按照需求量的 115% 计算；栽植费是指栽植苗木所耗费人工产生的费用；未成林抚育管理费是指成林前的除草割灌、补水续肥以及病虫害防治和看护等费用；材料费是指地膜、肥料、水电、生根粉等造林辅助材料费用；运输费是指人员交通，工具、苗木、材料等转运所需费用。

辅助设施和造林费三部分相加，可得浙江省公益林平均人工造林成本为 14240 元 / 公顷。因为林木生存时间较长，要核算年度补偿标准，应将造林成本按其生存年限分摊。据现有文献观点，公益林的最佳轮伐时间为 30 年，由此得出浙江省公益林造林成本年度分摊值为 475 元 / 公顷。

机会成本主要是指公益林禁止砍伐和商业性开发而导致的经济损失。据现有文献观点，杉木林、马尾松林和阔叶树林的机会成本分别为 1440 元 / 公顷、840 元 / 公顷和 1110 元 / 公顷，本研究取其平均值作为浙江省林农参与公益林建设的机会成本，即 1130 元 / 公顷。将管护成本、造林成本和机会成本相加，即可得到浙江省公益林最低生态补偿标准。即：

$$S_L = C + D = (C_1 + C_2) + D = 475 + 75 + 1130 = 1680\text{元/公顷}$$

6.3.2 最高补偿标准

毫无疑问，公益林具有巨大的生态和社会效益，但因为其提供的生态系统服务无法进入市场，难以通过市场交易实现其价值。科学测算出公益林生态和社会效益的价值，并将其作为公益林最高补偿标准是有理论依据的。不妨将最高补偿标准记为 S_H，则：

$$S_H = A + B \tag{6.11}$$

式中：S_H 表示公益林生态补偿的年最高标准；A 和 B 分别表示公益林生态和社会效益的价值[①]。

6.3.2.1 公益林生态系统服务价值估算方法

前文已述，公益林生态系统服务价值主要包括涵养水源、保育土壤、固碳释氧、森林游憩价值和生物多样性保护等。

第一，涵养水源价值。公益林涵养水源价值主要体现在调节水量和净化水质两方面。其中，调节水量价值评估首先要估算出森林调节水量，再利用替代工程法，基于水库工程蓄水成本来估算公益林调节水量价值。计算公式为：

$$G_{\text{调}} = 10 \times \sum A_i \times (P_i - E_i - C_i) \tag{6.12}$$

① 公益林社会效益包含范围较广，借鉴现有文献，本书主要分析公益林的森林游憩功能价值。

$$V_{调} = C_{库} \times G \tag{6.13}$$

式（6.12）和式（6.13）中，$G_{调}$为公益林调节水量功能（立方米 / 年）；A_i为林分类型 i 的林分面积（公顷）；P_i为林分类型 i 的林外年降水量（毫米 / 年）；E_i为林分类型 i 的林分年蒸散量（毫米 / 年）；C_i为林分类型 i 的地表径流量（毫米 / 年）。$V_{调}$为公益林年调节水量价值（元 / 年）；$C_{库}$为水库建设单位库容投资（元 / 立方米）。

净化水质价值评估也是先估算出净化水量（调节水量与净化水质是同步进行的，因此净化水量与调节水量相等），再利用替代工程法，基于净化水质工程的成本来估算公益林净化水质价值，计算公式为：

$$V_{水质} = K \times G_{调} \tag{6.14}$$

式（6.14）中，$V_{水质}$为公益林年净化水质价值（元 / 吨）；K 为水的净化费用（元 / 吨）；$G_{调}$为公益林调节水量功能（立方米 / 年）。

第二，保育土壤价值。公益林保育土壤价值主要用固土和保肥价值这两个指标来衡量。其中，固土价值首先要估算出公益林固土量，再利用替代工程法，将估算出的固土量折算为土方工程并根据工程造价来核算公益林固土价值，计算公式为：

$$G_{固土} = \sum A_i \times (X_{2i} - X_{1i}) / \rho_i \tag{6.15}$$

$$V_{固土} = C_{土} \times G_{固土} \tag{6.16}$$

式（6.15）和式（6.16）中，$G_{固土}$为公益林年固土量（吨 / 年）；A_i为林分类型 i 的林分面积（公顷）；X_{2i}为林分类型 i 的无林地土壤侵蚀模数（吨 / 公顷・年）；X_{1i}为林分类型 i 的有林地土壤侵蚀模数（吨 / 公顷・年）；ρ_i为林分类型 i 的林地土壤容重（吨 / 立方米）；$V_{固土}$为公益林年固土价值（元 / 年）；$C_{土}$为挖取和运输单位体积土方所需要费用（元 / 立方米）。

公益林保肥价值主要体现在土壤中氮、磷、钾及有机质的积累方面，首先估算出有林地与无林地相比减少的土壤侵蚀量中氮、磷、钾及有机质的含量，其次将其折算为磷酸二铵和氯化钾的市场价值，此即为公益林保肥价值，计算公式为：

$$G_N = \sum A_i \times N_i \times (X_{2i} - X_{1i}) \tag{6.17}$$

$$G_P = \sum A_i \times P_i \times (X_{2i} - X_{1i}) \tag{6.18}$$

$$G_K = \sum A_i \times K_i \times (X_{2i} - X_{1i}) \tag{6.19}$$

$$G_M = \sum A_i \times M_i \times (X_{2i} - X_{1i}) \tag{6.20}$$

$$V_{肥} = G_N C_1 / R_1 + G_P C_1 / R_2 + G_K C_2 / R_3 + G_M C_3 \tag{6.21}$$

式（6.17）到式（6.21）中，G_N 为减少的氮流失量（吨 / 年），A_i 为林分类型 i 的林分面积（公顷），N_i 为林分类型 i 的林分土壤平均含氮量（%），X_{2i} 为林分类型 i 的无林地土壤侵蚀模数（吨 / 公顷・年），X_{1i} 为林分类型 i 的有林地土壤侵蚀模数（吨 / 公顷・年）；G_P 为减少的磷流失量（吨 / 年），P_i 为林分类型 i 的林分土壤平均含磷量（%）；G_K 为减少的钾流失量（吨 / 年），K_i 为林分类型 i 的林分土壤平均含钾量（%）；G_M 为减少的有机质流失量（吨 / 年），M_i 为林分类型 i 的林分土壤有机质含量（%）；$V_{肥}$ 为公益林年保肥价值（元 / 年），C_1 为磷酸二铵化肥价格（元 / 吨）；R_1 为磷酸二铵化肥含氮量（%），R_2 为磷酸二铵化肥含磷量（%），C_2 为氯化钾化肥价格（元 / 吨），R_3 为氯化钾化肥含钾量（%），C_3 为有机质价格（元 / 吨）。

第三，固碳释氧价值。公益林固碳释氧价值主要体现在固碳价值和释氧价值两个方面。其中，固碳价值首先需估算出公益林固碳量（包括植被固碳和土壤固碳），其次根据碳汇价格将其折算为固碳价值，计算公式为：

$$G_{植被固碳} = \sum 1.63 \times R_{碳} \times A_i \times B_{年i} \tag{6.22}$$

$$G_{土壤固碳} = \sum A_i \times F_{土壤碳i} \tag{6.23}$$

$$V_{碳} = C_{碳}（G_{植被固碳} + G_{土壤固碳}） \tag{6.24}$$

式（6.22）到式（6.24）中，$G_{植被固碳}$为森林年植被固碳量（吨 / 年），$R_{碳}$ 为二氧化碳中碳的含量（27.27%），A_i 为林分类型 i 的林分面积（公顷），$B_{年i}$ 为林分类型 i 的林分净生产力（吨 / 公顷・年）；$G_{土壤固碳}$为森林土壤年固碳量（吨 / 年），$F_{土壤碳i}$ 为林分类型 i 的林分土壤年固碳量（吨 / 公顷・年）；$V_{碳}$ 为林分年固碳价值（元 / 年），$C_{碳}$ 为固碳价格（元 / 吨）。

公益林释氧价值也是首先估算出公益林释氧总量，再根据氧气价格将其折算为释氧价值，计算公式为：

$$G_{氧气} = \sum 1.19 \times A_i \times B_{年i} \tag{6.25}$$

$$V_{氧} = C_{氧} \times G_{氧气} \tag{6.26}$$

式（6.25）和式（6.26）中，$G_{氧气}$ 为森林释放氧气的量（吨 / 年），A_i 为林分类型 i 的林分面积（公顷），$B_{年i}$ 为林分类型 i 的林分净生产力（吨 / 公顷・年）；$V_{氧}$ 为公益林年释氧价值（元/年），$C_{氧}$为氧气价格（元/吨）。

第四，积累营养物质价值。林木通过生化反应将氮、磷、钾等营养元素吸收并贮存于自身体内，对减少下游面源污染及水体富营养化有重要意义。在估算这一部分价值时，首先估算出公益林积累营养物质的数量，其次将其折算为磷酸二铵和氯化钾的市场价值，此即为公益林积累营养物质价值，计算公式为：

$$G_{氮} = \sum A_i \times N_{营养 i} \times B_{年 i} \tag{6.27}$$

$$G_{磷} = \sum A_i \times P_{营养 i} \times B_{年 i} \tag{6.28}$$

$$G_{钾} = \sum A_i \times K_{营养 i} \times B_{年 i} \tag{6.29}$$

$$V_{营养} = G_{氮}C_1 / R_1 + G_{磷}C_1 / R_2 + G_{钾}C_2 / R_3 \tag{6.30}$$

式（6.27）到式（6.30）中，$G_{氮}$为林分固氮量（吨/年），$G_{磷}$为林分固磷量（吨/年），$G_{钾}$为林分固钾量（吨/年）；A_i为林分类型i的林分面积（公顷）；$B_{年i}$为林分类型i的林分净生产力（吨/公顷·年）；$N_{营养i}$为林分类型i的林木含氮量（%），$P_{营养i}$为林分类型i的林木含磷量（%），$K_{营养i}$为林分类型i的林木含钾量（%）；$V_{营养}$为公益林年营养物质积累价值（元/年），C_1为磷酸二铵化肥价格（元/吨），R_1为磷酸二铵化肥含氮量（%），R_2为磷酸二铵化肥含磷量（%），C_2为氯化钾化肥价格（元/吨），R_3为氯化钾化肥含钾量（%）。

第五，净化大气环境价值。公益林净化大气环境主要包括吸收大气污染物、降低声音、提供负离子等方面。本书主要用吸收二氧化硫、氟化物、氮氧化物和滞尘4个指标来衡量，首先估算出公益林对这4种大气污染物的吸收总量，其次分别乘以4种大气污染物的单位治理价格，即可得到公益林净化大气环境价值，计算公式为：

$$G_{二氧化硫} = \sum Q_{二氧化硫 i} \times A_i \tag{6.31}$$

$$G_{氟化物} = \sum Q_{氟化物 i} \times A_i \tag{6.32}$$

$$G_{氮氧化物} = \sum Q_{氮氧化物 i} \times A_i \tag{6.33}$$

$$G_{滞尘} = \sum Q_{滞尘 i} \times A_i \tag{6.34}$$

$$V_{二氧化硫} = K_{二氧化硫} \times G_{二氧化硫} \tag{6.35}$$

$$V_{氟化物} = K_{氟化物} \times G_{氟化物} \tag{6.36}$$

$$V_{氮氧化物} = K_{氮氧化物} \times G_{氮氧化物} \tag{6.37}$$

$$V_{滞尘} = K_{滞尘} \times G_{滞尘} \tag{6.38}$$

式（6.31）到式（6.38）中，$G_{二氧化硫}$为林分年吸收二氧化硫量（吨 / 年），$Q_{二氧化硫i}$为林分类型 i 的单位面积林分年吸收二氧化硫量（千克 / 公顷 · 年）；$G_{氟化物}$为林分年吸收氟化物量（吨 / 年），$Q_{氟化物i}$为林分类型 i 的单位面积林分年吸收氟化物量（千克 / 公顷 · 年）；$G_{氮氧化物}$为林分年吸收氮氧化物量（吨 / 年），$Q_{氮氧化物i}$为林分类型 i 的单位面积林分年吸收氮氧化物量（千克 / 公顷 · 年）；$G_{滞尘}$为林分年滞尘量（吨 / 年），$Q_{滞尘i}$为林分类型 i 的单位面积林分年滞尘量（千克 / 公顷 · 年）；A_i 为林分类型 i 的林分面积（公顷）。$V_{二氧化硫}$为林分年吸收二氧化硫价值（元 / 年），$K_{二氧化硫}$为二氧化硫治理费用（元 / 千克）；$V_{氟化物}$为林分年吸收氟化物价值（元 / 年），$K_{氟化物}$为氟化物治理费用（元 / 千克）；$V_{氮氧化物}$为林分年吸收氮氧化物价值（元 / 年），$K_{氮氧化物}$为氮氧化物治理费用（元 / 千克）；$V_{滞尘}$为林分年滞尘价值（元 / 年），$K_{滞尘}$为降尘治理费用（元 / 千克）。

第六，保护生物多样性价值。公益林生态系统为生物种群提供食物和繁衍场所，具有保护生物多样性的功能。在计算公益林保护生物多样性的价值时，首先估算出不同林分公益林的 Shannon–Wiener 指数，将其划分为不同等级并进行赋值①，其次乘以各林分公益林面积，即可得到公益林保护生物多样性的价值，计算公式为：

$$V_{生物} = \sum S_{生i} \times A_i \tag{6.39}$$

式（6.39）中，$V_{生物}$为公益林年物种保育价值（元 / 年）；$S_{生i}$为林分类型 i 的单位面积年物种损失的机会成本（元 / 公顷 · 年）；A_i 为林分类型 i 的林分面积（公顷）。其中，Shannon–Wiener 指数的等级及对应的物种损失机会成本如表 6.1 所示。

① 原国家林业局发布的《森林生态系统服务功能评估规范》（LY/T1721—2008）标准将该指数划分为 7 个等级，每个等级赋予一定的值。

表 6.1　Shannon-Wiener 指数的等级及物种损失机会成本　（单位：元 / 公顷）

Shannon-Wiener 指数	物种损失机会成本	Shannon-Wiener 指数	物种损失机会成本
指数＜1	3000	4≤指数＜5	30000
1≤指数＜2	5000	5≤指数＜6	40000
2≤指数＜3	10000	指数≥6	50000
3≤指数＜4	20000		

第七，森林游憩价值。在当今人们身心压力非常大的时代，公益林是人们休闲娱乐、放松身心的好场所，发挥了重要的游憩功能。本书利用费用支出法，基于公益林所在区域的自然保护区、森林公园等休闲旅游场所的经营收入，来估算公益林的森林游憩价值。

6.3.2.2　浙江省公益林生态系统服务价值估算结果

根据上文公式，对 2011—2015 年浙江省公益林生态系统服务价值进行估算，结果如表 6.2 ～表 6.6 所示。

表 6.2　浙江省公益林生态系统服务价值（2011 年）

公益林生态功能	实物量（万吨 / 年）					价值量（亿元 / 年）	价值比例（%）
	乔木林	灌木林	竹林	其他	合计		
水源涵养	630054.55	15598.33	135024.51	2286.71	782964.10	823.68	37.24
固土量	10221.05	2192.93	1920.92		14334.90	16.28	0.74
保肥量	448.57	96.81	105.71		651.09	201.60	9.12
固碳	2139.95	214.50	675.62	205.15	3235.22	105.87	4.79
释氧	1562.30	156.59	493.24	149.77	2361.90	236.19	10.68
营养物质积累	21.14	3.58	2.57		27.29	32.79	1.48
吸收废气	27.96	4.96	5.26		38.18	4.58	0.21
滞尘量	6537.35	624.88	545.70		7707.93	115.62	5.23
生物多样性保护						541.92	24.50
森林游憩						133.24	6.02
生态系统总价值						2211.77	100

注：吸收废气主要指吸收二氧化硫、氟化物和氮氧化物，下表同。

由表 6.2 可知，2011 年浙江省公益林生态系统总价值为 2211.77 亿元，其中水源涵养功能价值为 823.68 亿元，占 37.24%；固土保肥功能价值为 217.88 亿元，占 9.86%；固碳释氧功能价值为 342.06 亿元，占 15.47%；营养物质积累功能价值为 32.79 亿元，占 1.48%；净化空气功能价值为 120.20 亿元，占 5.44%；生物多样性保护功能价值 541.92 亿元，占 24.50%；森林游憩功能价值 133.24 亿元，占 6.02%。

由表 6.3 可知，2012 年浙江省公益林生态系统总价值为 2293.23 亿元，其中水源涵养功能价值为 847.76 亿元，占 36.97%；固土保肥功能价值为 224.98 亿元，占 9.81%；固碳释氧功能价值为 334.03 亿元，占 14.57%；营养物质积累功能价值为 33.96 亿元，占 1.48%；净化空气功能价值为 121.28 亿元，占 5.29%；生物多样性保护功能价值 556.86 亿元，占 24.28%；森林游憩功能价值 174.36 亿元，占 7.60%。

表 6.3　浙江省公益林生态系统服务价值（2012 年）

公益林生态功能	实物量（万吨 / 年）					价值量（亿元 / 年）	价值比例（%）
	乔木林	灌木林	竹林	其他	合计		
水源涵养	648475.50	16054.38	138972.23	2353.56	805855.67	847.76	36.97
固土量	10554.13	2264.39	1983.52		14802.04	16.81	0.73
保肥量	463.19	99.97	109.16		672.32	208.17	9.08
固碳	2089.72	209.46	659.76	200.33	3159.27	103.38	4.51
释氧	1525.63	152.92	481.67	146.25	2306.47	230.65	10.06
营养物质积累	21.89	3.71	2.66		28.26	33.96	1.48
吸收废气	28.21	5.01	5.31		38.53	4.62	0.20
滞尘量	6596.42	630.53	550.63		7777.58	116.66	5.09
生物多样性保护						556.86	24.28
森林游憩						174.36	7.60
生态系统总价值						2293.23	100

表 6.4 浙江省公益林生态系统服务价值（2013 年）

公益林生态功能	实物量（万吨 / 年）					价值量（亿元 / 年）	价值比例（%）
	乔木林	灌木林	竹林	其他	合计		
水源涵养	680988.77	16859.31	145940.02	2471.57	846259.67	890.26	35.98
固土量	10604.17	2275.12	1992.92		14872.21	16.89	0.68
保肥量	465.38	100.44	109.68		675.50	209.16	8.45
固碳	2225.43	223.06	702.60	213.34	3364.43	110.10	4.45
释氧	1624.70	162.85	512.95	155.75	2456.25	245.62	9.93
营养物质积累	21.17	3.59	2.57		27.33	32.84	1.33
吸收废气	28.63	5.08	5.39		39.10	4.69	0.19
滞尘量	6694.20	639.88	558.79		7892.87	118.39	4.78
生物多样性保护						579.98	23.44
森林游憩						266.40	10.77
生态系统总价值						2474.33	100

由表 6.4 可知，2013 年浙江省公益林生态系统总价值为 2474.33 亿元，其中水源涵养功能价值为 890.26 亿元，占总价值量的 35.98%；固土保肥功能价值为 226.05 亿元，占总价值量的 9.13%；固碳释氧功能价值为 355.72 亿元，占总价值量的 14.38%；营养物质积累功能价值为 32.84 亿元，占总价值量的 1.33%；净化空气功能价值为 123.08 亿元，占总价值量的 4.97%；生物多样性保护功能价值 579.98 亿元，占总价值量的 23.44%；森林游憩功能价值 266.40 亿元，占总价值量的 10.77%。

由表 6.5 可知，2014 年浙江省公益林生态系统总价值为 2529.75 亿元，其中水源涵养功能价值为 886.79 亿元，占总价值量的 35.05%；固土保肥功能价值为 227.23 亿元，占总价值量的 8.98%；固碳释氧功能价值为 356.09 亿元，占总价值量的 14.08%；营养物质积累功能价值为 33.58 亿元，占总价值量的 1.33%；净化空气功能价值为 121.78 亿元，占总价值量的 4.81%；生物多样性保护功能价值 584.28 亿元，占总价值量的 23.10%；森林游憩功能价值 320.00 亿元，占总价值量的 12.65%。

由表 6.6 可知，2015 年浙江省公益林生态系统总价值为 2769.69 亿元，其中水源涵养功能价值为940.99亿元，占33.97%；固土保肥功能价值为218.64亿元，占7.89%；固碳释氧功能价值为388.43亿元，占14.02%；营养物质积累功能价值为32.11亿元，占1.16%；净化空气功能价值为126.73亿元，占4.57%；生物多样性保护功能价值598.06亿元，占21.59%；森林游憩功能价值464.73亿元，占16.78%。

表6.5 浙江省公益林生态系统服务价值（2014年）

公益林生态功能	实物量（万吨/年）					价值量（亿元/年）	价值比例（%）
	乔木林	灌木林	竹林	其他	合计		
水源涵养	678333.61	16793.58	145371.00	2461.93	842960.12	886.79	35.05
固土量	10659.65	2287.03	2003.35		14950.03	16.97	0.67
保肥量	467.82	100.97	110.25		679.04	210.26	8.31
固碳	2227.71	223.29	703.32	213.56	3367.88	110.21	4.36
释氧	1626.37	163.02	513.47	155.91	2458.77	245.88	9.72
营养物质积累	21.65	3.67	2.63		27.95	33.58	1.33
吸收废气	28.33	5.03	5.33		38.69	4.64	0.18
滞尘量	6623.04	633.08	552.85		7808.97	117.14	4.63
生物多样性保护						584.28	23.10
森林游憩						320.00	12.65
生态系统总价值						2529.75	100

表6.6 浙江省公益林生态系统服务价值（2015年）

公益林生态功能	实物量（万吨/年）					价值量（亿元/年）	价值比例（%）
	乔木林	灌木林	竹林	其他	合计		
水源涵养	719787.72	17819.86	154254.87	2612.38	894474.83	940.99	33.97
固土量	10257.07	2200.65	1927.69		14385.41	16.33	0.59
保肥量	450.15	97.16	106.09		653.40	202.31	7.30
固碳	2430.08	243.58	767.22	232.96	3673.84	120.22	4.34
释氧	1774.11	177.82	560.12	170.07	2682.12	268.21	9.68
营养物质积累	20.70	3.51	2.51		26.72	32.11	1.16
吸收废气	29.48	5.23	5.55		40.26	4.83	0.17

续表

公益林生态功能	实物量（万吨 / 年）					价值量（亿元 / 年）	价值比例（%）
	乔木林	灌木林	竹林	其他	合计		
滞尘量	6892.26	658.81	575.33		8126.40	121.90	4.40
生物多样性保护						598.06	21.59
森林游憩						464.73	16.78
生态系统总价值						2769.69	100

为了更加直观地分析浙江省公益林生态系统总价值及各项生态功能的价值变化情况，不妨将 2011—2015 年数据汇总于同一个图，以便进行比较。

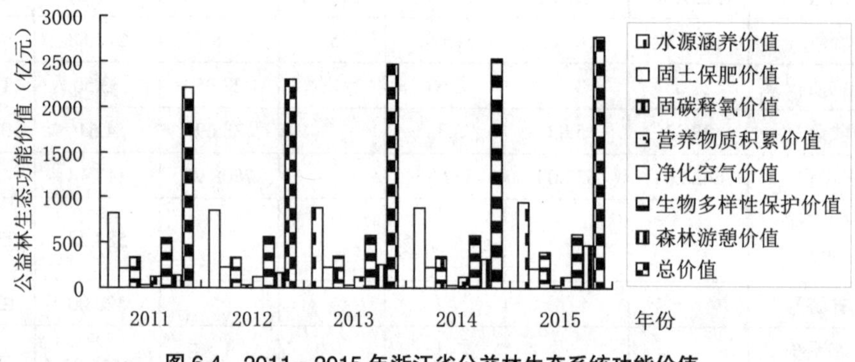

图 6.4　2011—2015 年浙江省公益林生态系统功能价值

由图 6.4 可知，2011—2015 年，随着公益林数量增加和质量提升，浙江省公益林生态系统总价值从 2211.77 亿元增加到 2769.69 亿元，增加了 557.92 亿元，年均增速为 5.78%。其中水源涵养功能价值从 823.68 亿元增加到 940.99 亿元，增加了 117.31 亿元，年均增速为 3.38%；固碳释氧功能价值从 342.06 亿元增加到 388.43 亿元，增加了 46.37 亿元，年均增速为 3.23%；生物多样性保护功能价值从 541.92 亿元增加到 598.06 亿元，增加了 56.14 亿元，年均增速为 2.49%；森林游憩功能价值从 133.24 亿元增加到 464.73 亿元，增加了 331.49 亿元，年均增速为 36.66%。2011—2015 年，浙江省公益林的固土保肥功能价值、营养物质积累功能价值和净化空气功能价值总体变化不大。可见，增速最快的是森林游憩功能价值，其原因主要是居民收入水平以及身心压力增加，居民往往通过旅游尤其是生态旅游来释放压力和愉悦心情，而森林因为其特有的生态功能而成为居民生态旅游首选。

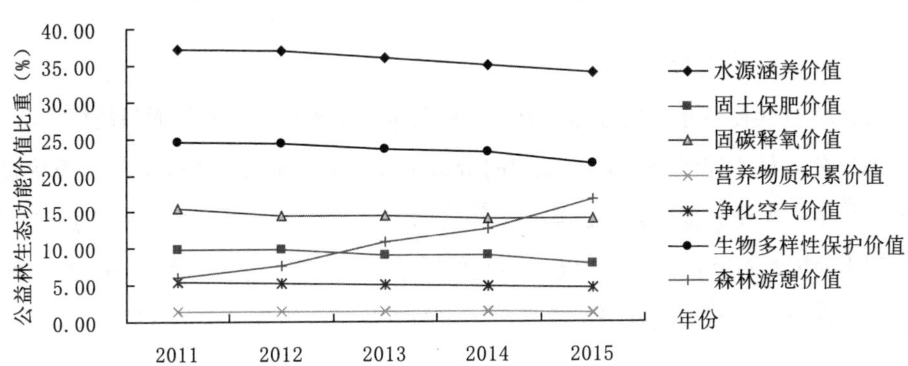

图 6.5 2011—2015 年浙江省公益林各项生态功能价值比重

从浙江省公益林各项生态功能价值比重看（以 2011—2015 年平均值为标准进行比较），水源涵养价值比重最高，占总价值的 35.84%；其次为生物多样性保护价值，占总价值的 23.38%；再次是固碳释氧价值，占总价值的 14.50%；然后是森林游憩价值，占总价值的 10.76%；接下来分别是固土保肥功能价值、净化空气功能价值和营养物质积累功能价值，占比分别为 9.13%、5.02% 和 1.36%。由图 6.5 可知，在七种生态功能中，只有森林游憩功能价值比重增加（由 6.02% 增长到 10.76%），其余生态功能价值比重均有所下降。其中，水源涵养功能价值比重从 37.24% 下降为 33.97%；生物多样性保护功能价值比重从 24.50% 下降为 21.59%；固碳释氧功能价值比重从 15.47% 下降为 14.02%；固土保肥功能价值比重从 9.86% 下降为 7.89%；净化空气功能价值比重从 5.44% 下降为 4.57%；营养物质积累功能价值比重从 1.48% 下降为 1.16%。

显然，浙江省公益林生态系统价值十分巨大，2015 年的总价值高达 2769.69 亿元，占浙江省当年财政总收入（4810 亿元）的 57.58% 以及浙江省当年 GDP（42886 亿元）的 6.46%。如果要按照公益林生态系统价值完全补偿，补偿标准将高达 91650.87 元 / 公顷，这几乎是不可能实现的。因此，本书认为公益林生态系统价值只能是理论上的最高补偿标准。

6.3.3 适宜补偿标准

6.3.3.1 基本思路

公益林最低补偿标准仅考虑了公益林的基本成本和机会成本，而最高标准则完全考虑了公益林生态效益和社会效应的价值，这都是处于极端条件下的理想状态。现实中，由于还受其他因素的影响，采用这两种标准都是不适合的，我们还必须根据其他影响因素对其进行综合考虑。适宜的补偿标准应当介于最低和最高标准之间。因此，本研究通过对最高补偿标准乘以一定的系数进行折算，来估算适宜的公益林生态补偿标准。

森林生态系统服务价值是理论上的补偿上限，但在现实中，有些森林资源可以适度开发（如限额采伐），因此会损耗一部分森林生态资源，对这部分森林的生态系统服务价值只能进行部分补偿。即使是公益林，国家实施完全禁伐的政策，林农也可以通过其他一些方式获得利润，如采摘花果、林下种植和狩猎等，还可以通过水力发电、森林游憩等市场化途径获得一定补偿。再加上公益林生态系统服务价值非常高，在现阶段很难实现完全补偿，因此需按照一定的系数进行折算作为公益林生态补偿量，这是符合现实情况的。

基于上述思考，本研究确定浙江省公益林适宜补偿标准计算公式为：

$$S_M = k \times V \tag{6.40}$$

式（6.40）中：S_M 为浙江省公益林适宜生态补偿标准；V 为公益林生态系统总价值；k 为生态补偿系数。可见，补偿系数的大小直接影响公益林适宜补偿标准的大小。

6.3.3.2 生态补偿系数测算

本书借用皮尔生长曲线模型来分析生态补偿系数[①]。该模型用来反映因变量 l 随时间 t 变动趋势，这种变化趋势主要特征为：变量初期一般增长较慢，随后增长速度攀升，到达一定程度后增速又开始下降，呈现出周期性变化的特征。皮尔生长曲线

---

① 1938 年，比利时数学家哈尔斯特（Fverhulst）首先提出皮尔曲线。后来，近代生物学家皮尔（Pearl）和里德（Reed）两人将这个曲线应用于研究人口生长规律，因此这种特殊的曲线也被称为皮尔生长曲线，简称皮尔曲线。

数学表达式为：

$$l = \frac{L}{1 + ae^{-bt}} \qquad a > 0,\ b > 0 \tag{6.41}$$

式（6.41）中：l 代表事物发展特性的参数；L 为 l 的最大化，若定义 l 值区间为 [0，1]，则 $L = 1$；a，b 为常数，对模型变化趋势有影响；t 为自变量参数，e 为时间或者经济发展程度。

人们对生态系统服务价值的认知与皮尔生长曲线变化特征类似。经济发展水平较低时，人们往往意识不到生态系统服务的重要性；当经济发展水平和居民收入快速提升时，人们对良好生态环境的需求和对生态系统服务重要性的认知也会迅速提高；之后到极度富裕时，人们对生态环境的需求会趋近饱和。基于上述，可将简化的皮尔生长曲线与恩格尔系数结合估算出生态补偿系数①。

根据式 6.41 可知，l 的取值区间为 [0，1]，因此系数 $L = 1$。为了进一步简化研究，不妨令 $a = b = 1$，最后得到简化的皮尔曲线模型如下：

$$l = \frac{1}{1 + e^{-t}} \tag{6.42}$$

进一步，将恩格尔系数的概念引入皮尔曲线模型。恩格尔系数是指食品支出占家庭或个人总消费支出的比例，是基于恩格尔定律得出的概念②，其数学表达式为：

$$E_n = P_{食品} / P_{总消费} \times 100\% \tag{6.43}$$

式中：E_n 为恩格尔系数；$P_{食品}$ 为个人的食品消费支出；$P_{总消费}$ 为个人的总消费支出。

可见，当总消费支出既定时，食物支出与恩格尔系数呈正相关；反之，当食物支出既定时，总消费支出与恩格尔系数呈负相关。因此，可以用恩格尔系数来衡量一个国家或家庭的富裕程度。如果其他条件相同，恩格尔系数越高说明国家或家庭越穷；反之，恩格尔系数越低说明国家或家庭越富。根据恩格尔系数的大

① 生态补偿系数可以理解为在当前的经济发展水平下，人们愿意支付生态环境服务的付费标准系数。

② 19 世纪中期，德国统计学家和经济学家恩格尔对比利时不同收入的家庭的消费情况进行了调查，研究了收入增加对消费需求支出构成的影响，提出了带有规律性的原理，由此被命名为恩格尔定律。其主要内容是指一个家庭或个人收入越少，用于购买生存性的食物的支出在家庭或个人收入中所占的比重就越大。对一个国家而言，一个国家越穷，每个国民的平均支出中用来购买食物的费用所占比例就越大。

小，联合国将世界各国的生活水平划分为 6 个层次，即贫穷（$E_n > 60\%$）、温饱（$50\% < E_n < 60\%$）、小康（$40\% < E_n < 50\%$）、相对富裕（$30\% < E_n < 40\%$）、富足（$20\% < E_n < 30\%$）和极其富裕（$E_n < 20\%$）。基于中国实际，本书对此进行一些调整，将居民生活水平划分为 5 个阶段，即贫困阶段、温饱阶段、小康阶段、富裕阶段和极富裕阶段，其与恩格尔系数的关系如表 6.7 所示：

表 6.7　生活水平和恩格尔系数的关系

生活水平	贫困阶段	温饱阶段	小康阶段	富裕阶段	极富裕阶段
恩格尔系数 E_n	>60%	60% ～ 50%	50% ～ 30%	30% ～ 20%	<20%
$1/E_n$	<1.67	1.67 ～ 2	2 ～ 3.3	3.3 ～ 5	>5

根据经济发展阶段与生态补偿曲线的对应关系（当发展阶段 $1/E_n$=3 时，生态补偿系数曲线处于拐点），可将 T=t+3 当作横坐标来代替时间 t 轴。皮尔生长曲线与恩格尔系数结合后的曲线如图 6.6 所示：

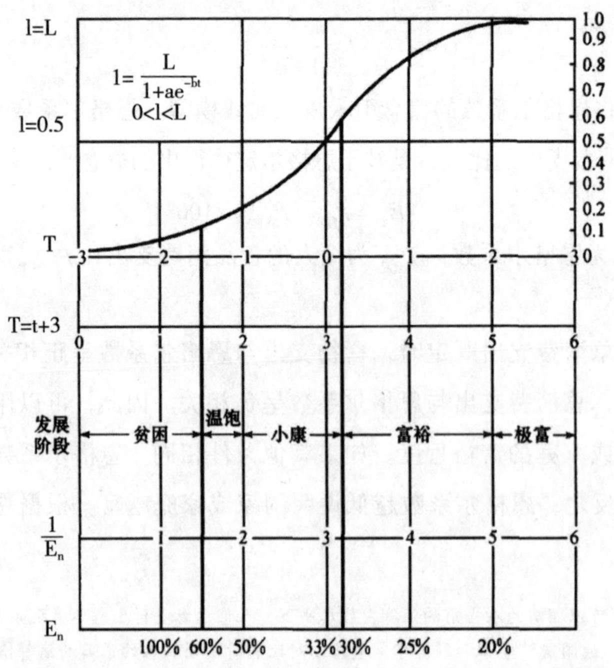

图 6.6　恩格尔系数与皮尔生长曲线模型相结合计算生态补偿系数

根据上述，将皮尔曲线模型与恩格尔系数结合起来，可得到生态补偿系数模型，如式 6.44 所示：

$$k = \frac{1}{1 + e^{-(1/E_n - 3)}} \tag{6.44}$$

式中：k 为生态补偿系数；E_n 为恩格尔系数。由于恩格尔系数每年都会发生变化，生态补偿系数也会随之改变。

根据上述公式，利用城乡居民的食品支出和总生活支出数据，可求出浙江省城乡居民恩格尔系数[①]，进而求出生态补偿系数。结果如表 6.8 所示：

表 6.8 浙江省历年恩格尔系数及生态补偿系数

项目		2011 年	2012 年	2013 年	2014 年	2015 年
农村	生活消费总支出(元)	9644	10208	11760	13312	14864
	食品消费支出（元）	3629	3844	4191	4538	4885
	恩格尔系数（%）	37.63	37.66	35.64	34.09	32.86
城镇	生活消费总支出(元)	20437	21545	23257	24969	26681
	食品消费支出（元）	7066	7552	8008	8464	8920
	恩格尔系数（%）	34.57	35.05	34.43	33.90	33.43
全省	恩格尔系数（%）	36.10	36.35	35.04	33.99	33.15
	生态补偿系数	0.4427	0.4380	0.4636	0.4854	0.5042

数据来源：根据历年《浙江省统计年鉴》相关数据整理。

由表 6.8 可知，2011—2015 年，浙江省居民恩格尔系数从 36.10% 下降到 33.15%，下降了 2.95%，说明居民收入水平有了明显的上升。而生态补偿系数则从 0.4427 增加到 0.5042，增加了 0.0615，说明随着经济发展，公益林生态系统服务价值中需要补偿的比例逐年增加。根据生态补偿系数和公益林生态系统服务价值总额，可以计算出适宜的生态补偿金额及其占浙江省 GDP、财政收入的比重（见表 6.9）。

① 目前并无浙江省居民恩格尔系数的直接统计数据，因此先分别求出农村居民和城镇居民的恩格尔系数，取二者平均值作为全省居民恩格尔系数。

表 6.9　森林生态补偿金额及其占 GDP、财政收入的比重

	2011 年	2012 年	2013 年	2014 年	2015 年
生态系统价值（亿元）	2211.77	2293.23	2474.32	2529.74	2769.69
生态补偿系数	0.4427	0.4380	0.4636	0.4854	0.5042
生态补偿金额（亿元）	979.15	1004.43	1147.09	1227.94	1396.48
GDP（亿元）	32363.38	34739.13	37756.58	40173.03	42886.49
生态补偿占 GDP 比重（%）	3.03	2.89	3.04	3.06	3.26
财政收入（亿元）	3150.80	3441.23	3796.92	4122.02	4809.94
生态补偿占财政收入比重（%）	31.08	29.19	30.21	29.79	29.03

由表 6.9 可知，2011—2015 年，浙江省森林生态补偿标准分别为 979.15 亿元、1004.43 亿元、1147.09 亿元、1227.94 亿元和 1396.48 亿元，约占当年 GDP 比重的 3%，占当年财政收入的 30% 左右，数额仍然十分巨大。如果按此标准全额补偿，政府财政将不堪重负，执行起来也十分困难。考虑到生态系统是一个有机的整体，在发挥生态效益时并不是各项效益单独起作用，而是在发挥各自功能的同时又有密切联系，存在着交叉影响。如积累营养物质和保育土壤两者之间构成了营养物质的循环，单独把两个效益相加就出现了重复计算的问题。基于此，在现实中具体执行时，可以再对上述补偿标准按照一定系数进行折算。不妨以 2015 年数据为例，当折算系数分别从 10% 依次增加到 90% 时，实际执行的生态补偿标准分别如表 6.10 所示。

表 6.10　折算后的森林生态补偿标准

折算系数	10%	20%	30%	40%	50%	60%	70%	80%	90%
原补偿标准（亿元）	1396.48								
折算后补偿标准（亿元）	139.65	279.30	418.94	558.59	698.24	837.89	977.54	1117.2	1256.8
占 GDP 比重（%）	0.33	0.65	0.98	1.30	1.63	1.95	2.28	2.60	2.93
占财政收入比重（%）	2.90	5.81	8.71	11.61	14.52	17.42	20.32	23.23	26.13
单位面积补偿标准（元 / 公顷）	4621	9242	13863	18484	23105	27726	32347	36968	41589

由表 6.10 可知，当折算系数取 10% 时，折算后的森林生态补偿标准为 139.65

亿元，占当年 GDP 和财政收入的比重分别为 0.33% 和 2.90%，在政府财力可承受的范围内，具有较强的现实可操作性。进一步，可求出单位面积补偿标准为 4621 元 / 公顷。当折算系数依次提高时，折算后的生态补偿标准及其占当年 GDP 和财政收入的比重也逐渐提升。

6.4　浙江省公益林生态补偿标准现实分析

6.4.1　公益林生态补偿标准的分阶段实施

近年来，浙江省公益林生态补偿标准不断提高，从最初 2004 年的 8 元 / 亩·年（折 120 元 / 公顷·年）快速增加到 2017 年的 40 元 / 亩·年（折 600 元 / 公顷·年），位居全国前列。但从绝对数量上看，公益林补偿标准仍然十分低下。以 2015 年数据为例，浙江省公益林生态补偿标准为 30 元 / 亩·年（折 450 元 / 公顷·年），尚不能弥补公益林年平均基本运营成本（550 元 / 公顷·年，包括造林成本 475 元 / 公顷·年和管护成本 75 元 / 公顷·年），与前文所测算出的公益林最低补偿标准（1680 元 / 公顷·年，其中包括公益林建设机会成本 1130 元 / 公顷·年）差距就更大。为了提升公益林建设和维护者的积极性，推动浙江省公益林可持续发展，必须逐步增加公益林生态补偿标准。笔者以为，提升公益林生态补偿标准的过程可分为以下几个阶段。

第一阶段，全额补偿公益林经营的直接投入成本。前文已述，公益林经营需直接投入很多成本，如规划设计、地租、种苗、基础设施等。对公益林生产的直接投入成本进行全额补偿，是保证现有公益林不至于出现大面积过伐，保存现有森林生态功能存在的最低限度。目前浙江省公益林生态补偿标准尚不能完全弥补基本的运营成本，存在大面积过伐的内在风险。因此，在经济杠杆失效时，为了保证公益林面积不减少，必须借助行政力量，甚至法律措施。

第二阶段，按维持公益林简单再生产的最低补偿标准（包括直接投入成本和机会成本）补偿。除基本运营成本外，公益林建设和维护也会产生一些机会成本，主要包括：公益林建设和维护需要土地，该土地用于其他用途时所能产生的收益；公益林禁止砍伐和商业性开发，而如果改种经济林则可获得林木及相关林产品开发收益；公益林经营需要投入大量劳动，该部分劳动用于从事其他职业所能获得的收益。若公益林的机会成本得不到补偿，则公益林经营者、原土地使用权所有者的利益得不到保障，他们将不愿意从事公益林经营，会制约公益林可持续发展，甚至会出现毁林开荒等破坏公益林的行为。因此对公益林建设和维护的机会成本进行补偿，是维持公益林简单再生产的前提。

第三阶段，按推动公益林扩大再生产的适宜补偿标准（按一定系数进行折算，并逐步提高）补偿。随着社会经济发展和居民收入水平提升，居民对森林生态产品的需求范围将日益扩大，公益林简单再生产将无法满足社会需求，必须进一步扩大公益林的面积。这需要给予公益林建设和维护主体足够的利润，充分调动他们的积极性，发挥市场主导作用。前文所测算出的公益林生态补偿适宜标准，能够使公益林建设和维护主体获得较高的利润，以推动公益林扩大再生产，满足市场需求。

第四阶段，理论上的最高补偿标准，即按照公益林生态效益进行完全补偿。前文已述，生态补偿的本质是修正生态系统服务的外部性，因此按照生态系统服务价值进行补偿在理论上是符合公平原则的。但是在实际实施中尚存在一些困难：其一是生态系统服务价值评估体系还不完善，不同的评估方法测算出的公益林生态效益价值相差甚远。其二是公益林生态效益价值巨大，要实现完全补偿需要国家巨额的财政资金投入。因此，从现实操作层面看，如果国家财政比较宽裕，可以参照商品林市场价格对公益林资源价值进行评估，再将公益林全部收购变为国有林。国有公益林不存在所谓的经济损失补偿，因此可以将更多资金用于公益林管护和改造升级，促进公益林良性发展。

6.4.2 差异化的公益林生态补偿标准

6.4.2.1 根据公益林供给主体区分

公益林是全民受益的社会公益事业，其供给主体多元化趋势明显，越来越多的机构和个人都成为公益林的供给主体。理论上，不管是什么主体提供的公益林，其产生的正外部性都应得到补偿。但我国实行的是公有制为主体的社会主义经济，对不同类型公益林应实施差异化补偿政策。按权属类型划分，我国公益林可分为国家所有、集体所有和个人所有三种类型。其中，国有公益林产权拥有者是国有林场，其收益属于国家和全体公民，因此补偿标准中不包括权益性补偿，主要应针对新造林成本和管护费用进行补偿；而集体林和私人林的补偿除了造林成本和管护费用外，还应当包括因禁止砍伐和商业性开发导致的权益收益损失（机会成本）。

6.4.2.2 根据生态区位区分

公益林生态补偿标准应根据公益林所处不同生态区位重要程度来确定。如生态功能区内的公益林发挥着重要生态屏障作用，对区域生态安全至关重要，而一般区域的公益林只是发挥普通的景观作用，生态区位重要程度存在显著差异。因此，对江河源头、水库、陡坡地块等区域的公益林应重点补偿。研究表明，公益林补偿应根据生态功能等级和生态区位的不同，依据市场经济的规则，在对每一片公益林进行公正、客观的评估之后，实行分级别补偿。

6.4.2.3 根据公益林质量区分

在确定公益林生态补偿标准时，还应根据公益林的质量有所区分。不同树种、林分、林龄的公益林，其提供的生态系统服务数量和质量均显著不同，发挥的生态效益和社会效益也不同，因此补偿标准也应不同。

6.4.2.4 根据公益林经营规模区分

当区域内公益林规模较大，基本能满足社会需求时，其生态补偿金额可以根据成本标准（最低补偿标准）来确定，即对公益林直接造林投入、管护费用等进行补偿，确保公益林规模能维持现有面积不变；当区域内公益林规模较小，尚不能满足社会需求时，为激励公益林经营者扩大规模，应在成本补偿的基础上，加上部分效益价值或社会平均利润，以此保障公益林的扩大再生产。

7 生态补偿资金分摊权重研究

——以公益林为例

7.1 生态补偿资金分摊的必要性与可行性

7.1.1 生态补偿资金分摊的必要性

7.1.1.1 理论必要性

理论上，生态补偿本质上是生态受益者与服务供给者之间的交易，是补偿资金从生态受益者向服务供给者流动的过程。根据本书前面章节的分析，生态受益者人数众多，且生态系统服务为典型的公共物品，在消费上具有非竞争性和非排他性，这就导致各受益者在消费生态系统服务时存在“搭便车”念头，希望他付而非自付。最终，生态补偿资金只能由国家财政承担。这在给政府带来巨大财政压力的同时，也制约了生态补偿标准的提高，同时导致国家财产被其他受益主体变相侵占。这是我国目前实施的政府补偿模式存在的重大缺陷，既不符合经济学原理，也有损公平，从长期来看不利于生态补偿机制的良性发展。因此，扩大生态补偿资金来源渠道，使各受益主体均承担起相应的补偿责任，共同分摊生态补偿资金，真正实现“谁受益，谁补偿”的原则，是促进生态补偿机制健康运行和生态系统可持续发展的重要措施。

7.1.1.2 现实必要性

随着经济社会快速发展和能源资源的大量消耗，生态环境呈日益恶化趋势，生态系统服务稀缺性逐渐显现，生态系统建设和维护越来越重要，全社会成员都应承担一定的责任。而在当前的实践中，由于受人们的环保意识以及生态系统服务的公共物品特性所限，生态系统建设和维护的责任主体缺失现象非常严重，大多数国家都是由政府独立承担补偿责任。前文已述，这在理论上不符合经济学原理。在实际中，国家财力有限，需支付事项却很多，由此导致生态补偿标准总体偏低，并制约了生态系统建设者和维护者的积极性。通过资金分摊，各受益者按照自身受益程度承担相应的补偿责任，可以极大地扩充筹资渠道，快速提高生态补偿资金总规模和补偿标准，提升生态系统建设者和维护者的积极性，推动生态系统的可持续发展。

7.1.2 生态补偿资金分摊的可行性

随着人们环保意识和收入水平提高，人们对生态系统重要性的认知越来越明确，巨大生态环境价值越来越被全社会接受，社会成员对生态系统服务的支付意愿逐渐增强。在实践中，关于生态系统服务的市场交易也越来越多，如排污权交易、碳汇交易等。所以，由生态受益者共同分摊补偿资金具有较强的现实基础。此外，随着生态环境不断恶化、稀缺性增强，人们对优良的自然生态环境的需求也越来越强烈，而生态系统（尤其是大型公益林、湿地、流域等）能够显著改善生态环境，受益者的支付意愿也将增强，补偿资金的分摊将更易被接受。目前，学术界很多文献研究结论均印证了这一观点，涉及多个领域的生态支付意愿，如矿区生态环境改善支付意愿（李国平 等，2012）、流域生态系统支付意愿（史恒通 等，2019）、湿地生态系统支付意愿（高琴 等，2017）、草原生态保护支付意愿（张新华，2019）、城市生态系统支付意愿（曹先磊 等，2017）等。随着人们收入水平提高，对生态环境的支付能力也有所增强，这无疑进一步提高了补偿资金分摊的可能性。综合来看，对生态补偿资金进行分摊在现实中是可行的。

7.2 生态补偿资金分摊方法说明

7.2.1 一般的资金分摊方法

资金分摊问题提出最早始于1935年美国田纳西流域的综合开发[①]。从现有文献看，资金分摊方法可分为传统的分摊方法和多人合作分摊方法。

7.2.1.1 传统的分摊方法

根据是否将总费用进行分割，可将传统的资金分摊方法分为两种，即一次性分摊和二次性分摊[②]。其中，一次性分摊包括平均分摊法、效益比例分摊法和最优等效替代方案费用比例分摊法等；二次性分摊主要是可分离费用–剩余效益法。

第一，平均分摊法。这种方法是一次性分摊法中最为简单的方法，操作起来十分简单，仅仅在非常简单的情况下采用。但这种方法把不同的主体完全同等地对待，没有考虑到各个资金分摊主体受益情况和支付能力的复杂性，因此是一种很不公平的方法，在实际应用中很少被采用。其计算公式如下：

$$X_i = C(N)/n \quad (i=1,\ 2,\cdots,\ n) \tag{7.1}$$

式（7.1）中，X_i为第i个主体所承担的资金；$C(N)$为所分摊的资金总和；n为参与资金分摊的主体总数。对于平均分摊法而言，最重要的是难以真正做到分摊的公平与合理性，不一定总是满足个体理性与集体理性，也不利于资金筹集工作的展开。

第二，效益比例分摊法。即根据各主体受益大小来确定分摊比例，受益大则分摊资金多，受益小则分摊资金少。计算公式为：

---

① 田纳西流域的开发始于20世纪30年代。当时的美国正发生严重的经济危机，新任美国总统罗斯福为摆脱经济危机的困境，决定实施“新政”：田纳西流域被当作一个试点，即试图通过一种新的独特的管理模式，对其流域内的自然资源进行综合开发，达到振兴和发展区域经济的目的。

② 一次性分摊法根据项目的某个数量指标将成本按比例一次性分摊给各主体，这种方法计算起来简单方便，但是按照各个指标进行资金分摊时有各自的优缺点。二次性分摊法是将总费用划分为可分离费用与剩余费用，再进行分摊。与一次性的分摊方法相比，二次分摊法计算较为复杂，但结果比一次性分摊方法更合理，在实际计算中也应用得较多。

$$X_i = C(N) \cdot (B_i / \sum_{i=1}^{n} B_i) \tag{7.2}$$

式（7.2）中，B_i 为第 i 个主体获得的效益现值；X_i、$C(N)$ 的含义同上。该方法按受益大小来分摊资金相对合理，但也存在不足：一是各主体受益测算结果的标准程度是否准确，取决于数据资料完备性和计算方法科学性；二是不同项目涉及主体受益范围存在较大差异，需要根据项目分别确定。

第三，最优等效替代方案费用比例分摊法。在实际项目中，各主体受益通常难以精确估算，因此按效益比例分摊可能存在较大偏差。有学者提出了用最优等效替代方案费用来进行分摊，计算公式为：

$$X_i = C(N) \cdot (D_i / \sum_{i=1}^{n} D_i) \tag{7.3}$$

式（7.3）中，D_i 为第 i 个主体最优等效替代工程的投资；X_i、$C(N)$ 的含义同上。利用该方法时，必须设计出各受益主体的最优等效替代方案，这需要搜集大量资料且需要其他部门配合，有时设计出的方案可能并不完全科学，导致替代工程的投资额并不正确。

第四，可分离费用－剩余效益法（简称剩余效益法）。该方法是二次性分摊法，将总费用划分为可分离费用与剩余费用，并对各受益者分摊费用设定上、下限。其中上限值为主体受益额及替代方案费用中的较小值，下限值即为可分离费用，上、下限值的差值即为剩余效益，以此为基础按照相应比例实施分摊。其计算公式为：

$$X_i = SC_i + [C(N) - SC_i] \frac{\min(B_i, D_i - SC_i)}{\sum_{i=1}^{n} [\min(B_i, D_i) - SC_i]} \tag{7.4}$$

式（7.4）中，SC_i 为可分离费用；X_i、$C(N)$、B_i、D_i 的含义同上。

7.2.1.2 合作对策费用分摊方法

传统费用分摊方法多是从单个主体成本、效益角度出发考虑问题，较少涉及联盟合作对于费用分摊所造成的影响。费用分摊本质上是各主体之间的利益博弈问题，因此将合作对策理论引入其中，可以使各主体在稳固联盟关系的基础上解决费用分摊问题。

第一，沙普利值（Shapley 值）法①。Shapley 值法是在多人合作对策中且各局中人通过协商建立联盟时，解决联盟中的收益或费用如何分配给各成员的有效方法。其计算公式为：

$$X_i = \sum_{S=1}^{n} \frac{(S-1)!\,(n-S)!}{n!}[C(S)-C(S-i)] \tag{7.5}$$

式（7.5）中，S 表示联盟中成员的个数；C 定义为在局中人集合 N 上的费用函数，表示 N 中所有可能形成的联盟的最优替代费用；n 为局中人（费用分摊主体）个数；$(S-1)!(n-S)!/n!$ 代表联盟 S 出现的概率；$C(S)-C(S-i)$ 代表局中人 i 对联盟 S 所作出的边际贡献。

第二，核心法②。核心法在具体应用时，衍生出最小核心法、弱最小核心法与比例最小核心法等几种方法。

最小核心法可转化为如下线性规划问题：

$$\min \varepsilon$$

$$s.t.\begin{cases} 0 \leqslant X_i \leqslant C(i) & \forall i \in N \\ \sum_{i \in S} X_i \leqslant C(S) + \varepsilon & \forall S \in N;\ S \neq 1 \\ \sum_{i \in N} X_i \leqslant C(N) \end{cases} \tag{7.6}$$

式（7.6）中，$C(i)$ 表示由主体 i 单独实施项目的费用，其他符号同前。可见，最小核心法在计算时并未考虑联盟规模的影响，无论成员个数是多少都一样处置。

弱最小核心法可转化为如下线性规划问题：

$$\min \varepsilon$$

$$s.t.\begin{cases} 0 \leqslant X_i \leqslant C(i) & \forall i \in N \\ \sum_{i \in S} X_i \leqslant C(S) + S \cdot \varepsilon & \forall S \in N;\ S \neq 1 \\ \sum_{i \in N} X_i \leqslant C(N) \end{cases} \tag{7.7}$$

① Shapley 于 1953 年从公理化角度出发提出了多人合作对策解的概念，后来被称为 Shapley 值。

② 20 世纪 50 年代，Gillies 提出核心概念，作为研究稳定集的工具。Shapley 与 Shubik 将之发展为对策论中一个解的概念，是合作对策中较为重要的估值解之一。

可见，弱最小核心法考虑了联盟规模和联盟重要性的影响，联盟成员个数越多，规模越大，则该联盟越重要，式中符号意义同前。

比例最小核心法可转化为如下线性规划问题：

$$\min \varepsilon$$

$$s.t.\begin{cases}0 \leqslant X_i \leqslant C(i) \quad \forall i \in N \\ \sum_{i \in S} X_i \leqslant (1+\varepsilon) C(S) \quad \forall S \in N;\ S \neq 1 \\ \sum_{i \in N} X_i \leqslant C(N)\end{cases} \tag{7.8}$$

由式（7.8）可以看出，比例最小核心法也考虑了联盟重要性不同的影响。但与弱最小核心法不同的是，联盟重要性与联盟规模（成员个数）无关，而由费用函数 $C(S)$ 决定，$C(S)$ 越大，联盟越重要。

通常来说，构建资金分摊机制时必须兼顾公平与效率关系，必须要被各主体接受，这样才能保证资金筹集到位。但在实际运行中，不可能存在绝对公平的分摊方法，加上各主体之间的利益矛盾，很难通过协商谈判达成协议，要兼顾所有主体利益也是不可能的。所以，为了保障资金供给，在进行资金分摊时往往需要一定的强制措施。

7.2.2 生态补偿资金分摊思路及权重计算方法

7.2.2.1 生态补偿资金分摊思路

生态补偿资金分摊的核心就是确定各补偿主体所应承担的补偿资金份额。前文已述，生态补偿基本原则是“谁受益、谁补偿”“受益多、补偿多”，因此各补偿主体应分摊的资金份额取决于其从生态系统中的受益比重。从这一角度看，资金分摊问题就转化为受益权重的确定问题。由于受益主体众多，且生态系统的效益种类也很多，因此各主体受益权重的确定是一个“多对多”的复杂系统问题。再加上生态系统的各种效益不存在具体的实物形态，难以分割，导致权重的确定更加复杂。但仔细分析发现，这一复杂系统具有两个明显特征：其一，虽然各生态系统的效益种类较多，但对特定区域来说，各项效益的重要性往往是不同的。其二，虽然生态系统的各种效益能被所有的受益主体享受，但对于特定的效益种类，各主体的受益大小往往也是不同的。

基于上述两个特征，我们虽然无法取得确切的定量数据，但针对公益林不同效益以及各效益对不同主体的重要性可以进行排序，具体可通过专家意见法来获得。然后再利用一些统计学方法将定性数据转化成定量数据，最终可得到资金分摊权重。

根据上述思想，假设生态系统效益共 m 种，补偿主体共 n 个，可以按照如下思路进行权重计算：第一步，计算第 i 种效益占总效益的比重（a_i）；第二步，计算第 i 种效益中第 j 个主体的受益比重（b_j）；第三步，计算第 j 个主体在第 i 种效益上的受益占生态系统总效益的比重（c_{ij}），即 $c_{ij}=a_i\times b_j$；第四步，将第 j 个主体所有的受益相加则得到其资金分摊份额（c_j），用公式表示如下：

$$c_j=\sum_{i=1}^{m}c_{ij} \tag{7.9}$$

7.2.2.2　资金分摊权重计算方法

本书利用模糊综合评价法来计算资金分摊权重。模糊综合评价法是利用隶属度概念将定性分析转为定量评价，其核心内容是通过模糊集合来衡量评价结果，常用于分析各种非确定性问题。为便于理解，给出如下定义：

定义 1　设论域为 X，其中 x 为 X 中的元素，对于任意一个 $x\in X$，如果给定如下映射：$x\to u_A(x)\in[0,\ 1]$，则称集合 $A=\{[x|u_A(x)]\},\ \forall x\in X$ 为 X 上的模糊集合。

一般情况下，u_A 称为模糊子集 A 的隶属函数，而 $u_A(x)$ 则为 x 对 A 的隶属度。所以，如果想通过模糊理论解决实际问题，首先需要确定隶属函数。通常来说，根据问题的不同，隶属函数的确定方法也有所不同，常用的有模糊测度法、优先法、泛型变形法、范例法、打分法（由专家打分直接给出隶属函数）、二元对序排比法和模糊统计法等。

定义 2　$F(R)$ 为论域 R 上的全体模糊集，设 $m\in F(R)$，如果：① $\exists x_0\in R$，使得 $u_M(x_0)=1$；② $\forall\lambda\in(0,\ 1)$，$M_\lambda=\{x|u_M(x)\geqslant\lambda\}$ 是一个凸集；③ M 的隶属函数 u_M，$R\to[0,\ 1]$ 表示为：

$$u_M(x)=\begin{cases}\dfrac{1}{m-l}x-\dfrac{l}{m-l}, & x\in[l,\ m]\\ \dfrac{1}{m-u}x-\dfrac{u}{m-u}, & x\in[m,\ u]\\ 0, & 其他\end{cases}$$

其中 $l\leqslant m\leqslant u$，l 和 u 分别为 M 所支撑的下界和上界，而 m 为 M 的中值，则称 M 为三角模糊数，记为 $M=(l,\ m,\ u)$。

定义 3　设 M_1 和 M_2 是两个模糊数，$M_1\geqslant M_2$ 的可能性程度被定义为 $V(M_1\geqslant M_2)$，且：①当 $m_1\geqslant m_2$ 时，$V(M_1\geqslant M_2)=1$；②当 $m_1\leqslant m_2$ 时，

$$V(M_1\geqslant M_2)=\begin{cases}\dfrac{l_2-\mu_1}{(m_1-\mu_1)-(m_2-l_2)}, & l_2\leqslant\mu_1\\ 0, & 其他\end{cases}$$

定义 4　三角模糊数 M 大于 k 个三角模糊数 $M_i=(i=1,\ 2,\ \cdots,\ k)$ 的可能性程度被定义为 $V(M\geqslant M_1,\ M_2,\ \cdots,\ M_k)$，并且

$$\begin{aligned}&V(M\geqslant M_1,\ M_2,\cdots,\ M_k)\\&=V[(M\geqslant M_1),(M\geqslant M_2),\cdots,(M\geqslant K_k)]\\&=\ \min\ V(M\geqslant M_i)\quad i=1,2,\cdots,k\end{aligned}$$

如果 $M_1=(l_1,\ m_1,\ u_1)$，$M_2=(l_2,\ m_2,\ u_2)$ 代表两个模糊数，则有如下定理：

定理 1　加法运算

$M_1\oplus M_2=(l_1,\ m_1,\ u_1)\oplus(l_2,\ m_2,\ u_2)=+(l_1+l_2,\ m_1+m_2,\ u_1+u_2)$

定理 2　乘法运算

$M_1\otimes M_2=(l_1,\ m_1,\ u_1)\otimes(l_2,\ m_2,\ u_2)\approx(l_1l_2,\ m_1m_2,\ u_1u_2)$

定理 3　数乘运算

$\forall\lambda>0$，$M=(l,\ m,\ u)$，则 $\lambda M=\lambda(l,\ m,\ u)=\lambda(\lambda l,\ \lambda m,\ \lambda u)$

定理 4　倒数运算

设 $M=(l,\ m,\ u)$，则 $M^{-1}=(l,\ m,\ u)^{-1}=(\dfrac{1}{u},\ \dfrac{1}{m},\ \dfrac{1}{l})$

定义 5　设判断矩阵 $M=(M_{ij})_{n\times n}$，其中三角模糊数 $M_{ij}=(l_{ij},\ m_{ij},\ u_{ij})$，$M_{ji}=(l_{ji},\ m_{ji},\ u_{ji})$，若满足：

① $l_{ii}=m_{ii}=u_{ii}=0.5$；② $l_{ij}+u_{ji}=m_{ij}+m_{ji}=u_{ij}+l_{ji}=1,\forall i\neq j$，则称 M 为三角模

糊数互补判断矩阵。

性质1 设$R=(r_{ij})_{n\times n}$是一个模糊互补判断矩阵，$W=(w_1, w_2, \cdots, w_n)^T$是$R$排序向量，则$W$满足$W_i=\frac{1}{n}(\sum_{j=1}^{n}a_{ij}+1-\frac{n}{2})$，$i=1, 2, \cdots, n$。

定义6 设$R=(r_{ij})_{n\times n}$，若满足$0\leqslant r_{ij}\leqslant 1$（$i=1, 2, \cdots, n$），则称$R$是模糊矩阵。

定义7 若模糊矩阵$R=(r_{ij})_{n\times n}$满足$r_{ij}+r_{ji}=1$（$i=1, 2, \cdots, n$），则称模糊矩阵R为模糊互补矩阵。

定义8 若模糊互补矩阵$R=(r_{ij})_{n\times n}$满足$r_{ij}=r_{ik}-r_{jk}+0.5$，$\forall i, j, k$，则称模糊矩阵R为模糊一致矩阵。

性质2 模糊一致矩阵R中的元素r_{ij}通常表示第i个因素a_i和第j个因素a_j的相对重要程度：①$r_{ij}=0.5$，表示a_i和a_j同样重要；②$0\leqslant r_{ij}\leqslant 0.5$，表示$a_j$比$a_i$重要，且$r_{ij}$越小，$a_j$比$a_i$越重要；③$0.5\leqslant r_{ij}\leqslant 1$，表示$a_i$比$a_j$重要，且$r_{ij}$越大，$a_i$比$a_j$越重要。

利用模糊综合评价法确定权重的基本步骤为：

第一步，建立多级递阶结构模型，包括目标层、准则层、方案层等。在本书中，目标层可理解为各补偿主体最终的资金分摊权重；准则层可理解为生态系统各项效益构成，共m个指标，不妨用E_1，E_2，…，E_m表示；方案层可理解为生态系统各项效益的受益主体，共$m\times n$个指标，效益E_1的受益主体表示为E_{11}，E_{12}，…，E_{1n}，E_2的受益主体表示为E_{21}，E_{22}，…，E_{2n}，以此类推。

第二步，确定同一层次指标的相对重要性，建立模糊判断矩阵。由于难以对各指标重要性直接量化，通常通过两两比较来确定权重，并据此构建模糊判断矩阵。根据上述，共应建立$m+1$个模糊判断矩阵（准则层1个，方案层m个）。

第三步，计算各层次指标权重及总权重，过程如下：

①计算第K层元素i的综合模糊值D_i^k（初始权重），计算方法为：

$$D_i^k=\sum_{j=1}^{n}a_{ij}{}^k\div\sum_{i=1}^{n}\sum_{j=1}^{n}a_{ij}{}^k \quad i=1, 2, \cdots, n。$$

②去模糊化。主要根据模糊数比较的两个原则进行判断，即前文所给出的定义3和定义4。

③标准化。将以上权重值标准化，即可得到各层次指标的权重。再将准则层和方案层权重相乘，并对各补偿主体在各项效益下的所有权重值加总，即可得到最终的总权重（即资金分摊权重）。

7.3 评价指标选择及资金分摊权重计算

7.3.1 评价指标选择

根据前文所述，利用模糊综合评价法来分析生态补偿资金分摊权重时，所涉及的指标包括两类，一是生态系统效益种类，二是生态系统效益的受益主体（即补偿主体）。由于不同类型生态系统的生态、社会效益以及受益主体存在较大差异，本书以公益林为例，来分析生态补偿资金分摊权重问题。

评价指标的确定采用专家意见排序法来确定。由于公益林生态补偿权重确定的理论性较强，同时与政府政策制定、补偿工作实际运行等密切相关，因此专家的构成包括高校学者、政府官员、行业从业人员等。

7.3.1.1 公益林效益种类评价指标

公益林是地球上独特的大型生态系统，不仅为人类提供了大量物质产品，还具有强大的生态环境净化功能，是人类生产生活必不可少的重要组成部分。公益林效益包括生态效益、社会效益和经济效益等方面，种类繁多，在进行评价时很难全部列出。本书主要通过专家意见排序法来确定公益林效益评价指标，具体方法是：15位专家根据自身认识，分别列出10～12项公益林效益种类，将类似表述项进行合并后，按频次从高到低进行排列。根据频次统计结果，超过一半专家提及的公益林效益种类均作为最终评价指标，主要包括涵养水源（E_1）、固土保肥（E_2）、固碳释氧（E_3）、积累营养物质（E_4）、净化大气（E_5）、保护生物多样性（E_6）、公益林游憩（E_7）这7种；未达到一半专家提及的公益林效益种类合并为“其他效益”（E_8）列入最终评价指标。

7.3.1.2 生态补偿主体评价指标

根据前文所述，可以通过利益相关者分析来确定生态补偿机制相关主体。本书借鉴米歇尔提出的评分法来确定公益林生态补偿利益相关者，结果如表 7.1 所示：

表 7.1 公益林生态补偿的利益相关者分析结果

可能的利益相关者	合法性	权力性	紧迫性
中央政府	高	高	高
省级政府	高	高	高
公益林所在地政府	中	中	中
公益林资源使用者	高	中	高
公益林管理部门	高	高	中
公益林所在地原土地使用权拥有者	高	中	中
公益林建设和维护者	高	高	中
非政府组织	低	中$^{+}$	中$^{+}$
新闻媒体	低	中$^{+}$	中
非公益林所在地区的居民	低	低	中$^{+}$

注：上标“+”表示该评分在可预见的未来将逐渐增高。

从表 7.1 中可以看出，公益林生态补偿的确定利益相关者主要包括中央政府、省级政府、公益林资源使用者、公益林管理部门、公益林所在地政府、公益林所在地原土地使用权拥有者、公益林建设和维护者；预期利益相关者主要包括非政府组织和新闻媒体；而潜在的利益相关者则主要包括非公益林所在地区的居民。其中预期利益相关者和潜在利益相关者由于不承担公益林建设和维护的明确责任，因而将其排除在公益林生态补偿机制主体范围之外。

根据生态补偿的基本原则（谁受益、谁补偿；谁付出、补偿谁），原土地使用权拥有者、公益林建设和维护者应属于受偿主体，而补偿主体则应包括各级政府、公益林管理部门、公益林资源使用者（受益者）。之后的步骤与确定公益林效益种类指标相同，即 15 位评委各自分别列出 10 ～ 12 个补偿主体，将类似表述项进行合并后，按频次从高到低进行排列。根据频次统计结果，超过一半专家提及的补偿主体均作为最终评价指标，主要包括中央政府（B_1）、省级政府（B_2）、公益林所在地政府（B_3）、公益林管理部门（B_4）、重要流域下游省级政府（B_5）、公益林旅游景区（B_6）、水资源利用企业（B_7）、科教文卫相关企事业单位（B_8）、公益林所在地区的居民（B_9）；未达到一半专家提及的补偿主体合并为“其他资源使用者”（B_{10}），并列入最终评价指标。

7.3.2 资金分摊权重计算

评委首先经过充分讨论，对公益林各效益重要性以及单一效益中各补偿主体应承担的份额进行两两比较，再通过赋值给出相应的三角模糊数，构建出相应的模糊判断矩阵。根据前文所述，模糊判断矩阵共有 9 个，其中一个是公益林各效益重要性判断矩阵，其余的 8 个分别为单项效益中各补偿主体受益大小判断矩阵。由于版面限制，本书只给出公益林各效益重要性的模糊判断矩阵 E（其余 8 个判断矩阵数据若有需要可向作者索取）。其结果如下：

$$E=\begin{pmatrix} 1,1,1 & 1,1,2 & 1,2,2 & 2,3,4 & 2,2,3 & 1,2,3 & 2,3,3 & 3,3,4 \\ \frac{1}{2},1,1 & 1,1,1 & 1,1,2 & 2,3,3 & 1,2,3 & 1,2,2 & 2,2,3 & 2,3,4 \\ \frac{1}{2},\frac{1}{2},1 & \frac{1}{2},1,1 & 1,1,1 & 2,2,3 & 1,2,2 & 1,1,2 & 1,2,3 & 2,2,4 \\ \frac{1}{4},\frac{1}{3},\frac{1}{2} & \frac{1}{3},\frac{1}{3},\frac{1}{2} & \frac{1}{3},\frac{1}{2}\ \frac{1}{2} & 1,1,1 & \frac{1}{2}\ \frac{1}{2},1 & \frac{1}{3}\ \frac{1}{2},1 & \frac{1}{2},1,1 & 1,1,2 \\ \frac{1}{3},\frac{1}{2},\frac{1}{2} & \frac{1}{3}\ \frac{1}{2},1 & \frac{1}{2}\ \frac{1}{2},1 & 1,2,2 & 1,1,1 & \frac{1}{2},1,1 & 1,1,2 & 1,2,3 \\ \frac{1}{3},\frac{1}{2},1 & \frac{1}{2}\ \frac{1}{2},1 & \frac{1}{2},1,1 & 1,2,3 & 1,1,2 & 1,1,1 & 1,2,2 & 2,2,3 \\ \frac{1}{3},\frac{1}{3},\frac{1}{2} & \frac{1}{3},\frac{1}{2}\ \frac{1}{2} & \frac{1}{3}\ \frac{1}{2},1 & 1,1,2 & \frac{1}{2},1,1 & \frac{1}{2},\frac{1}{2},1 & 1,1,1 & 1,2,2 \\ \frac{1}{4},\frac{1}{3},\frac{1}{3} & \frac{1}{4},\frac{1}{3},\frac{1}{2} & \frac{1}{4},\frac{1}{2},\frac{1}{2} & \frac{1}{2},1,1 & \frac{1}{3},\frac{1}{2},1 & \frac{1}{3},\frac{1}{2},\frac{1}{2} & \frac{1}{2},\frac{1}{2},1 & 1,1,1 \end{pmatrix}$$

根据前文所述方法，公益林各效益重要性权重计算过程如下：

第一步，计算第 k 层元素 i 的综合模糊值 D_i^k（初始权重），计算方法为：

$$D_i^k=\sum_{j=1}^{n}a_{ij}{}^k\div\sum_{i=1}^{n}\sum_{j=1}^{n}a_{ij}{}^k\ i=1,\ 2,\ \cdots,\ n。$$

如涵养水源（E_1）的初始权重计算如下：

$$\sum_{i=1}^{8}\sum_{j=1}^{8}a_{ij}=(1,\ 1,\ 1)+(1,\ 1,\ 2)+\cdots(\frac{1}{2},\ \frac{1}{2},\ 1)+(1,\ 1,\ 1)=(58.15,\ 78.65,\ 105.83)$$

$$\sum_{j=1}^{8}a_{1j}=(1,\ 1,\ 1)+(1,\ 1,\ 2)+(1,\ 2,\ 2)+\cdots(3,\ 3,\ 4)=(13,\ 17,\ 22)$$

$$D_{E1}=\sum_{j=1}^{8}a_{1j}\div\sum_{i=1}^{8}\sum_{j=1}^{8}a_{ij}=(13,17,22)\div(58.15,78.65,105.83)=(0.1128,0.2161,0.3583)$$

同理，可以计算出公益林其他效益 E_2，E_3，…，E_8 的初始权重分别如下：

$$D_{E2}=\sum_{j=1}^{8}a_{2j}\div\sum_{i=1}^{8}\sum_{j=1}^{8}a_{ij}=(10.5,15,19)\div(58.15,78.65,105.83)=(0.0992,0.1907,0.3167)$$

$$D_{E3}=\sum_{j=1}^{8}a_{3j}\div\sum_{i=1}^{8}\sum_{j=1}^{8}a_{ij}=(9,11.5,17)\div(58.15,78.65,105.83)=(0.0850,0.1462,0.2823)$$

$$D_{E4}=\sum_{j=1}^{8}a_{4j}\div\sum_{i=1}^{8}\sum_{j=1}^{8}a_{ij}=(4.25,5.16,7.5)\div(58.15,78.65,105.83)=(0.0401,0.0656,0.1490)$$

$$D_{E5}=\sum_{j=1}^{8}a_{5j}\div\sum_{i=1}^{8}\sum_{j=1}^{8}a_{ij}=(5.66,8.5,11.5)\div(58.15,78.65,105.83)=(0.0535,0.1081,0.2078)$$

$$D_{E6}=\sum_{j=1}^{8}a_{6j}\div\sum_{i=1}^{8}\sum_{j=1}^{8}a_{ij}=(7.33,10,14)\div(58.15,78.65,105.83)=(0.0693,0.1271,0.2408)$$

$$D_{E7}=\sum_{j=1}^{8}a_{7j}\div\sum_{i=1}^{8}\sum_{j=1}^{8}a_{ij}=(5,6.83,9)\div(58.15,78.65,105.83)=(0.0472,0.0868,0.1748)$$

$$D_{E8}=\sum_{j=1}^{8}a_{8j}\div\sum_{i=1}^{8}\sum_{j=1}^{8}a_{ij}=(3.41,4.66,5.83)\div(58.15,78.65,105.83)=(0.0322,0.0592,0.1303)$$

第二步，去模糊化，具体过程根据前文所述定义 3 和定义 4 进行。仍以涵养水源（E_1）为例进行说明：

根据初始权重，可得出 $v(D_{E1}\geqslant D_{E2})=1$、$v(D_{E1}\geqslant D_{E3})=1$、$v(D_{E1}\geqslant D_{E4})=1$、$v(D_{E1}\geqslant D_{E5})=1$、$v(D_{E1}\geqslant D_{E6})=1$、$v(D_{E1}\geqslant D_{E7})=1$ 和 $v(D_{E1}\geqslant D_{E8})=1$，因此 $d(E_1)=\min(1,1,1,1,1,1,1)=1$。

同理可得出公益林其他效益初始权重去模糊化结果：

$$d(E_2)=\min(0.8891,1,1,1,1,1,1)=0.8891$$

$$d(E_3)=\min(0.7079,0.8045,1,1,1,1,1)=0.7079$$

$$d(E_4)=\min(0.1936,0.2846,0.4423,0.6922,0.5643,0.8273,1)=0.1936$$

$$d(E_5)=\min(0.4676,0.5677,0.7629,1,0.8790,1,1)=0.4676$$

$$d(E_6)=\min(0.5897,0.6901,0.8909,1,1,1,1)=0.5897$$

$$d(E_7)=\min(0.3239,0.4211,0.6018,1,0.8510,0.7236,1)=0.3239$$

$$d(E_8)=\min(0.0999,0.1910,0.3421,0.9341,0.6113,0.4732,0.7505)=0.0999$$

第三步，标准化，将去模糊化后的权重值标准化，即可得到公益林各效益的最终权重：

W =（0.2341，0.2081，0.1657，0.0453，0.1095，0.1380，0.0758，0.0235）

即公益林各效益重要性权重依次为：涵养水源为 0.2341、固土保肥为 0.2081、固碳释氧为 0.1657、积累营养物质为 0.0453、净化大气为 0.1095、保护生物多样性为 0.1380、公益林游憩为 0.0758、其他效益为 0.0235。

按照同样的方法，可以得出公益林单项效益中各主体的受益权重，不妨用权重向量表示为涵养水源 W_1、固土保肥 W_2、固碳释氧 W_3、积累营养物质 W_4、净化大气 W_5、保护生物多样性 W_6、公益林游憩 W_7、其他效益 W_8，具体数值如下：

W_1 =（0.1541，0.1721，0.1190，0.0874，0.1355，0.0551，0.1681，0.0287，0.0488，0.0312）

W_2 =（0.1813，0.2038，0.1526，0.1232，0.0135，0.0422，0.0381，0.1076，0.0845，0.0532）

W_3 =（0.2126，0.1782，0.1567，0.0711，0.0295，0.1125，0.0202，0.0505，0.1305，0.0382）

W_4 =（0.1661，0.1487，0.1835，0.0836，0.0252，0.0644，0.0481，0.1037，0.0562，0.1205）

W_5 =（0.1380，0.1844，0.1555，0.0882，0.0704，0.1076，0.0242，0.0504，0.1222，0.0591）

W_6 =（0.2041，0.1626，0.1018，0.0611，0.0147，0.1338，0.0388，0.1504，0.0505，0.0822）

W_7 =（0.0988，0.1146，0.1684，0.0616，0.0752，0.2213，0.0210，0.0441，0.1448，0.0502）

W_8 =（0.1773，0.1522，0.1232，0.0911，0.0772，0.0595，0.0448，0.1054，0.0284，0.1409）

以涵养水源为例，各主体受益权重分别为：中央政府为 0.1541、省级政府为 0.1721、公益林所在地政府为 0.1190、公益林管理部门为 0.0874、重要流域下游省级政府为 0.1355、公益林旅游景区为 0.0551、水资源利用企业为 0.1681、科教文卫相关企事业单位为 0.0287、公益林所在地区的居民为 0.0488、其他资源使用者为 0.0312。

公益林是一个有机整体，其提供的各项生态系统服务也是难以分割的，并且受益者众多，在确定补偿主体时不可能穷尽全部受益者，因此应抓住事物主要矛盾，将最核心的受益者界定为补偿主体。但是，专家在进行比较和排序时无法排除那些边缘受益主体（对某一效益收益极小甚至为零），导致这些主体也必须承担一定的补偿责任，出现“未受益却付费”的另一种不公平现象。因此，本书对上述权重进行修正，对公益林各单项效益均选择其中受益权重排名靠前的 6 个主体作为最终承担补偿责任的主体。以涵养水源效益为例，受益权重排名前六的主体分别为省级政府、水资源利用企业、中央政府、重要流域下游省级政府、公益林所在地政府和公益林管理部门。因此，公益林涵养水源效益的生态补偿应由这 6 个主体承担。

由此一来，必须对上述权重数值进行转换，否则将导致分摊比例不足。具体转换公式为：

$$\alpha_j^{'} = \alpha_j / \sum_{j=1}^{6} \alpha_j$$

其中 α_j 为各补偿主体的受益权重。根据上式，可求出转换后公益林涵养水源效益补偿主体及其补偿权重，分别为省级政府（0.2058）、水资源利用企业（0.2010）、中央政府（0.1843）、重要流域下游省级政府（0.1620）、公益林所在地政府（0.1423）和公益林管理部门（0.1046）。按照同样的思路，可以得出公益林其他各项效益的补偿主体及补偿份额，结果如下：

固土保肥效益的补偿主体及补偿权重分别为省级政府（0.2389）、中央政府（0.2125）、公益林所在地政府（0.1789）、公益林管理部门（0.1444）、科教文卫相关企事业单位（0.1261）和公益林所在地区居民（0.0991）。

固碳释氧效益的补偿主体及补偿权重分别为中央政府（0.2468）、省级政府（0.2068）、公益林所在地政府（0.1819）、公益林所在地区居民（0.1515）、公益林旅游景区（0.1306）和公益林管理部门（0.0825）。

营养物质积累效益的补偿主体及补偿权重分别为公益林所在地政府（0.2276）、中央政府（0.2061）、省级政府（0.1845）、其他资源利用者（0.1495）、科教文卫相关企事业单位（0.1286）和公益林管理部门（0.1037）。

净化空气效益的补偿主体及补偿权重分别为省级政府（0.2317）、公益林所在地政府（0.1954）、中央政府（0.1734）、公益林所在地区居民（0.1535）、公益林旅游景区（0.1352）和公益林管理部门（0.1108）。

生物多样性效益的补偿主体及补偿权重分别为中央政府（0.2445）、省级政府（0.1948）、科教文卫相关企事业单位（0.1801）、公益林旅游景区（0.1603）、公益林所在地政府（0.1219）和其他资源利用者（0.0985）。

公益林游憩效益的补偿主体及补偿权重分别为公益林旅游景区（0.2689）、公益林所在地政府（0.2046）、公益林所在地区居民（0.1759）、省级政府（0.1392）、中央政府（0.1200）和重要流域下游省级政府（0.0914）。

其他效益的补偿主体及补偿权重分别为中央政府（0.2244）、省级政府（0.1926）、其他资源利用者（0.1783）、公益林所在地政府（0.1559）、科教文卫相关企事业单位（0.1334）和公益林管理部门（0.1153）。

进一步，根据上文得到的公益林各单项效益占总效益的权重，以及各单项效益中不同补偿主体的受益权重，可求出各补偿主体在公益林单项效益中的补偿资金分摊权重。结果如表 7.2 所示：

表 7.2　公益林单项效益中各补偿主体资金分摊权重计算表

单项效益及权重	补偿主体	单项效益受益权重	资金分摊权重	单项效益及权重	补偿主体	单项效益受益权重	资金分摊权重
涵养水源 0.2341	主体 2	0.2058	0.0482	净化空气 0.1095	主体 2	0.2317	0.0254
	主体 7	0.2010	0.0470		主体 3	0.1954	0.0214
	主体 1	0.1843	0.0431		主体 1	0.1734	0.0190
	主体 5	0.1620	0.0379		主体 9	0.1535	0.0168
	主体 3	0.1423	0.0333		主体 6	0.1352	0.0148
	主体 4	0.1046	0.0245		主体 4	0.1108	0.0121
固土保肥 0.2081	主体 2	0.2389	0.0497	生物多样性 0.1380	主体 1	0.2445	0.0337
	主体 1	0.2125	0.0442		主体 2	0.1948	0.0269
	主体 3	0.1789	0.0372		主体 8	0.1801	0.0249
	主体 4	0.1444	0.0301		主体 6	0.1603	0.0221
	主体 8	0.1261	0.0263		主体 3	0.1219	0.0168
	主体 9	0.0991	0.0206		主体 10	0.0985	0.0136
固碳释氧 0.1657	主体 1	0.2468	0.0409	公益林游憩 0.0758	主体 6	0.2689	0.0204
	主体 2	0.2068	0.0343		主体 3	0.2046	0.0155
	主体 3	0.1819	0.0301		主体 9	0.1759	0.0133
	主体 9	0.1515	0.0251		主体 2	0.1392	0.0106
	主体 6	0.1306	0.0216		主体 1	0.1200	0.0091
	主体 4	0.0825	0.0137		主体 5	0.0914	0.0069

续表

单项效益及权重	补偿主体	单项效益受益权重	资金分摊权重	单项效益及权重	补偿主体	单项效益受益权重	资金分摊权重
营养物质积累 0.0453	主体 3	0.2276	0.0103	其他效益 0.0235	主体 1	0.2244	0.0052
	主体 1	0.2061	0.0093		主体 2	0.1926	0.0045
	主体 2	0.1845	0.0084		主体 10	0.1783	0.0042
	主体 10	0.1495	0.0068		主体 3	0.1559	0.0036
	主体 8	0.1286	0.0058		主体 8	0.1334	0.0031
	主体 4	0.1037	0.0047		主体 4	0.1153	0.0027

注：主体 1 为中央政府，主体 2 为省级政府，主体 3 为公益林所在地政府，主体 4 为公益林管理部门，主体 5 为重要流域下游省级政府，主体 6 为公益林旅游景区，主体 7 为水资源利用企业，主体 8 为科教文卫相关企事业单位，主体 9 为公益林所在地区的居民，主体 10 为其他资源利用者。

根据表 7.2 的计算结果，将相同主体在公益林不同效益中的资金分摊权重加总，即可得到该主体最终在公益林生态补偿资金中的分摊权重。以中央政府为例，其在公益林所有的单项效益中均承担补偿责任，在各单项效益中资金分摊权重之和为 0.2047，说明中央政府应承担公益林生态补偿资金总量的 20.47%。根据相同方法可得出其他补偿主体在公益林生态补偿资金中的最终分摊权重。结果如表 7.3 所示：

表 7.3　公益林生态补偿资金分摊权重表

补偿主体	资金分摊权重（%）	补偿主体	资金分摊权重（%）
中央政府	20.47	公益林旅游景区	7.89
省级政府	20.79	水资源利用企业	4.70
公益林所在地政府	16.84	科教文卫相关企事业单位	6.01
公益林管理部门	8.77	公益林所在地区居民	7.59
重要流域下游省级政府	4.49	其他资源利用者	2.45

由表 7.3 可知，省级政府、中央政府和公益林所在地政府为公益林生态补偿资金分摊权重排名前三的补偿主体，三级政府共需承担 58.10% 的生态补偿资金。公益林管理部门分摊比重为 8.77%，其余的补偿主体分摊权重共计 33.13%。笔者认为，该分摊结果是相对合理的。其一，各级政府是公益林生态补偿资金的主要承担者，这既符合中国基本国情，也反映了公益林生态系统的公共物品性质。其二，公益林资

源利用者和生态系统受益者承担了部分补偿责任，符合“受益者付费”原则，有利于纠正外部性和促进公平。同时，这些补偿主体承担了补偿资金的1/3，可以切实减少政府用于公益林建设的资金，减轻政府财政压力，使有限的财政用于更多的领域，使社会整体福利水平得到提升。其三，重要流域下游省级政府作为重要的主体纳入公益林生态补偿体系，体现了跨省域补偿的横向生态补偿理念，这也是市场化补偿的重要形式之一。

需要说明的是，本书的主要目的是阐述一般性的公益林生态补偿资金分摊权重的估算方法，在实际运用时，各地可根据实际情况进行借鉴和修正，但基本原则仍是“谁受益，谁付费；受益多，付费多”。比如，不同事权等级的公益林，各级政府资金分摊权重可有所调整，若是国家级公益林则中央政府应承担更多的责任，若为地方公益林则地方政府的资金分摊权重应有所提高；如果境内森林旅游产业比较发达，则森林旅游景区（度假区）、旅游部门等应分摊更多的资金；如果境内大型流域数量较多，则流域下游省级政府应承担更多的资金。此外，部分大型公益林生态系统，其生态效益和社会效益可能具有全球效应，此时生态补偿主体还应包括国际受益方。

公益林生态系统为典型的公共物品，受益者众多，理论上所有受益者均应为此付费，但我国长期以来都是政府全力承担公共物品的供给，普通企业和居民并未养成为生态产品付费的习惯，因此要强化对公益林建设重要性的宣传，通过各种媒体对社会成员进行教育，提高对生态产品付费的认知度。从发展眼光看，虽然现阶段由于产权不清晰、市场交易困难等，各级政府承担了绝大部分补偿资金，但从长期来看，公益林效益市场化补偿是必然趋势（当然，在市场机制不能起作用的领域仍需要公共财政介入）。未来可进一步探索公益林特许经营、生态标签和生物多样性银行等市场化补偿方式，并且随着公益林生态系统服务市场交易规模的扩大，公益林效益认证、市场化补偿风险管理等相关机构的建立工作也十分迫切。

8 生态补偿契约设计与激励约束机制

8.1 生态补偿政策的有限激励性

8.1.1 生态系统建设具有联合生产特征

农户进行生态系统建设，一方面，能为社会提供大量生态系统服务（即生态产品），如水土保持、固碳释氧、保护生物多样性等，这些产品具有公共品特征；另一方面，又能为农户带来很多经济产品，如林木、果实、粮食等，这些产品为私人物品。因此，生态系统建设具有典型的生态－经济联合生产特征。由于自然生产的整体性和系统性，生态产品与经济产品的生产通常是一个统一的过程，并且存在动态的互补－竞争关系，即两者之间既可能是正相关关系，也可能是负相关关系（见图8.1）。比如，对森林树木进行采伐加工，林木产品产量会更多，但其提供的生态产品数量却有所下降。

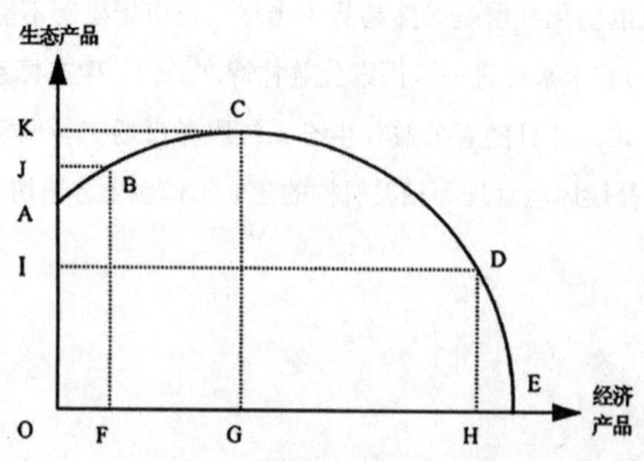

图 8.1 生态－经济联合生产的生产可能边界

图 8.1 中，ABCDE 曲线是两种产品的生产可能性曲线，与一般的生产可能性曲线（斜率为负）不同的是，该曲线以 C 点为阈值可分为两个阶段。其中，ABC 阶段斜率为正，说明生态产品和经济产品的变化呈正相关，即两种产品存在互补关系。比如从 B 点到 C 点，经济产品增加了 FG 单位，同时生态产品增加了 JK 单位。CDE 阶段斜率为负，说明生态产品和经济产品的变化呈负相关，即两种产品存在竞争关系。比如从 C 点到 D 点，经济产品增加了 GH 单位，而生态产品则减少了 IK 单位。

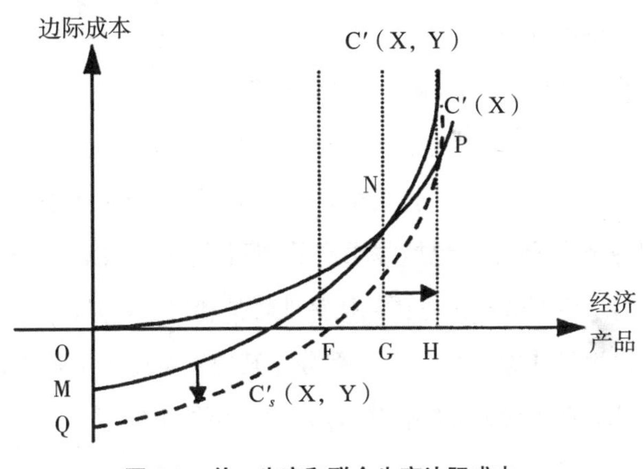

图 8.2　单一生产和联合生产边际成本

为分析生态补偿政策对农户生产行为的影响，进一步借助边际成本曲线进行分析（见图 8.2）。在图 8.2 中，C′（X）为农户单一生产经济产品时的边际成本曲线，C′（X，Y）为生态 – 经济联合生产中经济产品的边际成本，两条曲线相交于 N 点。在 N 点左侧，C′（X）> C′（X，Y），即单一生产的成本高于联合生产的成本，反映了生态产品与经济产品之间的互补性；在 N 点右侧，C′（X）< C′（X，Y），即单一生产的成本低于联合生产的成本，反映了生态产品与经济产品之间的竞争性。实施生态补偿政策后，联合生产的边际成本曲线下降为 C'_s（X，Y），即图 8.2 中的虚线。此时，C'_s（X，Y）曲线与 C′（X）曲线的交点为 P 点，说明在 P 点左侧生态产品与经济产品为互补关系，而 P 点右侧则为竞争关系。与临界点 N 相比，在 P 点农户获得了更多的经济产品，因此农户具有参与生态系统建设的积极性。但是，值得说明的是，在 P 点右侧，生态生产和经济生产仍然表现为竞争性，这是无法避免的事实。这说明生态补偿只能暂时实现生态产品和经济产品的互补性增长，但却难以纠正较

长时期内农户为追求经济利益而偏离生态目标的行为，这可称为生态补偿有限激励性[①]。

8.1.2 引入联合生产的农户生产函数

根据前文所述，在生态－经济产品的动态互补－竞争关系中，生态补偿机制具有弱激励性。生态补偿激励功能的弱化主要是由于农户进行非生态型生产可能获得更高的利润，因此会对农户的生态系统建设行为产生冲击。为便于阐述，本章后续内容以退耕还林为例进行分析。

为构建联合生产的农户生产函数，提出如下假设：

假设 1：所有参与农户均为经济人，以个人利益最大化为目标。

假设 2：农户的生产活动可分为两部分，即经济生产和生态生产。其中，经济生产的目的是获取经济效益，包括林果产品和园艺产品，以及政府支付的补偿金；生态生产目的是追求生态效益，主要包括林地管护和病虫害防治等。

假设 3：农户生产成本也可分为两部分，其中经济生产的成本即生产过程中直接的生产要素投入，生态生产的成本可理解为放弃外出务工和小本生意等非农就业的机会成本。

根据上述假设，可建立退耕还林农户的生产函数如下：

$$q = f(e) \tag{8.1}$$

式（8.1）中：q 为退耕还林产量；$e=(e_1, e_2)^T$ 为农户努力的集合，其中 e_1 为农户在经济生产中的努力，e_2 为农户在生态生产中的努力。假设 $f_i = \partial q / \partial e_i$，$f_{ij} = \partial^2 q / \partial e_i \partial e_j$，Hessian 矩阵的行列式 $|D| = |f_{ij}| > 0$，i，j=1，2，且 $\forall t \in R$，$f(te) = tf(e)$，即 $f(\cdot)$ 连续且至少二阶可微，为严格拟凹的一次齐次函数。

进一步给出退耕还林农户的成本函数为：

$$C = g(e) = c \cdot e \tag{8.2}$$

式（8.2）中：$c = (c_1, c_2)$，其中 c_1 为农户经济生产的机会成本，可用农业部门非林生产的收益率来衡量；c_2 为农户生态生产中的机会成本，可用非农部门的收

① 即生态补偿在特定时间范围内的有效性以及在更大时间尺度上的有限性。

益率来衡量。假设 $g(\cdot)$ 为线性函数，$g'(\cdot)>0$。

根据式（8.1）和式（8.2），可构建退耕还林农户成本最小化函数如下：

$$\min(c\cdot e) \quad s.t. f(e)\geqslant q,\ e\geqslant 0 \tag{8.3}$$

借助拉格朗日函数，同时根据 Kuhn–Tucker 定理，可得到均衡条件：

$$\lambda f_i = c_i \quad i=1,\ 2 \tag{8.4}$$

式（8.4）中：c_i 为农户进行生产的机会成本，i 为生产类型（即经济生产和生态生产），λ 为生态产品价格（或影子价格），可视为生态补偿。该式表明农户是否参与退耕还林项目与补偿金额紧密相关，均衡条件为农户生产获得收益等于机会成本。

8.1.3 生态补偿政策有限激励性的模型推理

前文已述，生态补偿能有效激励农户进行生态生产，但并不能完全纠正农户盲目追求经济利益的行为，即存在有限激励性。下文将继续通过模型推理来进行阐述。

8.1.3.1 生态补偿的有效性

将式（8.4）进行变换，可得 $f_i = c_i/\lambda$，i=1，2，进一步对 λ 求偏导，可得 $\partial f_i/\partial\lambda = -c_i/\lambda^2$ i=1，2。由于 $c_i>0, \lambda>0$，所以 $\partial f_i/\partial\lambda<0$。说明生态补偿能有效降低农户参与退耕还林的机会成本，从而提升农户的积极性。图 8.2 也显示，若农户获得生态补偿，其边际成本曲线会从 C′（X，Y）下降到 C'_S（X，Y），与没有生态补偿时相比经济产品与生态产品均有所增加。事实上，在退耕还林政策实施初期，农户退耕的积极性非常高，农户之间争抢退耕指标的现象频频出现（杜建宾 等，2013）。

8.1.3.2 生态补偿的有限性

以退耕还林为例，生态补偿的有限性主要缘于农业部门非林生产和非农就业两方面的冲击。

将式（8.4）分别对 e_1、e_2、c_1 和 c_2 求全微分，再进行简单变换可得：

$$\lambda f_{11}de_1+\lambda f_{12}de_2=-f_1 d\lambda+dc_1 \tag{8.5}$$

$$\lambda f_{21}de_1+\lambda f_{22}de_2=-f_2 d\lambda+dc_2 \tag{8.6}$$

根据 Cramer 法则对 de_1 和 de_2 进行求解，可得：

$$de_1 = \lambda^{-1}|D|^{-1}[f_{22}dc_1 + f_{12}dc_2 + (f_{12}f_2 - f_{22}f_1)d\lambda] \quad (8.7)$$

$$de_2 = \lambda^{-1}|D|^{-1}[f_{11}dc_2 + f_{21}dc_1 + (f_{21}f_1 - f_{11}f_2)d\lambda] \quad (8.8)$$

式（8.7）和式（8.8）中，de_1 和 de_2 分别表示农户经济、生态生产的努力增量。

8.1.3.2.1　农业部门非林生产的影响

首先分析农业部门非林生产对农户经济、生态生产努力增量的影响。令 $dc_2 = 0$ 且 $d\lambda = 0$，式（8.7）和式（8.8）经过简单变换可得：

$$de_1 / dc_1 = \lambda^{-1}|D|^{-1} f_{22} \quad (8.9)$$

$$de_2 / dc_1 = \lambda^{-1}|D|^{-1} f_{21} \quad (8.10)$$

根据式（8.9），因为 $\lambda > 0$，$|D| > 0$ 且 $f_{22} < 0$，因此 $de_1 / dc_1 < 0$，表示当农业部门非林生产的收益率 c_1 提高时，农户经济生产的努力程度 e_1 将下降。这意味着非林生产的收益与退耕还林努力呈负相关。这非常容易理解，当农户从事农作物种植、畜牧生产的收益率提高时，农户会逐步减少退耕还林的精力投入，反之会付出更多努力去进行非林生产。

根据式（8.10），因为 $\lambda > 0$，$|D| > 0$，所以 de_2 / dc_1 前的符号取决于 f_{21} 的符号。当 $f_{21} < 0$ 时，$de_2 / dc_1 < 0$；当 $f_{21} > 0$ 时，$de_2 / dc_1 > 0$。其含义是，当经济生产和生态生产为竞争关系时，农业部门非林生产的收益率 c_1 的提高将抑制农户退耕还林或林业经营的努力程度；反之，当经济生产和生态生产为互补关系时，c_1 的提高将提高农户退耕还林或林业经营的努力程度。可见，如果存在农业部门非林生产的影响，农户的退耕还林努力不仅与生态补偿大小有关，还与生态－经济联合生产的互补－竞争关系密切相关。

8.1.3.2.2　非农就业的影响

进一步分析非农就业对农户经济生产和生态生产的努力程度增量的影响。令 $dc_1 = 0$ 且 $d\lambda = 0$，式（8.7）和式（8.8）经过简单变换可得：

$$de_1 / dc_2 = \lambda^{-1}|D|^{-1} f_{12} \quad (8.11)$$

$$de_2 / dc_2 = \lambda^{-1}|D|^{-1} f_{11} \quad (8.12)$$

根据式（8.11），因为 $\lambda > 0$，$|D| > 0$，所以 de_1 / dc_2 前的符号取决于 f_{12} 的符号。

当 $f_{12}<0$ 时，$de_1/dc_2<0$；当 $f_{12}>0$ 时，$de_1/dc_2>0$。其含义是，当经济生产和生态生产为互补关系时，非农就业的收益率 c_2 的提高将激励农户付出更多的努力从事退耕还林或林业经营；反之，当经济生产和生态生产为竞争关系时，c_2 的提高将抑制农户退耕还林或林业经营的努力程度。可见，如果存在非农就业的影响，农户的退耕还林努力与生态–经济联合生产的互补–竞争关系密切相关。

根据式（8.12），因为 $\lambda>0$，$|D|>0$ 且 $f_{11}<0$，因此 $de_2/dc_2<0$，表示当非农就业的收益率 c_2 提高时，农户生态生产的努力程度 e_2 将下降。这意味着非农就业的收益与退耕还林努力呈负相关。这非常容易理解，当农户外出务工或做生意的收入提高时，农户会逐步减少退耕还林甚至整个农业生产的精力投入。

根据上述分析结果，只有经济生产与生态生产呈互补关系时，农户的非农就业（或者农业部门内部的非林生产）才不会对退耕还林生态补偿产生负向激励效应。但在退耕还林实践中，经济生产与生态生产更多的是呈现出竞争关系，这可能会影响到生态补偿的激励效果，甚至会制约退耕还林的可持续性。根据国家相关规划，大规模的土地退耕已经完成，目前最主要的是加强林地的管护和经营，即进入所谓的“后退耕时代”。“后退耕时代”需要强激励，即通过强化补偿力度，激励农户付出更大的生态生产努力，并实现经济生产与生态生产的互补和融合发展。具体而言，可从以下两方面着手：一方面，要继续对退耕还林农户进行退耕补偿或其他形式的生态补偿；另一方面，应逐步推进产业结构调整，建立生态生产和经济生产互为促进的农业产业。

8.2　生态补偿契约设计

8.2.1　生态补偿的不完全契约及委托代理特征

8.2.1.1　生态补偿具有不完全契约特征

生态补偿机制实质上是对生态系统服务外部性进行纠正的制度体系设计[①]。这一制度体系可以理解为生态系统服务需求者与供给者之间的一组交易承诺，即社会大

① 生态系统服务外部性具体包括两个方面：一是生态系统保护（建设）过程中产生的正外部性；二是生态系统服务遭受破坏产生的负外部性。

众或政府提出一个生态系统质量要求，生态系统保护与建设（正外部性时）或是生态系统治理与恢复（负外部性时）的具体实施者按照此要求进行工作，并在未来完成所要求的生态系统质量。因此，生态补偿机制具有契约理论的基础。

现代契约理论包括完全契约理论和不完全契约理论。因为缔约双方有限理性、代理人隐瞒信息、交易成本妨碍第三方对契约的实施、第三方裁决存在失效的可能等因素的存在，在生态补偿机制这一契约设计中，作为相关各方实施生态补偿的标准不可能完全通过契约条款确定下来①，也不能简单地依靠第三方强制执行，完全契约理论并不能作为生态补偿制度的理论基础。

不完全契约理论是契约理论近几十年的最新发展和研究热点，是在交易成本理论基础上发展形成的。对于不完全契约的成因，学者们在原有代表性解释的基础上进行了全面的分析，认为可以从有限理性、机会主义、缔约双方的自由与平等性、交易成本、信息不对称、外部环境不确定性、契约的不可证实性等原因对不完全契约进行解释。而对于生态补偿机制中的缔约双方，这些原因或多或少都存在：其一，缔约双方对生态补偿、成本效益等的认知能力均存在一定局限，因此为有限理性。其二，缔约双方均追求个人利益最大化，因此可能出现机会主义行为。其三，实践中，生态补偿的缔约双方通常是政府与当地居民，或者其他存在强势与弱势区别的双方，他们在经济活动中的自由性和平等性得不到保障。其四，补偿协议的签订及执行会产生大量交易成本，因此协议条款难以完全详尽。其五，缔约双方信息不对称，尤其是受偿者成本、努力程度等私人信息不对称。其六，生态系统建设过程中，外部环境会出现一些不可预测的变化，由此导致契约的不确定性。

总的来说，生态补偿机制可以看作是补偿方与被补偿方签订的一种不完全契约，在这一契约关系中保护者与受益者、破坏者与受害者的权责关系得以明确，双方在生态补偿机制这一框架设定中对各自的责任、义务、权利等进行协商，决定生态补偿标准、努力水平等，在生态环境质量实现后达成最优的事后决策，并实现双方收益。

① 生态补偿的标准具体包括生态补偿涉及的所有的利益相关方、生态系统服务类型、产权结构、组织形式、委托代理关系、责任权利义务、行动规则、成本费用、监督检测核查惩罚、效率效果评估，以及生态补偿制度的试点、实施、反馈与改进等的所有环节。

8.2.1.2　生态补偿具有委托代理性质

委托代理理论是契约理论的重要构成，主要研究在双方利益冲突及信息不对称条件下，委托人如何设计契约条款来激励代理人。经过长期发展，委托代理理论已经发生了非常大的变化，由传统的双边委托代理模型发展为多边委托代理模型[①]，基于委托代理理论的激励契约设计方式也越来越丰富。

无论委托代理理论如何演变，其基本研究范式都不会发生改变，仍是以“经济人”假设为核心，并且基于利益冲突及信息不对称两个基本假设进行研究。各种委托代理理论的基本分析逻辑也都是一样的，即委托人为了个人效用（利益）最大化，将其部分决策权转授给代理人，并要求代理人行为必须有利于委托人。但是代理人也是“经济人”，当其利益与委托人不一致时，加上信息不对称的影响，代理人在进行决策时可能会为了自身利益最大化而损害委托人的利益，即出现所谓的“代理问题”。为了避免代理问题出现，委托人需要通过科学设计契约来约束和激励代理人，使其采取有利于委托人利益的行为。委托代理关系的最终成立，还必须满足两个数量条件：其一，参与约束。代理人因要完成委托人交付的任务会失去从事其他事务的机会，因此委托人支付的报酬（效用）应不低于代理人从事其他事务的报酬（效用），即所谓的“保留效用”。这一数量条件就是委托代理的参与约束。其二，激励相容约束。委托人在设计契约时，必须充分考虑代理人的利益，即委托人期望代理人付出的努力程度，能同时使委托人和代理人的效用达到最大化。这一数量条件就是委托代理的激励相容约束。综上所述，委托代理理论的基本逻辑可表述为：在参与约束和激励相容约束条件下，委托人通过契约设计来使代理人付出期望的努力水平，使委托人利益达到最大。

生态补偿（由政府主导的）实施过程中，政府是委托人，生态系统建设和维护者（企业或个人）为代理人，委托代理双方均为“经济人”，均追求自身利益最大化，由此导致各自行为目标的不同。这种行为目标的差异，是影响生态补偿实施及实施效果的重要因素。在生态系统建设过程中，企业（个人）拥有成本、努力程度等信息优势，政府只能通过契约优化来构建激励相容机制，实现双方利益的一致，以提

① 即由单一委托人、单一代理人、单一事务组成的委托代理模型，发展为多任务代理理论、多代理人理论和共同代理理论的委托代理模型。

升企业（个人）进行生态系统建设的积极性。

8.2.2 生态补偿契约模型假设

本节仍以退耕还林为例来分析生态补偿契约设计问题。根据《退耕还林条例》，县、乡两级政府（下文称基层地方政府）要与退耕还林农户签订协议，对退耕面积、造林数量、补偿标准等进行规定。所以，在退耕还林项目中，基层地方政府和农户之间存在委托代理关系，前者为委托人，后者为代理人。基层地方政府作为受益者代表，对农户退耕还林产生的生态效益进行补偿。

在退耕还林委托代理关系中，基层地方政府的收益为项目产生的生态效益，这取决于造林产量，与农户付出的努力程度（成本）有一定关系；农户的收益是获得的生态补偿，又是政府的成本，因此双方之间存在利益矛盾。同时，在退耕还林过程中，农户付出的努力程度属于私人信息，基层地方政府难以了解，或者即使知道也无法被第三方证实，因此双方存在信息不对称。因为信息不对称，再加上双方的利益矛盾，农户为了自身利益最大化必然会损害政府利益，即出现所谓的“道德风险”。因此，基层地方政府必须通过契约（机制）设计，来激励农户付出符合委托人利益的努力水平，当然，此时农户的效用也达到最大。

为简化分析，假设农户努力程度e可以标准化为两个值，即零努力（$e=0$）和正努力（$e=1$）。农户若付出努力e，则会产生$v(e)$的负效用，不妨设$v(0)=0$，$v(1)=v$。同时，农户可以获得生态补偿r。假设农户效用函数在货币和成本之间可分，即$U(r,\ e)=u(r)-v(e)$，其中$u(\cdot)$为递增的凹函数，即$u'>0$，$u''<0$。下文还将用到$u(\cdot)$的逆函数$f=u^{-1}$，显然，$f(\cdot)$为递增的凸函数，即$f'>0$，$f''>0$。

林木的生长与气候、自然条件等有关，因此造林产量具有一定的随机性。假设造林产量q只能取两个值，即高产量$\overline{q}$和低产量$\underline{q}$，其中$\overline{q}>\underline{q}$。农户的努力程度对造林产量$q$的随机影响呈现出一定的概率分布，即$\Pr(q=\overline{q}|e=0)=p_0$，$\Pr(q=\overline{q}|e=1)=p_1$，其中$p_1>p_0$。当然，农户的努力程度越高，造林产量$q$在一阶随机占优的意义上越高，即对任何给定的产出$q^*$，$\Pr(q\leqslant q^*|e)$随$e$的增加而递减。进一步，由$p_1>p_0$可知，$\Pr(q=\underline{q}|e=1)=1-p_1<1-p_0=\Pr(q=\underline{q}|e=0)$。可见，虽然造林产量具有一定的随机性，但显然，基层地方政府更加偏好于农户选择正努力

（$e=1$）的随机造林产量分布，而不是在$e=0$的随机分布。

假设农户的努力程度为私人信息，基层地方政府难以掌握或者即使知道也难以被证实，因此只能根据造林产量来确定补偿额度。即造林产量越高，政府支付给农户的补偿金额越多；反之，产量越低，则补偿金额越少。因此，该委托代理执行过程过程可表述为：基层地方政府提供一组契约$\{(\bar{q},\bar{r});(\underline{q},\underline{r})\}$，农户根据自身情况选择是否同意，农户同意该契约后，将进一步选择自己的付出水平（$e=1$或$e=0$），然后造林产量实现，契约执行。因此，该契约时序可以表示为图 8.3：

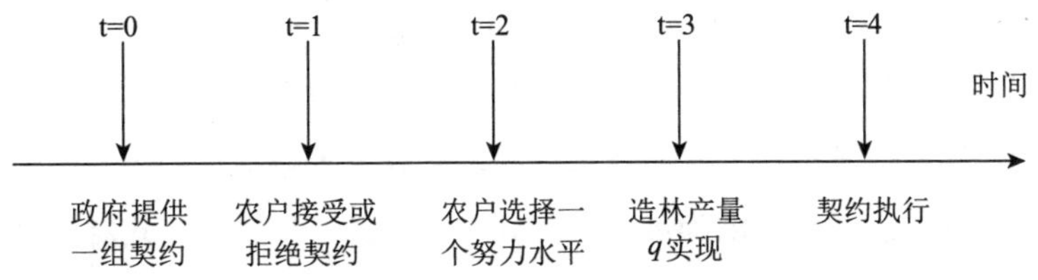

图 8.3　道德风险下的生态补偿契约时序

假设缔约双方均为“经济人”，各自追求自身利益最大化。风险态度方面，基层地方政府为风险中性，而农户为风险回避，且农户的保留效用为v^*。因此，在农户不同的努力程度下，基层地方政府的期望收益可分别表示为：

当农户付出正努力水平（$e=1$）时：

$$V_1 = p_1 \cdot [S(\bar{q})-\bar{r}]+(1-p_1)\cdot[S(\underline{q})-\underline{r}] \tag{8.13}$$

当农户付出零努力水平（$e=0$）时：

$$V_0 = p_0 \cdot [S(\bar{q})-\bar{r}]+(1-p_0)\cdot[S(\underline{q})-\underline{r}] \tag{8.14}$$

式（8.13）和（8.14）中，$S(\cdot)$为基层地方政府的收益函数，为便于分析，不妨记$S(\bar{q})=\bar{S}$和$S(\underline{q})=\underline{S}$。根据前文所述，基层地方政府需要考虑的问题就是如何优化契约，激励农户积极参与退耕还林项目并付出正努力水平，最终提高造林产量和生态环境水平。

8.2.3 生态补偿契约模型构建及分析

8.2.3.1 对称信息下的最优契约

为便于比较，本节先分析对称信息下退耕还林生态补偿契约设计。假设农户的努力程度不再是私人信息，可以被基层地方政府掌握并且能被第三方证实，因此可以在契约中明确体现出来。此时，激励契约可以表示为数学规划问题M_1：

$$(M_1):\ \max_{\{\bar{r},\underline{r}\}} p_1\cdot(\bar{S}-\bar{r})+(1-p_1)\cdot(\underline{S}-\underline{r}) \quad (8.15)$$

$$s.t.\quad p_1\cdot u(\bar{r})+(1-p_1)\cdot u(\underline{r})-v\geqslant v^* \quad (8.16)$$

当农户行为可以被观测并证实时，其只能付出正努力水平，否则将立刻被发现并受到惩罚。因此，基层地方政府在设计契约时只要考虑农户的参与约束，而无须考虑激励相容约束。并且，因为可以观测到农户信息，基层地方政府只会支付能使农户获得保留效用的补偿金额，所以在上述契约中，农户的参与约束（式 8.16）是紧约束。此时，数学规划问题很容易求解，其结果为：

$$\bar{r}^{FI}=\underline{r}^{FI}=f(v^*+v) \quad (8.17)$$

式（8.17）中，上标FI表示对称信息下的最优解。可见，$r^{FI}=f(v^*+v)$为基层地方政府要激励农户付出正努力水平时必须支付的最优生态补偿（或者说最优成本c^{FI}）。此时，基层地方政府的期望利润为：

$$V_1=p_1\cdot\bar{S}+(1-p_0)\cdot\underline{S}-f(v^*+v) \quad (8.18)$$

当然，如果基层地方政府希望农户付出零努力水平（$e=0$），则不论农户实现的造林产量为多少，都只给予零补偿。此时，基层地方政府的期望利润为：

$$V_0=p_0\cdot\bar{S}+(1-p_0)\cdot\underline{S} \quad (8.19)$$

所以，只有当$V_1\geqslant V_0$时，基层地方政府才会选择去激励农户付出正努力水平，即：

$$p_1\cdot\bar{S}+(1-p_1)\cdot\underline{S}-f(v^*+v)\geqslant p_0\cdot\bar{S}+(1-p_0)\cdot\underline{S} \quad (8.20)$$

式（8.20）还可以变换为：

$$\Delta p\cdot\Delta S\geqslant c^{FI}=f(v^*+v) \quad (8.21)$$

其中，$\Delta p=p_1-p_0>0$，$\Delta S=\bar{S}-\underline{S}>0$。式（8.21）左边$\Delta p\cdot\Delta S$表示当农户努

力水平从 $e=0$ 增加到 $e=1$ 时，基层地方政府增加的收益，而右边 $c^{FI}=f(v^{*}+v)$ 表示基层地方政府激励农户付出正努力水平的最优成本，则当且仅当 $\Delta p\cdot\Delta S\geqslant c^{FI}=f(v^{*}+v)$ 时，最优努力水平为 $e^{FI}=1$，否则为 $e^{FI}=0$（见图 8.4）。

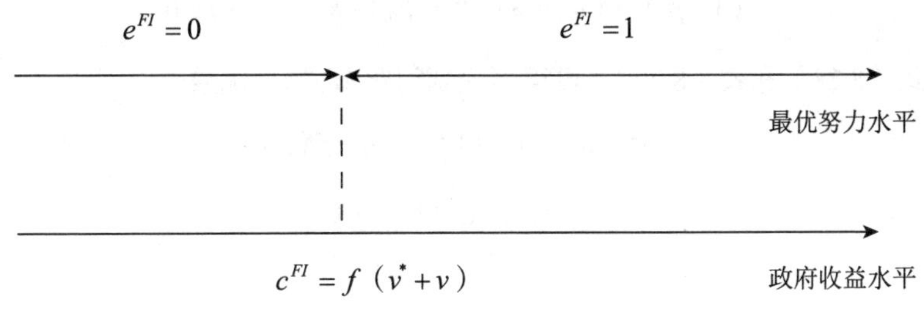

图 8.4　对称信息下的最优努力水平

根据上述信息，可得出如下结论：

结论 1：在对称信息情况下，农户所获得的生态补偿仅能弥补其付出正努力水平所带来的负效用，或者说农户最多只能获得保留效用，即 $r^{FI}=f(v^{*}+v)$。并且只有当 $\Delta p\cdot\Delta S\geqslant c^{FI}=f(v^{*}+v)$ 时，基层地方政府才会选择激励农户付出正努力水平。

8.2.3.2　不对称信息下的最优契约

当农户的行为信息为私人信息，不能被观测和证实时，缔约双方就存在信息不对称的问题。因此，为了实现自身利益最大化，农户在契约执行过程中必然会出现道德风险问题。在这种情况下，基层地方政府更难激励农户付出正努力，必须科学设计契约。此时的契约可以表示为数学规划问题 M_2：

$$(M_2):\ \max_{\{\bar{r},\ \underline{r}\}} p_1\cdot(\bar{S}-\bar{r})+(1-p_1)\cdot(\underline{S}-\underline{r}) \tag{8.22}$$

$$s.t.\quad p_1\cdot u(\bar{r})+(1-p_1)\cdot u(\underline{r})-v\geqslant p_0\cdot u(\bar{r})+(1-p_0)\cdot u(\underline{r}) \tag{8.23}$$

$$p_1\cdot u(\bar{r})+(1-p_1)\cdot u(\underline{r})-v\geqslant v^{*} \tag{8.24}$$

其中，式（8.23）和（8.24）分别表示基层地方政府面临的激励约束及农户参与约束。为了便于分析，不妨令 $\bar{u}=u(\bar{r})$ 及 $\underline{u}=u(\underline{r})$，或者说 $\bar{r}=f(\bar{u})$ 及 $\underline{r}=f(\underline{u})$，其中 $f(\cdot)$ 为逆效用函数。则数学规划问题 M_2 可由新的规划问题 M_3 代替：

$$(M_3):\ \max_{\{\bar{r},\ \underline{r}\}} p_1\cdot\left[\bar{S}-f(\bar{u})\right]+(1-p_1)\cdot\left[\underline{S}-f(\underline{u})\right] \tag{8.25}$$

$$s.t.\quad p_1\cdot\bar{u}+(1-p_1)\cdot\underline{u}-v\geqslant p_0\cdot\bar{u}+(1-p_0)\cdot\underline{u} \tag{8.26}$$

$$p_1 \cdot \bar{u} + (1-p_1) \cdot \underline{u} - v \geqslant v^* \tag{8.27}$$

该规划的 K–T 条件为：

$$p_1 \cdot f'(\bar{u}) - \lambda \cdot (p_1 - p_0) - \kappa \cdot p_1 = 0 \tag{8.28}$$

$$(1-p_1) \cdot f'(\underline{u}) + \lambda \cdot (p_1 - p_0) - \kappa \cdot (1-p_1) = 0 \tag{8.29}$$

由式（8.28）和式（8.29），可得到规划问题 M_3 的最优乘子：

$$\kappa = p_1 \cdot f'(\bar{u}) + (1-p_1) \cdot f'(\underline{u}) \tag{8.30}$$

$$\lambda = \frac{p_1 \cdot (1-p_1) \cdot [f'(\bar{u}) - f'(\underline{u})]}{p_1 - p_0} \tag{8.31}$$

由于 $f(\cdot)$ 为递增的凸函数，即 $f'>0$，$f''>0$，因此拉格朗日乘子 κ 、λ 均为正数。由此可判断式（8.26）和式（8.27）均为紧约束，即：

$$p_1 \cdot \bar{u} + (1-p_1) \cdot \underline{u} - v = p_0 \cdot \bar{u} + (1-p_0) \cdot \underline{u} \tag{8.32}$$

$$p_1 \cdot \bar{u} + (1-p_1) \cdot \underline{u} - v = v^* \tag{8.33}$$

由式（8.32）和式（8.33），可得出规划问题 M_3 的最优解为：

$$\bar{u} = v^* + \frac{(1-p_0) \cdot v}{p_1 - p_0} \tag{8.34}$$

$$\underline{u} = v^* - \frac{p_0 \cdot v}{p_1 - p_0} \tag{8.35}$$

将其进行代换，可得到规划问题 M_2 的最优解为：

$$\bar{r}^{PI} = f\left[v^* + \frac{(1-p_0) \cdot v}{p_1 - p_0}\right] \tag{8.36}$$

$$\underline{r}^{PI} = f\left(v^* - \frac{p_0 \cdot v}{p_1 - p_0}\right) \tag{8.37}$$

其中，上标 PI 表示信息不对称所得到的次优解。由于 $f(\cdot)$ 为递增函数，可得：

$$\bar{r}^{PI} = f\left[v^* + \frac{(1-p_0) \cdot v}{p_1 - p_0}\right] > \bar{r}^{FI} = f(v^* + v) \tag{8.38}$$

$$\underline{r}^{PI} = f\left(v^* - \frac{p_0 \cdot v}{p_1 - p_0}\right) < \underline{r}^{FI} = f(v^* + v) \tag{8.39}$$

由此得出如下结论：

结论 2：在信息不对称的前提下，当造林产量高时，农户获得的生态补偿要高于对称信息下的补偿，即$\bar{r}^{PI} > \bar{r}^{FI}$；当造林产量低时，农户获得的生态补偿要低于对称信息下的补偿，即$\underline{r}^{PI} < \underline{r}^{FI}$。

下文进一步分析基层地方政府的决策。在信息不对称的条件下，基层地方政府要激励农户付出正努力水平，其支付的期望生态补偿为$p_1 \cdot \bar{r}^{PI} + (1-p_1)\cdot \underline{r}^{PI}$，这也可理解为是政府的次优成本$C^{PI}$。根据式（8.36）和式（8.37），次优成本$C^{PI}$可以表示为：

$$C^{PI} = p_1 \cdot f\left[v^* + \frac{(1-p_0)\cdot v}{p_1 - p_0}\right] + (1-p_1)\cdot f(v^* - \frac{p_0 \cdot v}{p_1 - p_0}) \tag{8.40}$$

而基层地方政府的收益仍为$\Delta p \cdot \Delta S$，因此政府选择激励农户付出正努力水平的条件（收益大于成本）可表示为：

$$\Delta p \cdot \Delta S > C^{PI} = p_1 \cdot f\left[v^* + \frac{(1-p_0)\cdot v}{p_1 - p_0}\right] + (1-p_1)\cdot f(v^* - \frac{p_0 \cdot v}{p_1 - p_0}) \tag{8.41}$$

因为$f(\cdot)$是严格凸函数，由詹森不等式可得：

$$C^{PI} = p_1 \cdot f\left[v^* + \frac{(1-p_0)\cdot v}{p_1 - p_0}\right] + (1-p_1)\cdot f(v^* - \frac{p_0 \cdot v}{p_1 - p_0}) > C^{FI} = f(v^* + v) \tag{8.42}$$

式（8.42）中，c^{PI}与c^{FI}分别为信息不对称和信息对称条件下政府付出的成本，两者之差即为基层地方政府激励农户付出正努力水平的信息成本。因此，可得到如下结论：

结论 3：不对称信息条件下，因为存在道德风险，基层地方政府激励农户付出正努力水平支付的成本要高于对称信息下的成本，即$C^{PI} > C^{FI}$，或者说变得更加困难（见图 8.5）。

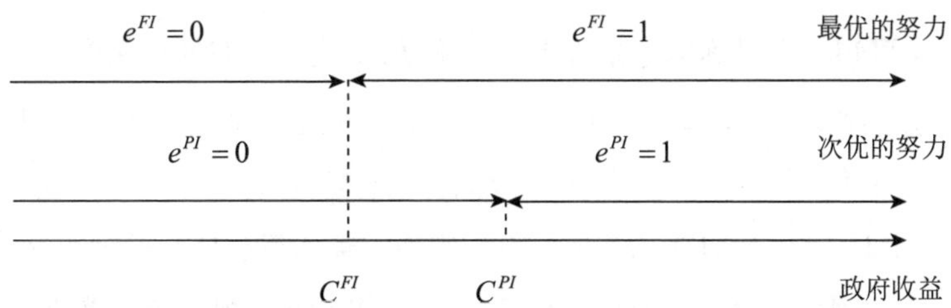

图 8.5　道德风险和风险回避下的次优努力水平

8.2.3.3 造林产量概率对生态补偿额度的影响

由式（8.36）和（8.37）可知，造林产量概率 p_1 和 p_0 会对基层地方政府支付给农户的生态补偿产生重要影响。为便于分析，下文利用具体数值进行模拟。假设农户效用函数 $u(x)=x^{1/2}$，则其逆函数 $f(x)=x^2$，农户付出正努力时支付的效用 $v=10$，保留效用 $v^*=100$。分别探讨 p_1 和 p_0 变化对生态补偿额度 $\bar{r}^{PI}$、$\underline{r}^{PI}$、$\bar{r}^{FI}$、$\underline{r}^{FI}$ 以及期望生态补偿额度 $E(r^{PI})$ 和 $E(r^{FI})$ 的影响。数值计算结果如表 8.1 所示：

表 8.1 p_1 和 p_0 对生态补偿额度影响的数值模拟结果

$p_0=0.1$								
p_1	0.2	0.3	0.4	0.5	0.6	0.7	0.8	0.9
$\bar{r}^{PI}$	36100	21025	16900	15006	13924	13225	12737	12377
$\underline{r}^{PI}$	8100	9025	9344	9506	9604	9669	9716	9752
$E(r^{PI})$	13700	12625	12367	12256	12196	12158	12133	12114
$\bar{r}^{FI}=\underline{r}^{FI}=E(r^{FI})$	12100	12100	12100	12100	12100	12100	12100	12100
$p_1=0.9$								
p_0	0.1	0.2	0.3	0.4	0.5	0.6	0.7	0.8
$\bar{r}^{PI}$	12377	12416	12469	12544	12656	12844	13225	14400
$\underline{r}^{PI}$	9752	9437	9025	8464	7656	6400	4225	4000
$E(r^{PI})$	12114	12118	12125	12136	12156	12200	12325	13000
$\bar{r}^{FI}=\underline{r}^{FI}=E(r^{FI})$	12100	12100	12100	12100	12100	12100	12100	12100

由表 8.1 可知，在对称信息条件下，p_1 和 p_0 变化对生态补偿额度 $\bar{r}^{FI}$、$\underline{r}^{FI}$ 及其期望值不会产生影响，$\bar{r}^{FI}=\underline{r}^{FI}=E(r^{FI})=12100$；但是在非对称信息条件下，$p_1$ 和 p_0 变化对生态补偿额度 $\bar{r}^{PI}$、$\underline{r}^{PI}$ 及其期望值有显著影响。

当 p_0 固定时（$p_0=0.1$），随着 p_1 不断增加，实现高造林产量时的补偿额度 $\bar{r}^{PI}$ 不断减少，而实现低造林产量时的补偿额度 $\underline{r}^{PI}$ 不断增加，补偿额度的期望值 $E(r^{PI})$ 不断减少，三个数值均不断向对称信息下的补偿额度靠近。其原因是：p_1 增加说明农户付出正努力时，获得高造林产量的概率提高，即造林产量不确定性降低，基层地方政府需要支付的信息成本也就降低，因此支付的生态补偿额度越接近最优（低）标准。

当 p_1 固定时（ $p_1=0.9$ ），随着 p_0 不断增加，实现高造林产量时的补偿额度 $\bar{r}^{PI}$ 不断增加，而实现低造林产量时的补偿额度 $\underline{r}^{PI}$ 不断减少，补偿额度的期望值 $E(r^{PI})$ 不断增加，三个数值均不断偏离对称信息条件下的补偿额度。其原因是：p_0 增加说明农户付出零努力时，基层政府需要支付的信息成本也就提高，即造林产量不确定性提升，基层地方政府需要支付的信息成本也就降低，因此支付的生态补偿额度越偏离最优（低）标准。

8.2.4 结论及建议

由于林木生长受气候、降雨等自然条件及其他外界环境的影响较大，因此退耕还林项目中最终的造林产量存在一些不确定性，即农户付出正努力不一定就能获得高造林产量，反之付出零努力也不一定就是低造林产量。所以，我国目前普遍实施的完全按造林产量确定补偿额度的政策可能并不科学。比如，如果农户付出了正努力，但当年出现洪涝、干旱等自然灾害，在最终验收时造林产量却不高，因此获得的补偿额度也较低，这样一来农户积极性就会下降，补偿效率也较低。反之，由于不确定性，农户即使付出零努力，也可能获得高造林产量和高补偿额度，这样农户就容易出现道德风险问题，导致补偿效率下降。基于以上结论，提出如下建议：

第一，因地制宜地确定补偿标准。研究发现，补偿额度与农户付出努力的成本、保留效用及获得高造林产量的概率等因素密切相关。在现实中，我国不同地区经济发展和农户收入差异很大，其参与退耕还林项目的机会成本及个人的保留效用肯定也不同。再加上各地区的自然条件差异，获得高造林产量的概率也不同，所以目前实施的“一刀切”标准并不合理，应因地制宜地确定补偿标准。针对农户参与成本高、保留效用高、自然条件差的地区制定较高的补偿标准，以提高农户参与退耕还林及其他生态系统建设的积极性。

第二，不同林种制定不同的补偿标准。农户为“经济人”，在进行退耕还林决策时，通常会进行成本效益比较。若退耕补助低于原来种粮的收益，农户将不会参与退耕。此外，还林种类对农户的成本效益会有重要影响。如果是生态林，农户将不会付出更多的努力，因为这只会增加成本，不会增加个人经济收益；如果是经济林

（特别是市场价格高的品种），农户将获得额外的收益，因此愿意付出更大的努力，这也导致在实际中，经济林的比重远远高于政府规定的上限，而生态林的还林比重则远远不足。因此，政府应该针对不同林种制定不同的补偿标准。生态林的生态效益和公共物品特征非常显著，应制定较高的补偿标准；而经济林的经济效益和私人物品特征更加显著，补偿标准可以稍低。

第三，进一步完善退耕还林生态补偿保障机制。保障机制主要包括：加大财政投入，确保退耕还林补偿资金专款专用，使农户能及时、足额得到补偿；加强统计监测，利用遥感技术对造林成果进行动态监测，并将退耕还林真实监测数据及时向社会公开；建立市场化激励机制，通过区域性的林木间伐措施，稳步发展木材加工业，促进农民收入增长并推动林地的循环式发展；推动区域产业转型，鼓励退耕农户发展畜牧养殖、皮毛加工等相关产业，帮助农户拓展新的增收渠道，提高农户积极性。

第四，降低信息租金。一方面，在退耕还林项目正式实施前，通过实地调研等方式，充分了解农户的参与成本、保留效用和受偿意愿等信息，以便优化契约设计；另一方面，契约签订后，应委托第三方加强对农户行为的观测和监督，以降低农户的道德风险。同时，可通过拍卖、投标和筛选合同等方式激励农户主动公开信息，由此降低信息租金和提高补偿效率①。除上述方面外，还应通过强化林业设施建设、采用先进的林木种植和管理技术等手段，提升林业抗灾能力，降低林木种植和生长过程的不确定性。只要农户付出正努力，就能以较大概率获得高造林产量，这样也有助于降低信息租金。

---

① 如 Wang 和 Bennett（2008）研究发现，ACIAR 资助的“提高中国土地利用变化工程效率”项目，在四川省试点通过投标方式分配退耕补偿资金，结果与固定补贴造林相比节约了 15% 的补偿成本，且几乎所有的投标方案都增加了社会福利。

8.3 退耕还林生态补偿激励约束机制构建

8.3.1 退耕还林生态补偿对农户激励性弱

8.3.1.1 对农户退耕还林成本补偿不足

农户退耕还林成本主要包括两部分：一是退耕带来的钱粮损失；二是还林中的直接投入，如种苗费、管护费及劳动力成本等。从现实中看，一方面，由于各退耕还林地区之间经济发展水平差异巨大，对于那些土地生产率或者经济发展水平较高的地区，国家给予的钱粮补贴难以抵消农户退耕带来的钱粮损失，激励效果较差。如在陕南一些地区，农户退耕前种植烟叶、药材等经济作物的收益较高，要超过种植林木收益与获得的生态补偿之和，因此农户参与退耕还林的积极性不高，甚至有的农户提出要撤回退耕协议。再比如汪小勤和黎萍（2001）基于四川省天全县调研数据，发现开展退耕还林工程后，当地油料种植面积和产量减少 50% 以上，虽然农户在政府号召下完成退耕，但绝大多数农户对未来的生计并无明确的安排。另一方面，在北方有些地区，政府给予的补助尚难以弥补农民购买种苗的成本。由于降水量少、病虫害比较严重等，我国北方很多地区造林非常困难，所需的种苗成本较高。如张殿发和张祥华（2001）研究发现，西北地区退耕还林所需的苗木费分别为乔木约 4500 元 / 公顷、灌木约 1500 元 / 公顷、种草 1050 ～ 1200 元 / 公顷，而长江流域苗木费仅需 1200 ～ 1350 元 / 公顷。总的来说，补偿标准偏低，无法足额补偿农户退耕还林所增加的成本等，导致农户积极性较低，进而影响到退耕还林质量及可持续发展。

8.3.1.2 补贴政策在一定程度上存在激励功能缺失

第一，补助期限较短。由于林木生长比较缓慢，生长周期较长，而我国退耕还林的补偿期限相对较短（生态林和经济林的补偿期限分别为 8 年和 5 年），在补偿期限内，农户很难实现生计转型和收入来源的转化，导致其无法摆脱对土地的依赖，一旦补偿期限结束，农户很有可能选择复耕，因此生态补偿激励缺乏持续性。

第二，补偿政策存在“一刀切”。我国目前对退耕还林的补偿是统一的标准，灵活性不够。由于不同退耕区域经济发展水平、土地生产率存在较大差异，这种“一刀切”的补偿标准激励性较差，尤其是对于那些产量较高的退耕地，补偿标准往往偏低，无法弥补农户退耕导致的机会成本，影响农户退耕还林的积极性。

第三，地方政府配套工程滞后。在退耕还林工程实施中，中央通过转移支付对地方财政给予了一定补偿，但补偿力度难以弥补地方政府的执行成本，对地方政府的激励力度不够，因此地方政府没有足够的财力和意愿来落实相关配套工程的建设，如产业转型、能源建设和生态移民等，很容易引发农户毁林复耕行为出现。

8.3.1.3 产权制度不完善导致激励功能弱化

虽然国家为了鼓励农户参与退耕还林，出台了很多产权激励政策，如私人承包和延长经营权期限等，但由于林木处置权残缺、使用权受限和难以转让等，再加上生态林的经济回报低，导致产权制度的激励功能较弱。农民退耕还林的积极性主要缘于两方面，一是国家给予的钱粮补贴，二是后续的营林收益（包括林产品收益）。国家要求退耕还林的林种主要是生态林，而生态林在相当长的时期内是没有收益的，同时国家又不允许农户在还林地放牧和间作经济作物，因此后续的营林收益很低。补助期结束后，农户可以对林木进行择伐，但砍伐数量较少，且必须经林业部门批准，这也增加了农民预期收益的不确定性。有学者基于美国案例的研究发现，对生态林所有者实施限制性和惩罚性政策，往往会导致他们减少营林投资，甚至对森林进行过度砍伐，进而影响森林生态系统服务质量（Zhang et al., 2000）。虽然国家规定退耕还林地的承包经营权可以转让，但从现实中看，人们购买产权的目的是希望获得直接经济收益，而生态林的经济效益较低，并且其使用权还有很多限制，所以一般很难转让成功。此外，目前我国尚无关于生态林收购的政策安排，这也会增加生态林的投资风险和机会成本，导致产权的激励功能下降。

8.3.1.4 产业结构调整后农户面临增收困难

第一，耕地是现阶段我国广大农民的基本生存保障，实施退耕还林工程后，农户不仅粮食、茶叶等直接生产利益受损，而且种植过程中产生的农作物秸秆、间作收入等间接受益也会消失。

第二，林木收益很小。农户参与退耕还林项目的积极性与经济收益密切相关（包括现期利益和未来预期收益），但林木的收益非常小，导致农户缺乏积极性。调研结果显示，我国的生态林中，仅有 4.2% 能产生现期收益并且很不稳定，高海拔地区的生态林由于封山育林需要而没有任何经济效益；即使是在土壤条件好的耕地种植经济林，也至少需要七八年甚至更长时间才能产生经济效益。此外，由于林木生长速度慢，市场价格低，再加上不能随意砍伐等原因，导致林木的预期收益也不乐观，这些都制约了农户退耕还林的积极性。

第三，剩余劳动力转移受限。大面积退耕使农村出现了大量剩余劳动力，但由于城市就业机会限制、就业信息不通畅、乡镇企业吸纳能力下降等原因，剩余劳动力转移受到一定限制。再加上经常出现的农民工工资拖欠、安全事故及子女教育等问题，部分外出务工的农民又返回农村，而部分地方政府对退耕农民的就业培训等重视不够，这些都在一定程度上制约了农村剩余劳动力的转移。

第四，后续产业发展困难。在很多退耕区域尤其是贫困山区，产业发展后劲不足及后续产业滞后等问题非常突出，如主导产业竞争力不够、龙头企业数量少以及产业同质化、规模不经济等，这些因素也成为退耕还林的重要障碍。

8.3.2 退耕还林生态补偿激励机制构建

8.3.2.1 多元退耕还林补偿机制

退耕还林通过植树种草来重建植被，能有效地改善水土流失、净化空气和固碳释氧等，因此具有较强的正外部性。但同时，农户因退耕导致发展机会和经济收入受损，理应得到一定补偿。根据我国实际情况，应构建包括直接补偿和间接补偿在内的多元化补偿机制。

第一，直接补偿机制。即直接向农户给予一定的钱粮补助，根据补偿主体可分为国家直接补偿和社会补偿两类。其中，前者指国家直接对种植户进行钱粮补偿，后者泛指所有受益者对农户进行的直接补偿，根据受益者类型又可进一步细分为地区补偿、部门补偿和个人补偿。首先，我国退耕还林区域多位于西部地区、重要流域中上游地区等，而东、中部地区和流域下游地区等为受益方，因此对受益地区适当征收生态环境补偿费并对退耕还林参与者进行补偿是合理的。其次，退耕还林涉及农业、林业、旅游、水利等众多部门，各部门在退耕还林工程实施中的收益和责任均不同，因此如何对部门利益进行协调，提升各部门积极性，对退耕还林持续发展非常重要。最后，退耕工程可以有效改善环境，广大社会公众也都受益，因此可以通过缴纳生态补偿税费、购买生态彩票等方式进行补偿。

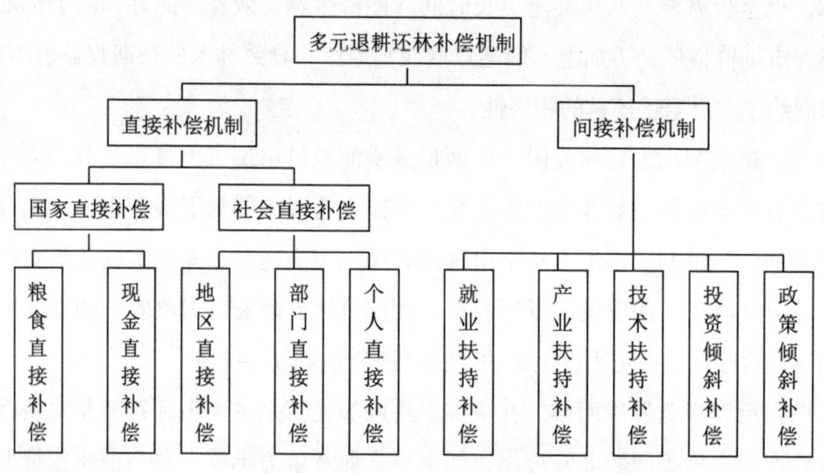

图 8.6　多元退耕还林补偿机制

第二，间接补偿机制。退耕区域涉及方面非常广，不同区域经济发展水平和土地生产率等差异很大，可能难以做到全部通过直接补偿方式解决，补偿标准也难以满足农户需求，因此可以通过间接补偿方式进行弥补。间接补偿方式主要包括政策补偿、项目补偿、技术补偿、就业指导和贷款优惠等。与直接的一次性补偿不同，间接补偿具有长期效应，可被理解为多次、分期补偿。综上所述，在实施退耕还林项目时，应统筹综合利用直接补偿和间接补偿方式，构建多元化退耕还林补偿机制（见图 8.6），切实提高退耕农户的收入水平，并促进退耕区域产业结构转型，以实现退耕还林成果的持续性。

8.3.2.2　充分的林权安全保障机制

根据制度经济学相关理论，出现外部性的主要原因是产权不清以及权责利不统一，这也是自然资源和生态环境过度利用和破坏的主要原因。在林业领域，产权制度对人们造林、护林及林业资源利用影响非常大，产权是否明确直接决定农户是否愿意参加退耕还林项目。在退耕还林工程中，最重要的权属关系是退耕土地使用权及其对应的林权，具体包括林地使用权和林木所有权、处置权、收益权等。林权事关退耕农户的核心利益，只有林权保持稳定且确保落实，才能从根本上激励农户退耕还林的积极性。但是在我国具体实践中，农户拥有的林权并不完整且存在很大的不确定性。虽然根据相关规定，退耕农户拥有50年的退耕土地承包经营权及所种植林木的所有权，但农户对退耕地上的林木进行择伐时，必须得到林业主管部门的许可。换句话说，农户所拥有的林木处置权是受限制的，无法完全按照市场供求来进行林木开发，这导致农户收益存在较大的不确定性，进而抑制农户退耕还林的积极性。此外，我国林业政策和土地承包政策也经常出现变动，并且还会出现林木盗伐等现象，这些都会影响农户的未来预期收益。

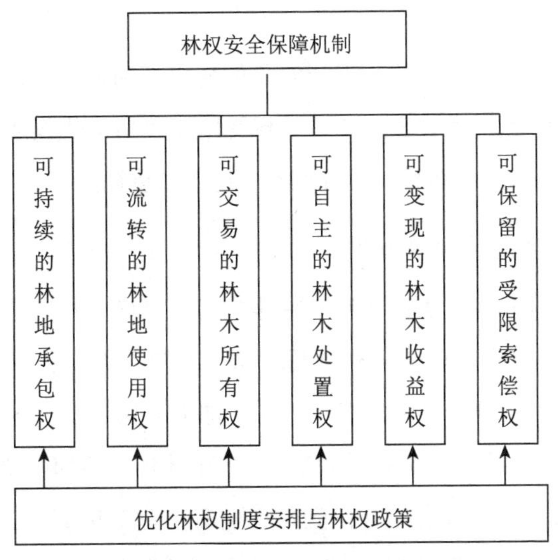

图 8.7　充分的林权安全保障机制

基于上述原因，我们必须要进行林权制度创新，构建充分的林权安全保障机制（见图 8.7）。具体包括：

第一，可持续的林地承包权。即首轮承包期结束后，退耕农户可以自愿申请延长承包期限，这样可以保障农户的长期利益。

第二，可流转的林地使用权。要引入市场化补偿机制，其前提就是林地产权要能够转让。在林地确权和颁证的基础上，要制定退耕还林土地使用权流转制度，建立起林地使用权转让市场。只有建立起完善的市场，农户才能根据市场需求来确定要种植的林种，也能根据实际需要进行林地使用权转让、租赁或合作经营等，并据此提高投资回报率和降低投资风险。

第三，可交易的林木所有权。要搭建林木所有权交易市场（平台），退耕农户可以将自己土地上的林木所有权进行交易，使林木资源变为资本（资产），最终实现价值增值。

第四，可自主的林木处置权。要拓宽现有政策框架，允许农户按法律规定自主处置林木资源，包括有序开发、适度轮伐等，以实现林木处置收益。

第五，可变现的林木收益权。对于退耕土地上的成熟林，农户可以自主选择进行采伐和变现，也可以选择不采伐，这样可以发挥更大的生态效益，对此，政府则应给予补偿。

第六，可保留的受限索偿权。即当农户的林权受到限制时，有权向限制者要求补偿。在我国各地的退耕还林实践中，林权受限（包括采伐权或其他处置权等）非常普遍，这也是制约农户积极性的重要因素，应予以重视。

8.3.2.3　退耕生态林国家收购机制

我国实施的退耕还林工程，其参与主体为广大农户，农户均为追求个人利益最大化的“经济人”，但根据退耕还林项目要求，农户要大量种植生态林。根据前文所述，生态林生长周期长、经济回报率低，再加上存在自然灾害等风险，这些都与农户利益相违背，因此农户的积极性较低，林粮间作、只种不理的现象将难以避免。当然，在退耕初期，由于政府的补偿到位和监管严厉等因素，这些问题并不严重。但从长期来看，当补偿期限结束和林木进入成熟期后，由于补贴停止，农户丧失了经济来源，为了经济利益，农户将很可能对林木进行砍伐甚至毁林复耕，导致退耕还林成果丧失。

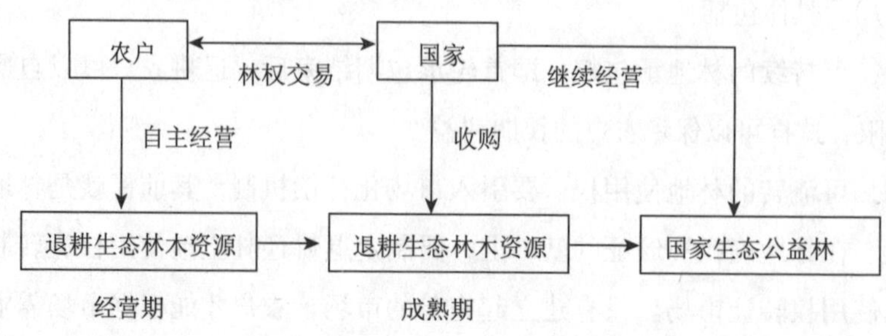

图 8.8　退耕生态林国家收购机制

为解决上述问题，我们可以探索建立“退耕生态林收购机制”，即政府按照一定价格对农户退耕地上的成片生态林进行收购，并将其统一纳入国家公益林管理体系，以充分发挥其生态效益（见图 8.8）。通过出售“林权”，可以使农户种植生态林的风险大为降低，这样能有效激励农户增加林木投资和加大管护力度，进而提高森林数量和质量。所以，建立“退耕生态林收购机制”，一方面，能保障退耕农户的收益，有效激励农户积极性；另一方面，也能弥补农户因生态林作为公共物品不能进入市场交易的损失。同时，通过收购方式，使私有林变为国有林，能减少政府进行生态补偿的长期投入，同时也是政府切实履行提供公共物品职责的重要体现。

8.3.2.4 其他配套激励机制

第一，专项基金援助。所谓专项基金援助，是指国家拨付部分财政资金建立专项基金，对生态环境的外部性进行纠正，并据此来激励农户参与生态系统建设。国家应加大对退耕还林区域的财政支持力度，对退耕农户给予一定的经济援助，以弥补其在退耕还林中遭受的损失，提升农户退耕还林积极性。除了直接补给农户外，基金还可用于基础设施建设、技术培训、产业转型等方面[①]。

第二，参与激励。所谓参与激励，是指根据权责统一原则，将部分投票权及选择权赋予政策执行者，以此来激励他们参与项目的积极性和责任意识。开展退耕还林项目时，应该让退耕农户全程参与从项目规划、实施到评价的所有环节，建立农户为主体的参与式监督与评价模式，彻底改变现行普遍采用的农户参与较少的检查方式。除了监督评价外，其他环节也需要鼓励农户参与，尤其是分配方案制订等关系到农户核心利益的事项。

除上述两项外，还要建立风险规避、投资激励、产业扶持和技术支持等相关配套机制。如可以借鉴其他国家经验，建立退耕还林地托管机制，即农户若不愿意继续参与该项目，可将其退耕地以及所属的林木资源交由退耕还林地托管银行，并定期从银行领取一定的补助，或者以此为基础设立养老保障金。此外，国家应进一步

---

① 基金用途具体包括：用于退耕区基本农田建设和农用能源建设，保护“口粮田”；用于救济补贴政策到期后生活仍然十分贫困的退耕还林地区的农户；用于对退耕户进行各种系统的免费技能培训；用于增加退耕户种苗补助，并适当补贴林木管护费；用于增加地方政府退耕还林的执行费用，切实减轻地方政府的财政负担；用于扶持退耕区龙头企业和发展退耕区支柱产业，加大技术支持力度，推进农业生产方式转变；用于实施林业分类经营，对生态林进行长期补贴。

建立健全相关服务机制，引导农户进行自我发展，使其摆脱对土地的依赖。从长远看，农户要实现脱贫致富，不能依靠政府的生态补偿，必须改变其生计模式。改变生计模式无外乎两条途径：其一是转移到其他产业，即通过兼业化拓展收入来源。其二是继续待在林业领域，通过技术发展林草特产等。无论是何种模式，都需要政府提供一定的支持。一方面，政府应对农户进行技术培训，提升农户的生产技能和人力资本水平；另一方面，政府应出台相应的扶持政策，引导退耕农户向第二、三产业发展，并最终走上持续致富之路。

8.3.3 退耕还林生态补偿约束机制构建

激励是为了提升参与主体的积极性，而约束则是为了保证个体的行动方向与组织目标保持一致。因此，建立退耕还林生态补偿约束机制的目的，是保证退耕农户及其他利益相关者按照退耕还林工程的最终目标，大量种植生态林并加强管护，避免林木遭受破坏，保障退耕还林成果健康持续发展。

《退耕还林条例》中，对退耕农户、政府人员及其他主体的权责关系进行了界定，并且对林地管护、补偿、验收等也有明确的规定。如条例要求建立不同层级的检查验收制度，并明确了验收程序；条例要求加大社会监督力度，要求退耕还林区域应建立各级公示制度；条例严格禁止农户进行林粮间作和破坏植被等行为。前文已述，由于种植生态林收益较小，补偿期限结束后，农户很可能砍伐林木甚至毁林复耕。只有建立有效的约束机制，才能保障退耕还林成果不被破坏。

8.3.3.1 建立生态环境损害评估及责任追究机制

第一，建立健全生态环境损害预防、评估及责任划分等相关制度，明确政府、农户和其他参与主体在退耕还林工程中的权责范围。由于涉及的部门很多，要厘清农业、林业、环保和国土等各部门在退耕还林工程实施中的责任及协作机制，建立完善的生态环境损害评估体系，包括评估机构、专业人员和监管制度等。

第二，建立生态环境损害的评价标准体系。针对退耕还林项目全过程可能面临的生态环境损害，制定科学的、切实可行的损害分类及量化评价方法，针对不同类型的损害，分别制定相应标准与规范，比如损害评价范围、评价技术、评价标准等。

第三，强化生态环境损害评估的资金保障。针对退耕还林实施过程中可能出现的生态环境损害进行评估，需要大量的资金。在资金保障方面，总的思路是从以财政资金和专项资金为主要渠道，逐步转变为独立基金保障上来。具体来说，应根据损害类型区别对待：私益损害赔偿方面，对那些严重危害居民健康或产生财产损失的生态破坏和环境污染，由政府主导进行赔偿，最终构建完善的二元损失赔偿制度，即以行政救济为主、司法救济和纠纷调解为辅的赔偿制度。环境公益损害赔偿方面，应与主体功能区、自然保护区等管理制度有效衔接，拓宽资金来源渠道，逐步建立起环境恢复独立基金保障。综上所述，应加强政府财政资金引导，不断拓宽社会资金来源渠道，最终建立完善的综合资金保障体系，具体包括专项独立运作基金、高环境风险企业互助金、环境责任保险等。

第四，实施“黑名单”制度。对破坏退耕还林工程和成果并造成严重生态环境损害的企业或个人，将其列入环境“黑名单”，并实行行业限制、禁入市场、信用限制等终身责任追究机制。

8.3.3.2　逐步完善环境公益诉讼机制

其一，完善环境公益诉讼制度，鼓励退耕农户和其他参与主体通过各种方式参与环境民事公益诉讼。其二，健全环境公益诉讼审前程序，对那些存在重大争议的诉讼，在正式开审前应对双方争议焦点、证据等进行系统梳理和交换，完善程序性制度。其三，完善审判程序，针对退耕还林工程实施中出现的诉讼，进一步优化举证责任分配，强化调解力度。其四，尽量通过诉讼前置程序（如调解）解决退耕还林中的矛盾纠纷，尽量减少诉讼数量，节约司法资源，同时强化司法对行政的监督和制约。其五，强化公益性，在退耕还林领域中出现的诉讼，应强化公益性特征，提高审判效率，加大费用调控，防止出现损害公平正义和破坏生态环境可持续发展的结果。

8.3.3.3　完善法律法规

根据发达国家经验，要确保退耕还林项目的成果，务必要充分发挥法律的作用。如意大利经常对山区开发项目进行定期检查，若发现有不符合林业保护相关法律的经营活动，则实行一票否决，以此来保证高森林覆盖率。因此，构建退耕还林生态补偿约束机制时，应充分发挥法律的强制性约束功能，主要包括：强化《中华人民共和国森林法》及配套法律法规的宣传力度，提升农户生态环境意识；加大执法力度，对侵占林地、毁林开荒等行为进行严厉制裁；对退耕地的开发利用、林木选择等进行控制；等等。

此外，由于地方政府也是利益主体，要在退耕还林工程实施中发挥重要作用。为了自身利益最大化，地方政府的行为有时也会偏离退耕还林总目标，如不及时、足额支付生态补偿等，这也可能会打击农户的积极性，甚至导致退耕还林成果遭到破坏。因此，既要发挥中央政府和地方人大的监督作用，更要通过法律来规范和约束地方政府的行为。从我国实际情况看，关于生态环境保护的法律规章非常多，但绝大多数都是针对微观经济主体的行为进行约束，真正对政府生态环境保护行为进行约束的并不多，因此需要进一步加强法律建设，明确地方政府在生态环境保护方面的权责关系。

激励与约束机制相辅相成，缺一不可。激励是赋予参与主体更多的权力，约束则是要求参与主体承担更多的义务，而权利和义务通常都是相互对应的。在退耕还林工程实施中，农户由于退耕导致收入下降，但生态环境质量却显著提升，因此应获得政府补偿。反过来，若农户或其他主体砍伐林木甚至毁林复耕，破坏生态环境，则应受到惩罚。各地在构建激励与约束机制时，在加强顶层设计的同时，更要注重实践创新，需要在实践基础上进行总结和凝练，形成完善和系统的制度体系。

9　森林生态效益补偿机制构建与政策实践

9.1　森林生态效益补偿含义

9.1.1　森林生态系统服务经济特性

森林是地球上重要的生态系统，不仅为人类提供了大量赖以生存的物质资料，而且在稳定和改善自然环境方面有着重要作用。森林生态系统的经济特性包括：

第一，森林生态系统的公共物品特性。森林提供的生态系统服务在消费上具有显著的“非竞争性”和“非排他性”特征，是典型的公共物品，若由市场单独提供，将无法避免“搭便车”现象，即受益者不愿意支付费用而享受森林提供的生态系统服务。“搭便车”现象容易导致生态系统服务供给不足，因此必须由政府介入来增加森林生态系统的供给。

第二，森林生态系统的经济外部性。一方面，森林为社会生产和生活提供了大量生态系统服务，且被社会上的其他人无偿享有，因此森林具有显著的经济正外部性。按照市场规律，如果森林建设者长期不能获得相应的补偿和收益，积极性将受到抑制，市场在提供森林生态系统服务时就会出现失灵。另一方面，森林在具有正外部性的同时，对于局部地区或个人而言也可能具有负外部性特征。主要原因是大型森林系统多位于经济落后地区，居民收入水平较低，生态意识较为落后，而森林则是他们赖以生存的空间以及主要的经济来源。国家将这些地区划定为公益林区后，严格限制林木的采伐和开发利用，使得农户收入受损严重。从这个角度看，森林建设对当地居民来说就是一种负的外部性行为，如果这种负外部性得不到相应的补偿，就会妨碍森林可持续发展。

第三，森林生态系统服务市场交易困难。森林所提供的生态系统服务如涵养水源、保持水土、调节气候、改善环境、保护生物多样性等属于无形产品，其价值难以用货币进行计量，无法用价格来表现，都难以在现有的市场体系中通过经营者与受益者的直接交换完成价值的实现。

除上述特性外，很多大型森林都位于生态环境脆弱地区和生态地位重要地区，由于土地条件较差，林木生长缓慢，因此形成能够发挥较大生态功能的林地需要较长的周期，且一旦被破坏，恢复更加缓慢。

尽管森林系统存在巨大生态效益和社会效益，但由于上述特征，没有人愿意投入人力与财力进行森林建设而无任何收益，这将严重制约森林生态系统供给。为了提升农户参与森林建设的积极性，政府必须给予一定的生态补偿。从这个角度来说，森林生态效益补偿从根本上说是实现森林提供的生态系统服务价值的一种途径。

9.1.2 森林生态效益补偿的内涵

近年来，国内部分学者对森林生态补偿概念进行了界定，简要归纳于表 9.1。除了表中所列森林生态（效益）补偿的概念外，关于林业领域的补偿问题，学术界还有其他一些类似的提法，如森林生态产品价值补偿（吕洁华 等，2015）、森林成本补偿（王娇 等，2015）、公益林生态效益补偿（张爱美 等，2014），等等。概括来说，价值补偿、效益补偿和成本补偿是补偿的具体内容，而公益林补偿则是以森林分类经营为基础的，是公益林建设导致经营者利益受损而给予经营者一定的补偿，是森林生态补偿的具体对象。

表 9.1　森林生态效益补偿概念

概念表述	文献来源
调整利用与保护森林生态效益的主体间利益关系的一种综合手段，是保护森林生态效益的一种手段和激励方式	李文华等（2007）
既包括对森林生态效益提供者的正向激励，如补助费、直接投资等，也包括对生态效益受益者的负向激励，如森林生态效益使用者付费	吴红军等（2010）
森林生态效益的受益方补偿森林生态效益的提供者，以弥补其保护和改善森林生态效益的过程中所投入的成本和承担的损失	李琪等（2016）
根据生态系统的服务价值、保护成本等标准，综合运用相关手段来调节森林生态效益利用与保护主体之间利益关系的制度安排	刘晶（2017）

续表

概念表述	文献来源
以国家向森林生态效益受益人收取生态效益补偿费用等途径筹集资金设立森林生态效益补偿基金，用于提供生态效益的防护林和特种用途林的森林资源、林木的营造、抚育、保护和管理的一种法律制度	张茂月（2014）
采取一定的措施将森林生态效益的外部性内部化，对提供森林生态效益的私人或组织所遭受的损失进行补偿	梁丹（2008）
旨在提高森林可持续经营能力，兼顾相关主体利益，协调经济发展与森林保护矛盾，切实发挥森林各方面功能的制度设计	张媛（2015）

总的来说，关于森林生态效益补偿的概念界定，现有文献在具体表述和概念名称方面略有差异，如有些文献认为是一种激励方式，有些文献则将之看成一种制度安排，概念则有价值补偿、效益补偿和成本补偿等不同提法。从本质上说，现有文献对森林生态效益补偿的概念界定并无不同，即指森林生态效益的受益方对森林生态效益的提供者进行一定的补偿。但总体来看，现有文献在界定森林生态效益补偿概念时，均存在一个问题，即对生态补偿付费的法律强制性缺乏表述。如前文所述，森林生态系统服务是典型的公共物品，消费上具有非排他性，如果自愿付费必然会由于“搭便车”现象而导致供给不足，因此必须通过法律法规约束，强制要求森林生态效益受益方进行付费。基于此，笔者以为森林生态效益补偿的概念可表述为：特定区域内全体公民或企事业单位等森林生态效益受益者，依据相关法律法规，通过纳税或其他方式向政府缴纳生态补偿经费，政府通过转移支付或设立基金等方式对森林生态系统建设和保护者进行补偿。

从上述对森林生态效益补偿的概念界定来看，森林生态效益补偿具备经济学中交易的一般形态，其实质是一种交易，但与普通的商品交易相比还存在一定的差别，主要包括以下几个方面：

第一，森林生态效益补偿无法自发进行。森林生态系统服务是随着森林的生长和发展而自然生成的，其中大部分的产权不具备严格意义上的排他性，现实中很难界定其边界范围，人们很难自发对森林生态系统的建设者和保护者进行补偿。

第二，森林生态效益补偿可采用多种媒介进行。一般说来，普通商品交易的媒介是货币，而森林生态效益补偿则除货币补偿之外，还存在其他形式的补偿，如政策补偿、实物补偿、技术补偿等形式。

第三，森林生态系统供给在一定范围内不受补偿标准的影响。普通商品供给是由商品价格决定的，价格越高，供给越多，反之则供给越少。而森林生态系统的供给则有所不同，其供给曲线如图 9.1 所示。

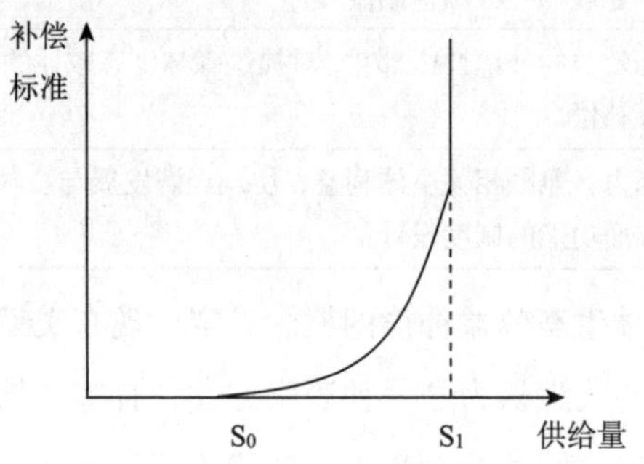

图 9.1　森林生态系统供给曲线

由于森林生态系统在人类经济社会发展中的特殊地位，往往是通过行政等强制性手段规定其最低供给水平（图中点 S_0），在该水平之内，森林生态系统的建设和保护者无法根据价格调整其供给。同时，由于地域面积的限制，森林生态系统供给不可能是无限制的，即到了一定水平（图中点 S_1）时，补偿标准再高也无法增加森林生态系统的供给。

9.2　森林生态效益补偿机制的核心要素

9.2.1　补偿主体与受偿主体

9.2.1.1　补偿主体

按照筹资角度的不同划分，我国森林生态效益的补偿主体经历了不同阶段（孔凡斌 等，2009）。1989—1993 年为森林生态补偿统一思想阶段。这一阶段提出要建立森林生态补偿制度[①]，但并没有对补偿资金来源问题作出明确规定。

1994—1999 年为补偿方案探索阶段。这一阶段主要是解决森林生态效益补偿资

① 建立森林生态补偿制度最早是在《关于 1992 年经济体制改革要点的通知》中提出的，但该通知中并没有对补偿资金来源问题作出明确规定。

金的来源途径问题、主要提出了两种解决资金来源的方式：一是向森林资源的受益主体征收生态补偿资金，以旅游区门票和水电工程为主。二是提取部分财政资金用于森林生态效益的补偿，但最终由于资金不足和各方利益难以平衡而没能在全国范围内实施。2000—2003 年为补偿方案试点阶段。进入新世纪，在中央和各级地方政府的资金支持下，我国开展了多项森林生态环境保护工程。2001 年，我国正式建立森林生态效益补偿基金，并在部分地区开展生态补偿试点工作，为森林生态效益补偿在全国开展打下基础。2004 年后是生态效益财政预算方案的完善阶段。

在森林生态效益补偿制度的不断完善和经验积累越来越丰富的前提下，我国逐渐确定了“谁受益，谁补偿”的原则。从理论上讲，根据该补偿原则，森林生态效益的所有受益主体均应承担补偿责任。由附表 2 可知，不同的森林生态系统服务其受益范围差异很大，有些生态服务的受益方为全人类，如调节气候和保护生物多样性等；有些生态服务的受益方为一国或特定区域内人群，如土壤保持、水调节和供给、营养调节、废物处理等；有些生态服务的受益方为特定的人群，如娱乐、景观、文化艺术、科研和教育等，受益者就是接近或进入森林的人群。本书第 7 章对公益林生态补偿资金分摊权重进行了研究，结果显示，中央政府、省级政府和公益林所在地政府三级政府共需承担 58.10% 的生态补偿资金，公益林管理部门分摊比重为 8.77%，其余的补偿主体（森林旅游景区、流域下游政府、水资源利用企业、公益林所在地居民等）分摊权重共计 33.13%。但从现实中看，由于很多生态系统服务具有公共物品特性，加上森林生态效益受益人群的规模和地域范围难以确定、社会成员对生态系统付费的意识并未形成，因此现阶段各级政府仍是最主要的补偿主体。

9.2.1.2 受偿主体

森林生态效益补偿的受偿主体主要包括森林土地所有者和森林经营者。以公益林补偿为例，森林生态补偿机制需要解决相关主体因公益林建设而承担经济损失的问题。在林地被规划为公益林之后，由于实施严格的禁伐制度，不同程度地侵犯了原林地所有者或经营者对生活、生产资料的获得权以及平等发展权等合法权益，造成林地所有者和经营者收入减少，需要对其进行补偿。另外，公益林建设和养护者承担着公益林的生产和保护责任，却无法获取公益林的经济利益，只能得到工资补贴等形式的部分收益，因此需要通过补偿来提高护林员的工作积极性。

9.2.2 补偿客体

全球生态系统服务可以分为23类，各类生态系统服务具有不同的表现形式（见附表2）。对于私有林来说，因为所有权一般是明确的，所以森林生态系统的受损方也是明确的，主要是森林经营者，其损失主要包括用于森林生态系统建设的直接投入（损失）和机会成本。对于国有林，国家会对森林的开发进行一定程度的限制。各类森林生态系统服务的所有权、受益人群却因各类森林生态系统服务特性的不同而有所区分。在受损方明确的情况下，森林生态服务及其产权和受益方的多元性决定了不同的生态补偿方式。

各国对森林生态系统服务的补偿客体主要有以下方面规定：

第一，森林生态效益综合补偿。在具体的生态系统服务类型难以确定、森林生态系统服务的总量及限额难以计算的情况下，政府通常会建立专项基金对受损方进行森林生态效益补偿。森林生态效益补偿应包含对全部的23类生态系统服务的补偿，具体见附表2。

第二，对森林碳汇功能的补偿。碳汇功能主要指森林气体调节和气候调节服务功能。该项生态功能的受益主体涵盖了全人类，因此世界各国都有义务和责任承担森林生态效益的补偿。但是气体调节及其服务涉及因素复杂，而且科学理论支持不足，很难用工具对森林的气候调节和气候调节功能进行测算，可控性和可操作性也不强。因此，当前只能从具有全球排放效应的碳减排领域入手实施补偿。在碳排放产权无法界定的情况下，主要通过清洁发展机制下的森林碳汇项目以及非清洁发展机制下的碳信贷交易、碳基金、碳排放许可等方式实施补偿。

第三，对森林涵养水源功能的补偿。森林涵养水源生态功能的受益主体主要是森林所在区域内的居民、企业和其他组织。这些主体有使用水资源的权利，但都不拥有该所有权。该类受益方的用水量可以准确计量，根据受益主体的用水量收取相关费用，该费用用于林区生态建设，从而实现对森林涵养水源生态效益的补偿。

第四，对森林消解污染物功能的补偿。森林可以通过林中微生物对一些污染物进行降解，减少污染物的危害。该生态服务的受益方为区域或局地人群。该功能生态补偿最典型的就是排污权交易，即根据当地森林消解污染物的能力或环境的容纳量确定排污权限额，利用市场来实现生态补偿。该方式主要用于无法确定受益方的情况。若可以确定受益方，可直接对其收费实现生态补偿。

第五，对森林生物多样性保护功能的补偿。生物多样性既可以提供人类生产生活所需的各种物质资料，也能改善生态环境。另外，生物的多样性对于物种科学研究有着重要的战略意义。森林生物多样性保护功能的受益主体几乎涵盖全人类，其中最主要的还是森林所在区域的相关群体。同样，受益方明确，则由受益方支付合理的费用。但是绝大部分情况是无法对受益主体进行区分的。针对该情况，世界各国普遍成立专门的生态补偿基金会对森林生物多样性保护进行补偿。

第六，对森林生产功能和生产过程的补偿。森林的生产功能是指森林所有者或者经营者将森林产生的食物、木材和其他相关林产品销售给消费者。虽然是消费者受益，但是森林资源所有者出售林业资源同样可获得利益。所以，若森林所有者或经营者明确，则由其直接支付补偿费用。由于森林砍伐过程会对森林生产功能造成很大程度的负面影响，因而可通过可持续林木采伐方式对森林产品的生产过程实施补偿。

第七，对森林景观娱乐价值的补偿。森林的自然景观为人类带来了生活休闲娱乐的价值，主要是指森林休闲旅游。该娱乐价值的收益方为进入森林的人群，供给方是森林土地所有者或森林经营者，如果二者都是明确的，由受益方付费。对于森林休闲旅游，可以采取收取门票的形式筹集生态补偿资金。

第八，对森林科研和教育价值的补偿。对应着森林的文化和艺术信息、精神和历史信息、科学和教育等服务，其所有者为森林土地所有者或森林经营者，受益方为进入森林的人群。在受益方和受损方都明确的情况下，主要通过用户付费或权利让渡的方式实施补偿。

综上所述，森林生态效益补偿内容主要包括以上八个方面，对其产生的相关效益进行补偿。受损方和受益方是否明确关系到不同的补偿方式，在森林生态系统服务的受益方、受损方以及受益受损价值都明确的情况下，主要由受益方通过市场交易直接付费；在双方主体不确定、受损收益价值难以界定的情况下，主要采取由政府代表受益方建立专项基金、实施信贷和限额交易等方式实施补偿。

9.2.3 补偿标准与补偿模式

9.2.3.1 补偿标准

补偿标准即具体的补偿金额。本书第6章对森林生态补偿标准进行了研究，包括成本和生态效益价值两个角度，但是，对森林生态效益价值进行精确评估难度非常大。其原因有两个：一是森林生态效益表现形式复杂多样，包括固土保肥、涵养水源、保护生物多样性、吸收二氧化碳等。这些效益之间相互联系，交叉重叠，难以区分是何种效益发生的作用。二是难以界定森林生态效益的受益人群规模和地域范围，而且森林生态效益价值也会因为不同的社会经济条件而不同，即使能够相对科学测算出森林生态效益的总价值，其理论数值也将是非常巨大的。实际补偿标准和理论标准通常是不同的，并且在实际操作中不会以理论价值作为补偿金额。

与森林生态效益价值补偿方法相比，基于成本角度核算生态补偿标准难度较小、可操作性较强且结果较为可信，在实际工作中得到大量利用。森林经营者总成本包括直接投入、直接损失和机会成本三部分①。当然，如果仅仅弥补森林经营者的成本和损失，只能保证森林经营者的简单再生产，森林规模并不会增加，因此单纯的成本标准可视为森林生态补偿的最低标准。为鼓励森林经营者扩大再生产，促进森林规模健康持续发展，应在成本（含损失）补偿的基础上，使森林经营者能获得一定的利润。所以，森林系统效益补偿标准除了能弥补森林经营者的直接投入、直接损失和机会成本外，还应加上社会平均利润。

9.2.3.2 补偿模式

外部性的存在使得私人收益（成本）小于社会收益（成本），由此导致市场资源配置效率低下。那么政府会用征税或补贴的手段来调节市场（即庇古税），对负外部性情况进行征税，对正外部性情况给予补贴，以此纠正外部性。除庇古税思路外，根据科斯定理，只要产权清晰，通过市场交易也能消除外部性问题。基于上述两种思路，森林生态效益补偿也有两种模式，即政府补偿和市场补偿。政府补偿是通过征税或补贴进行补偿，而市场补偿是通过产权路径实现，在市场中进行产权交易。

---

① 其中，直接投入以现值计算，直接损失按年限折旧或采用市场重置法等进行估算，而机会损失是森林经营者放弃的将林地用于其他生产所获得的最大收入。

有学者提出，要根据生态补偿的规模和补偿主体采取不同的模式，政府补偿适用于受益方分散、产权不清晰的森林；市场补偿则适用于受益者集中、产权界定明晰的森林（徐永田，2011）。

由于相关产权制度不够完善，我国森林生态效益补偿还是以政府补偿为主要模式。20 世纪后期，我国陆续在全国范围内开展具有重大生态补偿意义的林业工程，比如三北防护林工程、退耕还林工程、“天保工程”等。从 2000 年以后，中央建立了关于森林生态效益补偿的制度、基金和奖励机制，全国各地的森林生态效益补偿工作进展非常迅速，受损方也得到了补贴或者由林业投资项目带来的利益。在国家权力的保障下，政府既平衡了各方利益，又有力地促进了政府补偿模式的推广和实施。

补偿资金由生态效益受益方提供是理想中的政府补偿模式。一方面，由于森林生态效益公共物品的属性以及受益主体分散的特点使得交易成本很高，直接向受益方收取资金无法实施（李文华 等，2007）。因此，森林生态效益补偿资金可以来源于政府的一部分财政支出，也可以来源于对社会公众收取的“环境税”。征税这一方式是为了让森林生态效益最广泛的受益主体（社会公众）对自己享受的各种森林生态服务进行补偿，以便有足够的资金支持森林生态环境的恢复和后期管护。另一方面，由于全国各地的森林资源的分布情况有所差异，对于经济发展相对落后的地区，森林面积更加广阔，森林生态服务更加丰富。该森林资源的管育工作都是由当地林户承担，投入了大量的时间和精力。而经济发达地区并没有参与森林资源保护，却可以享受森林生态服务，所以要根据主体功能区战略实施生态补偿。另外，政府有义务为森林生态系统的恢复和管理提供相关服务。政府必须重视除补贴之外的其他非资金补偿手段，如产业扶持、人才培养、技术培训等。

虽然现阶段由于产权不清晰、市场交易困难等，各级政府承担了绝大部分补偿资金，但从长期来看，森林生态效益市场化补偿是必然趋势。森林生态效益补偿实现市场化之后，森林生态效益受益方与受损方之间可以进行一种交易，利用市场机制实现受益方对受损方的生态补偿。从世界范围内的森林生态效益市场化补偿实践和案例来看，主要涉及碳汇交易、流域之间水文服务交易、生物多样性保护和森林景观交易四个领域（张涛，2003）。随着森林生态产品市场交易规模的扩大，市场化补偿机制会更加丰富，如生物多样性银行、森林特许经营等，相关机构会更加健全，尤其是市场化风险管理机构。但是，森林生态效益补偿的市场化并不是完全把资源配置交给市场，而是市场为主，政府为辅，充分发挥各自的优势，两者互相结合。

除了上述这些直接的森林生态效益补偿的方式以外，在国外还有一些间接的森林生态效益补偿方式，如生态认证（梁丹，2008）。要想开展生态认证，最重要的是有一套权威的、消费者信任的生态认证体系。对于森林生态认证，要求相关林产品必须是森林环境友好型的，不会对森林生态系统造成危害。经过权威机构或组织认证后的林产品价格更高，消费者购买该产品实现生态效益的补偿，从而使森林生态和社会效益充分释放。目前，我国解决林业外部性问题的主要方式是对森林资源供给者和服务者提供适当经济回报，但是该方式并没有解决林业的外部不经济性，即纠正森林经营者为了获得经济利益造成环境破坏，让社会承担后果这一行为。对那些在采伐森林的同时积极投入森林资源恢复和管育的生产者，其林产品获得认证后，会使其获得更多的利润，从而有足够资金投入改善森林生态环境。森林认证方式既使森林经营者的角色发生转变，从生态破坏者角色转变为生态保护者，又使生态效益受益者承担了生态补偿的责任。

9.3　森林生态效益补偿政策的演进与实践进展

9.3.1　森林生态效益补偿政策发展阶段

9.3.1.1　早期实践与思想萌芽阶段

这一阶段主要指20世纪70年代末至80年代末。1978年，我国决定在“三北”地区大规模营造人工生态林（主要是防护林）[①]。为保障工程顺利实施,国家与地方在工程的实施过程中投入了大量的资金。“三北”防护林建设是我国较早关于森林生态效益补偿的实践。

20世纪80年代，我国大部分林区都面临资金和资源的双重困境。为了解决这个问题，国家自1980年起开始着手建立林业基金制，目的是最大限度地筹集林业建设

① 整个工程规划从1978年起到2050年止，工程期限73年，规划造林5.34亿亩，计划将“三北”地区的森林覆盖率从5.05%提高到14.95%。

资金。1981年，国家发布《中共中央、国务院关于保护森林发展林业若干问题的决定》，从文件层面首次提出建立国家林业基金制度①。除林业基金外，“绿化费”也是早期森林生态效益补偿的重要实践。1981年和1982年，国家各部委多次通过决议，决定开展全民义务植树活动②。全民义务植树活动如火如荼地进行几年后，各地在实践中出现了一些替代形式，如“以资代劳”，即通过支付一定资金来代替义务劳动，有些地方文件中将其称为“绿化费”。可见，“绿化费”是植树造林的替代形式，目的是进行生态系统建设，因此“绿化费”实质上就是森林生态效益补偿费。事实上，在部分地方的实践中（如广州），绿化费被直接用于公益林补偿。

1989年，国家林业部门组织专家到四川进行林业建设调研，在成都市青城山风景区有一块碑文吸引了调研人员的注意力，碑文内容是一份会议纪要，即成都市政府决定把门票收入的30%用于青城山风景区森林管护③。青城山风景区的这一实践对推动我国森林生态效益补偿具有非常重要的意义。1989年10月，在四川乐山召开了一次全国性的森林生态补偿研讨会，会议成果是我国森林生态效益补偿思想的重要体现。

这一阶段为森林生态效益补偿的萌芽阶段。各地开展的生态补偿实践缺乏明确的政策依据，生态补偿在具体实施过程中随意性很大，是否补、补多少完全取决于决策者意图和参与者的讨价还价能力。

9.3.1.2　摸索前进与政策准备阶段

这一阶段主要指20世纪80年代末至90年代末，主要成果包括“地方的摸索前进”和“政策的渐进准备”两方面。

---

① 文件明确规定：要把国家的林业投资、财政拨款、银行贷款，按照规定提取的育林基金和更改资金，列入林业基金，由中央和地方林业部门，按规定权限，分级管理，专款专用。

② 历史地考察这一决议的意义超出了全民义务植树本身，因为决议包含了这样一个社会价值判断：即为了享受环境效益带来的好处，每一个公民都有义务付出劳动。从经济学角度讲，这是对免费搭车的一种纠正。

③ 青城山是我国道教名山，是四川省都江堰市著名的旅游景点。长期以来，林业部门承担了山上的森林资源管护任务，但却得不到旅游门票带来的收入，护林人员发不出工资，造成了森林管护放松，乱砍滥伐森林资源十分严重，风景区面临毁于一旦的险境。为解决这一问题，市政府决定从风景区的门票收入中拿出30%支付给林业部门用于森林资源保护。从1989年到1991年底，林业部门从风景区门票收入中获得50万元用于护林防火。门票收入注入护林费之后，青城山的森林状况很快得以好转。

9.3.1.2.1　地方的摸索前进

中国地方性森林生态效益补偿的实践要早于国家政策的制定，并且各地区的补偿形式多样。各地的实践大体上分为三类（张涛，2003）：其一是以响应国家建立林业基金的名义收取费用，但并未明确是否用于森林生态效益补偿。例如，辽宁省1988年起对省内以森林资源和水资源为原材料的企事业单位、机关、集体、个体征收林业开发资金和水资源费，将部分费用用于改善和维护林业资源和水资源状况。其二是向公益林受益者收取费用并用于公益林建设。这种模式是典型的森林生态效益补偿，地方实践也非常多（见表9.2）。其三是在地方财政预算中直接增列补偿费支出。如广东省明确规定各级政府必须在财政支出中单独划拨至少1%的资金用于林业，其中30%以上要用于生态公益林建设。

表9.2　公益林受益者收费的地方实践

省份	征收标准	资金用途
新疆	职工1～40元/人·月，原油1元/吨，成品油1.5元/吨，非金属矿石、有色金属矿石、黄金矿石0.05～0.3元/吨，旅游门票加征10%，林地采集药材收入3%	生态公益林建设与野生动物保护
湖北	水库农业供水收入0.5%、城镇与工业用水0.01元/吨、水电供电0.01元/千瓦时、旅游业收入的1%、内河航运货运0.005元/10吨·千米、客运0.01元/人·千米、内地采矿销售收入2%	生态公益林建设
内蒙古	农田每亩0.5～1元	农田防护林的抚育与更新改造

9.3.1.2.2　政策的渐进准备

1992年，森林生态效益补偿制度一词首次出现在国家文件中，即国务院批转的《关于经济体制改革要点的通知》。学术界也都普遍认为，这一文件意味着国家正式着手建立森林生态效益补偿制度。1993年，国家接连发布《关于进一步加强造林绿化工作的通知》和《关于收取林业生态补偿费的规定》两个文件，明确提出征收林业生态补偿费。1994年，国家层面又连续发布《中国21世纪人口环境与发展白皮书》和《关于增加农业投入的紧急建议》两个文件，要求根据受益者付费原则建立森林生态效益补偿基金。

1995年，国家相关部委发布《林业经济体制改革总体纲要》，提出林业分类经营试点，即将森林区分为公益林和商品林进行分类管理。1996年，国家林业部门主导在10个省区正式展开林业分类经营试点。同年12月，国家财政和林业部门制订了森林生态效益补偿收费方案，核心是根据受益者付费原则，向直接受益于森林生态系统的单位和个人征收森林生态效益补偿基金，这些受益群体包括大型水库、景区和旅行社等[①]。方案规定，征收的森林生态效益补偿基金按4 ：6的比例分别划归中央和地方财政。据估算，该方案每年可大约征收5.87亿元的补偿基金（王冬米，2002）。需要说明的是，该方案由于涉及部门较多，协调起来比较困难，同时由于实际征收管理难度大、征收成本较高等原因，最后并未付诸实施。1998年，国家通过《中华人民共和国森林法》修正案，提出要设立森林生态效益补偿基金，并确保专款专用。这意味着森林生态效益补偿已经上升到法律层面。

这一阶段，从中央到地方对森林生态效益补偿的认识越来越深刻。其主要特点是：各地根据自身情况开展了大量实践，并且出台了很多地方性制度和标准；国家层面将森林生态效益补偿纳入整个国家的政策框架体系，甚至通过法律将其固定下来，使森林生态效益补偿有规可循、有法可依。

9.3.1.3 试点阶段

这一阶段时间跨度为1998年至2004年，主要包括天然林资源保护、退耕还林和公益林生态补偿等试点。

9.3.1.3.1 天然林资源保护工程

1998年的长江特大洪涝灾害后，人们开始深刻反思天然林过度砍伐所引发的严重后果。国家决定实施天然林资源保护工程，并在长江、黄河等重要流域上游地区，以及东北、内蒙古等重点国有林区进行试点。试点结束后，2000年10月，国家全面启动天然林资源保护工程（简称“天保工程”），工程规划实施期为10年。“天保工程”主要内容包括：

第一，实施范围。实施范围包括长江上游地区6个省（自治区、直辖市）、黄河

① 收费标准为：库容量1亿立方米以上的国家大型水库，按扣除农业用水收入的0.5%缴纳；全国各类旅行社按照应纳税营业额的1%缴纳；风景名胜区、森林公园、自然保护区、旅游度假村、城市园林、绿化公园、狩猎场内从事各种经营活动的单位和个人，按营业收入的1%缴纳；风景名胜区、森林公园、自然保护区、旅游度假村、城市园林、绿化公园的门票加价10%进行缴纳；猎枪生产和经销单位，按猎枪出厂价格的20%缴纳，其中生产单位负担5%，经销单位负担15%；保留野生动物进出口管理费和陆生野生动物资源保护管理费。

上中游地区 7 个省（区）以及东北、内蒙古等重点国有林区，共涉及 17 个省（自治区、直辖市）、734 个县和 167 个森工局（场）。

第二，主要任务。主要任务包括：全面停止长江上游、黄河上中游地区天然林的商品性采伐，停伐木材产量 1239.0 万立方米；东北、内蒙古等重点国有林区木材产量由 1853.6 万立方米减到 1102.1 万立方米；管护好工程区内 0.95 亿公顷的森林资源；在长江上游、黄河上中游工程区营造新的公益林 0.13 亿公顷；分流安置由于木材停止砍伐减产形成的富余职工 74 万人。

第三，补偿对象和补偿标准。“天保工程”的补偿对象包括森林资源管护、公益林建设、森工企业职工养老保险社会统筹、森工企业社会性支出、森工企业下岗职工基本生活保障、森工企业下岗职工一次性安置和地方财政补助 7 类，具体标准如表 9.3 所示。

表 9.3 “天保工程”补偿对象及补偿标准

补偿对象	补偿标准
森林资源管护	每人 1 万元 / 年，需管护 380 公顷公益林
公益林建设	飞播造林 750 元 / 公顷；封山育林 210 元 / 公顷 · 年，连续补助 5 年；人工造林长江流域 3000 元 / 公顷，黄河流域 4500 元 / 公顷
森工企业职工养老保险	按在职职工缴纳基本养老金的标准予以补助，各省有所差异
森工企业社会性支出	教育经费 1.2 万元 / 人 · 年；公检法司经费 1.5 万元 / 人 · 年；医疗卫生经费，长江黄河流域 6000 元 / 人 · 年，东北、内蒙古等重点国有林区 2500 元 / 人 · 年
森工企业下岗职工基本生活保障	按各省（自治区、直辖市）规定的标准执行
森工企业下岗职工一次性安置	按不超过职工上一年度平均工资的 3 倍发放一次性补助
地方财政补助	中央通过财政转移支付方式予以适当补助

可以看出，“天保工程”资金使用目的非常明确，基本上是以“补人”为出发点的。该政策在 1998—1999 年的试点过程中，国家投入了 101.7 亿元。工程规划期内，国家共投入 962 亿元，2002 年还另外增加了 6.1 亿元专门用于下岗职工安置，总投入达 1069.8 亿元。总的来说，“天保工程”成效比较显著，有效遏制了天然林砍伐现象，森林面积和生态系统服务供给能力稳步提升。生态环境改善的同时，森工企业

职工的生活也有基本保障，客观上维护了社会的稳定。

9.3.1.3.2 退耕还林工程

长期以来，以粮为本的国家农业发展战略造成了严重的生态破坏问题，尤其是大型流域上游地区，由于长期的毁林开荒导致大量水土流失，引发了洪水等严重的自然灾害。因此，国家决定加大对大型流域上游环境的综合整治力度。20 世纪 90 年代末，在国家粮食储备充分和粮食连年丰收的情况下，国家决定实施“退耕还林”政策。

1999 年，国家在四川、陕西、甘肃的 3 个省开始退耕还林试点，共退耕还林 44.8 万公顷。2000 年 3 月，试点范围扩大到中西部地区 17 个省（自治区、直辖市）和新疆生产建设兵团的 188 个县（市、区、旗），下达试点任务 87.21 万公顷。2001 年，国家进一步将洞庭湖、鄱阳湖流域和陕西延安、新疆和田等水土流失严重地区纳入试点，试点范围扩大到西部地区 20 个省（自治区、直辖市）和新疆生产建设兵团的 224 个县（市、区、旗），下达试点任务 98.33 万公顷。

试点结束后，2002 年 1 月，国家在全国范围内正式启动退耕还林工程，涉及区域包括 25 个省（自治区、直辖市）和新疆生产建设兵团，全年下达退耕还林任务共 572.87 万公顷。2003 年，国家正式颁布《退耕还林条例》，同年下达退耕还林任务 713.34 万公顷。2004 年，国家将退耕还林工作重心转移，从大规模推进转为成果巩固，全年下达任务降低到 400 万公顷。同年 4 月，国家对退耕农户的补偿方式进行调整，由原来的实物补助（如粮食）改为现金补助，效果比较显著，农户退耕积极性有所提高。

退耕还林工程试点及正式实施期间，国家共下达任务近 2000 万公顷，累计投入约 750 亿元，效果非常显著，主要表现在：其一，改善了人与自然的关系。退耕还林改变了过去的广种薄收生产方式，有效推进了水土流失和土地沙化的综合治理，工程区内生态环境明显改善。其二，提高了土地利用效率，优化了产业结构。农户将那些不适宜种植粮食的耕地还林，在提高土地利用效率的同时，也进一步优化了农林牧等产业之间的结构比例。其三，增加了农民收入。国家投入的粮款补助大多数是直接补给农户，一定程度上能增加农民收入[①]。同时，部分农户结合退耕还林，

① 退耕还林工程实施期间，使 3000 多万农户、1.2 亿农民从国家补助粮款中直接受益，农民人均获得补助 600 多元。

积极发展林果、林茶、畜牧等产业，也增加了一部分收入。

9.3.1.3.3　森林生态效益补偿试点

在“天保工程”、退耕还林等大型林业生态工程建设的同时，我国公共财政体制改革也快速推进，社会各界纷纷要求在财政预算中增列林业生态建设支出。在此背景下，2001 年 1 月，国家颁布《关于开展森林生态效益补助资金试点工作的意见》，正式启动森林生态效益补助试点工作。同年 11 月，国家投入 10 亿元在 11 个省（自治区、直辖市）共 658 个县进行试点，涉及 0.12 亿公顷森林资源，按 5 元 / 亩・年进行补偿。同时，为规范资金使用，国家出台了《森林生态效益补助资金管理办法（暂行）》，明确规定地方财政必须配套才能享受中央补助资金。2003 年，国家发布《中共中央 国务院关于加快林业发展的决定》，明确提出实行林业分类经营管理体制①。这些文件为森林生态效益补偿试点工作提供了政策保障。

这一时期的特点是：森林生态效益补偿开始实践，相关试点规模不断扩大，补偿的标准、方式越来越规范，相关专项资金也被纳入财政支出项目。

9.3.1.4　实施阶段

这一阶段时间为 2004 年以后。

由于试点效果较好，2004 年 1 月，国家发布《中央森林生态效益补偿基金管理办法》，正式建立森林生态效益补偿基金，明确规定按 5 元 / 亩・年的标准进行补偿，其中 4.5 元为补偿性支出，0.5 元为公共管护支出。2007 年 3 月，国家对原文件进行修订，重新发布《中央财政森林生态效益补偿基金管理办法》，进一步规范了补偿范围、补偿标准、资金管理等制度，将补偿性支出提高至 4.75 元，并取消了地方政府资金配套的硬性规定。该办法将公益林建设纳入公共财政的框架，使其拥有了稳定的保护资金来源渠道。

此后，国家连续发布多个重要文件，包括《关于全面推进集体林权制度改革的意见》（2008 年）、《关于加快林下经济发展的意见》（2012 年）、《关于加快推进生态

① 其核心内容包括：公益林业要按照公益事业进行管理，以政府投资为主，吸引社会力量共同建设；商品林业要按照基础产业进行管理，主要由市场配置资源，政府给予必要扶持；凡纳入公益林管理的森林资源，政府将以多种方式对投资者给予合理补偿；公益林建设投资和森林生态效益补偿基金，按照事权划分，分别由中央政府和各级地方政府承担。

文明建设的意见》(2015年)、《关于健全生态保护补偿机制的意见》(2016年)、《关于印发“十三五”生态环境保护规划的通知》(2016年)、《关于建立资源环境承载能力监测预警长效机制的若干意见》(2017年)等，这些文件均提出了要加强森林生态效益补偿制度建设。2018年，国家出台了《关于进一步放活集体林经营权的意见》，明确提出要发展森林碳汇和碳交易市场，拓宽森林生态补偿资金来源渠道。

值得说明的是，在森林生态效益补偿制度有序实施过程中，2010年国家决定实施天然林资源保护二期工程，实施周期为2011年至2020年，总投入约2440亿元，其中中央投入2195亿元，地方投入245亿元[①]。补偿范围包括公益林建设投资、森林管护、森林培育及其他社会性支出等。2014年，国家又决定实施第二轮退耕还林还草工程，并发布《新一轮退耕还林还草总体方案》，明确了新一轮退耕还林还草补助政策（见表9.4），同时规定宣传、检查和验收等工作经费主要由省级财政承担。

表9.4 新一轮退耕还林还草补助政策

补偿范围	补偿标准	补偿资金给付方式
退耕还林	1500元/亩，其中现金补助1200元、种苗造林费300元	第一年800元、第三年300元、第五年400元
退耕还草	800元/亩，其中现金补助680元、种苗种草费120元	第一年500元、第三年300元

9.3.2 我国森林生态效益补偿的成效

9.3.2.1 林业生态建设发展阶段

我国林业生态建设大体可分为三个阶段：

第一阶段为林业的分散建设阶段，时间跨度为20世纪50年代初至70年代后期。中华人民共和国成立后，根据“普遍护林、重点造林”的方针，我国各地开始营造各种类型的防护林，但由于林种单一、缺乏统一规划，整体效果并不好。并且当时人们对林业的生态和社会效益缺乏足够认识，过于看重木材收益而忽视了生态环境建设，组建了很多森工局进行森林砍伐，严重破坏了林业生态环境。

---

① 天然林资源保护二期工程目标主要包括：新增森林面积7800万亩，森林蓄积净增加11亿立方米，森林碳汇增加4.16亿吨，同时为林区提供就业岗位64.85万个，生态状况与林区民生进一步改善。

第二阶段为林业的生态工程建设阶段，时间跨度为20世纪70年代后期至90年代后期。随着生态环境恶化、自然灾害频发，人们意识到森林对保护生态环境的重要性，转变了过去单一生产木材的观念，因此加快了防护林体系建设进程。这一阶段，国家先后实施了十大林业生态工程①，工程规划区总面积达到705.6万平方千米，我国生态环境最脆弱的地区均已覆盖在内。

第三阶段为全面生态建设阶段，时间为20世纪90年代后期至今。该阶段同时也是森林生态效益补偿试点和实施阶段，人们对林业重要性的认知更加深刻，国家陆续开展了多项森林生态环境治理工程，比如1998年的天然林保护工程、2000年的退耕还林还草工程、2001年的“三北”工程第四期等。同时，国家将原来规划实施的林业建设工程进行整合，确定了六大林业重点工程②，其中五大工程都与林业生态环境建设有关。

经过生态工程建设和全面生态建设两个阶段，我国的林业得到了快速发展。从1973年开始至2014年，我国已完成了八次森林资源普查，具体普查数据如表9.5所示。由表9.5可知，中国森林面积从第一次普查的12200万公顷增加到第八次普查的20769万公顷，净增加了8569万公顷。其中，人工林面积从4709万公顷增加到6933万公顷，净增加2224万公顷；森林覆盖率从12.70%增加到21.63%，净增加了8.93%；森林蓄积量从865600万立方米增加到1513729万立方米，净增加了648129万立方米。

表9.5 历次森林资源普查数据

年份	林业用地面积（万公顷）	森林面积（万公顷）	人工林面积（万公顷）	森林覆盖率（%）	活立木总蓄积量（万立方米）	森林蓄积量（万立方米）
1973—1976	25760	12200		12.70		865600
1977—1981	26713	11500		12.00		902800
1984—1988	26743	12500		12.98		914100

① 十大林业生态工程主要包括“三北”、长江中上游、太行山、沿海、平原、防沙治沙、珠江、淮河太湖、辽河和黄河中游防护林体系建设工程。

② 六大林业重点工程分别为天然林资源保护工程、退耕还林工程、“三北”及长江流域等防护林体系建设工程、京津风沙源治理工程、野生动植物保护及自然保护区建设工程、重点地区速生丰产用材林基地建设工程。

续表

年份	林业用地面积（万公顷）	森林面积（万公顷）	人工林面积（万公顷）	森林覆盖率（%）	活立木总蓄积量（万立方米）	森林蓄积量（万立方米）
1989—1993	26289	13400		13.92		1013700
1994—1998	26329	15894	4709	16.55	1248786	1126659
1999—2003	28493	17491	5365	18.21	1361810	1245585
2004—2008	30590	19545	6169	20.36	1491268	1372080
2009—2013	31259	20769	6933	21.63	1643281	1513729

数据来源：中国林业网 http://www.forestry.gov.cn/。

9.3.2.2　森林生态效益补偿政策实施的成效

第一，造林面积持续增加。2017 年，我国共完成造林面积高达 11521.05 万亩[①]，较 2008 年增加了 45.62%，年均增加 4.26%，超额完成了 1 亿亩的造林计划。其中人工造林占比达到了 55.93%、飞播造林占 1.84%、新封山育林占 21.58%、退化林修复占 16.68%、人工更新占 3.98%。在各个省份中，造林面积超过 1000 万亩的有 2 个，超 500 万亩的有 6 个，其余省（自治区、直辖市）造林面积均低于 500 万亩。2017 年，国家林业重点生态工程建设扎实推进，全年完成造林面积 299.12 万公顷[②]，较 2016 年同比增长 19.6%，占全部造林面积的 38.9%。

第二，森林质量精准提升。2017 年，国家试点实施森林质量提升工程，共建设了 18 个示范项目，包括江西赣州、山西太行山等重点地区，结合国家储备林建设，开展退化林修复、混交林和景观林培育、灌木林平茬复壮、经果林提质建设。安排中央基本建设资金 3.8 亿元、中央财政林业改革发展资金 4.2 亿元，重点支持示范项目，撬动金融社会资本投入。2017 年，全年共完成森林抚育面积 885.64 万公顷，比 2016 年增长 4.2%。全年完成退化林修复面积 128.10 万公顷，比 2016 年增长 29.3%，其中低效林改造面积 76.42 万公顷，退化防护林改造面积 51.68 万公顷。在人工造林、退化林修复过程中注重优先营造混交林，全年新造和改造混交林面积 155.58 万公顷。

① 自 2015 年起，造林面积包括人工造林、飞播造林、新封山育林、退化林修复、人工更新。

② 其中：天保工程 39.03 万公顷、退耕还林工程 121.33 万公顷、京津风沙源治理工程 20.72 万公顷、石漠化综合治理工程 23.25 万公顷、三北及长江流域等重点防护林体系工程 94.79 万公顷。

人工造林按林种主导功能划分，防护林所占比重最大，面积达到 190.49 万公顷，经济林面积达到 174.79 万公顷，用材林面积达到 61.48 万公顷。

第三，林业产业结构不断优化。2017 年，我国林业总产值达到 7.1 万亿元，比 2016 年增长 9.8%。其中，森林旅游发展势头强劲，全年林业旅游和休闲人次达 31 亿，产值突破万亿元。全年新增森林旅游示范市和示范县分别为 10 家和 33 家。到 2017 年底，全国森林公园总数达 3505 处，其中国家级公园 881 处。森林公园的游步道总长度达 8.77 万千米，接待住宿床位 105.68 万张。

第四，生态扶贫成效显著。国家鼓励将生态环境保护和扶贫开发相结合，通过开展一系列生态环境工程，为贫困人口创造了大量就业机会，直接带动贫困人口增收。2017 年，国家投入 25 亿元直接用于 21 个省份贫困地区生态护林员的选用，较 2016 年增加 5 亿元，生态护林员选聘规模增加了 8.2 万人。

9.4 森林生态效益补偿的国际经验及借鉴

9.4.1 欧盟的森林生态补偿制度

9.4.1.1 LIFE 环境金融工具

1992 年，为解决环境问题，欧盟推出了 LIFE 环境金融工具。LIFE 环境金融工具可以将筹集到的资金投资于生态环境项目，在获得经济利益和改善生态环境的同时，又能促进欧盟相关生态环境政策和法律的持续优化。1992—2006 年，LIFE 环境金融工具经历了三个阶段。第一阶段是 1992—1995 年，项目内容主要包括优化生态环境、保护栖息地、经营环境生态服务、教育、培训和信息公开以及对第三国家的援助等[①]；第二阶段是 1996—1999 年，项目主要目标是通过技术和方法创新来促进环境政策在各领域的实施；第三阶段是 2000—2006 年，主要目标是全面提升区域生态环境质量。在 LIFE 环境金融工具实施的 15 年间，欧盟总投入资金超过 40 亿欧元（Jones，2006），其中用于森林生态系统的恢复和维护的资金占了很大比重。

① 其中，提升可持续发展和环境品质资金占项目预算的 40%；保护栖息地和自然资源资金占项目预算的 45%；经营环境生态服务资金占项目预算的 5%；教育、培训和信息公开资金占项目预算的 5%；对第三国家的援助资金占项目预算的 5%。

第一，对森林修复的支持。自 LIFE 环境金融工具实施以来，资助了很多森林修复项目，尤其是那些鸟类栖息地所在区域。如 1997 年针对英国大西亚橡树林，LIFE 环境金融工具开展了大量治理活动，包括对杜鹃花进行清理和控制蕨菜生长，涉及面积 1465 公顷。在 4 年的项目实施期内，LIFE 向该项目资助了 170 多万欧元，占该项目总投入的 50%，对大西亚橡树林的修复起到关键作用，使大西亚橡树在很多国家（区域）的种植规模大幅增加（Jones，2006）。

第二，对森林生物多样性的保护。LIFE 环境金融工具对森林生物多样性的保护也发挥了重要的作用。当然，LIFE 不是直接作用于生物多样性的保护，而是通过资助森林生态项目进行生态治理和维护，间接地保护生物多样性。森林拥有着地球上最丰富的生物数量，只有保护好森林生态系统才能保护好地球生物的多样性。1998 年德国为了应对黑森林松鸡数量的急剧减少，开展了黑森林松鸡的栖息地综合保护项目，该项目到 2002 年截止，历时 4 年。LIFE 为黑森林松鸡栖息地综合保护项目提供了约 11.4 万欧元的资金支持，约占该项目总投入的 50%。项目实施效果非常显著，使松鸡数量持续下降状况有所扭转，并且在 2004—2005 年有一定增长。

该项目结束后，LIFE 继续对相关生态工程投入资金，使众多项目之间形成了相互促进的作用，既改善了森林生态系统，又保护了生物多样性，可谓一举两得。

第三，对森林管理的协助。森林生态系统恢复后，为了保持已经取得的良好效果，后期需要对森林进行管理，LIFE 环境金融工具在协助森林管理方面也发挥了重要的作用。为了使古老的原始森林生态系统能够持续为人类生存发展带来各种所需资源，在原始森林管护上，LIFE 提供了大量的资金支持。在 1997 年，耗资最多的阿尔卑斯山脉最大的原始森林保护区的绝大部分资金都是由 LIFE 资助，为该保护区的森林资源保育建立了完善的法律规范，禁止开发森林资源。在 LIFE 的资金支持下，4 年内建立了 4073 公顷的原始自然保护区，生物多样性得到了重大改善，重新发现了 40 多种双翅目、650 多种菌类和数量众多濒临灭绝的物种。相关原始森林保护区的建立对欧洲地区的生态功能、生物多样性和资源开发利用发挥了重要作用。

总的来说，LIFE 环境金融工具主要对森林修复、生物多样性保护和森林管理等项目进行资助。该金融工具实施更加灵活透明，执行程序严格，对欧洲的生态系统修复和管理提供了巨大的资金支持，解决了森林生态效益补偿资金的来源和使用问题。因此，可以充分借鉴 LIFE 环境金融工具，挖掘适合我国的生态金融工具，丰富资金来源，提供大量的资金支持。

9.4.1.2　政府提供林业补贴的措施

第一，英国的森林补助金制度。1991 年，英国森林委员会制订了森林政策，1994 年又制订了“可持续林业——英国计划”，以促进森林可持续发展。2003 年，根据欧盟共同农业政策，英国又出台新的森林补助金制度。2008 年，英国对森林补助金制度进行再次修订，将补助金划分为森林规划补助、森林评价补助、森林更新补助、森林改良补助、造林补助和森林管理补助等。具体的补偿标准如表 9.6 ～ 9.11 所示：

表 9.6　森林规划补助金（英国）

林地范围	补助标准（最低支付 1000 英镑）	条件
初始 100 公顷	20 英镑 / 公顷	计划 3 公顷以上
超过 100 公顷追加范围	10 英镑 / 公顷	

表 9.7　森林评价补助金（英国）

评价种类	补助标准	最低支付额	条件
生态学评价	5.6 英镑 / 公顷	300 英镑	生态学上重要的森林
景观设计计划	2.8 英镑 / 公顷	300 英镑	森林是否影响美观
历史与文化评价	5.6 英镑 / 公顷	300 英镑	是否影响地区历史及文化价值
对利益关系者关心程度	每项评价 300 英镑	300 英镑	是否有必要与居民、社区讨论

表 9.8　森林更新补助金（英国）

更新前	更新内容	补助标准（英镑 / 公顷）
针叶树人工林	地区乡土树种	1100
	阔叶树人工林种	950
	针叶树人工林种	360
阔叶树人工林	地区乡土树种	1100
	阔叶树人工林种	950
	长伐期阔叶树经营林种	360

续表

更新前	更新内容	补助标准（英镑 / 公顷）
原本是森林用地的针叶树人工林	地区乡土树种	1760
	阔叶树人工林种	950
	针叶树种	0
原本是森林用地的阔叶树人工林	地区乡土树种	1760
	阔叶树人工林种	950
天然林和育成天然林	地区乡土树种	1100

表 9.9　森林改良补助金（英国）

内容	为改良森林，在超过 5 年的合同期内地区可自由酌情支付补偿金，首次支付的补偿金为与地区达成协议经费的 50% 或 80%
基金类型	森林生物多样性、森林特殊科学价值、森林公共准入

表 9.10　造林补助金（英国）

范围	阔叶树	针叶树
Standard、Small Standard、Native、社区林业	1800 英镑 / 公顷	1200 英镑 / 公顷
特殊阔叶树	700 英镑 / 公顷	—

表 9.11　森林管理补助金（英国）

条件	100 公顷以上的森林需要英国森林认证标准（UKWAS）的认证和可持续管理计划 30 ～ 100 公顷的森林必须取得认证或必须有 WMG 资格的适当管理计划 30 公顷以下的森林同样需要取得认证，或 1 年以内的条件、机遇和危险评估
对象	对英国生物多样性行动计划（UKBAP）重要的森林、提供符合要求的公共准入、应受保护的红灰鼠栖息地、东米德兰林地鸟类优先地区
金额	每年平均 30 英镑 / 公顷，共 5 年

上面表格对 6 种补助金的条件和补助标准进行了总结，英国森林委员会依据制度要求的条件对森林生态服务提供者以及周边林农按照补偿标准发放补助金。这些补助金将会用于规划林业用地、获取林业管理信息、森林资源开发后的恢复和植树造林等活动。

第二，瑞士林业补助金制度。瑞士是欧洲林业补助资金支出最多的国家之一。在强有力的资金支持下，林业补助金制度十分完善，森林生态系统管理水平也非常高。20 世纪 90 年代，瑞士林业补助金主要用于森林施业及管理、林业结构改善和自然灾害防治三方面。其中，森林施业和管理包括森林保护区的培育和管理、林区的灾后重建以及收集资料用于森林经营等，支出比例占 50% 左右；林业结构改善和基础治理主要是促进森林资源的市场化，以及调节森林经营者之间的利益关系，支出比例占 21% 左右；自然灾害防治就是建设预防和治理灾害的相关设施条件，支出比例占 29% 左右。瑞士对国内的林业补助金制度进行了两次比较重要的改革，第一次是在 2004 年，瑞士在欧盟森林行动计划的推动下，根据本国林业发展的实际情况建立了自己的国家森林行动计划，并在同一年在国内推广实施。第二次是在 2008 年，为了在全国范围内系统有效地实施森林补助金制度，瑞士再一次修订本国的森林补助金计划。瑞士及时有效地对本国的林业补助金制度进行改革，使得制度更加契合实际需要，不仅改善了森林生态系统的功能，还促进了林农的收入水平，实现了人与自然的和谐共生，才有了风景优美的山林风光。

第三，德国林业补贴制度。德国对森林资源管护非常重视，建立了完善的林业补贴制度。20 世纪 90 年代，德国政府向本国的森林所有者和经营者提供的财政补贴达到了 11.39 亿欧元，主要用于森林资源的管理和维护。德国划定的特殊森林保护区面积非常大，占到了整个森林覆盖面积的 30%，因此珍稀物种和濒危动植物物种得到了充分而系统的保护。另外，德国的林业补贴制度的适用范围很广，只要从事的生产经营活动有利于森林生态系统的改善，德国政府都会给予经营者财政方面的支持。德国的林业补贴包括：一是其他树种造林补助。德国针叶林面积广阔，为了寻求树种的平衡，鼓励除针叶林以外的其他树种（如阔叶林）的种植，如勃兰登堡州，每年补助林农 85% 的种植成本（按种植株数核算），年补助总额达 1500 万欧元①。二是成林管护补助。主要是对森林管护和树种优化进行补助，并且不同林龄、林种补贴标准不一样，如在肯普滕市，中幼林补助为 300 欧元 / 公顷，而生态防护林补助为 450 欧元 / 公顷。三是林地土壤改良补助。因为酸雨影响，德国部分土地受侵蚀导致生产力下降，为了改善林地土壤质量进而提高土地生产率，德国对土壤改良活动提供资金支持。四是森林调查规划补助。政府为鼓励林业主进行森林经营规划设计，

① 补贴办法是先由林业主提出申请，再由专门机构按照一定的标准进行监督，并按时抽检，合格后给予补贴。补贴成本先由林业主垫付，然后凭发票报账。

会给予相应的补贴，补贴标准为国有林 30 ～ 40 欧元 / 公顷、私有林 10 欧元 / 公顷。

9.4.1.3 森林生态标签认证措施

森林生态标签认证是指某些权威机构依据具体指标对森林相关产品或服务进行认证，经过生态认证的产品或者服务往往都是此类“佼佼者”，是环境友好型产品或服务。产品或服务一旦获得生态标签，消费者的认可度将会增强，产品竞争力也将提升。该措施有两个目的：一是使市场上的产品和服务更加环保，减少环境污染；二是让某种产品或服务快速进入市场，提高市场竞争力。

随着生态标签在森林产品中的广泛应用，森林认证体系也在不断健全。该认证体系主要以市场为导向，引导森林经营者的生产经营行为。目前，全世界共有 50 多个森林认证体系，影响较大的有 FSC 体系和 PEFC 体系，其中 PEFC 体系在欧盟得到广泛采用①。

PEFC 体系给欧盟森林生态环境和森林经营者带来了深刻影响，发挥了重要作用。从森林管理方面来看，完善的森林认证体系有利于提高森林管理的质量。森林认证相当于一个标准，所有的生产经营者要按照标准来进行森林管理，管理要注意秩序、方法、规划等，通过采用一系列森林监测手段对森林资源进行全面的掌握和分析，不断完善森林资源的发展规划。毫无疑问，这种管理方式有助于森林管理质量的提高。从保护生态环境方面来看，森林认证体系有助于实现森林的可持续发展。森林认证为森林的管理经营提供了规范性的森林保护战略和严格的森林保护措施，以此实现森林生态环境可持续发展。从企业经济效益方面看，森林认证有利于相关林产品市场的开拓和发展，提高森林经营者的经济效益。得到森林认证体系认可的林产品能够更快地占据市场，提高市场竞争力，在国际贸易中也能够轻易突破贸易壁垒，产品附加值也能得到提升，从而能够获取更多的经济利益。

9.4.1.4 森林碳排放交易措施

欧盟的碳汇交易市场比较成熟，该体系建立在欧盟排放交易体系上，是欧洲实现温室气体减排的重要基础。欧盟排放交易体系于 2005 年建立，目前已在 30 个国

① PEFC 认证体系在 1999 年 6 月 30 日形成于法国巴黎，由 11 个官方组成的国家 PEFC 管理机构的代表组成，并得到了代表欧洲地区 1500 万林地业主的协会，以及一些国际森林工业和贸易组织的支持。

家的11000个发电站和工厂实施。该体系的核心机制为“限额与交易”，即欧盟首先确定温室气体排放总量，在控制总量的前提下，允许各排放主体通过市场机制来交易排放指标。具体实施中，企业通过各种手段和技术减少二氧化碳的排放，若该企业的二氧化碳排放量超过了分配额度，将会受到处罚。处罚标准在2005年到2008年试运行期间，每吨二氧化碳处罚40欧元，2008年该体系正式施行之后，处罚标准提高到100欧元/吨。超排放企业也可以选择向有剩余排放指标的企业购买排放权。森林能吸收二氧化碳，因此是该体系中的核心要素，而通过排放权交易也能使森林生态系统建设者获得相应的补偿。

欧盟排放交易体系的主体包括两类：一是森林碳汇服务的提供者，二是森林碳汇服务的受益者。双方经过交易，能有效增加林农的收入，这样能提高林农的生产积极性，促进森林可持续经营。可以看出，欧盟排放交易体系与一般的财政资助项目完全不同，是森林碳汇服务的提供者与受益者之间真实的商业交易。在这种机制下，林地所有者（经营者）通过碳汇交易获得收益，但同时将林地（林产品）的所有权转让给了对方，所以这是完完全全的市场交易。

9.4.1.5 在森林生态补偿过程中实施公众参与

欧盟森林生态效益补偿的公众参与，主要体现在农民的参与。20世纪中后期欧盟为了扭转农产品供给不足的局面，出台以提高农产品产量和农业生产力为主要目标的农业政策，然而并没有考虑到此种农业生产方式给自然环境带来的破坏。2003年，欧盟开始对农业政策作出调整，要求农业生产要以保护自然环境为主要目标，采取交叉遵守机制来引导农民注意保护生态环境。交叉遵守机制实质上是指，获得国家农业补贴的农民必须遵守对农业环境条件的有关规定，只有保持良好的农业环境条件并完成国家要求的相关指标才会得到国家补贴，否则，轻则取消补贴，重则受到处罚①。

除了强制性交叉遵守机制外，自愿性的农业环境协议也是保障农户参与的重要制度安排。农业环境协议是指农业机构与农民之间签订自愿性的农业管理合同，农

---

① 可见，交叉遵守原则作为一种补贴的方式，虽然能够调动农民的积极性，同时对农民来说也存在一定的风险，因为交叉遵守是一种强制性的义务，农民必须遵守环境保护标准，将土地保持在良好的农业状况，否则不但不能拿到补贴，反而会受到处罚。事实上，根据英国交叉遵守官方网站公布的数据，截止至2010年8月，大约有10%的农民被发现未完成土壤保护手册中所规定的义务，从而面临罚款。

民依照合同规定的内容管理土地，以更加环保的生产方式从事农业生产来保护生态环境，并获得相应的报酬。与交叉遵守机制相比，农业环境协议为自愿签订，农民承担的风险更小，灵活性更强。强制原则和自愿协议相结合，完善了共同农业政策，极大地鼓舞了农民参与环境保护，充分发挥了农民在农业环境保护中的作用。从法律的角度来看，严格与可选择的权利与义务并存。不仅农民的权利得到保护，而且农民还会依法履行义务，实现了权利和义务的统一。

9.4.2　日本的公益林补偿政策工具

1897 年，日本发布《森林法》，正式实施公益林制度。到目前为止，日本公益林面积为 1176 万公顷，其中大部分为水源涵养林。为了促进公益林发展，日本制定了很多补偿政策，可分为自愿型、强制型和混合型三种类型。

9.4.2.1　自愿型政策工具

志愿型政策工具主要包括三类：

第一，志愿者组织，主要包括森林组合和环保组织。其中，森林组合是指私有林主之间的自愿组合，可分为全国、都道府县和市町村三个等级三种类型，对促进林业发展起到重要作用。日本的环保组织数量众多，有开展绿化运动的“国土绿化促进机构”，开展植树造林活动的“绿资源机构”以及支持林业发展的“农林渔业基金”等。个人和企业也积极投入植树造林活动中，不少企业为森林生态改善提供了大量的发展资金。

第二，森林旅游。森林旅游也是实现公益林生态补偿的一种重要方式。日本森林旅游业非常发达，投资建设近 3000 家森林公园，年客流量达 8 亿多人次。日本森林旅游业中最具特色的是森林教育体验游，将丰富的森林资源与教育体验旅游结合，摒弃传统的旅游方式，成为世界上森林旅游的典范。

第三，森林认证。2003 年，日本建立“绿色循环认证会议”。该森林认证体系为日本独有，与其他国家认证体系存在一定差异，具体包括 7 个标准及 35 个指标，为日本森林生态环境保护提供了重要的标准体系。

9.4.2.2 强制型政策工具

强制型政策工具主要是政策法规等。根据《森林法》，若森林被纳入公益林管理，政府必须给予森林所有者一定的补偿。随着政策法律的不断完善，公益林管理制度越来越完善，对立木采伐、管护等的规定越来越具体（见附表 6）。

日本公益林采伐程序非常严格，首先要评估森林是否符合采伐的条件，其次需要经过都道府县知事的同意。此外，对公益林采伐的方式也有要求，根据森林的具体情况决定采取禁伐、择伐还是皆伐方式。公益林的管理也十分严苛，尤其对林地形态的保护，若采集枯枝落叶、土石、树根、放牧以及对树体的损害都要报告都道府县知事。正是这些强制性的规定，日本的森林资源得到了全面的保护，取得了很大的森林生态成就。具体的森林计划制度如图 9.2 所示。

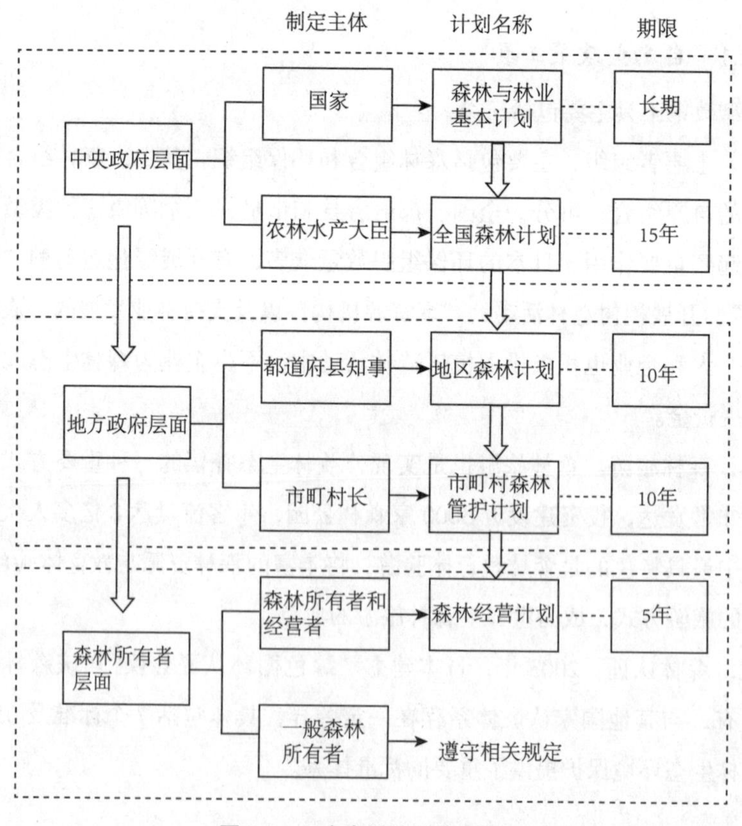

图 9.2 日本森林计划基本框架

9.4.2.3 混合型政策工具

第一，补贴。日本的公益林补贴措施丰富多样，主要包括损失补偿、税制、融资等。损失补偿实际上补偿的是受损方权利受限造成的经济损失。日本法律规定，是否进行补偿取决于公益林所有权归属，私有林因禁伐或限伐造成的权利损失，由国家对森林所有者进行经济补偿，补偿额度为林木价格的5%。针对公益林造林，日本政府也给予了一定支持，包括低息贷款或造林补助。另外，日本还通过减征相关税费对公益林进行变相补贴，主要是通过降低缴税基数（扣除成本）和山林所得税来实现。

第二，国家赎买。日本法律明确规定，为了加强林业资源的管护，对于那些不允许采伐的公益林可以采用国家赎买形式进行补偿。此外，还可以通过委托管理方式，来强化森林资源管理，促进其可持续发展。

第三，征税（水源税）。为了保护林区的水资源，日本在1964年建立了首个水源林基金，该基金用来保护和管理水源地区的森林资源，以此为样本，水源林基金顺利在全国大部分地区建立，大约有19个。自2003年起，日本开始征收森林环境保护税，即水源税，征收对象主要是水源地居民和相关组织，对于部分生活困难的可以免除缴纳，税款不计入地方财政而是全部都纳入水源林基金，用于专门的森林项目。如日本高知县，将水源税全部存入“森林环境保全基金”，标准为每人（或组织）每年500日元，对资金专门管理，单设账户，专款专用。

第四，森林教育。森林教育是以森林作为教室，通过林地的亲身实践学习，了解森林相关知识的过程。森林教育的对象不只是学生，还包括家庭、老人、企业、社会组织等。教育的形式有森林体验、森林采集、山村生活、旅游等。学校是开展森林教育最重要的主体，对学生传授森林相关知识，使之了解森林的经济、生态、社会和文化作用，感受森林与日常生活的联系，树立保护森林生态环境的意识。这都是环境教育制度化的深刻体现。

9.4.3 美国的森林生态效益补偿制度

9.4.3.1 美国林业制度体现的可持续发展原则

美国林业发展大致分为6个阶段，即初期利用阶段、破坏阶段、边治理边破坏阶段、多目标利用阶段、生态利用为主兼顾产业利用阶段和可持续利用阶段（见表9.12）。

表 9.12　美国林业管理思想演进

时间	所处阶段	管理办法	经营特征
19 世纪中期以前	森林初期利用阶段	森林资源皆伐	销售木材、开发林地成耕地
19 世纪中期至 20 世纪 20 年代	森林破坏阶段	森林资源开发利润最大化	木材砍伐与利用、采矿、放牧
20 世纪 20 年代至 60 年代	边治理边破坏阶段	环境保护与林木资源开发并重	交通运输的发展、木材防腐技术和木材综合利用率的提高
20 世纪 60 年代至 80 年代	森林多目标利用阶段	森林多目标、多用途管理	加强对野生动植物以及栖息地的保护，木材产品不再被视为唯一的森林产品
20 世纪 80 年代至 90 年代	生态利用为主兼顾产业利用阶段	注重森林生态系统的管理	将森林管理与美学和休闲融合
21 世纪至今	可持续利用阶段	农林复合生态系统管理	农林生态系统与土地管理方法结合，提高现有土地的利用率

资料来源：谷瑶等（2016）。

美国林业发展的相关法律法规数量众多、体系完善、规定全面、有可操作性。发达的法律体系为美国森林资源的可持续发展提供了坚实的法律保障。更重要的是，美国林业法律法规长久以来都树立了可持续发展的思想。美国林业领域相关法律法规主要包括：

1960 年的《森林多种利用及永续生产条例》、1974 年的《森林和草地可再生资源计划法》、1976 年的《国有林管理法》、1978 年的《清洁水法》、1980 年的《土地休耕保护法》、1988 年的《森林生态系统污染防治法》、1990 年的《国际林业合作法》、1992 年的《森林生态健康法》等。

1993 年，美国成立了“森林生态系统经营评价工作组”，对森林生态系统进行综合评价。这意味着美国改变了传统的林业经营思想，开始朝经济、生态、文化和社会多种效益共同利用的现代林业转变。同年，美国政府以解决财政赤字为目的，提出了征收燃料税（Btu 税），但是该提议未被众议院采纳。此后的十几年，美国没有出台任何有关征收生态税的政策法律，这对美国林业的可持续发展造成了不小的影响。直到2006年，美国才颁布了关于保护森林生态系统的一系列法律，该类法律不仅对美国森林资源的管理起到了指导作用，而且促进了森林生态的可持续发展。

9.4.3.2 土地休耕保护计划

20世纪80年代以前，美国为了提高农产品供给量，大面积开垦耕地，造成绿地面积大量减少，土壤贫瘠，沙漠化问题严重，水资源受到严重污染。

1985年，美国设立土地休耕保护计划（CRP），1986年正式实施，之后又经过几次修订完善。该计划原定实施日期到2002年为止，目标为休耕土地约1470万公顷。后来，美国将该计划实施周期延长至2007年，目标休耕土地增加到1583万公顷。该计划对种植的农作物会对土壤和其他生态环境造成严重破坏的农民进行补贴，要求农民实施退耕还林还草，期限为10～15年。该计划不具有强制性，农民可以自愿申请与政府签订合同。该计划可实现绿色植被的长期覆盖，进而能够改善土壤荒漠化，涵养水资源，恢复野生动植物栖息地。

CRP对申请者要求比较高：其一，要求农民必须耕种或者拥有土地至少一年；其二，要求土地在申请前的6年内有4年是正常种植农作物，或者是河岸缓冲带（隔离带）的土地，同时还要满足以下条件之一，即CRP即将到期、CRP优先区域和加权平均侵蚀指数达到8；其三，列入CRP的土地必须休耕且进行植被绿化。为了保障农业生产，CRP规定各县休耕面积不得超过总耕地面积的四分之一。2003年5月，CRP进行第一次正式申请与签约，共收到71077份申请，涉及耕地167.6万公顷。经过严格筛选，最后有38621份申请获批，涉及耕地80.8万公顷。

CRP主要由农场服务局负责实施，农业自然资源保护局、教育与推广局、各地方农业机构、环保机构等其他机构也都不同程度参与CRP，各机构之间互相支持与协作，实现了CRP的价值。为了弥补农民加入CRP所产生的机会成本，CRP会对农民发放一定补贴。该补贴包含两部分内容：其一，土地租金补贴。对于获批纳入CRP管理的土地，农场服务局会对耕地进行评估，确定各地区耕地的单位租金并将其作为土地租金补贴。当然，由于标准严格，农民可以以更低的价格申请加入，这样可以提高自己的价格竞争力，加入CRP的机会将大大增加。农民加入CRP之后，根据自己所纳入休耕还林的耕地面积和地区耕地单位租金价格领取国家补贴。其二，绿化成本补贴。农民对休耕的土地要实施绿化、植树造林等长期植被保护活动，农场服务局对农民所支付的绿化成本进行补贴，补贴标准不会超过总成本的50%。另外，为了引导农民积极参与保护生态环境，相关部门还会采取其他的激励措施。如对某些特别项目提供每年9.9美元/公顷的鼓励金；对续约的项目，给予年租金的五分之一作为鼓励金。

9.4.3.3 鼓励私有林发展

私有林一般由林业主本人或聘请专业技术人员负责管理。美国私有林规模非常大，总面积达1174亿公顷，占全国森林面积比重高达60%。美国私有林发展迅速的主要原因有：

第一，林业产权清晰。私有林是林业主的个人财产，受国家法律保护。所以，政府对私有林的经营没有直接干预的权力。但是为了实现国家和各州的森林资源管理目标，联邦政府和州政府会通过立法、制定相关政策的方式来引导私有林的经营管理。

第二，政府资助和金融优惠。私有林主进行人工造林的成本支出可以获得一定的财政补助，补助标准为造林成本的50%～70%，补助方式为政府在具体的项目投资中进行分摊，如“林业鼓励计划”“农业水土保护计划”等。除财政补助外，金融机构也针对私有林主发放专项贷款，专项贷款期限长、利率低、放款快，对急需资金的私有林主帮助很大。此外，美国针对林业的税收较少，也为私有林主节约了大量的成本。

第三，森林生态效益补偿制度。在华盛顿州，法律规定河道两侧必须保留防护林带，这会给私有林主带来损失，对这部分损失，政府将按市场价值的50%对私有林主进行一次性补偿。此外，美国还设立了保护区建设项目，其核心是在河岸缓冲区种树种草和恢复湿地，来减少水土流失和保护动物栖息地环境，政府对这些土地提供10～15年的补贴。

第四，研发和技术支持。1978年，美国国会通过的林业合作援助法案提出了林业合作发展的思路，即林业企业及咨询公司要为私有林主提供技术支持和经营管理方面的帮助。1990年，美国又开展了技术扶持计划，即政府林业技术人员为私有林主提供系列技术支持，提高私有林主的森林管理水平。

9.4.4 哥斯达黎加森林生态补偿制度

哥斯达黎加面积虽小但森林资源和生物多样性丰富，原始森林覆盖率在40%以上，生物量占世界生物总量的5%。但是后来由于大面积毁林开荒，森林面积大幅度减少，整个国家的森林生态环境受到严重威胁。为改善生态环境，20世纪70年代末，哥斯达黎加开始探索生态补偿制度，开辟了发展中国家森林生态补偿的先河。

9.4.4.1 森林生态补偿制度概况

起初，哥斯达黎加政府为了解决无节制采伐森林造成的木材供应量短缺的问题，通过退还税款的方式来激励工商企业恢复商品林种植。1986年，哥斯达黎加扩大了原本只允许纳税额度大的工商企业参与的森林信用认证（FCC）的参与范围，允许更多主体参与其中，以便更多的参与主体享受信用认证体系带来的好处。1995年，哥斯达黎加又推出了森林保护认证体系（FPC），极大地推动了森林管护工作。

1996年，哥斯达黎加发布《森林法》，明确指出森林的生态系统服务功能，包括水文服务、固碳作用、保护生物多样性和提供森林景观等，该法律为林业主通过合同来提供森林生态系统服务奠定法律基础。在《森林法》支持下，哥斯达黎加组建了半自治机构FONAFIFO。FONAFIFO具有独立法人地位，可以自主进行资金管理，但同时接受政府管制，补偿资金及领域由行政法令确定，其预算也须经过政府审批。

1997年，哥斯达黎加正式实施森林生态补偿制度（PSA），同时对《森林法》进行两方面修订。其一，改变了补偿对象，不再是补偿商品林，而是对森林的生态效益进行补偿。其二，改变了补偿资金的来源，资金主要来源于森林生态效益的受益方支出，不再是国家财政支出。支出领域方面，PSA项目与原有政策工具相比并无大的变化，都是对森林管护进行补偿，补偿数量和时间也基本延续之前的做法。2004年，哥斯达黎加对PSA进一步完善，引入了农林合同和自然再生合同，森林生态补偿目标更加明确和高级。

9.4.4.2 生态系统服务的付费者

在实际运行中，FONAFIFO与私有林主之间的补偿协议包括四种，即森林保护合同、造林合同、森林管理合同和自筹资金植树合同，各类协议支付的补偿资金占

FONAFIFO 总投资额的比重分别为 80%、13%、6% 和 1%。FONAFIFO 的资金来源既包括国家投入，也包括项目收益和市场工具（如受益者付费等）筹资。根据《森林法》内容，森林为经济社会提供了重要的水文服务，因此水电部门和其他用水户等受益方需要支付一定费用，这也是 PSA 项目实施的关键。但是,《森林法》中并未规定受益方必须付费，因此 FONAFIFO 需要同水文服务受益者谈判达成协议，同时制定相关制度来激励使其支付费用。

FONAFIFO 实施初期，水资源使用者签订协议数量较少。之后，哥斯达黎加开始实施生态系统服务认证（ESC），这极大地推动了 FONAFIFO 与用水户达成协议。在 ESC 认证体系中，FONAFIFO 向感兴趣的用水户出售认证授权，这样大大简化了合同的协商过程。2005 年,哥斯达黎加提高水资源征收税率（原来的税率几乎为零），以及引入流域保护收费，并同时拓宽补偿范围。筹集到的总费用主要分配给环境部和水能部门、PSA 项目及保护区，分配比例为 50%、25% 和 25%。征收水资源税意味着协议从自愿性转变为强制性，这为环境保护资金的筹集提供了保障。水资源税制度规定，征收的水税必须用于相关流域的治理，这就能够保障补偿资金用于水需求最大的地方。此外，水资源用户可以在应缴纳的税收中将 FONAFIFO 发放的补偿款直接扣除，这样水资源用户缴纳的资金一部分用于自愿补偿，一部分用于强制性的税收。事实上，强制性的水资源税制度出台增加了自愿协议数量，为森林生态系统保护提供了强有力的资金支持。

根据《森林法》，森林生态系统服务还包括森林景观，因此森林景观的使用者作为受益方也需要支付一定的费用。但是目前在 PSA 项目资金中，只有极少部分来源于森林景观的使用者。这主要有两方面原因：其一，人们对生态补偿缺乏足够认知，都想依靠政府财政来治理本区域生态环境，而自己则可以免费享用森林景观服务，即选择“搭便车”，因此对生态系统服务付费意愿不足。其二，在 PSA 项目中，并未直接设置森林景观使用的协议，因此也缺乏强制性付费机制。

9.4.4.3 森林生态补偿制度的实施及效果

根据《森林法》规定，林业主想要参与 PSA 项目，必须提交申请和可持续森林管理计划。可持续森林管理计划必须由持证的林务员提供，一旦获批，FONAFIFO 就与林业主签订生态补偿协议。林业主可以在签订协议的同时申请首次补偿金，但此后每年的补偿金发放均须在监测后再确定。PSA 项目的具体补偿标准为：森林保护为 43 美元 / 公顷・年；商品林种植为 550 美元 / 公顷，连续补偿 5 年。在协议执行过程中，为了反映价格波动的影响，每年都要调整补偿标准，且双方可以协商对协议进行修订，但在 15 年内，林业主必须保证按照协议规定方式利用土地。即使林业主将土地出售，按照地契中的约束条款，新的土地使用者也必须按照协议方式利用土地，同时政府要对协议的执行进行监督和确认。

PSA 项目的实施，大大提高了哥斯达黎加的森林覆盖率，到 2005 年，加入 PSA 项目的土地达到 27 万公顷，涉及全国 10% 的森林。PSA 项目中比重最大的是森林保护协议，大量林业主加入森林保护，促进了哥斯达黎加森林的可持续发展。同时，森林生态系统服务如水文、生物多样性保护和碳汇等的数量、质量均有明显提高。最后，大量贫困农户加入 PSA 项目，也在一定程度上降低了贫困人口比重。

9.4.5 国外森林生态效益补偿的启示

虽然我国积累了一些森林生态效益补偿的经验，并取得了一定的成效，但是制度发展较为缓慢，缺乏体制机制创新。上述国家的森林生态效益补偿模式都取得了比较好的效果，值得我们借鉴。

9.4.5.1 完善法律法规

当前，很多国家均通过立法将本国的森林生态效益补偿制度法治化，以法律为依据，解决制度实施中遇到的各种问题，日本和哥斯达黎加最为典型。如哥斯达黎加在《森林法》中对森林生态效益补偿制度的规定非常明确，可操作性非常强。我国虽然建立了一系列关于环境的法律法规，但是都过于粗糙，对森林生态效益补偿的规定不够系统，跟森林生态效益补偿历史较长的国家相比仍然有不小的差距，主要体现在中央法律和地方法规失衡，二者缺乏协调性，模糊规定生态效益补偿。中央制定的法律规范通常有较强的原则性和概括性，各级地方政府应该依据地方实际情况以地方性法律法规形式进行细化。由于缺乏具体的实施规则，会导致森林生态工程开展过程比较随意，那么就很难保障良好的效果。所以，必须把我国有关于森林生态效益补偿的政策、条例和经验以完善的法律法规形式进行系统的归纳总结，使其制度化、法治化。

要完善我国森林生态补偿立法，必须树立正确的生态价值观。具体要做好两个方面：其一，以促进森林生态系统发展为中心，强调人与自然的和谐统一。因此在设计森林生态补偿制度时必须要注意尊重自然权利。其二，要强调自然正义和代际公平。一方面，要遵循自然生态系统的客观发展规律，对森林开发要坚持可持续发展原则，并对森林生态效益进行充分补偿。另一方面，在制度设计时还必须充分考虑后代的利益。当代与后代密不可分，当代人应该清醒地认识到，后代对资源的利用和当代大同小异。后代人有使用自然资源的权利，且他们对于生态环境的要求也不断提高。当代人应该为后代人的利益肩负起更多的责任，承担更多的义务。

9.4.5.2 明晰森林生态效益的产权

林业产权问题是我国森林资源管理存在的最大问题。虽然近年来我国不断推进林业产权制度的改革，但仍然滞后于林业的发展。如果林业产权不能明晰，林业所有者（经营者）不能获得相应的收益，他们将缺乏森林生态系统建设的动力。同时，森林生态效益的受益者为了实现个人利益最大化，则会对森林资源进行过度开发。这样一来，受供给不足和过度开发双重影响，“公地的悲剧”现象将难以避免。对国有产权林来说，表面上看管理部门很多，但实际上各部门之间权责交叉比较严重，容易出现相互推诿行为，结果是谁都不实际负责，导致国有林滥伐、盗伐现象频频出现。对集体林来说，理论上是群众自治管理的模式，但在实际运行中，各地普遍采取的是委托管理模式，这也导致了权责利不清，使得集体林破坏比较严重。

从长期来看，市场化补偿是森林生态效益补偿模式的发展趋势，但市场化补偿的重要前提就是森林生态效益产权清晰。如果产权模糊，补偿主体与受偿主体将难以明确，市场化补偿将寸步难行。国外森林大部分为私有林，森林生态效益的产权比较清晰。而我国以公有制为主，森林大部分为公有林（国有或集体所有）。根据法律规定，公有林的产权主体为国家（集体），因此森林生态效益产权理应归属国家（集体），这是我国森林生态效益产权模糊的重要原因。为推动森林生态效益的市场化补偿，必须进一步明确森林生态效益产权，而对公有林的林权改革则是界定森林生态效益产权的重要基础。可将所有权与经营权分离，即所有权仍归国家（集体），由企业或林农负责经营管理，由此推动森林生态效益的市场化补偿，促进森林生态系统可持续发展。

9.4.5.3 丰富并完善补偿措施

我国当前的森林生态效益补偿的市场参与程度不高，政府依然是最主要的补偿主体。倘若地区经济发展落后，那么政府财政收入过低可能会影响森林生态效益补偿的质量，仅仅靠政府补偿生态效益无法实现资源的有效配置。因此，必须丰富和完善补偿措施，开拓和发展我国森林生态效益补偿的市场途径。我国森林生态效益市场补偿的第一次尝试应该是建立清洁发展机制（CDM）①。在CDM中，发达国家利用资金和技术进行交换，从发展中国家获得温室气体排放权，而发展中国家则直接获益。这个过程中，温室气体减排量成为一种特殊的商品。森林能有效吸收温室气体，因此清洁发展机制能使森林的生态功能通过市场途径转化为经济效益，从而实现了森林生态效益补偿的市场化。

除了森林的生态功能以外，森林还为人类提供众多种类的林产品，这些林产品进入市场进行交易是实现森林生态效益补偿的另一种方式。那么，怎样用林产品交易价格对森林所有者和经营者进行生态效益补偿呢？目前，世界上普遍采取的方式是森林生态标签认证制度，如欧盟有世界上最权威的森林认证体系。森林认证实质上是指相关组织机构对某国森林的经营管理按照一些具体的指标和标准进行评估，若符合指标规定，该组织机构会签发证书，说明该森林的经营管理是绿色环保的，能保护濒危物种，改善生物多样性，有利于环境的可持续发展。经过认证的林产品贴上了“绿色标签”之后，消费者对林产品来源和生产等相关信息有了基本了解，就能够买到更加优质环保的林产品。相比之下，中国的森林认证体系依然不够健全，还需要进一步完善和发展，不断扩大我国森林认证体系认可程度。当前，国际贸易环境并不乐观，世界各国普遍采取贸易保护政策，若能够建立一套完善权威的生态标签认证体系，将对我国林产品突破国际绿色贸易壁垒有极大帮助，不仅能提高林产品的国际竞争力，还能完善我国的森林生态效益补偿制度，进而实现林业的可持续发展。

除了以上两种科学高效的森林生态效益补偿方法以外，我们也不能忽视传统的森林生态效益补偿手段，应将各种补偿手段有机结合，实现优势的互补。如通过旅

---

① 清洁发展机制是《京都议定书》中引入的灵活履约机制之一，核心内容是允许其缔约方即发达国家与非缔约方即发展中国家进行项目级的减排量抵消额的转让与获得，从而在发展中国家实施温室气体减排项目。

游门票来增加自然保护区和生态功能区的收入，增加的资金可用于保护区森林管护以及提高当地林农、护林员的收入水平，提升他们的工作积极性。我国森林生态效益市场化补偿仍处于起步阶段，在市场经济体制改革的大背景之下，应该将森林生态补偿置于市场之中，充分发挥市场在森林资源配置中的决定性作用。

9.4.5.4 为森林生态效益市场补偿提供政策支持与技术服务

为了让“森林生态效益市场化补偿”顺利进行，需要对市场主体进行教育培训、搜寻市场信息以及建立交易平台等，这明显增加了市场主体的交易成本，成本的增加阻碍了通过市场实现森林生态补偿的推进。此时，应发挥政府的宏观调控作用，利用相关政策手段来降低交易成本，减少交易主体成本负担，有利于市场补偿的顺利实施。如美国政府提供的服务支持涵盖范围非常广泛，从技术指导到信息获取和分析，再到教育培训和宣传。再比如哥斯达黎加还成立了森林基金和专门机构，负责补偿资金管理和引导森林生态效益补偿活动的开展。我国政府也要朝着间接管理和发挥服务职能的方向转变，更多地充当森林生态效益补偿的服务者，尽量减少对市场的干预，为生态补偿的市场化提供更多的政策引导与技术服务。

除政策引导和技术服务外，还应设立适宜的环境金融工具。目前，我国的森林生态效益补偿资金主要来源于政府财政，这是比较传统的方式，资金来源也比较单一，也影响了补偿效果。在欧盟，除了传统的财政专项资金外，LIFE 环境金融工具在解决欧洲环境补贴资金短缺问题上发挥了巨大作用，为整个欧洲生态环境的恢复和管理维护提供了充足的资金支持，并且拓宽了利用金融工具筹集资金发放森林补贴的途径。我们可以借鉴欧盟经验，设立适合我国国情的环境金融工具，并以此为基础建立环境金融支付体系，对林业补偿资金的筹集和利用进行系统的管理，充分发挥补贴资金的支持作用。这样将传统的政府补贴与新兴的环境金融工具相结合，就能有效保障森林生态效益补偿资金供给。

10　流域生态补偿机制构建与政策实践

10.1　流域生态补偿含义及特点

10.1.1　流域生态补偿的概念

10.1.1.1　流域生态补偿的不同学科诠释

第一，环境经济视角下的流域生态补偿。流域生态补偿机制是环境经济学“污染者付费”经典原则在流域生态保护中的具体体现，核心内容是：通过制度设计和政策手段来纠正流域生态保护的负外部性，解决流域生态环境供给的“搭便车”问题，促进流域生态系统的可持续发展。

第二，流域管理视角下的流域生态补偿。在流域管理视角下，流域生态补偿综合利用政府、市场、法律等手段，加强对水资源的保护和修复，同时对从事水资源修复和保护的利益主体给予一定补偿，以维持流域水资源服务功能。

第三，财政视角下的流域生态补偿。它主要解决“如何进行补偿”的问题，包括资金来源与管理的政策路径选择等。生态补偿财政政策包括公共财政、专项补贴、生态基金、发展援助与经济合作政策等。在资金管理方面，要把握好五项主要内容：一是建立以确保生态系统自然平衡为目标的公共产品标准支出体系；二是形成以提高资金使用绩效为目标的生态补偿工具体系；三是形成以衡量资金使用最终绩效为目标的生态补偿标准体系；四是建立确保基本公共产品需求的资金保障体系；五是设计可提高筹资绩效的生态服务功能交易方式。

第四，社会学视角下的流域生态补偿。就是在保证公正的前提下，基于不同利益相关者对政策的熟悉度和态度、他们与其他利益相关者潜在的联合情况，以及他们影响政策的能力等方面的考虑，开展利益相关者的分析，确定利益相关者群体以及重要性优先次序，调整利益相关者之间的利益冲突。

第五，法学视角下的流域生态补偿。此视角更多地从公平、秩序的角度，研究生态补偿利益相关者的权责关系，探讨流域生态资源在上下游间的分配方式。其内涵是指国家依法或社会主体依约，由资源开发者或受益者通过缴纳税费或其他补偿方式，使生态环境保护者或利益受损者得到合理补偿，以实现生态环境保护和促进社会公平的目的。

10.1.1.2 流域生态补偿的内涵

概括而言，流域生态补偿包含了两层含义，即人与水的关系和人与人的关系。其中，人与水的关系是流域生态补偿本质上的关系问题，是对流域生态环境本身的补偿；人与人的关系则是流域生态补偿延伸层面的关系问题，是对流域生态系统建设中各利益相关者之间关系的梳理。

根据上述内容，流域生态补偿的概念可界定为：为了促进流域生态系统可持续发展，通过财政、市场和法律等手段，根据流域生态系统服务价值或生态建设成本，来调节流域生态系统建设中各利益相关者之间利益关系的制度安排。这一概念基本包括了流域生态补偿的定位、基本性质、补偿内容、政策途径、补偿范围等一系列关键内容，具体体现了以下四个方面的特征：

第一，补偿涉及的利益相关者全面。生态系统建设与生态补偿的主要原则包括开发者保护、破坏者修复、受益者补偿和污染者付费等，因此，流域资源的开发者必须支付资源占用费并且承担环境外部成本。同时，流域生态保护的受益者也必须支付一定费用，以弥补流域保护者付出的成本或作出的牺牲。所以，流域生态补偿涉及的利益相关者包括资源利用者、生态受益者、生态保护者等众多主体。

第二，补偿内容广泛。一是补偿已经破坏的流域生态环境，即恢复与治理成本补偿；二是补偿未破坏的流域生态环境，即污染预防和保护成本补偿；三是补偿由于保护流域生态环境而利益受损的居民，即发展机会成本补偿。

第三，补偿方式灵活。基于我国国情，流域生态补偿方式的大原则是政府引导、市场调控。因此，流域生态补偿方式既包括政府主导的补偿方式，如财政转移支付、税收优惠、政策补偿及技术培训等，也包括一对一交易、市场贸易等市场化补偿方式，还包括一些政府手段与市场手段相融合的补偿方式。

第四，补偿有法可依。在流域生态补偿中，必须通过法律规章来保障政府生态补偿政策的执行，利用法律来规范流域资源的开发和利用行为。

10.1.2 流域生态补偿的特点

10.1.2.1 流域生态系统服务的受益方和受损方相对明确

由于流域的地域边界相对清楚，上下游居民分布以及产业空间布局比较固定，流域生态系统服务的供给方、受损区域及所辖人口、产业规模均比较容易确定。同时，流域内水质、水量以及用户取水量变化等的监测与评价方法比较成熟，水价计算模型也已得到广泛应用，因此受益方的受益程度可以较好地利用水资源价值估算出来。可见，在流域生态补偿中，受损方和受益方的成本或收益均相对容易得出，因此便于交易双方通过市场协商和谈判达成交易。

10.1.2.2 流域水质的保护和水量的控制是核心内容

根据 Groot 的生态系统服务分类体系，流域生态系统服务市场交易及价值实现核心在于水质和水量。只要水质和水量能得到有效控制，其余的生态系统服务均可以得到显著改善。因此，流域生态系统服务具有显著的“保护伞服务”特性。流域水质和水量的控制与土地用途、工农业生产方式、排污权及水权交易制度等密切相关。

第一，土地用途的转变。流域附近的土地多用于农业、畜牧业等对水质污染较为严重的产业，为了提高和维持水源质量，需要向对水质影响较小的土地利用方式（如林业等）转变；为控制流域水量，更好保持水土和调控径流量，土地应由传统的农业用途向林业用途转变。因转变土地用途所带来的额外成本损失和发展机会损失由土地所有者负担，为使相关方利益均衡，流域周边土地所有者作为受损方，应得到补偿。流域生态补偿中，涉及流域土地利用方式转变的典型案例主要有：澳大利亚的盐分蒸发信托、哥伦比亚的土地征用和土地管理合约、厄瓜多尔的土地征用和水域保护、印度的土地管理合约、美国的集水区土地征用和种植合约、美国的土地征用及保护地役权等。

第二，工农业生产方式的转变。为保持和改善流域水质，流域周边传统的工业和农林牧业生产经营方式需要向对水质影响较小的清洁生产和有机农业等生产方式转变。为节约用水量，生产模式要由高耗水模式向低耗水模式转变。在这一过程中，水源流经地区土地所有者将投入更多的成本，并且还会导致发展机会损失，应得到相应的补偿。流域生态补偿中，涉及生产方式转变的典型案例有美国的土壤污染物消除等。

第三，排污权交易。为保持和改善流域水质，在一定的水环境容量下，可以对流域设定排污总量上限，通过一定方式分配初始排污权，并允许企业之间进行排污权交易。通过排污权交易，既能有效保护流域水质，又能减少污染治理的投入，降低污水排放负担。在实践中，美国的污染减排信用、美国的营养物污染信托基金等是排污权交易的典型案例。

第四，水权交易。在水环境容量限制下，为控制流域水量，可以设定流域取水总量上限，并且允许企业之间进行水权交易。这样，一方面，能节约企业用水，实现控制流域水量的目的；另一方面，也使得产业生产方式转变为低耗水的环境友好型。水权交易成功的案例有印度的用户收费和可交易水权系统、南非的河流减量许可证等。

10.1.2.3 流域生态系统服务的跨区域流动性突出

生态系统服务一般来说都有一定的空间流动性，而流域本身又是跨区域的，因此流域生态系统服务具有非常强的跨区域流动性。当流域上游居民（或企业）通过转变土地用途和采用环保型工农业生产方式等，使流域生态系统服务功能得到改善时，可使下游居民（企业）的收益增加。因此，为均衡各方利益，下游用水主体应该对流域上游的生态建设者进行补偿。

10.2 流域生态补偿的核心要素

10.2.1 利益相关者的权责分析

10.2.1.1 目标责任机制与上下游政府“共同但有差别的责任”

生态补偿目标责任机制是生态补偿机制得以发挥作用的基础和前提。流域生态补偿机制是通过对上游、中游和下游区域之间的生态补偿，协商调整流域整体与行政区域两者的利益关系，从而达到流域整体管理的目的。大多数位于流经地段的城市，通常既是上游也是下游。完善的生态补偿机制应是“双向补偿”的，所以上下游政府既享有生态补偿“共同但有差别的权利”，同时也需要承担“共同但有差别的责任与义务”。

诸多地方实践证明，现行的基于水质保护目标的流域生态补偿标准及核算方法是行之有效的，综合考虑了流域区划以及水质、水量的变动，并且设定了跨界断面水质、水量考核标准和开发利用流域水资源的总量控制。国家对流域生态补偿的水质目标未作详细规定，因此未来流域生态补偿水质目标的设定有两大路径：一是在法律法规中规定“强制性水质”，并对“补偿水质”作出相关引导性或倡议性规定；二是通过授权，规范地方政府制定相关补偿水质的具体规定，并加强水质达标的检测、监督与评估等工作。

10.2.1.2 水质目标的类型及相关主体的责任

水质及水质目标是流域生态补偿机制成功构建的一个基础要素，因此对一些大型跨区域流域来说，生态补偿机制构建以跨界断面水质目标为基础。具体而言，就是要将流域跨界断面水质作为流域政府生态补偿责任的基本法律构成要件。在短期内，断面水质目标可设定为“强制性水质”和“协议水质”两种，在长期内，可设定类似于《欧盟水框架指令》中所规定的共同但有区别的目标管理和指标体系。

从责任确定形式看，“强制性水质”通常通过立法形式来确定相关方责任，它是生态补偿得以顺利进行的基础水质标准，这是流域政府共同的水环境保护目标，也是一种共同的、法定的环境责任。因此，“强制性水质”相关管理工作应该在国家法律的框架内进行。在“强制性水质”目标考核方面，应根据《水污染物总量削减目标责任书》中规定的水质目标，来确定跨界断面水质的目标责任。而“协议水质”则属于补偿型水质，只有当流域上下游地区达成生态补偿契约时才存在所谓的“协议水质”。因此，“协议水质”对应的责任为一种约定的、自愿的、有差别的环境责任。

综上所述，这种具有契约性质的水质目标责任机制，既适用于具有强制性质的“公法型”生态补偿，也适用于具有自愿性质的“准私法型”生态补偿；在生态补偿资金支付方面，既适用于纵向财政转移支付，也适用于横向财政转移支付。这种基于生态补偿契约规定的高于国家法定强制性水质目标的可称为“补偿水质”，即流域上游提供的水质、水量等生态指标超过基础标准，则需要下游提供生态补偿。

10.2.1.3 基于水质目标责任考核的流域生态补偿责任机制

基于水质目标的流域生态补偿责任机制是一个结构复杂和运作协调的体系，牵涉多重利益主体的复杂关系，需要在上下游政府生态补偿责任的归责原则、责任的构成、责任的承担与分配、责任纠纷的解决等方面作出系统的制度性安排，以达到流域社会、经济和生态的可持续发展的目的。

第一，归责原则。流域生态补偿的责任确定原则包括共同责任原则和区别责任原则，也可称为履约者受偿原则与背约者赔偿原则。上游和下游地区共同协议约定水质的标准，依据生态补偿双向责任机制，如果上游地区的水质达到或超出水质的协议标准，那么下游地区则要履行付费于上游地区的责任，这体现的是履约者受偿原则，其着重说明的是受益者的支付责任，上游地区作为约定的履行者，下游地区作为使用受益者，对应的是“使用者（受益者）补偿”原则。反之，如果上游地区的水质未达到协议标准，则违反了约定，需要向下游地区进行赔偿，这体现的是背约者赔偿原则，其所强调和要求的是破坏者的支付责任，是“违约者补偿”“损害者补偿”原则的当然体现，实际上也是生态补偿的“污染者补偿”原则。

第二，双向型责任的构成。一般来说，流域生态补偿体现的是双向型责任，包括下游补偿上游和上游补偿下游两个方面。其中下游补偿上游主要是一种保护型补偿，其所对应的是生态补偿责任或协议性补偿义务；而上游补偿下游主要是一种污染型赔偿，其所对应的是强制性赔偿义务。从公平公正的角度来看，生态补偿协议中的责任应是一种包括“上游补偿下游、下游补偿上游”的双向责任机制。即使上游水质达标，但造成了下游环境损害或财产、人身损害，则上游仍旧需要补偿下游，必须停止损害和消除污染，即上游地区的污染补偿责任实行“无过错责任原则”。如果上游地区由于经济落后等原因无法履行补偿责任，则除了国家合理分担补偿责任外，还需要考虑建构“生态补偿责任的社会化填补机制”，如建立流域生态保证金制度，建立环境责任保险、巨灾保险制度、环境侵权损害基金等。

第三，责任的承担与分配依据。一般来说，“强制性水质”目标的责任主要是国家纵向的激励型补偿或惩罚性赔偿责任，而“协议水质”目标责任主要是受益省市或损益省市之间的横向生态补偿责任。根据水环境功能区区划以及水质责任目标，流域上下游之间生态补偿具体包括以下几种：其一，跨界断面水质指标低于水环境功能区划目标时，下游应补偿上游，并且补偿标准随水质不同而不同，水质越好则下游支付的补偿标准应越高。其二，跨界断面水质指标高于水环境功能区划目标但低于责任目标时，则上游补偿下游，并且应根据水环境功能区划目标进行水质考核和确定补偿标准，水质超标越严重则补偿标准越高。随着水质改善，上游地区支付的补偿标准则降低，这有利于上游地区采取相关措施来改善水质。其三，跨界断面水质指标高于责任目标时，说明水质已被严重污染，满足不了水环境功能的要求，则根据责任目标考核要求，上游要补偿下游，并且补偿标准较前两种情况更为严格（见表 10.1）。

表 10.1　流域生态补偿责任划分

上游水质 < 水环境功能区划目标	上游水质 = 水环境功能区划目标	水环境功能区划目标 < 上游水质≤责任目标	上游水质 > 责任目标
下游对上游补偿	不补偿	上游对下游补偿	上游对下游补偿

第四，责任纠纷的解决。流域生态补偿中若出现责任纠纷，可通过协商、协调及仲裁等方式解决。当生态补偿契约出现调整和终止等情形时，双方应先通过协商的方式进行处理。当流域生态补偿为跨行政区域时，如果跨界断面水质不达标，则两地政府首先考虑自行协商，责任方需按照协商规定提出解决方案并具体落实。

若自行协商无法达成一致，也可请求上级政府进行协调，上级政府有权责令相关责任人采取有效措施来控制污染状况，并且责任人必须将污染控制方案公之于众并接受社会监督。若行政协调仍无法解决纠纷，则可选择司法诉讼途径来解决。需要说明的是，无论是通过何种方式解决责任纠纷，因为涉及众多利益主体，因此在解决纠纷过程中，都必须要保证各利益主体的广泛参与，这样才能确保补偿协议的顺利执行。

10.2.2　补偿主体与受偿主体

流域生态补偿相关方主要包括补偿主体、受偿主体和独立的第三方机构等利益主体。其中，第三方机构是指一些不直接参与补偿，但受流域生态补偿制度所影响的利益主体，比如非政府组织或流域管理机构等。对于如何界定补偿主体和受偿主体的问题，不同生态补偿类型（主要包括受益性补偿、损害性补偿和奖励性补偿等）之间存在一定的差异。

10.2.2.1　受益性补偿

受益性补偿是指流域生态系统服务受益者对提供者的补偿。流域生态系统服务受益者包括流域水资源开发利用中所有的受益群体，在此主要是指下游地区在上游履行了生态环境保护约定后受益的个人或群体。

受益性补偿中，补偿主体主要有下游地区的企业、社会机构和个人以及相关的各级政府等。由于上游地区对流域水资源的保护，下游地区获得了优良的发展空间，下游居民和企业的收入得以提升，同时也丰富了下游地区的税源。受偿主体是流域上游地区生态系统服务的提供者，主要包括上游地区的政府、农户和降低流域资源消耗的企业及其员工等。为保障流域生态系统服务数量和质量，上游地区需要投入大量的资金来治理污染，所在区域的企业和个人也放弃了很多发展机会，由此导致收入受损。同时，发展机会损失及产业升级受限等，也直接导致上游地方政府税收大幅下降。

10.2.2.2　损害性补偿

损害性补偿是指排污者向流域排放的污染物的总量超过规定范围，对流域造成了实质性的损害，需给予利益受损者一定的补偿。由此可知，补偿主体是流域范围内因为从事生产或生活活动给流域带来污染的企业和个人等，一般情况下，主要是指上游地区的生产型企业或个人。流域内其他居民由于生态破坏而遭受了实际的损失，是流域内排污的受害者（受损者），因而为受偿主体。

10.2.2.3　奖励性补偿

奖励性补偿是指对生态系统建设者的生态保护行为进行补偿。由此可知，补偿主体主要是当地的政府及相关政府、受益的重点企业和社会机构等。治理和保护流域生态的贡献者和受害者为主要的受偿主体。流域或重要生态保护区的政府终止对潜在污染的企业进行招标投资，对已有的企业限制生产或迁出，以确保生态系统的治理和恢复；当地居民也会通过一些植树造林、搬迁出生态区等方式修复和保护生态。短时间内，停产、迁出的企业和居民只能通过生态补偿机制才能得以存活。

表 10.2　不同类型流域生态补偿的补偿主体与受偿主体界定

补偿类型	情景	确定依据	补偿主体	受偿主体
受益性补偿	上游经济落后，下游经济发达，下游要求上游保护生态和水资源等，导致上游由于环境保护限制发展而贫困	受益者付费，保护者得到补偿	流域生态保护的受益人，具体包括下游企业、社会组织、个人、下游政府、上一级政府和中央政府等	上游政府、上游农户、减少流域资源使用的企业和职工等
损害性补偿	流域内点源污染严重，如造纸厂、矿场等，流域内居民受损	污染者付费，受损者得到补偿	流域内污染型企业	流域内居民及其他的流域污染受害者
奖励性补偿	无污染性补偿，如自然保护区为生态保护作出贡献	保护者、受损者得到补偿	重点受益企业、社会组织、下游政府、上一级政府和中央政府等	保护区内的居民或政府、停产（搬迁）的企业、搬迁的居民等

10.2.3　补偿标准

目前主要有两种核算流域生态补偿标准的思想：一是以水质水量指标为基础进行核算；二是基于流域水资源保护成本进行核算。

10.2.3.1　基于水质水量指标进行核算

基于水质水量指标的核算方法是综合考虑了流域区划、水质和水量的发展变化状况，设定了用于分析的跨界断面水质、水量考核和在开发利用流域水资源的总量控制的标准，进而确定在开发和保护流域水资源过程中的补偿关系和补偿额度。该方法主要基于跨界断面污染物浓度、跨界断面污染物通量和水污染损失等进行计算。

第一，基于跨界断面污染物浓度的核算标准。

水质目标的确定方法有两种：一是根据功能区的水质目标来确定；二是由上游地区和下游地区协商确定。如果从上游流经下游的水质正好达标，那么可以不进行补偿；如果流经下游地区的水质优于预期目标，那么下游地区就要给上游地区一定的补偿；反之，则上游地区要补偿下游地区。断面水质与预期目标相差越多，则补偿的金额就越多。补偿额度主要有两种计算模型：

其一，根据单因子水质指标计算。单因子水质指标提高一级所获补偿额度为：

$$P=(T/10)\cdot C\cdot Q \tag{10.1}$$

式（10.1）中，P 为补偿额度；T 为水质提高一级的指标减少量；C 为总成本估计值；Q 为下游入境总水量。

其二，根据水质指标提高级别计算，计算公式为：

$$P=Q\cdot\sum(L_i\cdot C_i\cdot N_i)\quad(i=1,\ 2,\ \cdots,\ n) \tag{10.2}$$

式（10.2）中，P 为补偿金额；Q 为下游取水量；L_i 为第 i 种污染物水质提高的级别；C_i 为第 i 种污染物提高一个级别所需的成本；N_i 为超标的倍数。

第二，基于跨界断面污染物通量的核算标准。

污染物通量顾名思义，指的是某一时刻通过跨界断面的污染物数量，可由断面流量和断面污染物浓度相乘得到。若断面污染物通量超过水质控制目标，则可以根据污染物种类、河长（或水量）以及协议标准来测算补偿额度。一般来说，纳入补偿的污染物种类主要包括化学需氧量、氨氮、总磷和镉等重金属，但具体污染因子应根据流域的实际情况确定，具体计算公式为：

$$\begin{aligned}&\text{单因子补偿资金}=(\text{断面水质浓度监测值}-\text{断面水质浓度目标值})\times\\&\text{月断面水量}\times\text{补偿标准}\end{aligned} \tag{10.3}$$

$$\begin{aligned}&\text{多因子补偿资金}=\sum(\text{断面水质浓度监测值}-\text{断面水质浓度目标值})\times\\&\text{月断面水量}\times\text{补偿标准}\end{aligned} \tag{10.4}$$

其中，断面水质浓度目标值可以根据行政区域出境河流水质不差于入境河流水质的原则来确定，也可以根据流域综合区划标准来确定；补偿标准是单位污染物通量的补偿额度，可根据现行排污收费标准和污染治理成本来确定。

第三，基于水污染损失的核算标准。

基于水污染损失核算是以下游地区水污染所造成的经济损失作为上游地区应该支付的补偿金，可以根据水污染对主要行业（农业、供水、服务业、人群健康等）经济影响的调查资料进行计算。水环境质量对社会经济活动的影响过程大致呈 S 形曲线形状（见图 10.1）。

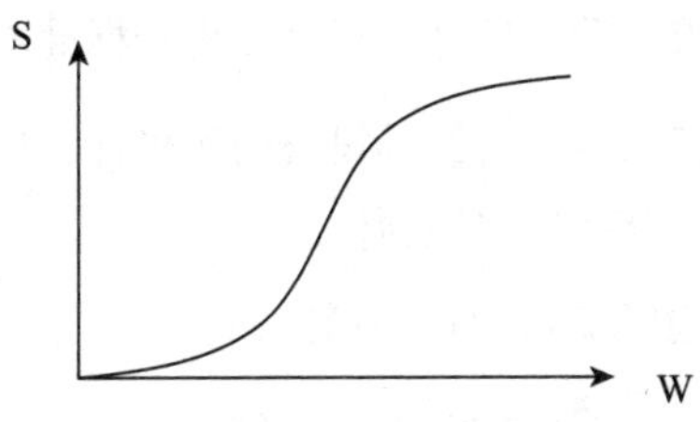

图 10.1　水污染经济损失函数示意图

图 10.1 中，横坐标 W 为综合水质类别，表示水质状况；纵坐标为水污染经济损失率 S，表示水污染的经济损失程度，具体可用各项经济活动的水污染经济损失率表示。

10.2.3.2　基于流域水资源保护成本进行核算

流域上游区域为了保护水资源，必须投入巨额的人力、物力和财力。具体包括两部分：其一是各种生态工程投入，如调蓄洪水、防风固沙等设施建设等；其二是发展机会损失，主要指为保护水资源而限制部分行业发展，以及对部分企业进行关、停、并、转而产生的损失。因此，基于流域水资源保护成本的补偿金额应在充分参考上下游补偿或受偿意愿的前提下，从成本、水质、水量等方面综合考虑。

第一，计算上游投入的生态保护与建设成本。

主要考虑上游投入的直接成本，再通过引入水质、水量相关的系数来估算补偿金额，具体步骤为：

第一步，确定上游的直接投入成本 C_t，主要根据实地调研数据和企业财务数据得到。

第二步，确定水量分摊系数和成本分摊量。流域水量可同时供上下游地区居民和企业使用，因此应根据水量分摊系数来确定补偿额度。水量分摊系数计算公式为 $KV_t = W_{下} / W_{总}$，$0 < KV_t < 1$，其中 $W_{下}$ 表示下游取水量，$W_{总}$ 为流域总取水量。进一步，根据水量分摊系数可计算出下游对上游投入的直接成本 C_t 的分摊量为“$C_t \cdot KV_t$”。

第三步，确定水质修正系数。水资源开发利用中，水质的好坏对用水效益也有直接的影响，水质越好，其产生的效益越大。水质修正系数为 $KQ_t = 1 + P_t \cdot M_t / (C_t \cdot KV_t)$，其中“$P_t \cdot M_t$”为上游地区水质补贴（或赔偿）。若水质优于标准水质，则上游获得补贴；反之，若水质劣于标准水质，则上游应进行赔偿。

第四步，确定效益修正系数。为鼓励投资的积极性，加入效益修正系数 $KE_t > 1$，不同流域地区根据各部门综合指标取经验值。

基于上述步骤，下游地区支付的补偿量为：

$$Cd_t = C_t \cdot KV_t \cdot KQ_t \cdot KE_t \tag{10.5}$$

第二，计算上游损失的发展机会成本。

主要根据上游地区与相邻县市的人均可支配收入差异，来计算上游地区因为发展机会受限而导致的经济损失，具体计算公式为：

年补偿额度＝（参照县市的城镇居民人均可支配收入－上游地区城镇居民人均可支配收入）×上游地区城镇居民人口＋（参照县市的农村居民人均纯收入－上游地区城镇居民人均纯收入）×上游地区农村居民人口

（10.6）

10.2.4 补偿模式

生态补偿机制的构建，必须同时发挥政府和市场的作用。根据实施主体和运作机制的不同，可以将流域生态补偿模式大致分为两类，即政府补偿和市场补偿。就目前中国环境保护阶段和市场经济发展情况而言，政府在流域生态补偿中应占主导地位，而市场则发挥调节和补充作用。

10.2.4.1 发挥政府补偿的主导作用

所谓政府补偿，即政府作为实施和补偿主体，目的是维护国家生态安全和促进区域协调发展，补偿手段包括资金补偿、政策补偿和产业补偿等多种方式。

第一，资金补偿。资金补偿是最有效的补偿方式，资金来源主要包括财政转移支付和生态补偿基金等。

其一，财政转移支付。财政转移支付是指流域上下游地区政府之间的财政资金转移，具体包括税收返还和财力性转移支付等。其中，税收返还在流域生态补偿中使用较少，主要是公共调节功能较差；财力性转移支付主要是在其中增加生态环境保护影响因子权重，赋予财政转移支付的生态补偿功能，由此激励地方政府保护流域生态环境。此外，还可以在财政资金中增加生态补偿专项转移支付，或者在现有关于生态环境的专项转移支付中增列“生态补偿”支出科目。

其二，生态补偿基金。生态补偿基金即专为生态补偿设定的专项基金。生态补偿基金的资金来源主要是水资源使用费。现实中，水价构成通常包括工程成本、管理成本和资源成本等，流域周边地区可以通过提高资源成本来适度提高用水价格，并将增加的水资源使用费划出一定比例建立流域生态补偿基金。生态补偿基金必须专款专用，主要用于改善流域生态环境的流域生态保护与污染治理项目、满足当地居民生产生活基本需求的基础公共服务建设项目、提高流域生态环境保护积极性的产业转型与奖励补助项目，以及提高当地职能部门管理能力的环境监管能力建设项目等方面。

第二，政策补偿。政策补偿不同于资金补偿，是指政府通过制定优惠政策来对受偿主体进行补偿。

在制定优惠政策时，针对不同的区域，政策也应有所不同，这样才能使政策补偿效益最大化。针对跨省的大流域，应出台针对性的财政政策，包括增加转移支付、税收减免、信贷优惠、投资津贴等，鼓励生态设施建设和绿色产业发展。针对省域范围内的小流域，主要的政策措施包括完善水权市场、产业替代和异地开发等。一方面，要建立和完善水权转让市场，鼓励流域上下游地区之间通过水权交易来纠正负外部性和支付补偿费用；另一方面，流域下游政府应遴选出适宜的技术项目，以支持上游地区发展生态产业并实现产业替代和可持续发展。此外，可以帮助上游地区建立异地开发试验区，下游地区政府应在土地利用、税收减免和企业搬迁等方面给予一定优惠，一定程度上实现污染的转移。

第三，产业补偿。产业补偿即下游地区通过产业转移方式来促进上游地区的经济发展和产业转型。

通过产业转移，使上游地区的产业发展壮大和竞争力提升，自身造血能力增强，这是促进上游地区经济发展和提高居民收入水平的最好办法。上游地区必须转变服务观念，搭建好产业转移平台，以接纳下游地区转移过来的生态型、技术型产业，并形成集聚优势。总的来说，产业补偿属于产业布局领域，需将整个流域作为一个系统进行统筹，来综合考虑产业空间布局，在整个流域范围内提高资源配置效率。

10.2.4.2 激活市场补偿方式

市场补偿方式适用于利益双方关系明确，且具体受益个体非常确定的情况。从国外实践看，市场补偿方式主要有许可证交易、私人企业一对一支付、生态投资等。考虑到当前我国现状，排污权交易已实施多年但效果不明显，陷入低迷状态，生态投资机制和绿色税收机制仍未成型，需要政府出台制度引导。因此，主要还是要通过改善排污权交易，推广水权交易等一对一的生态服务交易方式，达到基本激活我国市场补偿的目的。

排污权交易实质是政府对企业或企业与企业之间的一种激励补偿。它是排污许可证交易的表现形式，也是可配额市场交易方式的一种。排污权交易主要基于区域水资源限定的纳污能力，在排污总量可以控制的前提下，内部的污染源可以互相调节排污量，这样可以有效地控制排污量，起到保护环境的作用。排污权交易以市场为基础，对企业具有较强的激励作用，如果企业大力实施减排策略，排污权没有用完，便可以将其出售获得一定的经济补偿。在我国目前的环境保护制度中，环境影响评价制度是一种纯预防性措施，排污收费制度则是一种排污事后管理措施，而排污权交易可以弥补前两种制度的缺陷，从排污前到排污后的整个过程中都能发挥作用，并且还能与其他环境保护制度相结合，激活制度体系的整体效用。

水权交易等一对一的生态服务是一种私人交易模式，通常是生态系统服务供求双方自发组织或由第三方协调进行的直接交易，主要适用于交易双方非常明确或数量较少的情况。如果我国实施一对一市场补偿方式，企业或政府等用水实体便可以在流域水资源交易中直接作为生态系统服务的购买者。这种购买方式不存在任何管理上的逼迫，交易双方通过协商谈判，或通过上一级政府、中介组织等第三方协调确定交易价格和条件。不过这种私人交易模式的补偿规模较小，必须具有法律支撑，如明晰的水资源产权和协议签订后的法律保障，合同的拟定也必须具备可操作性，这样生态系统服务供求双方才能通过协商谈判或由第三方协调达成购买协议。

除上述方式外，国际上还出现了其他市场补偿方式，如流域生态补偿责任保险制度和生态标记制度等。其中环境责任保险是指被保险人因从事保单上标明的业务而产生了环境污染，所需承担的标的为环境修复责任的保险。根据我国责任保险与生态补偿发展现状，建议对生态补偿实行强制性责任保险制度，这样才能保障受偿主体及时、足额获得补偿。生态标记是对生态型产品进行标记，可以提高生态型产品的市场价格和增加产品附加值，间接对生态系统建设者进行补偿。现实中，生态标记种类繁多，其关键是认证体系的市场认可度，因此必须确保认证机构的权威性和独立性，同时要强化生态型产品的市场推广力度。

10.3　流域生态补偿政策演进与实践进展

10.3.1　流域生态补偿的政策演进

10.3.1.1　国家层面的政策法规

20世纪70～80年代，我国流域污染问题日趋严重，环境治理形势日益严峻，国家出台了大量法律规章和政策制度，来强化流域污染防治和环境治理，如1988年的《中华人民共和国水法》。进入21世纪后，越来越多的文件出台，要求加强生态补偿机制建设和水环境治理。其中，2008年颁布的《中华人民共和国水污染防治法》首次提出了水环境生态保护补偿相关的内容，是我国流域生态补偿机制建立的重要法律依据。2012年，随着《新安江流域水环境补偿协议》的签订，跨界流域的生态补偿机制构建取得实质性进展。2019年，国家出台《长江流域重点水域禁捕和建立补偿制度实施方案》，明确提出通过建立生态补偿机制来切实修复长江生态系统。国家层面出台的与流域生态补偿和水环境治理相关的法律法规如附表7所示。

除附表7中所列法律法规外，《中华人民共和国农业法》《中华人民共和国森林法》《中华人民共和国草原法》《中华人民共和国自然保护区条例》等专项法律，也都对补偿主体、补偿标准、补偿方式等作出了一定的规定，为建立流域生态补偿机制提供了强有力的法律依据。

总体而言，目前我国关于流域生态补偿的政策法规尚存在一些问题：其一，生态补偿立法系统性不够，比较零散和孤立，导致不同领域生态补偿相关的单行法之间会存在一些冲突。其二，关于生态补偿核心要素如补偿主体、受偿主体、补偿方式和补偿标准等的规定不够具体和明确，导致在具体实践中操作性不强。其三，关于流域生态补偿，目前有部分政策法规有所涉及，但均未直接明确对流域生态补偿的相关处理进行详细说明，对新出现的流域生态问题缺乏法律支撑，远远滞后于生态科学的发展。因此，系统完整的流域生态补偿政策法规框架的建立，是我国流域生态补偿有效实施的关键。

10.3.1.2 地方层面的政策法规

近年来，我国一些地方政府也纷纷制定了相关政策法规（见附表 8），对流域生态补偿进行了有益、大胆的尝试，为国家生态补偿立法积累了宝贵的地方经验。

目前，大多数地区实行流域生态补偿机制是上下游双向型生态补偿，即基于跨界断面水质考核结果来确定补偿责任。若水质达标，则下游对上游进行补偿；反之，则上游对下游进行补偿[①]。其中，上游对下游的补偿可理解为污染赔偿，具体的赔偿金额与超标污染物种类、污染程度和时间等因素有关。

除了双向型流域生态补偿实践之外，我国也有很多地方流域生态补偿还是“上游补偿下游”的单向型流域生态补偿，此时上游水质超标污染下游就需要买“生态补偿单”。这种单向型生态补偿实际上是流域或河流水污染赔偿制度，缺乏积极性和约束性。从制度构建的公正角度出发，应该坚持完整意义上的双向型流域生态补偿，否则，责任分配的不公正将导致流域生态补偿长效机制难以发挥。

10.3.2 流域生态补偿的实践进展

10.3.2.1 省内流域源头保护生态补偿

省内流域源头保护生态补偿的典型实践如：北京市对密云、官厅水库上游的补偿；江西省对东江源头及五河源头区域的补偿；湖北省对丹江口水库上游的补偿；浙江省在金华江流域、新安江流域、钱塘江流域以及省内全流域开展的源头补偿；福建省对九龙江流域、闽江流域、晋江流域上游的补偿；广东省对东江源头河源市的补偿等。

浙江省是全国较早开展流域生态补偿实践的省份之一。早在 2003 年，台州市就探索设立了长潭水库饮用水水源保护专项基金，每年投入金额约 600 万元；2004 年，绍兴市政府决定由水务集团每年按 0.015 元 / 吨标准（按汤浦水库供水量计算），建

---

① 水质目标根据上下游签订的“环境责任协议”或者流域环境保护规划确定，这种补偿机制可称为污染者赔偿、受益者补偿双向机制，或者水质超标罚款赔偿和水质达标奖励补偿机制。

立汤浦水库水源环境保护专项资金，并且市政府每年投入200万元专门用于库区基础设施建设；2005年，浙江省在各地实践基础上，制定了省级层面的生态补偿制度；2006年，浙江省出台《钱塘江源头地区生态环境保护省级财政专项补助暂行办法》，对钱塘江流域干流和较大的一级支流（流域面积超过100平方千米）的源头所在区域加大财政转移支付；2008年2月，浙江省颁布《浙江省生态环保财力转移支付试行办法》，决定对境内八大水系干流和较大的一级支流（流域面积超过100平方千米）的源头所在区域，以及流域面积较大的市、县（市/区）实施生态环保财力转移支付政策，成为全国第一个实施省内全流域生态补偿的省份。

福建省也较早投入了大量资金用于重点流域水环境保护。如2007—2010年，福州市每年安排1000万元，三明、南平市每年各配套500万元，省发改委、省环保局每年各安排1500万元，专项用于闽江流域重点整治项目；2007—2010年，厦门市每年安排1000万元，漳州、龙岩市每年各配套500万元，省环保局每年安排800万元，专项用于九龙江流域整治项目；2005年6月起，泉州市建立专项资金来补助晋江流域上游县（市）水污染治理项目，专项资金来源包括市本级财政固定投入和下游受益县（市）按用水量比例分摊，每年约2000万元，连续5年共1亿元。

10.3.2.2 基于水质水量的流域跨区域生态补偿

在我国流域生态补偿实践中，有很多种实施模式，其中基于水质水量的流域跨区域生态补偿模式非常普遍。顾名思义，这种模式主要根据流域跨界断面水质水量考核结果来确定补偿责任和补偿金额。比如江苏的太湖流域、河北的子牙河流域和河南的沙颍河流域等，都是采用这种补偿模式。该模式的核心要素包括两点：其一，确定跨界断面目标水质要求。首先要确定跨界流域的考核断面，其次根据污染治理目标和成本等因素确定目标水质指标，具体可以通过上下游协商确定或者根据区划要求确定。其二，确定补偿标准。根据跨界断面水质水量监测数据，确定双向补偿标准，即如果水质水量达到目标要求，则下游给予上游补偿；如果水质水量未达到目标要求，则上游对下游进行赔偿①。

① 根据现行财政体制，污染赔偿采取上级财政按月先行垫付补偿金，在年终予以扣缴结算的补偿方式，并明确扣缴的补偿金的使用方向，规定专项用于流域水污染综合整治、生态修复和污染减排工程，而不是直接支付给下游受害区域。

除上文提及的省（市）外，还有很多地区也都实施了基于水质水量的流域跨区域补偿。如河南省平顶山市对辖区内流域污染进行考核时，主要考核指标为化学需氧量和氨氮（对重点企业主要考核氨氮排放量），补偿金额与超标倍数正相关。市环保局每月对流域跨界断面水质至少检测两次（化学需氧量和氨氮含量取其中最高值），并按月测算补偿资金量，补偿资金由市财政局直接从县（市/区）财政中直接扣缴。对重点企业实行“周计量，月考核”，若企业当月氨氮排放总量超标，则将受到处罚。

再比如陕西省2010年起对渭河流域实施水污染补偿制度，主要针对渭河流经的西安、宝鸡、咸阳、渭南四市进行，污染物考核指标为化学需氧量。若这些市境内断面水质超标，就将缴纳污染补偿金[①]。具体实施时，采用月考核、季缴纳、年结算的方式，省财政厅设立专门的资金账户来管理污染补偿资金。根据省环保厅核算的数据，污染物超标的市每季度向省财政厅缴纳污染补偿金，省财政厅在每年年底统一结算，若各市未足额缴纳则在其财政中进行扣缴。污染补偿金的使用去向为两个：其一，污染补偿金的60%用于各市的污染物治理。省财政通过转移支付方式将这部分资金下达各市，各市建立专项资金用于渭河流域综合治理，不能挪为他用或平衡财力。其二，污染补偿金的40%用于奖励那些工作力度大且成效显著的地区。如果各市境内断面水质均达标，则各市均无须缴纳补偿金，省财政也将拿出一定资金用于奖励各市。

10.3.2.3 跨省域的上下游流域生态补偿

在现实中，为了自身利益最大化，地方政府之间往往难以建立长期有效的合作机制，即使存在互惠互利的合作，但也容易因为“竞争意识”的存在，无法构建有效的利益协调与沟通平台，很容易出现零和博弈。因此，流域生态补偿“走不出省界”的困境频频出现（田义文 等，2012）。

随着流域生态补偿实践的不断深入，2011年，财政部、环境保护部牵头促成了新安江流域生态补偿，这是我国首个跨省流域生态补偿试点，具体模式为：中央财政通过财政转移支付下拨3亿元给安徽省，专项用于新安江流域污染治理；安徽和浙江实行双向型补偿，以近3年新安江平均水质为标准，若跨界断面水质优于该标

---

① 为保证公平，并且兼顾上游来水水质对下游水质的影响，当上游城市来水水质超过其规定的污染物浓度控制指标时，在核算下游城市出境水体污染物浓度时，要扣除上游来水水质的污染物超标部分。

准，则浙江省补偿安徽省 1 亿元；若跨界断面水质劣于该标准，则安徽省补偿浙江省 1 亿元。

新安江流域生态补偿试点已经经过两轮（2012—2014 年和 2015—2017 年），上游水质连年达标，千岛湖的湖水水质长期保持 I 类，营养状态指数也变为贫营养，试点效果非常理想。流域上下游始终实施最严格的生态环境保护制度，并以此倒逼经济高质量发展，实现经济、环境和社会效益的共赢。这里以黄山市为例，两轮试点中，全市共投入 120.6 亿元资金，推动了 225 个流域治理相关项目的实施，涉及面源污染、垃圾处理、生态修复等众多方面。几年来，黄山市在新安江主要干支流整治提升 30 个关键节点，建立生态护岸 65 千米，取缔河道采砂场 104 个，疏浚河道 58.2 千米，湿地面积增加 413 万平方米，截污管网增加 68 千米，城镇生活污水平均处理率达 93%，养鱼网箱面积减少 37.2 万平方米，124 家畜禽养殖场关停（搬迁）。同时，积极引导流域周边居民发展生态农业、生态旅游业及其他无污染特色产业，增加上游居民的收入水平。目前，黄山市三产结构比例由试点前的 11.4 ∶ 46.3 ∶ 42.3 调整至 9.8 ∶ 39.0 ∶ 51.2，服务业从业人员超过常住人口的四分之一。

目前，新安江流域生态补偿正实施第三轮试点（2018—2020 年），安徽和浙江各出资 2 亿元建立上下游横向生态补偿资金。第三轮试点与前两轮相比有两大变化：其一，断面水质要求更高，水质稳定系数从 0.89 提升至 0.90，同时将四项水质考核指标中总氮、总磷的权重从 0.25 提高至 0.28。其二，补偿资金的用途更加广泛，除原有的用于新安江流域生态环境综合治理、产业结构优化等方面外，还积极探索通过设立绿色基金、融资贴息，与社会资本联合等，吸引社会资本进入新安江流域生态环境综合治理中。

10.4 流域生态补偿的国际经验及借鉴

10.4.1 美国的流域生态补偿

10.4.1.1 纽约市流域管理

10.4.1.1.1 基本情况

纽约市的饮用水有90%来自卡茨基尔和特拉华河流域，10%来自Croton流域。其中，卡茨基尔和特拉华河流域流经区域主要是农村，森林面积占流域总面积达75%，流域内有大量的木材公司；Croton流域主要位于工业化程度较高的区域。20世纪80年代之前，这几个流域的水质一直非常好，但后来由于微生物入侵使水质遭受污染。1989年，美国环保局要求供水企业必须首先对地表水进行过滤（已经达到饮用水标准的除外）。纽约市为落实美国环保局的要求，准备在Croton流域建一家过滤厂，但建设成本和运营成本均十分高昂。由于过滤厂成本太高，纽约市决定对卡茨基尔和特拉华河流域进行综合治理，计划10年内投入10亿～15亿美元，主要用于对流域上游的林业主、农场主和木材公司的补偿，同时要求他们采取环境友好型生产方式，以减少微生物和磷入侵水体。该计划获得了美国环保局的认可，同意纽约市暂时不建过滤厂。

10.4.1.1.2 补偿资金来源

补偿资金的来源主要包括税收、公债及信托基金等。税收方面，主要是政府对用水户征收的为期5年的附加税，税率为9%；公债方面，纽约市发行了专门的公债来筹集流域治理资金；信托基金方面，纽约市信托基金和卡茨基尔未来基金会分别提供了2.4亿美元和6000万美元用于卡茨基尔流域的综合治理。此外，纽约市信托基金还提供了7000万美元用于特拉华河流域的治理。

10.4.1.1.3 补偿方式

纽约市主要通过成本补助、购买土地所有权、税收优惠、保护地役权、改进森林采伐许可和寻求市场机会等方式实施流域生态补偿[①]。

第一，成本补助计划。纽约市提供了4000万美元来补助那些采取环境友好型生产方式的林业主和农场主，以弥补他们新增的成本。成本补助计划效果较好，在两个流域共350个农场主中，有317个农场主参加了该项目。

第二，政府购买并分配土地所有权。为支持该计划，州环保部门允许纽约市购买流域土地（为期10年）。在具体实施中，纽约市购买了大量水文敏感区附近的土地，以及部分可能影响水质的土地开发权，并且通过各种方式将土地开发权转让给那些采取环境友好型生产方式的农场主和木材公司。

第三，税收优惠。税收优惠对象为较大的林业主（50英亩以上面积），前提是林业主自愿参加为期10年的森林管理计划，优惠额度为减免80%的财产税。

第四，保护地役权。美国联邦保护区促进条例规定，农场主、林业主与农业部签订为期10年以上的退耕合同，即可获得一定的补偿。这样能最大限度地保护生态敏感的土地，并促进草地、森林的恢复。

第五，改进森林采伐许可。为了补偿木材公司因限伐和进行生态管理所遭受的损失（或增加的成本），政府改进森林采伐许可规定，允许木材公司在以前的禁伐区进行采伐。

第六，寻求市场机会。为扩大产品销售，流域农业委员会通过各种措施，积极为非木质林产品以及经“Smart Wood”认证的木材产品开拓市场，这样既带动了当地经济发展，又保护了流域生态环境。

为保证流域管理计划的顺利实施，政府对相关法律法规进行了修订。如美国环保局允许各地通过成本更低的方式来改善水质，而不是必须建造过滤厂；纽约州也提出了新的水设施与建设工程标准，并加大对新建工程项目的筛选，以防止破坏流域水质。新规章制度的实施，极大地激励了农场主参与流域管理计划的积极性。

10.4.1.2　田纳西河流域生态补偿

田纳西河是密西西比河最大的支流，长1450千米，面积10.6平方千米。20世

---

① 需要说明的是，尽管流域管理主要由纽约市负责，但联邦政府和州政府也对流域管理提供了财政和技术支持。如美国农业部为参与其“农场法案保护项目”的农场主提供技术援助和经济激励；纽约州同意为“保护促进计划”提供财政帮助，州环保部门对整个流域进行了水质与养分监测研究等。

纪以前，田纳西河流域两岸原始森林密布，是一个土壤肥沃和自然资源丰富的地方。流域内农牧业非常发达，盛产棉花、蔬菜和畜产品等，同时还具有丰富的磷矿和水能资源，非常适合发电、生产炸药。1916 年，美国出台《国防法》，授权在田纳西河流域建立硝酸盐工厂，同时修建威尔逊大坝来拦截水流发电。但威尔逊大坝直到第一次世界大战结束也未能完工，却严重影响了流域周边居民的生产生活。为了生存，周边居民对流域资源进行过度开发，导致草木枯死、河道堵塞、鱼类死亡等严重的生态环境问题。

10.4.1.2.1　补偿管理机构

1933 年 5 月，美国成立田纳西河流域管理局。管理局属于联邦一级政府，直接受总统领导和国会监督，全面负责田纳西河流域资源开发及综合治理。同时，管理局还是一个独立的法人企业，直接负责流域内所有的资源开发项目的运营和管理（见表 10.3）。管理局具备的双重职能，使其既能作为政府机构对流域进行综合管理，又能作为企业充分利用市场机制来配置流域资源，最终实现流域经济发展和环境保护的双赢。实践证明，这种双重职能的模式效果非常显著，不仅确保了各项开发工作和移民工作的顺利进行，也使该项目成为政府与市场有效结合进行流域治理的典范。

该管理局在执行经济管理和环境治理职能的同时，还可以运用市场调节各个生产要素的平衡，以此来促进全流域内的发展。田纳西河成功治理的实践证明，两种职能相结合的模式不仅使管理局的工作可以顺利进行，还可以使移民工作顺利进行，由此田纳西河的治理成为一个成功的案例。

表 10.3　田纳西河流域管理局职能

职能	内容
相对人事独立权	董事会有自主选择官员和雇员的权力，可以不按照美国公务法中的相关条款来聘用和解雇人员
土地征用权	有权以美国政府名义征用土地，在法律许可的情况下，有权将其所有或管辖的不动产予以转让或出租
项目开发权	有权在田纳西河干支流上修造水库、大坝，在流域范围内修建各类电站、输变电设施、通航工程，并建立区域电网
多流域投资开发	作为区域发展机构和美国最大的公共电力公司，管理局具有多流域开发职能

管理机构方面，管理局按公司模式进行管理，设立董事会和理事会。其中，董

事会是管理局最高决策机构，直接向总统和国会负责，可以根据需要自主设置内部机构。董事会下设执行委员会，包括15名成员，都是管理局高管人员，各自负责单独的业务。理事会成员包括各州代表、电力系统代表、受益方代表和社区代表等。理事会任期每届两年，对田纳西河流域管理局的建议，理事会通过投票获多数予以确认。

10.4.1.2.2　补偿过程

田纳西河流域的综合治理过程就是生态补偿过程。管理局成立初期的工作主要是根据流域规划，对流域水资源进行修复。到20世纪50年代，传统意义上的水资源修复工作基本完成，20世纪60年代以后，管理局在继续对流域资源进行综合开发和治理的同时，加大了对森林、鱼类和野生动植物的保护力度，以提升流域周边居民的生活质量。

管理局对田纳西河全流域综合治理进行统筹规划，制定了科学的流域开发程序，主要包括以下几方面：其一，解决航运和防洪问题。水坝是流域发展的重要因素，在流域干流建造多目标水坝并据此疏通航道和控制洪水。同时，通过水运从流域外部运入原材料，在流域内开办各类企业和农场等，推动工农业发展。其二，发展电力产业。田纳西河流域水资源和煤炭资源均十分丰富，可同时兴建水电厂和火电厂，为流域发展提供电力保障。其三，扩大水资源利用范围。随着经济、社会发展，管理局不断扩大对水资源的利用范围和形式，包括工农业生产、居民生活、污染防治、水生植物和水景观等。其四，调整土地利用与产业结构。在充分利用水资源的同时，积极转变土地利用方式，大力发展农林等第一产业，发挥森林和农作物的水土保持功能。同时优化农业产业结构，大力发展环境友好型农业和牧业。

显然，田纳西河流域生态补偿是由政府主导的，主要体现在以下几方面：政府在水资源开发项目上给予了很多的优惠政策；为鼓励流域居民采取环境友好型行为，政府对居民给予了多种形式的直接补偿；流域内居民除了享受到水资源开发带来的利益外，还享受到廉价的电力；管理局拥有美国最大的肥料研究中心，可以为农民生产提供技术指导；管理局还设立经济开发贷款基金，来扶持农户创业和小型企业发展。除上述外，管理局对田纳西河流域的综合开发和治理，不仅推动了区域经济发展，也创造了大量的就业机会，增加了流域内居民收入水平。

1960 年起，管理局在全国范围发行债券，筹集电力发展资金，这极大地推动了流域内电力产业的发展，使之成为流域的支柱产业。电力产业的发展，也带动了流域内其他产业的发展和自然资源综合利用。管理局不但及时返还了联邦政府拨款，而且自身资产也快速积累，这种“以电养水”的运营模式有效提高了流域水资源综合治理效率。

10.4.1.3　水质信用交易

美国的水质信用交易是典型的由市场主导的流域生态补偿模式，又称为开放式贸易或可配额的贸易，即政府规定流域总的排污量或环境标准，流域内各排污部门可以对指标进行交易。通常情况下，私人企业或者土地所有者都有明确的排放上限。但实际上政府并不关心哪个单位具体排放了多少，政府只关心达到总标准或者没有超越上限。这使得企业之间可以相互交易排放指标，企业排放量如果低于政府允许的排放额度，即可获得排放信用。当规定的排放指标难以满足企业需求时，企业可以选择降低排放量或者购买排放指标，这取决于成本大小。在现实中，当生态系统服务供求双方数量非常多或者不确定、生态系统服务又可计量可分割时，就可以将其标准化并按照市场规则进行交易。

由于富营养化严重，美国很多河流水质显著下降。为了控制水质，政府通常规定流域的水质标准，或者规定各污染点的最大排放量。但因为不同污染点所处位置、排污数量和污染等级均不同，其执行政府额定标准的成本可能相去甚远，一些排污部门往往需要投入巨大的成本去购买清洁设备或技术。对于非点源污染，目前法律上并未规定最高排放标准，并且非点源污染因为与河流距离、污染物性质及排放数量、天气密切相关，往往难以测度。为了解决流域污染问题，美国建立了水质信用交易制度，允许不同排污部门之间进行排污权交易。若某一排污部门通过低成本方式进行减排并将污染物排放量降至规定额度以下，就可将剩余的排放指标出售给那些减排成本较高的排污部门。这样，无论是点源还是非点源污染者都有减排动力。这种制度非常灵活且成本较低，能有效实现政府控制水质的目标，并且能激励非点源污染者也加入减排行列。

10.4.2　南非的水资源生态补偿机制

南非是严重缺水的国家，地表水开发利用率非常高，地下水资源又非常有限，要满足国内的水资源需求，必须从邻国引水。水资源紧缺严重制约了南非社会经济发展。在过去，南非曾利用跨流域调水和复杂的抽水系统来满足缺水区域的用水需求。随着水资源的不断减少及需求量的日益增加，南非有 12 个集水区（全国共 19 个集水区）的水量供不应求，只能通过跨流域调水来弥补，供水成本大幅上升，通过水利工程建设来解决水资源紧缺的方法已变得不再可行，必须寻求其他方法以增强和保护水供给能力。

在南非草原集水区内有大片的湿地，这些湿地具有很强的渗水能力，在雨季能吸收大量的降雨，旱季到来时则将其缓慢释放出来，这样能保持集水区基本流量。但是，由于过度放牧、开垦以及其他不当利用方式，湿地蓄水能力大大下降。更严重的是，南非在草地上大面积造林，这些外来树种具有很强的地表径流截取能力，导致集水区径流量甚至河道基流均被这些外来植物截取。同时，外来植物生长速度快，使得本地物种不断被吞噬，直接导致土壤水分蒸发蒸腾损失比例大幅提高[①]。由于外来物种入侵范围不断扩大，对南非水资源供给的影响也日益严重，必须予以控制。1974 年，南非发布《农业资源保护法案》，明确规定土地所有者需负责清理外来入侵植物。但在实际实施时，因为入侵程度比较严重和清理成本很高，土地所有者难以负担所需的清理费用，必须另想办法。1995 年，南非正式开展水资源工作项目，其核心内容是通过生态补偿来缓解外来物种入侵的局面，以保证水资源的供给。

10.4.2.1　补偿资金来源

第一，国家财政预算。水资源工作项目是南非水事务和森林部门（DWAF）的公共代理机构，主要目的是控制外来入侵植物和缓解贫困。水资源工作项目是南非单项自然资源投资中最大的，每年预算在 4 亿兰特以上，而同期南非对全国所有公园

① 研究发现，南非由于外来植物入侵而导致的可用水资源损失量达 6.95 亿立方米，为总登记用水量的 4%，如果不对外来入侵植物施加控制，可用水资源损失量将达 27.2 亿立方米，将占总登记用水量的 16%。

的总投资也不过7.28亿兰特。水资源工作项目的财政资金来源主要包括两部分，其中70%以上来源于扶贫委员会资金，其余部分来自水事务和森林部门的财政拨款。

第二，水资源使用者强制付费。水资源使用者强制付费也是水资源工作项目资金的重要来源之一[①]。水事务和森林部门向用户征收的水资源使用费中包括了水资源管理费，管理费大小确定的依据主要包括外来入侵植物清理费、项目管理费、污染控制费等。其中，外来入侵植物清理费的基础是水资源工作项目成本，具体分配时根据不同用户承受能力，对农业、工业和家庭用水确定不同的分摊权重，以保证水资源使用的公平性。

第三，水资源使用者自愿付费。为缓解水资源供给压力，南非部分市政当局也参与了水资源工作项目。如1996年，西Cape地区的沿海小镇Hermanus当局通过一次性比例征税的方式使水价提高，并将其投入水资源工作项目，主要用于清理本镇集水区的外来入侵植物。随着用水户大量加入，使水资源工作项目与当地政府部门的合作持续到2001年。2001年后，当地政府建立了自己的团队，继续直接控制外来入侵植物。在西Cape地区，George市政当局决定通过水资源工作项目或通过管理山区集水区的西Cape地区自然保护部，每年投资40万兰特用于清除Outeniqua Mountain集水区的外来入侵植物。

10.4.2.2 项目特征

水资源工作项目早期工作主要局限于国家和省的公园之内，但2001—2006年，66%的工作作用于保护区范围之外，促进了保护区外的生态系统健康发展。即使经过十几年的发展，也仍然只有极少量的项目资金来源于自愿交易。水事务和森林部门的《水资源价格战略草案》规定，为保证长期水资源供给安全，水资源使用者应承担所有控制外来植物入侵所需的费用。该草案还进一步明确，控制费用由所有参与项目的用水部门按照取水比例进行分摊，而项目实施所额外增加的水供给量也可以在这些部门中进行分配。这种模式体现了用水部门自愿付费的原则。因此，随着对水资源需求的不断增加，存在由高度或部分依赖政府资金转变为自愿交易的可能。

---

① 需要说明的是，在集水区水费征收过程中，虽然没有区分贫穷的和富裕的用水户，但却实行了阶梯水价。因为穷人用水量相对较少，用水梯度低，水价相对便宜，而富人用水量可能会处于较高梯度，水价相对较高，因此总体上也是一种差异化水价。

大多数案例中，生态系统服务的出售者是土地所有者，包括私人土地所有者、集体土地所有者和国家。私人和集体土地所有者主要是指，为了商业目的或谋生，而使用诸如牧场等受外来入侵植物影响的土地，并收获野花和茅草等自然资源的农民。私人和集体土地所有者因清理外来入侵植物，使土地产出率提高而受益。即使是法律要求清除外来入侵植物，但从私人土地所有者的角度来说，清除成本太高而不具有经济合理性。大部分水资源工作项目在公共土地上实施，但也有部分项目在集体或私人土地上实施，而且通常是在重要的保护区，集体或私人土地所有者不需要承担任何成本。

水资源工作项目的另一个特点是介入成本相对较低，它显著区别于其他具有较高的交易成本的生态补偿项目。项目总成本较低的原因主要有两个：其一，在土地利用方式上没有变化。土地上的外来入侵植物被清理后，其生产力更强，因此农业种植的机会成本很低，土地利用方式也比较稳定。其二，劳动力成本较低。因为项目雇佣的劳动力很少有正式的就业机会。机会成本和劳动力成本都较低，因此总成本中原材料成本（设备、交通等）就成了主要成本。

10.4.2.3 补偿效果

水资源工作项目在控制外来入侵植物和缓解水资源压力方面效果显著，受到社会各界的好评。项目伊始，就清除了至少 100 万公顷的外来入侵植物。1997—2006 年，由于清理河岸外来入侵植物所增加的河流径流量达 4600 万立方米。此外，水资源工作项目的扶贫效果也非常明显。该项目的实施创造了大量的就业岗位，并且通过技术培训、健康体检和预防艾滋病等措施提高了劳动者的素质和工作能力。2000 年，项目为 2.4 万名失业者提供了工作，其中女性超过一半。再加上通过木材加工，将外来入侵植物加工为家具、木炭等，使当地居民获得了更高的收入。

尽管项目社会价值比提供水服务的价值要高，但不断增大的水资源短缺的可能性，导致了私营部门和用水户对水资源的需求日益增加。事实上，如果项目继续严重地依赖于扶贫资金，那么，在不久的将来可能会与其他扶贫项目产生冲突甚至面临资金困境。所以，如何进一步完善使用者付费制度对水资源工作项目的持续健康运行至关重要。

10.4.3 厄瓜多尔的Pimampiro项目

10.4.3.1 项目实施过程

厄瓜多尔Pimampiro市共1.3万余人，其中超过70%为极度贫困人口。1999年，由于爆发严重旱灾，该市修建了一条运河来保障水资源供给，这在提高全市水供给能力的同时，也提升了水资源使用者的购买意愿，为生态补偿实施奠定了基础。2000年，Pimampiro市与厄瓜多尔可再生自然资源发展组织（CEDERENA）合作，在帕劳科河上游正式实施流域生态补偿①。

居住在帕劳科河上游低纬度农场附近村镇的居民共27户，他们拥有距Pimampiro市32千米、海拔2900～3950米的帕劳科河右岸"新美洲"合作社638公顷的土地。项目实施前，"新美洲"森林的10%和本地安第斯山脉高地草场的18%已被逐步改造为农作物种植地和草原。大多数农户都参与到生态补偿项目中，共涉及"新美洲"87%的土地。最开始签订的生态补偿协议为5年期，后在2005年全部调整为无限期协议。具体补偿标准为：高地草场管理为6美元/公顷·年，二级森林维护为8美元/公顷·年，初级森林维护为12美元/公顷·年。生态补偿资金来源包括两部分：一是对Pimampiro市1350户农户征收的水消费附加费；二是水基金收益。

10.4.3.2 项目的交易成本

整个启动阶段成本为3.8万美元，由泛美基金会（IAF）提供资金，每公顷成本高达69美元。执行交易成本为864美元，平均占总执行成本的17%，即每年每公顷1.54美元。42%的总成本为管理成本，58%的成本为监管成本（每年16个工作日）。最初由厄瓜多尔可再生自然资源发展组织负责支付以上成本，2003年该非政府组织离开Pimampiro市后，改由当地市政当局支付这些成本。项目实施以来，支付的补偿总额平均为每年4600美元，4%～10%的年度回报转化为1.5万美元的基金，并已经实现了资本化，2005年底赢利超过2万美元，取得了良好的经济收益。

---

① 可再生自然资源发展组织（CEDERENA）是厄瓜多尔的一家非政府组织，其设计的生态补偿提案是森林管理计划的一部分，提案也提出了可持续土地利用的一些选择，例如生态旅游、药用植物提取等。生态补偿主要致力于保护本地植被，这不仅能维持水质，而且能保持旱季植被数量。

10.4.3.3　项目实施的监督与制裁

市政当局对土地利用监督采用每3个月定期访问、随机选择3份合同进行全面检查的方式。但从实践角度来看，由于市政环境部门人员较少，这些检查监督并没有得到贯彻实施，因此监督和控制的可信度不高。“新美洲”项目管理者已明显意识到监督力度的下降，特别是对边远地区的监督下降。监督结果报送基金委员会，由后者决定是否实施制裁。制裁包括因无授权进行的选伐、采掘二级产品而延期补偿1～3个月，因皆伐永久取消补偿[①]。起初，合作社27户农户中有23户签订了生态补偿合同，参加补偿项目的第二年，9户农户因违背合同而暂停合同，另有5户新加入补偿项目，所以共19户获得补偿。实现补偿并非无条件，参加补偿系统的农户逐步认识到要想获得补偿必须履行合同。

10.4.3.4　项目实施效果

第一，有效地改善了流域上游生态环境。项目的实施不仅使以前的森林砍伐行为停止了，当地植被也显著增加。在生态补偿之前，即2000年以前，占总面积31%的198公顷的森林被改造成耕地和草原，而生态补偿实施后只有占总面积14%的88公顷的森林被用于农业生产。虽然该地区通公路，但以往不定期的伐木销售也停止了，而在厄瓜多尔其他通公路的地区，公路2000米以内的森林皆被砍伐。

第二，减少了违法行为的发生。生态补偿项目的实施有效地取代了当地不健全的《森林法》，可以减少违法行为的机会成本，使生态补偿成本更有优势、更合法。Pimampiro市政部门加大《森林法》执法力度，促成2005年底达成延长生态补偿期限的协议，并保持目前的补偿水平。环境决策者也被说服不在环境问题上盲目追求经济利益。

第三，具有显著的扶贫效应。四分之三的“新美洲”人口处于极度贫困线以下，其中多数人参加了生态补偿项目。补偿主要以小额补偿为主，参加补偿计划的农户每年平均收到252美元的补偿，与2003年调查的31%农户收支情况相符。生态补偿收入很有可能超出了保护机会成本，造成农户净收入增加。收益被用于最基本需要，例如食物、油和人力资本投资。其他多样性收入来自在受生态补偿保护的土地上进

---

① 皆伐是指将伐区内的成熟林木短时间内（一般不超过1年）全部伐光或者几乎全部伐光的主伐方式。

行的活动，比如药用植物提取、生态旅游等，这些活动提供了临时雇佣机会，从而减少了保护机会成本。

第四，没有明显的负效应。“新美洲”农户在已砍伐森林的低纬度地区进行农业生产，避免了森林砍伐，从而限制了该地区砍伐森林的可能性。这些地区位于Pimampiro市饮用水供给管道网范围内，所以不会影响水服务。上游区域的卡亚比—科卡生态保护区目前已采取有效措施阻止对自然资源的侵蚀。河水左岸没有得到有效保护，所以将来很有可能成为潜在威胁，但是该地区位置偏僻，目前对环境没有造成明显威胁，所以市政当局认为不需要给该地区的居民提供补偿。

10.4.4 国外流域生态补偿实践对我国的启示

国外的流域生态补偿实践在管理体制、法律体系、补偿方式、社会参与等方面积累了一些比较成功的经验，值得我国借鉴。

10.4.4.1 建立统一协调的流域管理体制

很多国家都建立了专门的流域管理机构，全面负责全国范围或特定流域的综合治理和水资源保障工作，如美国的田纳西河流域管理局、南非的水资源工作项目等。我国目前尚没有完善的跨行政区域的环境协调系统，现有各流域水利委员会属于水利部下属机构，其主要职责是治水和负责水资源分配，缺乏环境协调、监督、执法等权力。再加上全国水资源生态系统被人为分割，导致管理过于分散，增加了水污染治理难度。因此，应基于水生态系统的整体特征，在各级政府设立专门的流域管理机构，全面负责流域治理和水资源保护。在流域生态补偿实施过程中，要充分发挥政府的主导作用，建立部门间的高效协调机制，同时积极探索多元化生态补偿手段，强化受益者付费意识。

10.4.4.2 完善流域水资源管理法律体系

很多国家都出台了相对完善的法律法规体系来规范流域生态补偿制度和保障水资源供给，并且非常细化且可操作性很强。如南非的《农业资源保护法案》对清理集水区外来入侵植物的补偿标准非常明确。我国目前尚无专门的全国性流域生态补偿立法，各地所进行的实践多根据行政法规和政府文件等执行，很多条款都比较粗放，可操作性不足。一方面，这导致流域生态补偿的法律依据不足，另一方面，在实际运行中容易出现相互扯皮的现象，补偿效率较低。因此，我国应结合客观现实，对现有的与流域生态补偿和水资源保障有关的法律法规进行修订和完善，如《流域水资源法》《流域水资源生态补偿条例》等，或者出台相应的细则，强化现实操作性，确保流域生态补偿有法可依。

10.4.4.3 采用灵活多样的流域水资源生态补偿方式

国外在流域生态补偿实践中，非常重视政府与市场相结合，充分发挥市场机制作用。如美国纽约市通过成本补助、税收优惠和拓展森林产品市场等手段进行流域综合治理；田纳西河流域管理局本身就是政企合一的机构，在政府和市场有机结合方面成为典范；科罗拉多河流域采用信托基金方式筹集补偿资金，鼓励社会资金参与流域生态环境保护等。这些方式都值得我国借鉴。各地区（流域）在开展生态补偿时，应基于本地区（流域）实际情况，积极探索灵活多样的补偿方式和资金筹措渠道，同时将生态补偿与扶贫等工作有机结合，提升补偿资金的利用绩效。在加大资金补偿力度的同时，因地制宜综合使用政策补偿、技术补偿、知识补偿和产业补偿的方式，促进流域上游产业结构调整和经济可持续发展。

10.4.4.4 鼓励构建并强化流域生态补偿协会组织的地位

除了政府和市场有机结合外，国外很多国家还非常注重发挥民间组织在流域生态补偿中的作用，如流域协会、用水户协会等，这也值得我国借鉴。在流域综合治理和生态补偿过程中，必然会导致利益和资源的重新配置，因此有必要建立各种协会组织来代表不同的利益群体。同时在管理机构中应吸纳社会各界代表，如专家学者、重要用水户、周边居民等，在进行重要决策时，应通过各种途径了解各方意见，提高决策透明度和科学性。在流域生态补偿中，尤其需要关注上游地区的农户，他们是流域生态系统的保护者，同时为保护流域生态环境牺牲了很多发展机会，必须得到充分补偿。因此，如何激励上游农户的积极性，是构建流域生态补偿机制的关键所在。

10.5 我国流域生态补偿的制度建构

10.5.1 政府主导的纵向生态补偿制度建构

纵向生态补偿的资金主要来源于上级政府财政转移支付，既带来了沉重的财政压力，又由于补偿资金不足导致补偿标准较低。因此，在制度建构上应从拓宽资金来源渠道着手，如征收水资源税和流域保证金等。

10.5.1.1 全面开征具有生态补偿性质的水资源税

全面开征水资源税是对我国一直实施的水资源费制度进行的系统性改革，能有效拓宽生态补偿资金的来源渠道。我国水资源费制度从 20 世纪 80 年代开始实施，迄今已 30 多年，但水资源污染和短缺问题依旧比较突出，严重制约了我国经济社会发展，必须进行改革。根据国际经验，全面开征水资源税，强制而固定地实现经济杠杆的调节作用，也能为生态补偿提供稳定的财政资金来源。从各国实践看，水资源税的征收对象为通过取水设备获取水资源的机构或个人（包括地表水和地下水），针对超计划取水者以及高耗水行业等纳税主体要重点督查征收情况，开征过程中尽量不增加正常居民的生活用水和一般行业用水负担。

2016 年，我国开始水资源税试点，试点地区包括河北、北京、天津、四川等省（自治区、直辖市），采用从量定额办法计税，对超计划用水、高耗水行业以及在地下水超采地区取用地下水等提高计税标准，对正常生产生活用水者尽量不增加负担。水资源税试点以来，由于税收杠杆的作用，用水企业的节水意识增强，节水设施投入有所提高，地下水开采势头得到明显抑制。但同时也暴露出一些问题，如征管成本高昂、征纳矛盾突出以及部分保障民生的行业税收负担加重等。

我国目前的水价主要包括取水价格和供水价格两类，前者即水资源价，后者即自来水价。随着水权交易数量的增加，水价应进行改革，由目前的两类调整为三类，即水权出让价、供水价格和水权转让价。其中，水权出让价是水权交易一级市场价格，即政府分配水资源的价格，应当适度考虑水资源生态服务价值；水权转让价是水权交易二级市场价格，由交易双方按市场规则自主谈判协商确定；供水价格应基本不变或略微提高。笔者以为，水资源税征收应主要针对水权转让价，其次为水权出让价，并且不能过度增加居民用水和一般行业用水的成本负担。由于不同地区水资源储备量和开采条件不同，企业的盈利和费用负担的能力也不同，国家可以规定税率区间，由各地根据实际情况自行确定税率。

此外，为了全面推行水资源税，需及时对费改税试点绩效进行评价。如可以根据地表水和地下水纳税主体数量变化，来评价水资源税对限制地下水开采的影响绩效；可以根据高耗水企业纳税额的变化，来评价水资源税对企业增加节水、环保设施投入的影响绩效；可以根据制造业用水成本的变化，来评价水资源税对产业结构转型的影响绩效。

10.5.1.2 构建流域保证金制度

保证金与环境资源税费之间有很大差异：其一，权益不同。税费一经缴纳，其权益就发生了变化，不再属于企业；而保证金不属于收费范畴，只要企业按要求完成生态环境修复并验收合格，保证金权益仍属于企业。其二，责任主体不同。企业缴纳保证金后，其仍然是环境责任主体，必须继续履行环境修复治理责任；而环境税费一经缴纳，环境责任主体就由企业变为政府，政府必须负责环境修复和治理。其三，保证金制度效力更强，有利于企业技术创新和促进源头治污。

从国际实践看，保证金制度优点非常明显，包括形式多样、阶段性返还、完善的制度保障和社会公众广泛参与等，如果能在流域管理中使用，完全可以成为一种有效的源头治理制度，大幅减少流域上游污染。在流域生态补偿中，上游通过生态保护和建设提供的生态系统服务，一方面具有显著的外溢性使下游受益，另一方面上游地区自身也享受到了。因此，可以根据上游地区享受的生态系统服务价值来确定保证金额度，由此来约束上游地区的相关主体。同时，为确保保证金制度有效，其额度必须满足如下条件：

$$S+P \geqslant C-R \tag{10.7}$$

式（10.7）中，S 为保证金；P 为惩罚金；C 为上游各相关主体的生态保护和建设成本；R 为上游各主体选择合作时获得的收益。

流域保证金制度具体实施时，要注意以下几点：其一，流域上游重点断面所在的市（县）实行“一把手”负责制。地方政府和相关领导个人均需缴纳断面水质达标保证金，并进行年度考核，若水环境治理效果较好且断面水质达标，则返还全部保证金并予以表扬；反之，若考核不达标，则保证金没收用于修复流域水环境。其二，对上游可能对流域生态环境造成污染的企业也应征收保证金，如水电开发、矿产开采和基础设施建设企业等。

10.5.2 政府主导的横向生态补偿制度建构

10.5.2.1 构建民主协商谈判机制

流域上下游之间生态资源分布与发展权利分配差异较大，下游地区为了自身利益最大化，通常会采取“搭便车”行为，上下游之间生态补偿难以自发形成。因此，必须组建跨地区、跨部门的管理和决策机构，建立常态化民主协商谈判机制，对不同主体之间的权利和责任、生态系统建设投入和产出等进行合理分配，最终实现相互间利益协调。

10.5.2.1.1 完善法律制度和管理机构

其一，建立健全相关法律法规，完善自然资源的初始产权分配，明确流域上下游地区的权责和义务。其二，建立流域生态补偿管理机构，组建跨地区、跨部门联合执法队伍及流域法庭，对流域内的生态环境破坏行为和跨区污染问题严格执法，对流域生态环境管理及相关经济活动中出现的事故和责任进行审计和核实，并对直接行为人进行追责。其三，建立信息共享机制。定期召开流域内地区合作联席会，建立信息共享机制，将各地区所采取的环保政策和治污措施、断面水质、重点污染企业（或项目）限产限排制度等信息及时披露。同时，针对排放标准及评估、生态建设成本分摊和政策规划衔接等问题进行协商谈判。

10.5.2.1.2 构建民主协商谈判机制

其一，民主协商谈判的主体。民主协商主要是地方政府之间通过行政契约开展合作，协商谈判主体除了上下游政府外，其他相关的利益主体也应纳入其中（见表10.4）。其二，民主协商谈判的客体。谈判的客体为补偿标准，即生态系统服务受益者和提供者之间经过协商谈判，最终确定双方均满意的补偿标准。其三，民主协商谈判的规则。民主协商谈判应在相关法律框架范围内进行，如“生态补偿法”《中华人民共和国水污染防治法》等，并且要有社会公众代表参与和监督，协商谈判结果要及时向社会公开，接受社会监督。如果谈判双方意见难以统一，则由上级仲裁机构给出最终决议。其四，民主协商谈判的补偿额度范围。补偿额度不是谈判双方随意确定，而是由上级部门先估算出上游生态系统服务价值，再由上游给出其进行生态系统建设的成本总和（包括直接投入和机会成本），并结合水质水量等指标进行分摊，最后再根据下游经济发展水平及财政预算规模等，确定横向生态补偿额度变化区间。上下游政府再就该额度区间进行协商谈判并达成确定的补偿金额。

表 10.4　流域生态补偿协商机制主体划分层次

层次	协商内容	协商组织	仲裁机构
流域级	整个流域的生态补偿标准	流域生态补偿协商委员会	流域生态补偿管理机构
省级	流域内各省之间的生态补偿标准	各省流域生态补偿协商委员会	省仲裁机构
市级	省内各市之间的生态补偿标准	各市流域生态补偿协商委员会	市仲裁机构
区县级	市内各区县之间的生态补偿标准	各区县生态补偿协商委员会	区县仲裁机构

资料来源：刘玉龙等（2006）。

10.5.2.1.3　民主协商谈判机制的运行

要确保民主协商机制顺利实施，需要强有力的组织保障，所以应该建立专门的机构来进行管理，比如“流域生态补偿协调和开发管理机构”。根据流域的级别，管理机构可划分为不同等级（从国家级到区县级），同时设立仲裁机构，由分管流域的上一级政府环保部门担任。管理机构和仲裁机构的建立，为流域生态补偿搭建了中间协商与监管平台，使民主协商谈判成为一种常态化趋势。一般可由河长担任管理机构的主要责任人，河长在生态补偿决策过程中，应统筹考虑各方利益，最终找到谈判各方的妥协解或较优解。除了仲裁机构外，还要设立监管部门和协商部门。其中监管部门主要对流域治理保护和利用开发决策、流域生态补偿基金使用等进行监督和参与管理，其成员包括各地区政府代表、中央环保与水利部门等政府代表、涉水企业、社区居民代表等；协商部门主要职责是参与利益双方的沟通谈判（如关于补偿标准、补偿方式等）、起草补偿协议内容、联系上级政府部门等，其成员一般为水资源管理经验丰富及谈判娴熟的专家。

10.5.2.2 建立流域生态补偿基金制度

流域生态补偿基金制度具体内容包括：其一，确定差异化的补偿基金发放标准。由于不同流域的水质、流域面积和生态区位存在较大差异，且流经区域经济发展水平也不同，因此不能采取全国“一刀切”的补偿标准，应在对数据进行专业测量的基础上，确定差异化补偿标准，或者通过政府竞标的方式确定。其二，确定基金资金的来源方式。基金的资金来源主要包括下游受益主体的支付，以及上下游相关主体未履行协议的罚款金额。其中，下游受益主体交纳的资金额度应由双方协商确定，可以通过地方政府财政转移支付，也可以在水资源费、水价、排污费等中提取，具体范围包括取水费、水电费、涉水旅游项目收入等，还可以通过发行国债、彩票或接受社会捐助等途径筹集资金。其三，基金发放的对象主要包括上游地区政府、上游进行生态系统建设和保护的机构（或个人），以及因有效履行协议而获得奖励的相关主体等。

流域基金制度的运行和监管程序主要包括：其一，管理机构每年定期发布补偿基金申报指南，基金申请人和上游政府根据申报条件及时提交申请材料；其二，管理机构设立受理申请的部门，并且组织专家学者对所有符合条件的申请进行论证和评估，确定补偿额度，并将结果及时向社会公示；其三，管理机构还应组建基金的监事会等机构，其成员由社会专业人士和各界代表构成，对基金的使用进行审计，若发现基金使用存在问题，则启动责任追究机制并及时向社会公布。

10.5.3 市场调节的流域生态补偿制度建构

10.5.3.1 建立水权协商与协调平台及水权储备中心运行机制

从世界各国实践看，水权交易是提高水资源利用效率的重要途径①。在我国，自2000年浙江义乌与东阳的水权转让开始，不少地区均进行了各种形式的水权交易试点，取得了一些成绩，但总体而言水权交易市场并不活跃。要促进水权交易，水权流转市场的培育非常关键。为了解决跨流域、跨区域间交易的问题，必须建立水权

---

① 水权交易是需求方或受让方从富足的流域源头地区或水库调水，让水资源在“缺水户”与“富水户”之间流动，涉及不同流域、地区和行业，交易也可以是回收储备的水资源在市场上的二次分配转让，无论何种形式，原则上都是一场区域共赢的交易。

协商与协调平台，以及设立水权储备中心。

10.5.3.1.1　水权协商与协调平台的运行机制

第一，界定初始水权。要进行水权交易，平台必须首先确定可用于交易的水量及初始水权。在此基础上，那些高耗水行业或水资源短缺区域则可以通过水权交易获得水资源，这有利于倒逼这些地区（行业）加大节水设施投入，提高水资源利用效率。

第二，受理和协调申请。如果是企业或县一级政府缺水，其可直接向水资源转让方所在的流域管理机构平台提交申请材料，并报上一级水利部门备案；如果是省内地市一级政府有用水需求，则由省一级政府或水利部门通过平台进行协调；如果是跨省交易，则由中央政府或水利部门在调查论证的基础上，通过平台引导多方进行座谈和磋商。

第三，开展交易协商。水权交易中，受让方往往希望协议时间长一些，这样可以稳定水资源供给，而出让方则可能担心本地区用水需求不能满足，或者认为交易价格会上升，不愿意协议时间过长，因此必须进行协商。协议方可以就交易价格、数量和服务费等进行协商，将“短期协议”与“长期意向”结合起来，促进交易的健康进行，达到双赢。

第四，签订协议集中输水。双方正式签订协议后，出让方每年定期制定集中输水规划，并委托有资质的第三方编制具体的调度和实施方案，并通报调水所涉及的所有地区和上一级政府（或水利部门），由上一级政府下达调度指令进行集中输水。

10.5.3.1.2　水权储备中心的运行机制

水权储备中心的主要职责是对本流域转出的水资源使用状况进行动态监督，如果受让方没有履行合同规定和相关职责，则收回其用水指标并存储。水权储备中心负责区域间、行业间或用水户之间水权的收储，并通过二次交易来提升水资源的利用效率。

与银行运行模式类似，水权储备中心将收储水量分成不同的“水股份”，并且可以进入水权市场交易。这种由水权储备中心重新配置水资源的模式对政府的宏观调控比较有利。水资源转让方将剩余的水资源以“水股份”的形式存入水权储备中心，中心再将其出售给需求方，由此实现水资源的重新分配。水资源拥有者还可以委托水权储备中心发放“水股份”，储备中心收取一定的服务费（类似于中介费）。水权储备中心还可以根据水资源供求关系变化，对“水股份”发放数量进行动态调整。水权储备中心可以通过市场化经营来获取利润，如仿效银行设立“水利率”工具，水资源拥有者将“水股份”存入水权储备中心可以获得“存水利息”，而水资源需求者从储备中心贷出“水股份”则要支付“贷水利息”，两者之差即为储备中心利润。管理机构则可以从储备中心的利润和收取的服务费用中切出一部分用以对上游进行生态补偿，通过市场机制实现以水养水的目的。

10.5.3.2 构建具有生态补偿性质的水权流转制度

要构建具有生态补偿性质的水权流转制度，必须改变现行的完全依靠行政许可的水资源配置方式，要充分释放水资源权能，通过市场机制来提高水资源利用效率。

第一，主客体设计。理论上，所有的水资源需求者均可以成为水权流转制度的主体，而各种形态的水资源则是水权流转制度的客体。

第二，水资源使用权的强化。除了明确水资源为国家所有外，强化使用权是水资源流转制度的关键。即政府作为所有者，对水资源进行初始产权确定后就退出水资源配置，由市场进行水资源（使用权）的二次分配。在实践中，政府对水权进行初始分配时，可根据用水目的和取水方式等确定不同的水资源出让权①，并将水资源出让权与水资源生态系统服务价值对应起来，即不同的出让权对应不同的价值。水权要进入市场流转，必须先进行登记和通过政府确认，并且水权发生任何变化都要进行登记，如水权的交易、抵押、转让、登记证的更名和权利人破产等。

第三，水市场的构建。要推动水权交易，必须建立完善的水市场。只有水资源供求主体能够进入水市场，才能充分发挥市场机制在水资源配置中的作用，实现水资源价值的补偿。水市场可分为一级和二级市场，其中一级市场是政府与用水户的初次水权交易市场，二级市场是用水户之间的水权转让市场，即国家将部分水权出让给用水户，用水户再按照市场机制进行水权交易。二级市场具体运行时，可以依托水权协商与协调平台进行水权交易，依托监管部门对市场资金的使用进行监督，同时水权储备中心对二级市场的水权交易情况进行密切监控，以实现水资源的最优配置。

---

① 比如，使用水源地或水库水源的权利，向灌溉区供水的权利，从泉水、洼地等取水的权利，建造引水工程的权利，以及维持环境水源储备或改善水源生态系统的权利等。

11　矿产开发生态补偿机制构建与政策实践

11.1　矿产开发生态补偿的含义及特点

11.1.1　矿产开发对生态环境的损害

中国是一个矿产资源丰富的国家，近两个世纪以来，我国进行了大量的矿产资源开发活动，一方面导致矿产资源储量急剧下降，另一方面也因为对矿井水、尾矿和废石等废弃物处理不当，引起了严重的环境污染和生态破坏。矿产开发导致的生态环境问题中，既有暂时性污染问题，也有潜伏性和长期性污染问题，这些污染问题严重制约了人类生产生活和社会经济发展。总的来说，矿产开发所引起的生态环境损害有多个方面，包括资源损耗、环境污染、生态破坏和区域发展能力受损等（见图 11.1）。

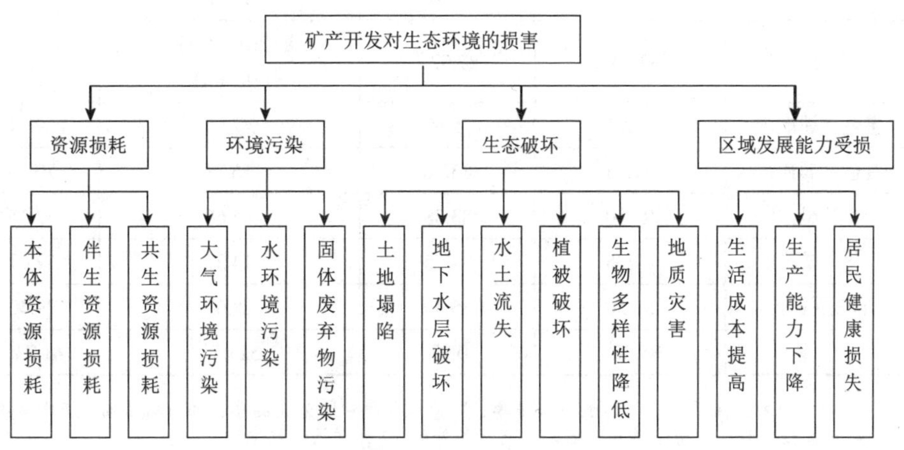

图 11.1　矿产开发对生态环境的损害

11.1.1.1　资源损耗

矿产开发带来的资源损耗包括本体矿产资源和伴生、共生资源的损耗两部分。地质部门发布的数据显示①，我国2015年矿产资源的综合利用率为61.73%（见表11.1），虽然较2006年的20%相比，有了大幅提高，但仍有部分矿产的回收率和综合利用率偏低。从本体矿产资源利用看，石油、天然气的开采回收率分别只有29.35%和59.60%，煤炭的选矿回收率仅有41.83%；从共生、伴生资源的综合利用率来看，除了石油和天然气较高外，其余矿产资源均比较低，化工矿产更是只有14.51%；从矿产资源总的综合利用率看，化工矿产的综合利用率只有37.02%。

11.1.1.2　环境污染

第一，水环境污染。矿产开发及尾矿堆积过程中，由于雨淋、水流冲刷等作用，有害物质会渗透到地下水中，因此浅层地下水会受到严重污染。具体而言，矿产开发主要通过以下几种途径污染地下水：一是矿体暴露后有害元素直接溶于水中；二是矿产开发将各种水体混为一体，使原本较优质的水源遭受污染致使水质降低；三是采矿废弃物淋滤水成为污染水，有害物质含量高；四是采矿附属厂的“三废”排放导致水质污染；五是由于大气污染导致酸雨频发而使地下水遭受污染。

表11.1　我国矿产资源的综合利用率

行业	开采回收率（%）	选矿回收率(%)	共、伴生综合利用率（%）	综合利用率
煤炭	83.90[1]	41.83[2]	30.21	/
石油	29.35[3]	97.76[4]	97.22	/
天然气	59.60[3]	87.92[4]	凝析油99.19、伴生气100	/
黑色金属矿产	91.21	75.63	47.95	69.04
有色金属矿产	91.88	83.86	56.78	70.36
黄金	94.10	83.38	65.66	72.15
化工矿产	69.95	84.75	14.51	37.02
非金属矿产	88.56	85.49	28.07	79.40
全国	85.39[5]	70.93[6]	52.07[6]	61.73[6]

注：[1]为采区回采率；[2]为原煤入洗率；[3]为采收率；[4]为商品率；[5]为除石油、天然气外的20种矿物加权平均；[6]为除煤炭、石油、天然气外的19种矿物加权平均。

① 数据来源于中国地质局2015年发布的《全国矿产资源“三率”及开发水平调查》。

第二，大气环境污染。矿产开发会严重污染大气环境，特别是露天开采矿山①。在干旱炎热地区，当空气中煤尘和粉尘含量高时，由于风力作用，很容易引发沙尘暴，会对矿区生态环境和居民健康产生严重危害。此外，矿产开发还会产生大量工业废气，主要是烟尘和 SO_2、NO、NO_2 等氧化物，废气引起的酸雨导致粮食大面积减产，还对铁路、桥梁等露天设施造成腐蚀与破坏。

第三，固体废弃物污染。矿产开发和加工过程中会产生大量矸石、粉煤灰等固态和泥态物质②。这些废弃物具有较强的黏滞性，不易扩散，大量堆积在一起会占用大量土地，其中含有的有害物质还会通过雨水、大气和土壤等对环境产生严重的二次污染。

除上述污染外，矿产开采会产生很多噪声，影响动物的栖息环境，导致生态平衡遭受破坏。同样在居民区产生的噪声也会影响人们的休息，破坏生物钟，损害人们身体健康。

11.1.1.3 生态破坏

第一，土地资源破坏。矿产开发会占用大量的农田、森林等资源，造成大面积土地破坏。矿产开发引起的土地破坏主要包括两种：一是地面沉陷。地下被采空后，由于风化或地震等原因，最薄弱的矿柱会首先受损，当越来越多的矿柱遭受破坏后，采空区顶板将会下落并影响地表。如果采空区顶板受损面积很大，将会导致地表向下沉降，使得采空区上方出现盆地，这个盆地面积甚至会远超整个采矿区面积，且会引起地表沉陷和张裂。随后，土地盐碱化和沼泽化等问题将进一步出现，破坏作物生长环境（有些土地甚至寸草不生），经济损失惨重。二是形成采空区。露天开采必须将矿层上面及其四周的土壤与岩层进行剥离，这一方面会形成大面积的露天采空区，另一方面还要另寻土地（排土场）堆放数倍于矿石量的土和岩石③。并且由于挖损程度非常深，这些土地遭受严重破坏，必须通过复垦才可能恢复其价值。

---

① 在露天煤矿的煤层、基岩和表土的穿孔爆破以及煤炭和岩块的破碎、装载与运输过程中会产生大量的煤尘及其他粉尘。

② 按产生原因的不同，可将其分为三类：采矿废弃物（采矿矸石）、选矿废弃物（洗选矸石）和煤矿坑口电石废弃物（粉煤灰）。

③ 如抚顺西露天煤矿，采煤 2 亿吨时就已开挖形成一个长 11 千米、宽 2.5 千米、深 288 米的露天采空区，破坏土地近 4 万亩，排土场压占土地 2.7 万亩。

第二，水资源破坏。矿产开发过程中，随着井巷的不断开拓，必须将矿井水及时排出才能继续生产。随着排水量增加，矿坑周围或采区上方的土层被疏干，造成地下水位的下降，其影响达到 40 ～ 50 千米的半径范围，这一区域的水文环境逐渐被破坏，严重影响了居民的生产生活用水。此外，由于水源减少和土层干涸，可能会导致地下水循环和地表渗透条件发生变化，甚至会引起严重的突水事故[①]。

第三，水土流失加剧。矿产资源多存在于土壤中，因此在勘探、开采的过程中常常会破坏土地上的植被和原有的稳固的地形，与此同时，将弃土废石随便倾倒进入河流，会引发新的水土流失问题。因此，植被稀少、土壤抗蚀能力差且气候干旱是我国中西部地区的一大特征。此外，频繁地进行矿产资源开发，造成水土流失严重的问题不仅会使区域的生态环境破坏加重，还会引起新的土地沙化、碱化、荒漠化，进而影响社会经济的发展[②]。

第四，生态退化现象加重。矿产开发会引起地表水渗漏、地表坍塌，继而破坏地表森林植被，破坏地表生态体系。例如，经过一系列矿产开发活动后，植被和森林遭到大面积破坏，将出现湿地缩减、生物多样性降低等诸多生态退化问题。

除上述方面外，山体开裂、滑坡和地震等多种地质灾害都会因为不合理的采矿活动引起。还有矿产开采过程中频繁发生的瓦斯爆炸、矿井突水等灾难性事件给矿工生命财产造成了严重的损失。

11.1.1.4 区域可持续发展能力下降

理论上，矿产资源是推动区域经济发展的重要因素。但从世界各国实际看，矿产资源丰富的国家往往经济增长速度比较缓慢，这可能是由于矿产开发导致生活成本提高、生产能力下降以及居民健康受损等引起的。

第一，生活成本提高。矿产开发活动造成了矿区、矿场乃至资源型地区生活成本的升高。其表现有：一是矿业区域内的生态环境遭到严重的破坏。例如，大气污染、地表塌陷、水源枯竭等，都会使矿区范围内的居民生活环境日益恶化，所以想要维持正常的生活质量还需要花费更多的资金，例如购买清洁的水、干净卫生的农

① 突水是指大量地下水突然集中涌入井巷的现象。

② 例如，山西省是全国水土流失面积大、分布广、危害最严重的地区之一，其原因就在于长期以来的煤炭开采对土地资源、水体的污染以及土地地表植被的破坏，进一步加剧了水土流失。

产品等。二是出现“荷兰病”。大规模矿产开发会导致矿主和职工收入在短期内急剧攀升，诱发需求型通货膨胀，使得人们生活成本提高。三是矿区位置往往比较偏僻，生活必需品供不应求，导致生活成本上升。这会导致移民增加，物质资本和人力资源大量流失。资源枯竭之时，留下的很可能是不毛之地。

第二，生产能力下降。资源型产业是典型的高能耗、高污染、低附加值的产业，加上矿产资源本身的可耗竭性，其本身就是缺乏可持续发展能力的。而资源型区域由于长期依赖资源型产业，产业结构的刚性化和单一化问题非常严重，严重制约了高技术产业、新兴产业和服务业的发展，区域产业综合竞争力低下，产品技术含量与附加值低，且风险程度很高，也影响了区域可持续发展。

第三，居民健康损失。居民健康损失包括矿工的健康损失和普通居民的健康损失两部分。一方面，矿产开发劳动强度极大，工作环境极度恶劣，矿工体力和劳动能力被严重透支，寿命也相对缩短。加上特殊的工作条件和环境，矿工受工伤、残疾和患职业病的概率要远高于普通的行业。另一方面，矿产开发导致的水污染、大气污染、重金属污染以及居住环境恶化等，对普通居民的生命健康也造成非常严重的损害。

11.1.2 矿产开发生态补偿的含义及分类

由于长期以来对矿产资源的“掠夺性”开发与利用，又缺乏补偿、恢复生态环境的有效措施，再加上多数矿产开发地区本身自然条件较为恶劣，这些地区为全国经济发展提供重要能源资源的同时，也面临着生态环境不断恶化的问题，生态安全面临较大风险。因此，为了加快生态文明建设，促进资源地区健康持续发展，必须建立健全矿产开发生态补偿机制，明确相关利益主体的权利和义务，从而有效地推进生态补偿工作。

11.1.2.1 *矿产开发生态补偿的概念*

矿产开发生态补偿的概念包括矿产开发、生态环境损害、补偿等几个关键词。其中，矿产开发是指不可再生、可耗竭的矿产资源（包括本体资源与共、伴生资源）的开发，包括开发前、开发中、开发后的整个过程；生态环境损害是指矿产开发中对土地、植被、水资源、大气等生态环境，及与矿产开发相关的矿区 / 区域的损害；

补偿是指对相关损失的一种弥补，既包括事后对损失的弥补，也包括事前对预期可能发生的损失所采取的防范性措施而进行的投入，以及为使用生态资源而进行的支付行为。

根据上述内容，矿产开发生态补偿可定义为：为节约矿产资源、保护生态环境及推进矿区可持续发展，协调矿产开发过程中各利益相关者关系，所采取的对资源、生态环境保护行为进行激励和对资源耗竭、生态环境破坏行为进行补偿的相关政策或制度设计。

对上述定义的内涵可以从几个角度理解和把握：其一，与矿产开发相关的生态补偿，不是指一般意义上的生态补偿，是与经济活动过程相关的补偿，即与矿产开发活动相伴随的开发前、开发中、开发后的补偿。其二，生态补偿反映的是以矿产资源、生态环境、矿区 / 区域为载体的各利益相关者之间的相互关系。其三，补偿的客体是矿区 / 区域、矿产资源、生态环境，补偿的目的是保护生态环境、节约资源、维持区域可持续发展能力。其四，生态补偿是通过一系列政策和制度设计安排与实际操作而实现，用相关制度调适各经济主体之间的相互关系，保障各自利益的实现，既达到保护资源和生态环境、维持矿区 / 区域可持续发展能力的目的，又能实现矿产开发的利益最大化。

11.1.2.2 矿产开发生态补偿的类型

第一，根据矿产开发损害类型与补偿客体划分。由于矿产资源的不可再生性、矿产开发的负外部性以及资产专用性的特征，矿产开发会造成资源损耗、环境破坏以及矿区 / 区域可持续发展能力受损，必须构建相应的补偿机制（见图 11.2）。

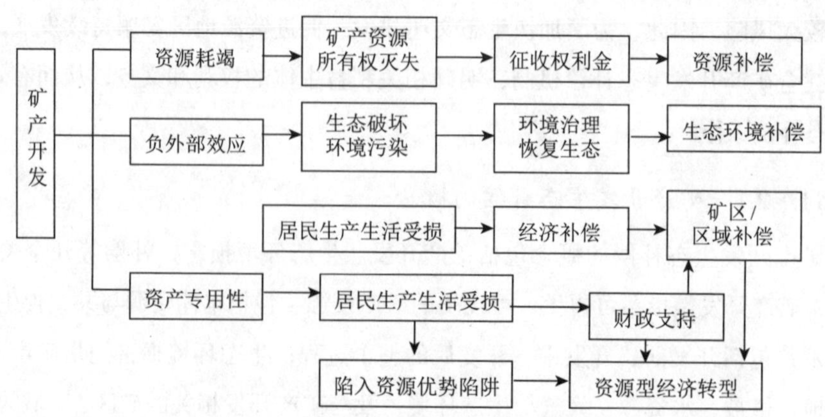

图 11.2 矿产开发损害类型与补偿客体划分

资源耗竭是指矿产资源总量的不断下降，导致矿产资源越来越稀缺。因此，为弥补资源减少的损失，资源开采者被要求支付一定的权利金。资源补偿途径主要是征收权利金，属于货币补偿。补偿资金主要用于以下几方面：一是补偿勘探费用用以探测新的矿产资源。二是用于勘探、开采、冶炼、加工等技术的投入，以节约资源的使用。三是用于对物质财富、人力资本财富等其他财富形式的转化，保证财富总量不减少。

负外部性是指生态环境功能受损，即矿产开发过程中造成的生态破坏与环境污染。此外，生态环境功能受损进一步引发了当地（矿区、矿业城市或区域）居民的身体、精神伤害，以及生活、生产受损。如煤炭开采造成的地面塌陷，发生事故造成居民身体与精神上的伤害；房屋出现裂缝无法居住和生活；破坏了生产设施，生产进程无法正常进行，生产成本加大。负外部效应的补偿从两个方面体现：一是保护或者修复正常的生态环境。二是补偿因生态环境破坏而受到一定损失的矿区居民。其中，对生态环境的保护和修复贯穿在矿业开发的整个过程中。在开发前，主要指为保护生态环境而放弃一部分开发机会，或压缩发展空间；在开发中，主要指保护性开发；在开发后，主要指土地复垦、矿山回填和植被修复等。

资产专用性是指在矿产开发中投入的大量固定资产多仅能用于资源开采而无法他用。随着资源耗竭和产业衰退，资源型区域必须进行产业转型，但巨额的沉淀成本使得产业转型面临巨大挑战。并且因为资源产业本身对资本投入数额大与人力资本需求弱的这一特点，不仅会制约制造业发展，还容易陷入资源优势陷阱①。因此，上级政府的补偿和支持对于资源型区域的经济转型与结构升级来说是必不可少的。补偿的形式以经济价值补偿为主，还可以采取技术补偿等间接形式。从开发时序上看属于开发后补偿，多属于对资源枯竭或衰退区域的援助（补偿），最终目标是实现区域的可持续发展。

综上所述，根据补偿客体不同，矿产开发生态补偿可分为资源补偿、生态环境补偿和矿区 / 区域补偿三种。其中，资源补偿主要补偿矿产资源的耗竭性与稀缺性价值；生态环境补偿主要补偿受损生态环境的修复支出；矿区 / 区域补偿包括对资源型

① 资源优势陷阱指资源型产业过度依赖固定资本投入，会导致人力资本与其他物质资本被资源型区域挤出，使得资源型区域锁定在单一的资源型产业上，进一步导致资源型区域产业竞争力下降。

区域的政策性、援助型补偿，以及对受损居民的物质和精神补偿。

第二，按矿产开发损害特征与补偿时序划分。矿产开发对资源和生态环境的损害，有些是可以修复的，而有些是不可恢复的。对于前者，可以进行事后补偿；而对于后者，则必须进行预防性补偿。根据补偿时序，可将矿产开发生态补偿分为开发前的防范性补偿、开发中的即时性补偿和开发后的修复性补偿（见图 11.3）。

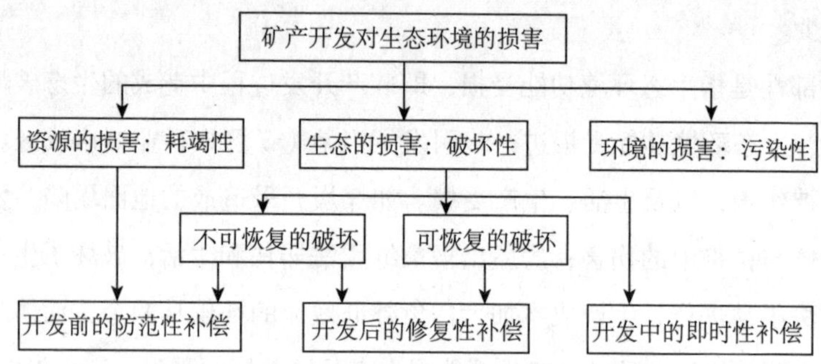

图 11.3　矿产开发损害特征与补偿时序划分

开发前的防范性补偿是指在矿产开发前，为避免可能造成的资源损耗和生态环境破坏而采取的预防性措施，具体包括对矿产资源的补偿和对生态环境的补偿。针对前者，主要通过利用现代化开采设施和先进开采技术来提高资源开采效率；针对后者，主要通过绿色开采和保护性开采方式，防止对生态环境造成破坏，尤其是防止不可逆的生态破坏[①]。

开发中的即时性补偿是指对矿产开发过程中产生的生态破坏与环境污染及时进行补偿。它主要包括：对露天开采及时进行迹地回填；对破坏的土地及时进行修补；对环境污染及时进行治理，以及在安全线以内进行排污；等等。

开发后的修复性补偿是指对矿产开发导致的生态环境破坏和居民生产生活受损进行的事后性补偿。前文已述，有些矿产开发造成的生态环境破坏是不可逆的（如地下水资源破坏），此时只能进行货币化补偿；有些虽然采取了防范性措施，但有不可预知性，在一定程度上也可能对生态环境造成破坏，仍然需要事后修复性补偿。

第三，按矿产开发损害恢复程度与补偿性质划分。根据补偿性质，矿产开发生

① 生态环境在矿产开发过程中的破坏，包括可恢复的生态破坏（如对地表及植被景观的破坏）和不可恢复的破坏（如地下水资源的破坏）。现实中，开发前的防范性补偿措施还应包括为保护资源生态环境而放弃开采计划、放弃发展机会，本书对此不进行重点分析。

态补偿可分为功能性补偿、实体性补偿和价值性补偿（见图 11.4）。

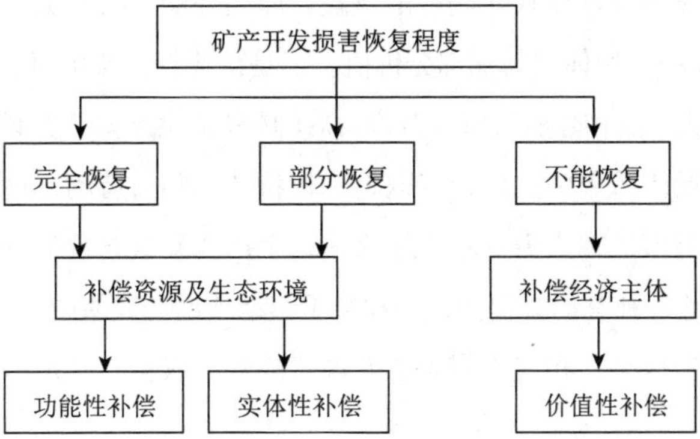

矿产开发损害恢复程度

完全恢复　部分恢复　不能恢复

补偿资源及生态环境　补偿经济主体

功能性补偿　实体性补偿　价值性补偿

图 11.4　矿产开发损害恢复程度与补偿性质划分

功能性补偿是指通过对矿产开发造成的生态环境损害采取有效的防范措施，使原有生态功能和环境质量不受影响，或者通过一定的修复和补救能够恢复原有的生态环境功能（质量）。其核心是保障生态环境的自我修复能力和支撑人类生存发展的能力，这是生态补偿的最优选择。实体性补偿是指虽无法全部恢复原有生态功能，但可通过工程再建、功能重置等途径，部分恢复原有生态功能和环境质量，以满足居民生产和生活要求，这是次优选择。价值性补偿是指无论通过什么方式、付出多大代价也无法恢复原有生态功能和环境质量，此时只能对受损者进行货币化补偿，这是无奈的最后选择。

11.1.3　矿产开发生态补偿的特点

11.1.3.1　*矿产开发主体是最大直接受益方*

矿产开发收益主要来源于三个方面：

第一，矿产资源本身的价值。虽然矿产资源是地质作用天然形成的，并非劳动产品，并不具有马克思劳动价值意义上的“价值”。但是由于存在市场需求，具备使用价值、稀缺性、有明确产权所有者的矿产资源是有交易价格的，这就是矿产资源本身的价值。

第二，各种权益价值。权益价值是指权益所有者凭借所有权而应获得的经济收益。在矿产开发收益中，有如下几种权益价值：一是所有权权益价值。其含义是矿产资源所有者通过转让使用权而获得的收益，即国外的“权利金”或我国的“资源补偿费（或资源税）”所体现的那部分价值。二是矿业权权益价值。矿业权权益价值是指采矿权人应获得的扣除所有权权益价值后的剩余收益[①]。三是矿业发现权权益价值。凝结在地质勘查劳务中的矿产发现是一种特殊的脑力劳动，这种劳动为人类创造了巨大的物质财富，在人力资本也作为一种生产要素参与价值分配的情况下，就必须承认发现者这种独有的排他性权利和赋予其地质勘查成果的“专利权”。矿产开发者使用地质勘查成果，相当于侵犯了发现者的合法权益，必须给予发现者一定的经济补偿。

第三，人类劳动凝结的价值。原生自然状态的矿产资源并不便于人们交易和使用，必须经过一定的人类劳动才能为人类所使用。因此，不论是矿产资源资产还是脱离了原始赋存状态的矿产资源产品都具有人类无差别劳动形成的“价值”。

上述几种收益中，本书不考虑矿产资源本身的价值，因为这属于不可更新资源可持续利用的范畴；所有权权益价值归矿产资源所有者拥有；将矿业权权益价值、矿业发现权权益价值和人类劳动凝结的价值一起赋予矿产开发主体，共同称为矿产开发主体权益价值。

由于世界各国矿产资源所有权和矿产开发收益分配格局不同，矿产开发受益方也不相同。当前，世界各国的矿产资源所有权，有的归政府所有，有的归矿产资源所在地土地所有者所有。因而，将矿产开发受益方分为矿产开发主体（主要指采矿权人）、各级政府、矿区土地所有者和消费者（包括个人、集体等）四类。其中，矿产开发主体虽然可以进一步细分为属于政府的开发主体、属于矿产资源所在地土地所有者的开发主体和第三方开发主体（既不属于政府，又不属于矿产资源所在地土地所有者的独立开发主体）三种类型，但现实中，矿产开发主体一般都是独立的市场主体，自负盈亏，所有者依据一定的规则获取所有者收益。因此，分析中不再区分具体的市场开发主体类型。

---

① 矿业权包括探矿权和采矿权，其中探矿权是指探矿权人在依法取得的勘查许可证规定的范围和期限内，勘查矿产资源的权利；采矿权是指在依法取得的采矿许可证规定的范围和期限内，开采矿产资源和获得所开采的矿产品的权利，是企业法人的财产权，也是一种特许经营权。

当矿产资源所有权归政府所有时，矿产开发主体是矿产开发的最大直接受益方。其原因如下：政府为矿产资源所有者，在矿产开发中，政府获得所有权权益价值以及矿产开发主体缴纳的相关税收，即使不进行矿产开发，政府仍然可以出售矿产资源使用权来获得所有权权益价值。从这个角度来说，所有权权益价值不应包括在矿产开发生态补偿受益范围之内。政府作为矿产开发的管理者，并不是受益方。政府通过企业所得税以及其他相关税收得到的资金，主要用于补偿那些矿产开发导致的生态环境破坏而受损的利益主体。矿产开发主体通过矿产品销售实现了矿产开发主体权益价值，并获得丰厚的利润。因此，矿产开发主体是最大直接受益方。当然，矿产开发为消费者提供了更多的产品选择机会，政府也可以获得一定的税收，两者都从矿产开发中受益。

当矿产资源所有权归其所在地土地所有者时，矿产开发主体仍然是矿产开发的最大直接受益方。因为如上所述，政府获取了矿产开发主体的企业所得税等相关税收；矿产资源所在地土地所有者，获得了所有权权益价值；消费者可以获得用于消费的矿产品。但毫无疑问，矿产开发主体通过矿产品销售获得了巨额利润，仍然是矿产开发的最大直接受益方。

因此，作为矿产开发过程中的最大直接受益方，因矿产开发造成的生态环境破坏，以及相关受损方由此受到的损失，理应由矿产开发主体承担主要责任。

11.1.3.2 矿产开发受损方数量和地域边界很难精确界定

矿产开发造成了各种各样的环境问题，比如严重的生态环境破坏，以及直接或间接受到损害、波及人群的利益损失。如果没有矿产开发活动导致生态环境质量下降，上述人群的利益也就不会受损。其受损是额外的，因此，由于矿产资源开发导致生态环境破坏、生态系统服务质量下降所波及的人群，是应补偿的受损方，其所受的损失表现在三方面：一是由于生态环境质量的下降，受损方享用不到理应享有的生态系统服务。二是由于生存环境质量下降和生产条件受到制约产生的直接损失。三是受损方由于享受不到同等的生态系统服务，相对于矿产开发生态环境问题波及范围之外的人群而言，相当于丧失了一定的发展机会，从而产生发展机会损失。

虽然矿产资源位置和矿产开发活动范围相对固定，但是受损方的数量和地域边界却难以准确界定。无论是大多数污染中点源污染的属性、相互作用的复杂的生态系统因素，还是充满流动性的生态系统服务，都对准确界定造成了阻碍。

11.2 矿产开发生态补偿的核心要素

11.2.1 补偿原则

11.2.1.1 “开发者保护、破坏者负担、受损者受补”的原则

“开发者保护原则”是指矿产开发者必须承担起保护矿区生态环境的责任，包括开发前的防范和开发中、开发后的修复治理。“破坏者负担原则”是指行为主体损害了生态系统服务功能，必须承担补偿责任。该原则适用于破坏主体非常明确的情况，如新建或正在生产的矿山。如果破坏主体不明确或者不存在（如废弃矿山），则由政府承担治理责任。“受损者受补原则”是指由于矿产开发而导致利益受损的居民、组织和区域，必须获得相应的补偿。

11.2.1.2 “防范性补偿优先，即时性补偿为主、修复性补偿为辅”的原则

在矿产开发中，有条件通过防范性措施来避免生态环境遭受破坏的，要优先选择防范性补偿，尽量降低生态环境损害；有些生态破坏是不可避免的，但可以在开发过程中进行即时性补偿，如植被恢复；有些生态破坏难以即时恢复生态功能，则应在开发后进行修复性补偿，如土地复垦等，同时对受损主体进行货币化补偿。毫无疑问，保护和治理生态环境是补偿的最终目的。

11.2.1.3 “新账、旧账分治”的原则

矿产开发造成的生态破坏有些是新近产生的，有些是过去产生的。根据国际通行做法，通常以某一特定法律法规实施日为界，之后产生的生态破坏称为“新账”，之前产生的生态破坏称为“旧账”。根据破坏者负担原则，对于新出现的生态破坏，应由矿业主承担补偿责任；对于历史遗留问题，由于责任主体模糊或者灭失，则由国家承担补偿责任。

11.2.2　补偿主体、受偿主体与补偿客体

11.2.2.1　补偿主体

补偿主体即在矿产开发过程中承担补偿责任的个人或组织。根据补偿手段不同，可将矿产开发补偿主体分为公共主体和市场主体。其中公共主体包括政府（中央政府和上级政府）、区际政府及非营利性组织；市场主体包括矿业主和其他受益主体（如矿产品消费者）等。

第一，政府补偿。政府补偿是指中央政府（或上级政府）承担补偿责任，补偿方式主要包括财政补贴、政策倾斜、项目扶持等，其中最典型的是中央财政转移支付[①]。政府补偿往往具有显著的宏观指导性。

第二，资源受益区域补偿。其含义是资源受益区域政府向资源地政府的横向财政转移支付，可以理解为产业下游区域对上游区域的补偿，或者资源输入区域对资源输出区域的补偿。由于我国矿产资源价格的长期扭曲，东部发达地区以非常低的价格从资源区获得资源，然后通过加工改造获得高利润，这实际上是剥夺了资源区的财产利益。在矿产资源的开发和利用中，有发展机会的地区也是主要的受益者，它们也应该是主要的补偿机构。受益于资源开发的地区，特别是东部地区，应通过横向资金转移支付和建立伙伴关系来补偿资源区，以避免因地区之间资源转移而造成的地区差异增加。

第三，矿业企业等受益者补偿。矿业企业是矿产开发最大的直接受益者，他们通过矿产品销售获得充分的发展机会和丰厚的经济利润。同时，他们在矿产开发过程中，对矿区生态环境造成严重破坏，从这个角度出发，矿业企业必须承担一定的义务来补偿矿区的环境状况，并且必须向资源区政府支付资源损失和环境破坏的补偿费，以弥补地方和居民的损失。总体上，国家可以通过收取各种税款来实现这一目标，例如资源税、环境税以及矿权使用费等。

第四，社会补偿。社会补偿是指一些具有环境保护意识的矿产开发非利益相关

---

① 如国家将中西部的大量能源矿产资源输出到东部，支持其经济建设，目的是让东部地区先发展起来，而矿区生态环境保护和安置利益受损居民的成本要由中西部来支付。国家作为代表人民群众和社会利益的主体理应为此进行补偿，因此中央政府应加强对中西部地区的财政转移支付力度。

者（个人或第三方组织），通过吸收社会捐赠等途径获得资金来承担补偿责任。与政府补偿、受益者补偿等相比，社会补偿属于自愿补偿和道德倡议范畴，不具备强制性；而政府补偿、受益者补偿是直接利益相关方之间的补偿，为强制性补偿。从发达国家经验看，社会补偿越来越成为矿产开发生态补偿的重要组成部分。国家应当大力宣传，提高公众意识，同时通过经济杠杆和道德文化作用来鼓励全社会成员参与矿产开发生态补偿。

11.2.2.2 受偿主体

受偿主体是指在矿产开发和利用中遭受损失或保护生态环境的组织和个人，主要包括资源地政府和资源地居民。

第一，资源地政府。资源地政府为国家经济建设输出了大量资源，却不得不承担由于矿产开发带来的一系列环境、经济问题，如生态环境修复、产业转型等。这些都需要投入巨额的成本，甚至付出长期的发展代价，因此必须得到相应的补偿。

第二，资源地居民。矿产资源大规模开发会对矿区居民生产和生活产生显著影响，并且会严重危害矿区居民的生命健康。例如，煤矿开采过程中地下水的破坏会直接引起生活用水的问题；土壤的侵蚀和酸化导致农田退化，并降低农产品产量；采矿区的沉降会造成诸如住宅建筑物的裂缝和倒塌之类的损失。因此，在矿产开发生态补偿中，资源地居民理应成为受偿主体。

除上述两者外，在矿产开发和利用过程中，有些主体（如环保主义者）通过各种方式进行生态环境保护，也应得到补偿。如一些矿业公司采用新技术来进行矿产开发，与其他矿业公司相比，矿产资源利用效率大幅提高，延缓了资源枯竭速度。国家可以通过减少税收和其他手段来补偿这些企业。

11.2.2.3 补偿客体

矿产开发生态补偿对象主要包括矿山、矿区和矿业城市的生态环境系统，目前主要集中于对新建（或扩建）矿山、正在开采的矿山以及废弃矿山进行补偿。

对于新建（或扩建）矿山以及矿产加工企业，应提高生态环境准入门槛，从源头上减轻矿产开发对生态环境的损害。矿业企业必须首先获得“矿产开采许可证”，并且与国土资源管理部门签署一份负责管理矿山环境的责任声明，明确矿业企业的责任和义务，并缴纳一定数量的保证金。根据相关制度，新建（或扩建）矿山在建造矿场时，必须严格遵守“三同时”制度[①]。在矿山和矿业企业正式运营前，环保部门和国土部门及其他相关部门要对所涉及的环保设施数量和质量进行验收。

对于正在开采的矿山，要进一步完善矿产开发及环境治理方案，规范矿产开发作业程序，降低矿产开发对生态环境的损害。根据矿产类型、矿床地质条件、开采方式及矿山环境等不同，有针对性地确定处理废气、废水、废渣等废弃物的关键任务。各级国土资源和环境保护管理部门应强化对矿场生态环境破坏情况的监督管理。矿产开发企业必须对遭受破坏的生态环境进行修复治理，以恢复其原有生态功能。

对于废弃矿山，要严格按照规定进行关停，积极修复废弃矿山的生态环境。重点针对地下水淋溶、矸石山自燃和矿渣堆积等造成的生态环境问题进行治理和修复。由于废弃矿山的责任主体比较模糊甚至灭失，因此应由政府承担环境修复责任。

11.2.2.4 不同时序生态补偿的比较

根据前文所述，矿产开发生态补偿可分为开发前、开发中和开发后补偿三种类型。在确定补偿主体、受偿主体及其他要素时，不同时序生态补偿可能略有差异（见表 11.2）。

① “三同时”制度是指一切新建、改建和扩建的基本建设项目、技术改造项目、自然开发项目，以及可能对环境造成污染和破坏的其他工程建设项目，其中防治污染和其他公害的设施和其他环境保护设施，必须与主体工程同时设计、同时施工、同时投产使用的制度。

表 11.2　不同时序生态补偿的基本要素

补偿类型		补偿目标	补偿主体	受偿主体	补偿标准	补偿途径	补偿方式	补偿期限	实施主体
防范性补偿（功能性补偿）		保护生态功能	采矿权人 / 开采者	当地政府 / 企业 / 居民	防范矿区生态破坏所需费用	开采者筹集	自我补偿	提前补偿	开采者
即时性补偿	功能性补偿	恢复生态功能	开采者	当地政府	恢复生态所需费用	征收生态恢复保证金	自我补偿	5～10 年	开采者
	实体性补偿	恢复部分生态功能	开采者	当地政府 / 企业 / 居民	替代工程所需费用	征收生态恢复保证金	自我补偿	5～10 年	开采者
	价值性补偿	保障居民生产生活	开采者	当地政府 / 居民	讨价还价 / 居民损失	征收生态恢复保证金	社会招标补偿	5～10 年	政府 / 中标企业
修复性补偿	新账 / 功能性补偿	恢复生态功能	开采者	当地政府 / 企业 / 居民	恢复生态所需费用	征收生态恢复保证金 / 政府强制企业出资	自我补偿	政府规定	开采者
	旧账 / 功能性与实体性补偿	恢复或部分恢复生态功能	中央政府 / 当地政府 / 社会团体	当地政府 / 企业 / 居民	恢复生态所需费用	财政专项补贴 / 补偿税费 / 社会团体捐款	政府组织 / 社会补偿	政府规定	当地政府
	旧账 / 价值性补偿	保障居民生产生活	中央政府 / 当地政府 / 社会团体	当地政府 / 居民	恢复生态所需费用	征收生态恢复保证金 / 政府强制企业出资	社会招标补偿	政府规定	政府 / 中标企业

资料来源：张复明和景普秋（2010）。

第一，开发前的防范性补偿。开发前补偿基本是功能性补偿，目的是避免生态环境遭受破坏。根据前文所述开发者保护原则，矿产开发者应承担补偿责任。矿产开发者通过绿色开采或保护性开采方式来避免生态环境受损，在自身受益的同时，又因为生态环境保护而使地方政府、企业与居民也从中受益。

第二，开发中的即时性补偿。根据破坏者负担原则，正在开采中的矿山，环境破坏责任主体非常明确，因此矿产开发者是理所当然的补偿主体。如果矿产开发者难以独立完成修复治理，可以缴纳足额补偿金，由政府组织力量对生态环境进行修复。因为生态环境破坏而利益受损的利益相关者包括地方政府、矿区企业和居民，根据受损者受补原则，这些利益相关者应成为受偿主体①。

第三，开发后的修复性补偿。根据前文所述，有些生态环境问题是新近产生的，有些则是历史遗留问题，所以在确定补偿主体时应对新账和旧账区别对待。其中，新产生的环境问题由矿产开发者负责治理，而历史遗留问题则由政府负责治理。由于老矿山企业性质或企业主发生变更（甚至灭失），以及当时政策背景下主要考虑全国分工，没有充足理由要求其进行生态破坏补偿，导致很难明确责任主体。因此，生态治理作为公共产品理应由公众代表者——政府来进行治理，政府有责任对所辖区域内的老矿山进行恢复治理，包括中央政府与地方政府。对于地级市而言，矿产开发造成的生态破坏，其补偿主体除了中央和省级政府以外，还包括市级政府。若从县域层面来分析，则补偿主体包括县级政府、市级政府、省级政府和中央政府。针对不同层次的生态补偿，各级政府的责任分担通过各级政府之间协调解决。如果是国家所属的矿区，则中央政府补偿的责任多一些；若是地方所属的矿区，则地方政府的补偿责任相对多一些。除政府之外，国际援助组织等社会团体也是补偿主体之一。

与即时性生态补偿一样，修复性补偿的受偿主体也是当地政府和居民。从全国层面看，在矿产开发市场化前，资源型省份应是接受补偿的对象。如山西省以低廉的价格向全国各地不断地输出煤炭资源，在国家经济建设方面作出了重大贡献，但却把煤矿开采导致的生态破坏留给了山西，国家应该对山西开采煤炭导致的生态破坏进行补偿。因此，从国家层面看，山西省人民政府是受偿主体。同时，省属的受到煤矿开采影响的企业或个人也是接受补偿的对象。若从省域层面看，煤炭开采导致的地级市生态破坏，地级市政府应该成为受偿主体，同时，市属的受到煤矿开采

① 如果生态环境能够得以恢复（属于功能性补偿），当地居民和企业没有受到生态破坏的影响，受偿主体应为地方政府；如果是实体性和价值性补偿，受偿主体不仅有地方政府，还包括受到损失的当地企业和居民。

影响的企业或个人也是受偿主体。以此类推，若从市域层面看，矿产开发县域以及受到本地煤矿开采影响的企业或个人也是接受补偿的对象。

11.2.3 补偿标准

11.2.3.1 生态环境损害价值标准

生态环境损害价值标准是指将矿产开发导致的生态环境价值的损失量作为补偿标准，也可理解为矿产开发的最高补偿标准。矿产开发导致的生态环境价值损失主要包括生物丰度价值量损失、植被覆盖价值量损失、水网密度价值量损失、污染负荷价值量损失、土地胁迫价值量损失、能源可持续度价值量损失等。

11.2.3.1.1 生物丰度价值量损失核算

生物丰度价值量损失核算包括两方面，即生物多样性价值量损失和生态环境质量价值量损失。其中，生态环境质量价值量损失是指对生态质量起到改善和调节生态功能的生态环境类型进行价值量损失核算。生态环境类型主要包括森林、林地、草地、水域湿地、耕地、建设用地、未利用地等，其中建设用地和未利用地类型并未对生态功能发挥改善和调节功能，因此下文主要对森林、草地、农田、水域湿地等生态功能价值量损失核算方法进行分析。

第一，生物多样性价值量损失，即对因矿产开发导致的物种保育价值损失进行核算，计算公式为：

$$V_b = S_b \times v_b \tag{11.1}$$

式（11.1）中，V_b 为由于矿山开采损失的物种多样性保育价值（元 / 年）；S_b 为因矿山开采损失的生态环境土壤面积（公顷）；v_b 为单位面积物种保育价值量（元 / 公顷 · 年），其参考值见表 11.3。

表 11.3 单位面积物种保育价值量

等级	Shannon-Wiener 多样性指数	价值量（元 / 公顷·年）	等级	Shannon-Wiener 多样性指数	价值量（元 / 公顷·年）
1	指数≥ 6	50000	5	2 ≤指数< 3	10000
2	5 ≤指数< 6	40000	6	1 ≤指数< 2	5000
3	4 ≤指数< 5	30000	7	指数< 1	3000
4	3 ≤指数< 4	20000			

资料来源：《自然资源学报》，张灿强等（2012）。

第二，森林生态功能价值量损失核算，主要包括涵养水源、抗洪减灾、固碳释氧、环境净化等价值量损失，具体如下：

——森林涵养水源功能价值量损失。该项损失是基于对森林生态系统储水能力变化值的计算，主要是利用影子价格法评估其经济价值。假设森林生态系统涵养水源的水量是用于工农业生产与居民生活，将需要收取的水费作为涵养水源的价值量，则涵养水源价值量损失的计算公式为：

$$V_{fw}=(Q_f\times r_{i1}\cdot P_{i1}+r_{i2}\cdot P_{i2}+r_{i3}\cdot P_{i3}) \tag{11.2}$$

式（11.2）中，V_{fw} 为由于矿产开发损失的森林涵养水源价值（元）；Q_f 为由于矿山开采损失的森林涵养水量（立方米）；r_{i1}、r_{i2} 和 r_{i3} 分别为矿区所在地区的工业用水、农业用水和居民生活用水的比例（%）；P_{i1}、P_{i2} 和 P_{i3} 分别为矿区所在地区的工业用水、农业用水和居民生活用水的单价（元/立方米）。

——森林抗洪减灾功能价值量损失。矿山开采导致森林生态系统对降水的截流能力下降，会增加地表径流量，从而加重洪水及暴雨造成的灾害，计算公式如下：

$$V_{fh}=Q_f\times P_{sk} \tag{11.3}$$

式（11.3）中，V_{fh} 为森林抗洪减灾功能价值量损失（元）；Q_f 为由于矿山开采损失的森林涵养水量（立方米）；P_{sk} 为水库单位库容造价（元/立方米），可参照同区域已有水库的建造价格核算。

——森林固碳释氧功能价值量损失。根据光合作用方程式估算森林植被的供氧量和固碳量，以绿色植物的净初级生产力为基础指标，再根据相关市场价格来评估森林固碳释氧功能价值量的损失，计算公式如下：

$$V_{fco}=1.63\times S_f\times C_c\times \omega_c\times B_f+1.19\times S_f\times C_o\times B_f \tag{11.4}$$

式（11.4）中，V_{fco} 为森林固碳供氧价值量损失（元）；C_c 为固碳价格（元/吨）；ω_c 为 CO_2 的质量分数，为 27.27%；B_f 为森林净初级生产力 NPP 量（吨/公顷）；C_o 为制氧价格（元/吨）；S_f 为受损害森林面积（公顷）。

——森林环境净化功能价值量损失。森林通过不断吸收大气环境中的有害气体，起到对环境的净化作用。采用替代成本法，对森林环境净化功能价值量损失进行核算，计算公式如下：

$$V_{fp}=\sum D_i\cdot C_i\cdot S_f \tag{11.5}$$

式（11.5）中，V_{fp} 为森林环境净化功能价值量损失（元）；D_i 为对不同有害气体的净化能力（吨 / 公顷 · 年）；C_i 为不同有害气体的净化成本；S_f 为受损害森林面积（公顷）。

第三，草地生态功能价值量损失核算，主要包括涵养水源、抗洪减灾、固碳供氧等方面的价值量损失，具体如下：

——草地涵养水源功能价值量损失。该项损失是基于对草地生态系统储水能力的变化，利用影子价格法评估其经济价值。假设草地生态系统涵养水源的水量是用于工农业生产及居民生活，将需要收取的水费作为涵养水源的价值量，计算公式如下：

$$V_{gw} = Q_g \times (r_{i1} \cdot P_{i1} + r_{i2} \cdot P_{i2} + r_{i3} \cdot P_{i3}) \tag{11.6}$$

式（11.6）中，V_{gw} 为由于矿产开发损失的草原涵养水源价值（元）；Q_g 为由于矿山开采损失的草原涵养水量（立方米）；r_{i1}、r_{i2} 和 r_{i3} 分别为矿区所在地区的工业用水、农业用水和居民生活用水的比例（%）；P_{i1}、P_{i2} 和 P_{i3} 分别为矿区所在地区的工业用水、农业用水和居民生活用水的单价（元 / 立方米）。

——草地抗洪减灾功能价值量损失。矿山开采导致草地植被对降水的截流能力下降，会增加地表径流量，从而加重洪水及暴雨造成的灾害，计算公式如下：

$$V_{gh} = Q_g \times P_{sk} \tag{11.7}$$

式（11.7）中，V_{gh} 为草地抗洪减灾功能价值量损失（元）；Q_g 为由于矿山开采损失的草原涵养水量（立方米）；P_{sk} 为水库单位库容造价（元 / 立方米）。

——草地固碳供氧功能价值量损失。该项损失核算的基础指标是草原植被的净初级生产力，根据光合作用方程式，来估算草原植被的供氧量和固碳量，采用碳税法固碳价值和市场价值法对草原固碳释氧功能价值量损失进行评估，计算公式如下：

$$V_{gco} = 1.63 \times S_g \times C_c \times \omega_c \times B_g + 1.19 \times S_g \times C_o \times B_g \tag{11.8}$$

式（11.8）中，V_{gco} 为草原固碳供氧价值量损失（元）；C_c 为固碳价格（元 / 吨）；ω_c 为 CO_2 的质量分数，为 27.27%；B_g 为草原植被净初级生产力 NPP 量（吨 / 公顷）；C_o 为制氧价格（元 / 吨）；S_g 为受破坏的草原植被面积（公顷）。

第四，农田生态系统价值量损失，主要包括土壤保持和固碳供氧两方面，具体如下：

——农田土壤保持价值量损失。矿产开发会破坏农作物对地表的覆盖，从而加重土壤水蚀，不利于水土保持，进一步导致土壤养分流失和河流泥沙淤积，计算公式为：

$$V_{nl} = A \times S_n \times C_\alpha \tag{11.9}$$

式（11.9）中，V_{nl} 为土壤保持价值量损失（元）；A 为农作物种植厚度（米）；S_n 为农作物种植面积损失量（平方米）；C_α 为农作物种植地单位体积的水土流失损失均值（元 / 立方米）。

——农田固碳供氧价值。与自然生态系统中的植物一样，各类农作物也能通过光合作用发挥固碳释氧功能，计算公式如下：

$$V_{nco} = \sum (1.63 \times S_{ni} \times C_c \times \omega_c \times B_{ni} + 1.19 \times S_{ni} \times C_o \times B_{ni}) \tag{11.10}$$

式（11.10）中，V_{nco} 为农田固碳供氧价值量损失（元）；C_c 为固碳价格（元 / 吨）；ω_c 为 CO_2 的质量分数，为 27.27%；B_{ni} 为农田各农作物净初级生产力 NPP 量（吨 / 公顷）；C_o 为制氧价格（元 / 吨）；S_{ni} 为各农作物受损面积（公顷）。

第五，水域湿地价值量损失，主要包括水质净化、水源涵养两方面的价值量损失，具体如下：

——水质净化价值量损失。水生植物能阻挡水流中沉积物的流动，吸收氮、磷、钾等营养元素，同时对有毒有害物质进行生物降解，能显著净化水质。采用替代成本法对湿地生态系统水质价值量损失进行核算，计算公式为：

$$V_{wp} = \sum_{i=1}^{n} S_{wi} \times Q_{wi} \times C_w \tag{11.11}$$

式（11.11）中，V_{wp} 为水质净化价值量损失（元）；S_{wi} 为不同类型的受损水域湿地面积（公顷）；Q_{wi} 为不同类型的水域湿地污水净化能力（吨 / 公顷）；C_w 为污水处理厂治污成本（吨 / 元）。

——水源涵养价值量损失。湿地蓄水能力非常强，出现洪涝时，湿地能在短时间内蓄积大量洪水，可以有效减少下游洪水量。通过使用影子工程法来核算湿地生态系统的水源涵养价值量损失，具体公式为：

$$V_{wh} = \sum Q_{wh} \times C_{wh} \tag{11.12}$$

式（11.12）中，V_{wh} 为水源涵养价值量损失（元）；Q_{wh} 为水域湿地水体资源量（立方米）；C_{wh} 为单位库容成本（元 / 立方米）。

11.2.3.1.2　植被覆盖价值量损失核算

植被覆盖价值量损失核算是对植被经济价值量损失的核算，主要包括因矿山开采所损失的植被资源中能为人类提供木材、果品、药材、工业原材料等物质材料的价值变化，以及因植被破坏而导致的畜牧生产能力价值量的损失。采用市场价格法来评估其经济价值，计算公式为：

$$V_z = \sum S_{zi} \times M_i \times P_i + \sum D_j \times P_j \tag{11.13}$$

式（11.13）中，V_z 为植被覆盖价值量损失；S_{zi} 为第 i 类物质材料分布面积变化量（公顷）；M_i 为第 i 类物质材料单位面积的平均生长量（立方米 / 公顷・年）；P_i 为第 i 类物质材料的市场单价（元 / 立方米）；D_j 为第 j 类因草场面积减少导致的畜牧生产能力的变化量（头）；P_j 为第 j 类畜牧产品市场单价（元 / 头）。

11.2.3.1.3　水网密度价值量损失核算

水网密度价值量核算是指对矿区内损失的河流、湖泊、水库、河渠、近海水域的经济价值量的核算，主要包括以下几方面：

第一，水产品生产功能价值量损失。水产品生产功能价值量损失指由于矿山开采导致所在水域生产的虾、蟹、藻类、鱼类、贝类等水产品产量下降导致的损失。通过市场价格法评估其经济价值，计算公式为：

$$V_{wnp} = \sum Q_{wnpi} \times P_{wnpi} \tag{11.14}$$

式（11.14）中，V_{wnp} 为矿山开采区水域生产能力变化的经济损失（元）；Q_{wnpi} 为第 i 类水产品在矿山开采前后的产量差值（千克）；P_{wnpi} 为第 i 类水产品的市场单价（元 / 千克）。

第二，灌溉功能价值量损失。灌溉功能价值量损失指由于矿山开采导致水域系统中可用于灌溉的水资源量变化所带来的价值影响。采用市场价格法来评估其经济价值，计算公式为：

$$V_{wng} = Q_{wng} \times P_{wng} \tag{11.15}$$

式（11.15）中，V_{wng} 为矿山开采导致的水域系统灌溉价值量损失（元）；Q_{wng} 为用于灌溉的水资源变化量（立方米）；P_{wng} 为农业灌溉用水价格（元 / 立方米）。

第三，航运功能价值量损失。航运功能价值量损失指由于矿山开采所在水域断航或航运里程发生改变等造成的价值损失。采用市场价格法来评估其经济价值，计算公式为：

$$V_{wnh} = Q_{wnh} \times P_{wnh} \tag{11.16}$$

式（11.16）中，V_{wnh} 为矿山开采导致的水域系统航运价值量损失（元）；Q_{wnh} 为货运的变化量（吨·千米）；P_{wnh} 为货运的单位价格（元/吨·千米）。

第四，水力发电量价值量损失。水力发电量价值量损失指用于水力发电的河流由于矿山开采导致的发电量的变化。采用市场价格法来评估其经济价值，计算公式为：

$$V_{wnd} = Q_{wnd} \times P_{wnd} \tag{11.17}$$

式（11.17）中，V_{wnd} 为矿山开采导致的水域发电能力价值量损失（元）；Q_{wnd} 为发电量的变化量（千瓦时）；P_{wnd} 为电力的单位价格（元/千瓦时）。

第五，旅游娱乐价值量损失。湖泊、海洋、河流等都可以作为休闲旅游的资源，由于矿区建设使得这部分文化服务资源遭到损失，采用意愿调查法来确定人们对于评估景点每年的支付意愿，计算公式如下：

$$V_{wny} = Q_{wny} \times P_{wny} \tag{11.18}$$

式（11.18）中，V_{wny} 为旅游娱乐价值量损失（元）；Q_{wny} 为旅游人数减少量（人）；P_{wny} 为游客平均支付意愿（元/人）。

11.2.3.1.4　污染负荷价值量损失核算

第一，矿区大气污染治理成本核算。对矿产开发中产生的大量有害气体及粉尘进行治理的成本采用市场价格法进行核算，计算公式如下：

$$V_{pa} = \sum Q_{pai} \times P_{pai} \tag{11.19}$$

式（11.19）中，V_{pa} 为大气污染治理成本（元）；Q_{pai} 为第 i 种污染源的排放量（立方米）；P_{pai} 为第 i 种污染源的单位治理成本（元/立方米）。

第二，矿区水污染治理成本核算。对矿产开发产生的废水（如选矿废水、尾矿废水、矿井涌水等）中的有害物质如氨氮、氰化物等进行治理的成本进行核算，计算公式如下：

$$V_{pw} = \sum Q_{pwi} \times P_{pwi} \tag{11.20}$$

式（11.20）中，V_{pw} 为污水治理成本（元）；Q_{pwi} 为第 i 种污染源排放量（吨）；P_{pwi} 为第 i 种污染源的单位治理成本（元/吨）。

第三，固体废弃物治污成本核算。矿区废弃物主要为开采废石、尾矿砂和生活垃圾。固体废弃物治污成本计算公式如下：

$$V_{pg} = \sum Q_{pgi} \times P_{pgi} \tag{11.21}$$

式（11.21）中，V_{pg} 为固体废弃物治污成本（元）；Q_{pgi} 为第 i 种固体废弃物的排放量（吨）；P_{pgi} 为第 i 种固体废弃物的单位治理成本（元 / 吨）。

11.2.3.1.5　土地胁迫价值量损失核算

土地胁迫价值量损失指因矿山开采活动导致矿区土壤受到侵蚀损失的经济价值，具体指矿区土壤养分和有机质流失价值量损失，主要包括 N、P、K 三种元素。采用替代价格法对其进行核算，计算公式如下：

$$V_l = \sum_{i=1}^{3} Q_l \times r_i \times P_{fi} \times a_i \tag{11.22}$$

式（11.22）中，V_l 为矿区土壤养分和有机质流失价值量损失（元）；Q_l 为矿区受侵蚀的土壤量（吨）；i 为 N、P、K 三种元素；r_i 为实际测量 N、P、K 在矿区土壤中损失的平均含量（%）；P_{fi} 为矿区所在地区磷酸二铵或氯化钾肥料的价格（元）；a_i 为单位 N、P、K 分别所需的肥料量（吨）。

11.2.3.1.6　能源可持续度价值量损失核算

矿区生产伴随着大量的能源消耗和二氧化碳排放，是气候变暖的重要原因之一。能源足迹越大，表示需要的土地越多，占用的资源越多。采用替代成本法对能源足迹进行定量核算，计算公式如下：

$$V_{ef} = EF \times P_l \tag{11.23}$$

式（11.23）中，V_{ef} 为能源可持续度价值量损失（元）；EF 为矿区能源足迹变化量（公顷）；P_l 为矿区土地单位面积价值（元 / 公顷）。

11.2.3.2　生态环境治理成本标准

11.2.3.2.1　两种补偿路径

第一，原有使用价值的补偿。对于大多数矿区而言，恢复原有使用价值是环境补偿的主要方法，这是中国矿区分布的特点导致的。中国的矿产资源主要分布于西北的干旱和半干旱地区，生态环境比较脆弱。大规模的矿产开发使这些地区的土地和植被遭受严重破坏。同时，很多矿区都位于偏远的山区，地理条件和原来的环境条件本身就较差，经济发展相对落后，人口密度也较低。除了矿产开发外，不具备发展其他产业的条件。在矿产资源开采完成后，这些地区还是以恢复原有的生态功能为最佳选择，这更符合当地条件。所谓的功能性恢复就是恢复原来的生态功能，如矿产开发导致土壤破坏和地下水位下降，可以通过一定的复垦手段，使耕地生产功能恢复到原有水平，即恢复原来的生态功能。

第二，转换使用价值的补偿。有些矿区在矿产开发过程中，其交通和人文条件得到较大改善，再加上区位优势及自然资源禀赋等条件，可以通过产业转型及多元化产业结构来实现现有矿区使用价值的转换。重置价值就是对使用价值转换的补偿。在恢复生态环境的过程中，要根据当地的独特条件，采取一些符合当地条件的技术方法来恢复生态环境，由此实现原有土地价值甚至实现增值。如煤层开采后，容易产生地表塌陷并且大量积水，可以考虑将其改造成湿地景观，经过进一步治理，甚至可以转变为地质公园或湖区，使用价值彻底得到转换和补偿。

11.2.3.2.2　原有使用价值生态补偿成本构成

为恢复原有使用价值和生态功能，牵涉的成本包括处理成本、恢复成本、防治成本等。

第一，处理成本。根据处理对象不同，处理成本分为三类：一是如煤矿开采时产生的煤矸石资源化处理成本。如烧砖、生产水泥、混凝土和铺路等，其中利用煤矸石生产硅酸盐水泥是国内外典型的煤矸石资源化利用途径。二是矿井水无害化处理成本。矿井水通常矿化度很高①，因此脱盐是主要的无害化处理途径，具体的脱盐方法可选择化学法、热法、膜分离法等。三是空气污染的净化成本。如针对露天开采产生的粉尘，可以进行加湿处理，如爆破前在矿体表面喷水、进行水封爆破以及大量通风等；针对煤矿瓦斯，可通过抽放和积储等技术，将其储存起来并经过调压处理，就成为一种能源，可供矿区居民和当地居民使用。

第二，恢复成本。根据恢复对象不同，恢复成本分为两类：一是矿区土地恢复成本。主要目的是修复矿产开发中遭受破坏的土地，使其恢复原来的生产功能，同时避免各种潜在的危险。矿区土地修复包括稳定化处理和土壤改良两个方面。稳定化处理主要指对矿产开发过程中形成的洼坑和沉降进行回填，以及对排土场的边坡

① 矿化度是指水中含有钙、镁、铝和锰等金属的碳酸盐、重碳酸盐、氯化物、硫酸盐、硝酸盐以及各种钠盐等的总和，一般用1升水中含有各种盐分的总量来表示。

进行加固以防止塌陷和渗漏，包括前文提及的脱盐、排水等措施均属于稳定化处理；土壤改良措施包括覆盖土壤、施有机肥、加入磷矿粉（可改良土壤酸性）等，相关的投入即为土壤改良成本。二是植被恢复成本。矿产开发会对植被产生严重破坏，因此植被恢复是恢复矿区原有使用价值和生态功能的重要途径。植被恢复的关键在于选择适宜的植物种类，通常应根据矿区土壤类型、当地气候条件以及修复目标来综合确定。因此，不同矿区植物种类选择和植被恢复成本会存在较大差异。

第三，防治成本。根据防治对象不同，防治成本分为两类：一是土壤重金属污染防治成本。目前，对土壤中重金属进行清除的技术主要包括微生物回收和植物修复等。很多细菌可以产生特殊酶，对重金属还原有重要作用，因此可以选择合适的微生物来清除土壤中的重金属；通过植物修复是因为很多植物可以大量富集重金属，而基因工程则是获得能超量富集重金属植物的重要途径。微生物回收和植物修复的投入即为土壤重金属污染防治成本。二是水土流失与沙漠化防治成本，包括工程治理和生物防治成本。其中，工程治理成本是指通过工程措施控制水土流失的成本，例如防洪、拦渣项目的成本；生物防治成本是指通过植树种草来恢复植被所增加的成本。归结起来，矿区原有使用价值生态补偿成本如表 11.4 所示。

表 11.4　矿区原有使用价值生态补偿成本

成本类型	处理成本（x）		恢复成本（y）		防治成本（z）	
成本明细	矿井水和煤矸石等的无害化、资源化处理成本	矿区大气污染处理成本	矿区土地恢复成本	植被恢复成本	土壤重金属污染治理成本	水土流失与沙漠化防治成本
符号表示	x_1	x_2	y_1	y_2	z_1	z_2
汇总成本	$C_1=x_1+x_2+y_1+y_2+z_1+z_2$					

11.2.3.2.3　转换使用价值生态补偿成本

在矿区生态环境补偿过程中，并未对遭受破坏的生态环境的原有使用价值进行修复，而是通过价值重置方式将其转换为其他使用价值，涉及的各项投入即为转换使用价值生态补偿成本，主要包括工程成本、培训成本、管理成本三部分。

第一，工程成本。根据工程投入情况，工程成本分为两个方面：一是直接工程成本，即在充分考虑不同矿区自然、交通和人文条件的基础上，建构新的产业过程中所直接投入的工程成本。如某矿区位于深山之中，矿产开采后出现大面积坍塌，形成特殊的山崖地貌，根据专家论证意见，可以将其改造为一个大型地质公园，那么建造地质公园的工程投入即为该项目的直接工程成本[①]。二是间接工程成本，主要指为支持矿区产业转型，周边地区所发生的配套成本，如人口迁移与安置费、交通设施建设费等。

第二，培训成本。根据培训内容，培训成本可分为两方面：一是技术培训成本。矿区产业转型后，新产业的生产设备与原来的矿产开发的生产设备存在很大差异，因此需要对相关人员进行技术培训才能适应新的设备。比如，某工人原来在矿井里开绞车，现在矿区转为地质公园后，他在地质公园内开高空缆车，因此要经过技术培训获得开高空缆车的资格证书。二是商务培训成本。新产业的产品特点、目标市场、销售渠道等与原来的矿产品大相径庭，因此需要大量的市场营销与商务推广相关的人员，这方面人才的培训投入即为商务培训成本。如矿区转换为地质公园后，原来从事矿产品营销的人员现在要转为旅游营销和导游，因此也必须经过培训获得相关的行业资质。

第三，管理成本。根据管理成本发生时间，可分为两种：一是前置管理成本，即矿区使用价值转换和产业转型过程中的立项管理成本。与工程成本不同的是，前置管理成本在工程项目开工之前就已经发生，包括调研、评审和可行性论证等费用，具有一定的不确定性。如果矿区产业转型方案未通过，前置管理成本不能计入工程成本。二是后续管理成本，主要指矿区使用价值转换工程从完工到正式运营前所发生的管理成本，包括工程设施维护成本、安装临时防护栏成本、保安与清洁等人工成本等。

综上所述，矿区转换使用价值的生态补偿成本如表 11.5 所示。

① 具体工程包括：利用一部分塌陷地的条件修一座水库，以使山谷常年有稳定可调节的水源；砌筑景观通道，包括钢结构和石结构的阶梯；进行有选择的植被覆盖；景区救助设施的安装；景区内的适宜旅游车和游人游览的道路等。

表 11.5　矿区转换使用价值生态补偿成本

成本类型	工程成本（p）		培训成本（t）		管理成本（m）	
成本明细	直接工程成本	间接工程成本	技术培训成本	商务培训成本	前置管理成本	后续管理成本
符号表示	p_1	p_2	t_1	t_2	m_1	m_2
汇总成本	$C_2=p_1+p_2+t_1+t_2+m_1+m_2$					

11.2.4　补偿模式

11.2.4.1　*矿产开发生态补偿模式种类*

补偿主体的行为责任是矿产开发生态补偿模式的划分依据（见图 11.5）。根据补偿主体的责任和义务界定，矿产开发生态补偿模式大体可分为两类，即政府主导模式和市场主导模式。其中前者又可进一步分为政府补偿模式和管制补偿模式，后者可进一步分为市场调控模式和企业补偿模式。

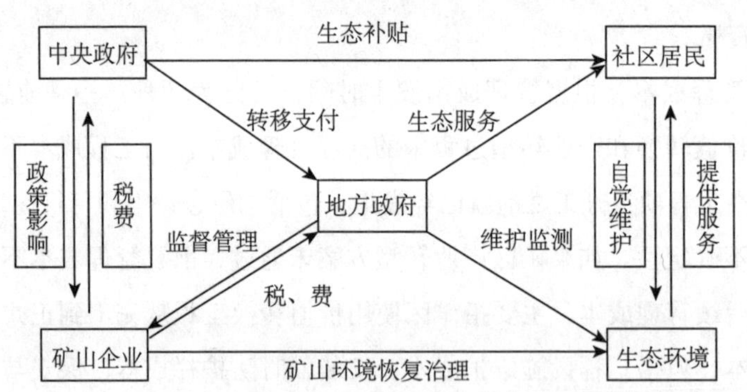

图 11.5　矿产开发生态补偿关系示意图

第一，政府补偿模式。这种模式由政府主导矿产开发生态补偿，其资金来源主要是政府的财政资金，以保证矿区生态环境和经济可持续发展。矿区为国家经济增长提供了大量的矿产资源，而自身却面临资源耗竭和经济转型的压力。因此，政府主导的生态补偿兼具环境保护和产业补偿的双重功能。

第二，管制补偿模式。政府利用行政力量，对矿业企业生产行为进行管制，最大限度降低矿产开采过程中的污染物排放，以减轻生态环境的破坏程度。具体手段包括制定排污标准、要求企业履行环境保护责任等。行政部门应加强对企业行为的监督，对较好履行环境保护职责的企业给予奖励，反之则予以惩罚。

第三，市场调控模式。主要是指通过经济手段来纠正矿产开发过程中的外部性，将环境成本内化于市场价格之中，提高矿产资源利用效率。主要手段包括排污权交易、罚款、环境保护税费征收等，通过向矿业企业征税（罚款），增加企业的排污成本，可以减少企业产量，实现资源配置的优化。

第四，企业补偿模式。如果环境资源产权清晰，企业可以通过自发的市场交易来纠正外部性，实现生态环境保护的目的。主要手段包括基于企业意愿调查的前期补偿，企业主动承担生态补偿责任等。

11.2.4.2 补偿模式的选择

第一，强化政府管制在矿产开发生态补偿中的基础性作用。基础性作用主要体现在以下几方面：制定排污标准；要求企业必须履行生态环境修复和治理责任，以及其他社会责任等。由于不同矿区的矿产类型、生产规模和技术水平等存在较大差异，同时各区域生态环境承载力也不同，因此在确定各矿区污染控制水平时，应实施差异化标准，有效控制各区域矿产开发强度。

第二，构建政府管制与市场调控相结合的补偿模式。环境税费是我国市场调控的核心手段，通过征收环境税费，一方面，增加矿业企业的经营成本，使私人成本向社会最优成本靠拢，从而纠正负外部性，实现资源最优配置；另一方面，政府财政收入增加后，可以设置生态环境治理专项资金，对重要生态功能区和生态环境脆弱区进行补偿。长期以来，我国矿产资源税费征收额度较低，导致资源过度开发。因此，应大幅提高矿产开发环境税费的征收额度，将其内化于矿产品的市场价格中，并逐步探索市场化生态补偿模式。同时，加强政府管制力度，划定矿产开发与生态保护红线，确保在区域生态承载力范围内进行矿产开发。

假设某区域只有 1 家企业从事矿产开发。政府将该企业排放标准限制为 A，但企业为了减少污染净化成本和增加产量，实际排放量可能是 B。A 和 B 尚未超出生态保护红线，因此政府不一定干预。由于政府未进行干预，企业为了获得更高的利润和提高市场竞争力，会不断扩大生产规模，污染水平也将不断提高。当企业污染排放量达到 C 时，政府开始进行强制性干预。企业通过技术改进和实施绿色开采，来降低单位矿产品的污染水平，同时导致单位矿产品的利润下降。当企业成本控制和技术改进达到极限时，资源配置效率实现最优（见图 11.6）。

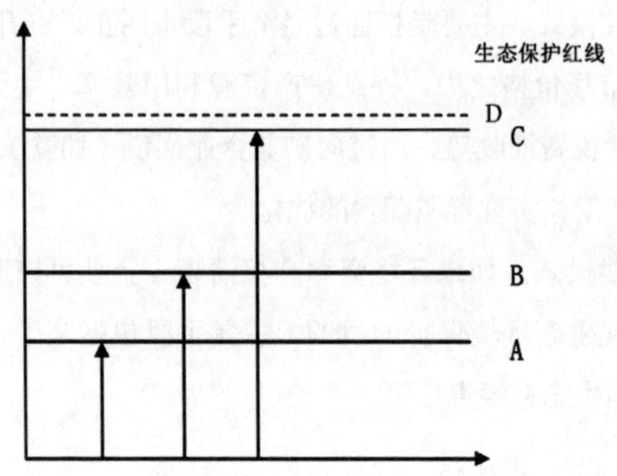

图 11.6　区域内仅有 1 家采矿企业时污染控制变化图

由上述分析可知，如果区域内仅有 1 家采矿企业，此时保护环境的责任很明确，政府监督和管理的成本很低，并且企业更愿意承担社会责任，也利于政府通过减免税费等方式对企业进行扶持。如果区域内采矿企业数量较多，企业之间竞争激烈，污染物排放量将很快达到 D 水平。当企业在现有技术条件下污水减排量达到最大时，企业可能进行偷排，如果所有企业都超标排放，生态环境将受到严重破坏。

如果监管体系健全，政府将对企业偷排行为进行处罚，但这将导致企业排放更多的污染物，直到政府下令关停企业。此时，污染程度进一步加深。如果通过环境税费来控制污染，企业缴纳税费额度与其破坏生态环境程度（或对生态环境的治理程度）密切相关，导致企业经营成本增加，企业通过改善经营管理和技术创新内化其新增成本，可以减少环境污染。当整个区域矿产开发规模持续扩张，导致生态环境破坏程度逼近生态保护红线时，环境税费调整可能导致挤出效应，部分成本高的采矿企业将被迫退出市场，使区域矿产开发规模保持在合理范围内。

除上文所述措施外，还可以通过对采矿企业的环境修复工程进行补贴的方式来实现生态环境保护的目的。

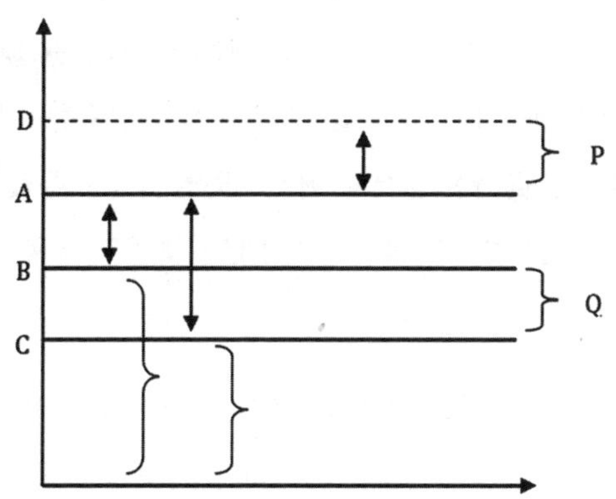

图 11.7　矿产开发产业链与生态保护成本关系示意图

在图 11.7 中，假设 A 为矿产品平均市场价格，B 和 C 分别为高环保标准区域和低环保标准区域的矿产品平均成本，D 为矿产品产业链延伸后的平均市场价格。可以看出，当矿产资源开采条件、开采技术和品种品位相同时，经营成本高的采矿企业将在市场竞争中处于劣势，利润下降。这些企业为获得更高的利润，可以有两种选择：一是通过产业链延伸来提高矿产品附加值及市场价格（即用 P 补偿 Q）；二是降低环境保护标准和增加污染排放量，或者另行开采更高品位的矿产资源，这样都会导致资源浪费和生态环境损害。

11.3　矿产开发生态补偿的政策演进及实践进展

11.3.1　矿产开发生态补偿的政策法规演进

从 1986 年的《中华人民共和国矿产资源法》开始，中央开始对矿产资源开发和矿区生态补偿进行规范管理，出台了大量与矿产开发生态补偿有关的政策法规。从政策法规演进规律看，大体呈现三个特征。

11.3.1.1　逐步规范矿产资源有偿使用制度

1986 年 3 月国家颁布《中华人民共和国矿产资源法》，明确规定对矿产资源实行有偿开采，矿产开采者必须缴纳资源税和资源补偿费。1993 年 12 月，《中华人民共和国资源税暂行条例》出台，规定开采矿产品和生产盐的企业（个人）必须缴纳资源税。1994 年 2 月，国家发布《矿产资源补偿费征收管理规定》，对矿产资源法中有偿开采原则进行具体细化和落实，矿产资源无偿开采的时代彻底结束。2011 年 9 月，国务院进一步修订《资源税暂行条例》，改革油气资源资源税征收办法，即由过去的从量征收变为从价征收。2014 年 12 月起，国家对煤炭资源税全面实施从价征收。

11.3.1.2 政策重点由矿产资源有偿使用扩展到矿产开发生态补偿

1996 年 8 月，《国务院关于环境保护若干问题的决定》发布，指出要完善自然资源有偿使用制度，通过经济补偿机制来修复生态环境。2000 年出台的《生态环境保护纲要》和 2003 年的西部开发政策，均提出要建立生态保护补偿机制[①]，要求设置生态环境补偿费来筹集生态保护和建设资金。2005 年 8 月，《国务院关于全面整顿和规范矿产资源开发秩序的通知》发布，提出要探索建立矿山生态环境恢复机制，明确要求地方政府加强矿区环境监测和管理，并确保管理工具和措施适当，明确要求矿山企业制订矿山管理和环境保护计划并经批准后贯彻实施。针对废弃矿区，根据“谁投资，谁受益”原则，通过市场机制拓宽筹资渠道以加快恢复进程，同时要求财政、国土等相关部门要通过经济政策来修复矿山的生态环境，建立促进矿床等生态环境恢复的补偿机制。2006 年 2 月，国家多部门联合颁布《关于逐步建立矿山环境治理和生态恢复责任机制的指导意见》，提出要逐步建立矿山生态恢复和环境治理的责任机制，要求各企业按规定在指定银行建立保证金账户，并按“企业所有、政府监管、专款专用”的原则进行管理和使用；同年 9 月，国家对煤炭资源税费政策进行调整，并严格执行探矿权、采矿权有偿取得制度。

11.3.1.3 逐步完善矿区环境治理与生态补偿法律法规

2001 年，国家“十五”计划纲要中明确提出加强矿山生态环境修复治理，之后相关法律法规逐步完善。2007 年，国家发布《关于开展生态补偿试点工作的指导意见》，提出要设置矿山生态补偿基金，并建立矿山环境修复保证金制度，解决矿产开

---

① 纲要指出：“坚持‘谁开发谁保护、谁破坏谁恢复、谁使用谁付费’制度。要明确生态环境保护的权、责、利，充分运用法律、经济、行政和技术手段保护生态环境。”

发导致的历史遗留问题及生态环境修复的补偿问题。2009 年，国家出台《矿山地质环境保护规定》，明确要求矿权人要缴存矿山地质环境治理恢复保证金。2011 年，国家出台《矿山地质环境保护与恢复治理方案编制规范》，对矿产开发的行业性标准进行规定，并再次明确了矿山地质环境治理恢复保证金制度；同年 3 月，《土地复垦条例》正式发布，这是推进我国矿山土地复垦工作法制化进程的重要标志。2013 年，国家连续出台《土地复垦条例实施办法》和《矿山生态环境保护与恢复治理技术规范（试行）》，明确提出新矿区要 100% 完成土地复垦。

2014 年，国家发展改革委和财政部联合下发《关于全面清理涉及煤炭原油天然气收费基金有关问题的通知》和《关于实施煤炭资源税改革的通知》两个文件，明确自 2014 年 12 月 1 日起全面停止征收煤炭、原油、天然气价格调节基金和资源补偿费，实施煤炭资源税从价计征改革①。其后几年，财政部和国家税务总局等部门连续下发了多个关于资源税改革的文件，包括 2015 年 7 月发布的《煤炭资源税征收管理办法（试行）》、2016 年 5 月发布的《关于全面推进资源税改革的通知》、2017 年 1 月发布的《关于落实资源税改革优惠政策若干事项的公告》、2018 年 3 月发布的《资源税征收管理规程》等，对资源税的征收、管理和优惠政策等进行了系统的规定。

2018 年 12 月，国家发布《关于进一步规范稀土矿钨矿矿业权审批管理的通知》，规定新设钨矿和稀土矿必须对环境影响进行评估。2019 年 8 月，国家同时颁布《土地复垦条例实施办法》和《矿山地质环境保护规定》，对矿区土地复垦和矿山环境治理等内容进行严格规定。除上述法律法规外，我国还有很多其他法律法规也涉及矿产资源开发生态补偿问题，具体如附表 9 所示。

11.3.2 矿产开发生态补偿的实践进展

我国关于矿产资源开发生态补偿的实践进展大体可分为三个阶段：

11.3.2.1 征收生态补偿费阶段

1983 年，云南对昆阳磷矿按 0.3 元 / 吨征收资源使用费，这是我国生态补偿费的最早实践。1989 年，我国陆续在广西、江苏、福建等地开展试点征收矿产资源使用

① 一并取消的收费还包括青海省的原生矿产品生态补偿费、山西省的煤炭可持续发展基金、新疆维吾尔自治区的煤炭资源地方经济发展费等。

费，虽然各地征收费用的名称略有差异，但实际上都是矿产资源生态补偿费。1993年，国家进一步扩大试点，在内蒙古、山西、陕西榆林等17个地区开展生态补偿实践，按0.45元/吨煤征收生态修复基金。可以发现，这一阶段主要是政府利用收费设立专项资金，用于资助第三方进行矿区环境修复，因此这一阶段生态环境治理以政府为主。

11.3.2.2 缴存保证金阶段

1999年，宁夏和黑龙江率先出台文件，对矿山征收保证金（或抵押金），督促开采企业自行修复矿区生态环境。此后，浙江在2001年、江苏在2002年、安徽在2003年分别制定了矿山保证金（或备用金）征收的相关文件。国家层面，2005—2009年连续颁布了多部关于矿产资源开发的文件，均涉及保证金的内容。随后，各省（自治区、直辖市）纷纷制定了关于矿山保证金的实施办法和细则，以及矿山环境修复的验收标准等。到2013年底，我国80%以上的矿山完成了保证金缴存。可以发现，这一阶段主要是通过收缴保证金，来督促矿山企业对矿区遭受破坏的环境进行修复，因此环境修复以企业为主。

11.3.2.3 综合生态补偿阶段

该阶段又可以进一步划分为两个小阶段：其一，生态补偿基金与保证金并行阶段。2006年，国家在山西试点，设立了三类煤炭使用基金，各项基金使用侧重点有所不同。其中，可持续发展基金主要解决跨区域污染问题、资源型城市转型问题以及与采煤相关的社会问题，基金使用比例分别为50%、30%和20%；保证金主要用于环境修复和灾害防治等；转产发展资金主要用于煤矿企业下岗职工再就业等。2007年，国家正式出台生态补偿试点文件，提出要完善矿山生态补偿基金和保证金制度。其中，生态补偿基金主要解决废弃矿山环境修复等历史遗留问题，而保证金主要解决现有和新建矿山的环境治理和生态恢复责任问题，前者是“多还旧账”，后者是“不欠新账”。其二，资源税、环保税与保证金并行阶段。2014年12月起，我国全面施行煤炭资源税改革。此后，2015—2018年，国家连续4年发布与资源税相关的政策规章，对资源税税率及减征条件等进行详细规定。这一阶段的生态补偿呈现出综合化趋势，通过一揽子的治理政策和措施对矿区环境进行治理和恢复，并且补偿范围扩大到矿区乃至整个城市的转型发展。同时，对不同矿山施行分类管理：对废弃矿山等遗留问题，通过生态补偿基金方式，以政府主导完成矿区环境修复；对新建和正在开发的矿山，通过资源税（环保税）、保证金等方式，以企业主导完成矿区环境修复。

11.4 矿产开发生态补偿的国际经验及借鉴

20 世纪初期，西方国家就开始关注矿产开发所导致的生态环境和社会问题，最初是从土地管理和环境管理两个角度进行探索。1910—1920 年美国和德国有部分矿主自发在矿区废弃地复垦种树，修复生态环境。1920 年美国颁布的《矿山租赁法》是第一部关于生态损害补偿的法律，明确规定了矿山生态修复的要求。1940—1950 年，英国颁布了一系列法律规章，并且设立复育基金来促进废弃矿区的环境治理。到 20 世纪 50 年代末，部分国家的废弃矿山已进行了系统的复垦绿化。截至 1990 年底，美国、德国、巴西、澳大利亚等国 50% 以上的废弃矿区完成了土地复垦，这些国家的矿区土地复垦制度已比较完善。这些制度进一步明确了废弃矿区和新建矿区环境修复的主客体的职责和义务、修复措施和生态补偿金额等内容。20 世纪 90 年代至 21 世纪初，以日本为代表的发达国家纷纷对环境法规和环境政策进行系统完善，但总体而言，由于国情不同，各国关于矿产开发生态补偿的法律法规、行政制度和经济政策，以及补偿基金管理和使用等均存在一定差异（见表 11.6）。

表 11.6 不同国家矿产开发生态补偿的政策法规比较

国家	法律政策	行政政策	经济政策
美国	《矿山租赁法》 《露天采矿管理与复垦法》 《国家环境政策法》	开采许可证制度、矿区复垦许可证制度	恢复治理（复垦）基金制度、恢复治理（复垦）保证金制度
英国	《城乡规划法》《规划和补偿法》《环境法》《环境保护法》	规划管理制度、战略环境影响评价	土地复垦基金、环境管理费、废物排放费、损失补偿制度
法国	《环境法典》	资质认定制度	保证金制度
澳大利亚	《矿产资源开发法》《挖掘工业发展法》《环境保护法》	复垦计划书和环境评价书、矿山监察员巡回检查制度	复垦保证金、矿产资源税和矿产资源收费
加拿大	《联邦矿业法》	矿山关闭及复垦制度、矿业活动监督机制、矿山环境评估制度	复垦基金、行政收费

续表

国家	法律政策	行政政策	经济政策
德国	《经济补偿法》《矿产资源法》《联邦采矿法》	采矿许可证制度	矿井关闭与复垦保证金
菲律宾	《环境保护法》	许可证制度、自我约束机制	环保保证金、紧急责任与治理基金

资料来源：中国 21 世纪议程管理中心（2012）。

11.4.1 美国的矿产开发生态补偿实践

美国是世界上第一个出台矿产开发生态补偿相关法律法规的国家。早在 1920 年，美国就出台了《矿山租赁法》，明确规定要保护环境和土地。1977 年，美国发布《露天采矿管理与复垦法》（下文简称《复垦法》），这是美国第一部全国性的关于矿区土地复垦的法规，其中主要包含三种制度，即复垦许可证、复垦基金和保证金制度。

11.4.1.1 矿区开采（复垦）许可证制度

第一，开采许可证制度。开采许可证制度的主要内容包括：任何单位或个人必须获得州管理机构或者内政部颁发的许可证，才能从事矿产开采活动，包括新矿开发或废弃矿区的重新开发。各州签发许可证的机构各不相同，包括环保部、自然资源部、土地开垦局、矿山局（或地矿局）等；开采者必须提交相关许可证申请，申请书内容要翔实，并且要包含恢复治理规划等内容；政府在审批许可证时，优先颁发给那些复垦信誉较好的申请者，如果开采者违反相关的法律规章制度，发证机关（或执法机构）有权中止、吊销或撤回开采许可证（Austin et al.，2007）。

第二，复垦许可证制度。除了要有开采许可证外，开采者要进行矿产开采（包括新矿开发或废弃矿区的重新打开），还必须获得州管理机构或者内政部颁发的复垦许可证。比如要申请露天开采作业，复垦许可申请的主要内容包括：开采许可证、环境评价、开采区地图及法律文书和矿区使用计划。其中，矿区使用计划对取得矿区复垦许可证至关重要[①]。复垦许可申请获得批准后，申请人必须在 45 天内缴纳保

① 矿区使用计划必须由矿区以外的专业评估专家或专业咨询机构书写完成。该计划是矿区开采者缴纳相应保证金的主要凭证。

证金，缴纳之后才能获得复垦许可证。当然，申请复垦许可证也要支付一定的费用，不过这些费用可以纳入保证金中，主要用来解决废弃矿区土地复垦和矿区职工的健康安全问题（Austin et al.，2007）。

11.4.1.2　复垦基金制度

关于矿区生态环境修复和土地复垦责任，美国实行"新账""老账"区别对待。对《复垦法》出台后出现的环境问题，全部由矿山企业承担修复责任；而对于《复垦法》出台前就已经存在的废弃矿区，则由政府负责修复，其资金来源主要是复垦基金。美国中央政府和地方政府均设立了复垦基金，其中国库账册中的复垦基金由内政部长管理，各州的复垦基金由国家复垦基金拨出的补助金组成（其金额根据各州恢复治理计划分别确定）。美国复垦基金的主要资金来源和用途如表 11.7 所示：

表 11.7　美国复垦基金主要的资金来源及用途

项目	具体内容
复垦基金来源	煤炭资源税，具体标准为：露天开采的煤 35 美分 / 吨；地下开采的煤 15 美分 / 吨或售价的 10%；褐煤 10 美分 / 吨或售价的 2%
	征收的土地使用费减去养护该土地的开支后余下的款项
	任何个人、公司、协会、团体、基金会为法律所述目的而提供的捐款
	据法律规定重新收回的其他款项
复垦基金用途	恢复治理（复垦）露天采煤地区
	治理矿区废弃地造成农村地区的土壤侵蚀与环境污染灾害
	修复已受到煤炭开采不良影响的土地和水资源
	保护、修复、重建各种受到煤炭开采作业不良影响的公用设施
	向实施法律规定的各州拨发补助金（国家和州政府五五分成）
	按内政部长与其公共组织签订的合同进行的研究

截至 2007 年底，美国废弃矿区的复垦率达到 20% 以上。而 1977 年后出现的生态环境问题，《复垦法》要求边开采边复垦，复垦率要求达到 100%。根据复垦验收结果，85% 以上的矿山已经完成了复垦，矿区土地经复垦后均恢复了原有生态功能。美国复垦基金征收金额是动态变动的，与废弃矿区数量和复垦基金的可支配余额（包括利息收益）密切相关。总的来说，随着复垦工程的持续推进，废弃矿区的数量越来越少，复垦基金的征收标准呈下降趋势（实际征收标准不变，但由于煤价上升，

相对标准下降），这样也减轻了矿产开发企业的成本负担。

11.4.1.3 复垦保证金制度

复垦保证金制度主要适用于新建的责任明确的矿山。根据《复垦法》要求，申请人的采矿许可被批准后，必须在规定时间内缴纳复垦保证金，才能正式获得采矿许可证，保证金主要用于支付当矿产企业未按要求实施复垦计划，由政府寻找第三方机构所支付的复垦所需费用。之所以征收保证金，主要是为了约束矿产企业按照要求进行土地复垦。保证金多少由美国环境保护局的矿山资源处确定，通常的标准为 5 年破坏的土地面积的恢复费用，其数值在 1500 ～ 4000 美元 / 公顷。不同矿区保证金数额有所不同，一般按照如下原则确定：其一，保证金标准与矿产类型、破坏面积、矿区地质、复垦目标及方法、开采许可年限以及水文情况等有关。其二，保证金至少不低于估算出的复垦成本（须经过专家论证），要能够保证万一申请者未按规定完成土地复垦时，政府能够支付第三方机构的复垦支出。其三，保证金最低金额（无论什么矿区）为 1 万美元，根据申请者复垦完成情况分三个阶段进行返还，各阶段返还比例分别为 60%、25% 和 15%，保证金返还的前提是必须经过严格的验收。其四，如果开采计划、土地复垦目标等发生变化，预期复垦成本也会变动，因此保证金也将随之动态变化。其五，在矿区关闭后 2 年内，开采者须继续缴纳保证金，以确保土地复垦达到规定的要求。

保证金有多种缴纳方式，包括履约保证、不可撤销信用证和存款证明等。如《复垦法》规定，新建矿区必须购买公司债券或银行不可撤销信用证作为复垦资金担保，一旦矿区未按要求完成复垦任务，则由债券公司或银行来承担矿区复垦成本。

11.4.2 英国的矿产资源开发生态补偿实践

11.4.2.1 法律法规体系

英国与环境规划相关的法律法规体系相当完善。英国已累计出台了 40 多项与环境规划相关的法律法规。1947 年出台的《规划法》规定，任何单位或个人从事资源开发都必须经过国家批准。1951 年，英国批准设立土地复垦基金，其资金主要来源于国家对矿产开发企业征收的复垦费，而对由于采矿遭到破坏的土地则授权地方政府恢复。1968 年发布的《城乡规划法》明确规定了矿产开发程序、开采条件、环境评价及补偿措施等内容。1980 年，英国制订了“弃用地拨款方案”（DIG），主要是为废弃矿区复垦提供资金支持。之后在 1990 年、1991 年和 1995 年，英国连续出台《环境保护法》《城乡规划法》（重新修订）、《规划和补偿法》和《环境法》4 部法律，将污染环境行为明确界定为犯罪，而矿产开采则是被最先纳入污染治理的工业部门之一，要求相关部门应科学编制矿产开发规划，并据此对企业的矿产开发申请进行审批和控制。

11.4.2.2 规划管理制度

英国矿产资源规划管理制度主要包括规划申请、规划许可和规划责任制度等。

第一，规划申请。英国法律规定，任何单位或个人从事矿产开发活动必须向政府申请并获得批准。如果该项目可能对矿区周边地区产生严重影响，相关申请资料必须通过报纸申明以及现场粘贴告示等方式告知社会公众，使大家可以及时了解项目信息并反馈意见。

第二，规划许可。英国主要是根据地方规划与相关政策文件对矿产开发进行控制，但在具体执行时，尚须根据实际情况综合考虑。在实际运行中，规划部门在审批矿产开发申请时，具有很大的自由裁量权，并不完全按照原来的矿产地方规划执行，只是将其作为依据之一，甚至可以对原来地方规划中的某些规定进行修改。在矿产发展规划中，有许多内容涉及矿产开发生态补偿，主要包括矿产保护、环境与安全管理、辅助开发设施、废弃物循环回收利用和回填处理、矿区土地恢复治理与复垦等方面[①]。

第三，规划责任。规划机构与矿产开发企业之间通过签订开采协议或其他方式来规定矿产开发企业的相关权责和义务，包括废弃物处理、土地恢复治理等。

11.4.2.3 相关重要政策

第一，复垦基金。1951 年，英国出台了关于土地开垦的专项法律，并设立土地开垦基金，基金的主要资金来源为政府对矿产开发企业征收的开垦费。同时，以适

① 如划定矿产协商区，协商区内的矿产开采申请要由区政府和郡政府共同协商决定；制定矿产开发方案编制的标准，以避免对环境造成不可挽回的影响；对矿业公司建立或改变辅助办公、厂房以及闭坑后有关辅助设施处理等方面进行规定；制定鼓励回收利用建筑废料和矿山废弃物的政策，确定选择永久和临时回收地点的标准和要求；制定矿区废弃土地恢复治理的政策和部署，甚至制定恢复治理的指南或标准。

度的财政补贴作为补充，来资助和刺激土地开垦，并采用税收等经济措施来控制矿产资源的开发。

第二，采用财税措施治理环境问题。“谁污染、谁治理，谁污染、谁出钱”是英国处理环境问题的基本原则。为了防止环境污染和生态破坏，英国还制定了很多财税措施，主要包括收取环境管理费[①]、征收废物倾倒场许可证和废物排放费、对超标排污进行罚款或判刑、建立损失补偿制度、对特定产品征收环保研究费等。

11.4.3 澳大利亚的矿产开发生态补偿实践

澳大利亚自20世纪80年代起开始强化对资源、环境相关产业的管理，出台了大量与矿区环境治理、土地复垦相关的法律法规，如《环境保护法》《矿产资源开发法》《挖掘工业发展法》和环保行业评估计划（NLLSA）等。这些法律对矿产开发的要求进行了详细规定，包括：矿业企业必须恢复土地原有生态功能；申请开采许可时必须提交项目规划书[②]；矿业企业必须与复垦企业一起提交复垦保证书及保证金。

11.4.3.1 土地复垦计划书和环境评价书

澳大利亚法律要求矿业企业在获得矿产开发权之前必须提交项目规划书，其内容必须包括土地复垦计划书和环境评价书，以实现土地复垦和生态保护的目标。按照法律程序，矿业企业提交复垦计划书前必须要与土地所有者协商，双方所签协议的核心内容应该写进复垦计划书。复垦计划书一旦经政府主管部门批准后必须严格执行，土地复垦必须与矿产开发活动（包括探矿和采矿）同时进行，一直延续到复垦计划目标全部实现且使土地所有者满意为止。矿业企业须每年提交环境执行报告书，政府主管部门对其审查后，会派遣监察员到各矿区进行抽查。若抽查发现矿区土地复垦未达到既定要求，且矿区居民不满意，如果影响不大，将通过口头或书面形式要求矿业企业进行整改；如果问题比较严重，且企业拒绝整改，监察员可直接向上级反映，对矿业企业处以罚款，要求矿业企业停止生产甚至收回矿权。

---

① 如企业在向管理部门申请排污时，必须支付管理部门为发放许可证而到现场检查等有关费用。

② 项目规划书中必须包括土地复垦计划书和环境评价书。计划书必须认真考虑开采后土地用途、复垦进度、植被复原的技术方法、水土流失控制等。复垦要求必须与探矿或采矿活动同时展开。

11.4.3.2 复垦保证金

澳大利亚多项法律均有“复垦保证金”相关的条款，要求每项复垦计划都必须缴纳足够的保证金，目的是当矿产开发者未能按照要求完成复垦任务时，政府能利用这部分资金来委托第三方机构进行土地复垦。确定保证金金额时，政府主管部门、矿产开发者和矿区所在地市政厅（或土地主）要进行协商，矿产开发者必须向政府同时提交保证书和保证金，履行矿区土地复垦责任。

在澳大利亚，保证金一般按照“矿产开发者 + 担保企业 + 银行 + 政府”的形式办理。根据 1990 年《矿业法》相关条款，矿产开发者必须与复垦企业一起，通过法定银行向政府作出书面保证。不同矿区要求的保证金金额并不相同，与矿区所在地区经济状况及土地复垦成本等因素密切相关。对于一般的项目，保证金金额大约为 5000 澳元 / 公顷；偏远地区的项目，保证金金额可能达到 15000 澳元 / 公顷；大型项目或高环境保护目标的项目，保证金金额更高，个别项目甚至高达千万澳元。

11.4.3.3 矿产资源税和矿产资源收费

除了复垦计划和保证金之外，矿产开发企业的环境责任和生态补偿还体现在另外两个方面：其一，开采前对矿区生态破坏和居民收入损失等进行补偿。矿产开发企业获得探（采）矿权后，在正式开采前要对地面物品（生态）破坏、居民通行权受限及土地使用权损失（如农作物经济损失）等进行赔偿。其二，开采结束后，矿产开发企业要向联邦和州政府缴纳税款（矿业税）。矿业税的征收方式及税率高低有所差异，主要与矿产类型、矿区所在地区经济水平等有关，如征收方式包括固定费率、从价费率及资源税租金等几种。此外，澳大利亚还制定了税收抵扣制度，将税收的一部分返还矿区以推动其可持续发展。

11.4.4 加拿大的矿产资源开发生态补偿实践

在加拿大，土地多为私人所有或者省属，且地表权和地下权分离，所以各省矿业法各不相同。从全国层面看，早期的《联邦矿业法》对矿产开发限制很少，主要集中于矿产运输及尾矿储藏等方面。20 世纪 50 年代，修订的《矿业法》规定，只要有加拿大人参与，外国投资者就可以在加拿大进行矿产开发。70 年代末，加拿大对矿产开发实施紧缩性政策，包括征收 20% 购地税、使用本地劳动力和原材料、增加审查环节等，矿业投资风险大大增加，直接导致80年代初期外来矿业投资急剧下降。80年代后期，加拿大又开始放松矿业管制，鼓励社会主体进行矿业投资。

为规范矿产开采活动，以促进矿业可持续发展，加拿大对矿产开采申请人的资格条件及责任义务等均有明确规定，并且要求矿产开发企业申请开采许可证时，必须提交矿区关闭、土地复垦相关的计划及费用估计等。此外，加拿大在矿产开发监督和环境评估等方面具有完善的制度体系。如为了鼓励社会公众积极参与矿产开发的环境影响评估，加拿大法律规定，矿产开采申请人必须承担项目评估及调解等费用。

11.4.4.1 矿业活动监督机制

加拿大对矿产开采活动实施全程监督（从探矿开始到复垦完成），建立完善的监督制度，如设立大量的监督员。监督员为相关领域内的专业人士（如环境专家），由政府主管部门聘任对矿区进行监督（可同时监督几个矿区），现场检查可以是经常性的，也可以是临时抽查。若发现矿区有违规行为，可立即要求矿区进行整改，如果矿区不接受要求，或在规定时间内未能整改到位，可立即要求停止开采，并且按法律规定进行处理。

11.4.4.2 矿山环境评估制度

根据加拿大法律规定，进行环境评估是获得开采许可证的重要前提。矿产开发企业在申请开采许可证时，必须提交矿区环保计划和环境评估方案。具体到不同的开采项目，环境评估方式可能不同。具体评估方式包括：其一，筛选。即从矿产开发企业提交的环保计划和措施中筛选出适宜的方案，主要适用于小型开采项目。其二，调解。如果矿产开采造成的环境影响涉及当事人较少，可由政府主管部门委派调解人进行协调。其三，综合审查。如果是大型开采项目，环境影响涉及多个部门或地区，则由政府组织进行综合审查。其四，特别小组审查。对于任何矿区，都必须进行特别小组审查，小组成员由社会公众构成。

11.4.4.3 复垦基金

加拿大法律规定，各省均应设立复垦基金[①]，主要用于废弃矿区的土地复垦和环

① 如加拿大安大略省自2006年开始，3年内投资2700万加元，用于辖区内7000余座废弃矿山的复垦。

境治理，其资金来源为矿产开发企业提交的复垦资金。由于复垦费用较高，加拿大允许矿产开发企业通过多种方式缴纳复垦费用，主要包括：其一，现金支付，一般按矿产品产量进行收费。其二，资产抵押，矿产开发企业可用企业所属资产来作为复垦资金的抵押。其三，信用证，矿产开发企业向银行申请不可撤销信用证，银行将其签发给复垦企业以确保复垦任务的完成。其四，债券，矿产开发企业购买某一公司债券，债券公司将债券上交政府主管部门。其五，法人担保，由信用等级较高的企业为矿产开发企业提供担保。

11.4.5　矿产资源开发生态补偿国际经验及借鉴

11.4.5.1　*矿产资源开发生态补偿的国际经验*

第一，完备的法律体系。美国、德国、澳大利亚等国都制定了专门的法律法规来确保矿产资源开发生态补偿制度的落实。如美国的《矿区租赁法》和《复垦法》、德国的《矿产资源法》和《联邦矿山法》等，这些法律对补偿主体、补偿内容、复垦标准以及不同利益主体之间的权责关系进行了清楚的界定。

第二，不同矿区分类补偿。美国、德国等国家通常根据某一重要法律的颁布时间，将矿区划分为废弃矿区和新建（或正在开发）矿区两类，并进行分类补偿。对废弃矿区由政府负责环境修复，而新建（或正在开发）的矿区则由开发企业完全承担环境修复责任，政府进行监督。

第三，严格的进入和退出机制。针对矿产资源开采，美国和德国都实行双许可证制度（开采许可和复垦许可），并缴存复垦资金；澳大利亚规定企业要获得采矿许可证，必须先完成环境影响评价和土地复垦规划，并缴纳复垦抵押金。关于采矿完成后的复垦，很多国家都要求恢复到原有水平，加拿大还要求超过原有水平，德国甚至要求矿山企业对矿区环境修复长期负责。

第四，健全的资金保障制度。美国、德国等国家各级政府均设立矿山环境专项治理基金，用于废弃矿山的环境修复，基金来源主要有企业违规开采的罚款、复垦后的土地使用费、社会捐赠等。针对新建矿区，美国、英国、澳大利亚等国建立了完备的保证金制度，保证金金额不低于复垦成本。保证金缴存方式比较灵活，可现金分期缴存，也可通过担保、信用证、联合储备金、存款证明等方式进行缴纳，同时实行保证金分阶段返还制度。

第五，严格的监管机制。它包括两部分：一是设置跨部门的综合管理机构，各部门分别肩负不同的职责；二是建立严格的督查制度，提升管理效率。如美国联邦政府和各州政府均设立了矿山环境监督员，他们有权针对矿山企业违规行为提出处罚处理建议；德国设立专门检查员，由政府聘任专业人士担任，对矿区环境修复效果进行验收。此外，很多国家均非常重视公众的参与和监督作用，如澳大利亚、加拿大、墨西哥等国均赋予公众参与环境评价和提起诉讼的权利。

11.4.5.2 完善我国矿产资源开发生态补偿的建议

第一，健全相关法律法规体系。我国很多法律都涉及矿产资源开发生态补偿的内容，但总体不系统，应进一步优化。一方面尽快出台《生态补偿条例》，另一方面修订矿产资源法等现行法律，使两者有效衔接起来。未来要进一步出台《矿产资源开发生态补偿条例》，对矿产开发相关利益主体的权责关系、补偿标准与范围、资金使用及监管等进行明确界定。

第二，进一步完善保证金制度。首先，提高保证金标准。根据矿山企业提交的复垦方案，政府委托专业机构进行成本核算，保证金应不低于复垦成本。考虑到部分企业的资金困难，可分阶段缴存，但要确保每次缴存的保证金能起到激励作用。其次，丰富保证方式。除现金缴存外，允许企业选择其他方式提供保证，如信用证、担保、抵押等。最后，完善保证金返还机制。要从严界定保证金返还条件，同时为了避免潜在的环境影响，有些复垦方案甚至可以要求企业承担起较长时间的责任。

第三，健全矿产资源开发生态补偿税费制度。首先，拓展资源税的生态调节功能，具体包括：在不增加矿山企业负担的前提下适度提高资源税税率（如同时降低增值税等其他税收负担），由此体现生态补偿重要性；提高资源税中用于生态环境建设的支出比例，由此强化生态补偿功能。其次，整合并清理那些缺乏法律依据的收费，具有环境税特征的可纳入环境税体系，对于那些不具备环境税特征但又不宜清理的费种，可以统一设置为生态损失费。最后，建立税费返还机制。通过法律明确资源税和矿业权使用费的支出方向，增加矿产资源所在地的分配比例，同时确保资源所在地政府将所得的环保资金用于矿区生态环境修复治理。

第四，建立健全监管体系。一方面，打破条块管理框架，实行垂直化管理体系，在中央和各级地方政府设立专门的生态补偿管理部门，与政府行政部门间不发生直接联系，这样可以解决职能交叉的问题。同时实行生态目标责任制，各级生态补偿管理部门均须完成一定的生态补偿任务，并建立相应奖罚机制。另一方面，监督与管理要分离，避免出现自我监督、自我评价等现象。同时，健全社会监督制度，发挥媒体网络的舆论作用，使社会公众切实参与生态补偿过程。

12 农业生态补偿机制构建与政策实践

12.1 农业生态补偿含义及特点

12.1.1 农业生态系统服务功能

农业生态系统涉及农田、草地、水域、森林等众多自然资源，是典型的人工－自然复合生态系统，对人类生产生活影响非常广泛。它不仅为人类提供了大量赖以生存的物质性产品，如食物、原材料等，而且具有强大的生态环境调节功能，包括净化空气、涵养水源和保护生物多样性等。事实上，农业生态系统是自然生态系统的重要组成部分，具有与自然生态系统类似的服务功能（见表 12.1）。

表 12.1 农业生态系统服务功能

农业生态系统服务价值	生态系统功能	生态系统服务	生态系统服务产权	受益方	生态系统服务补偿方式及典型案例
经济价值	生产功能	食物、原材料、基因资源、医药资源等的生产	农业经营者	全球、一国、区域或局地人群	对生产功能的补偿，主要由政府代表受益方投资，如美国的保护性储备计划
生态价值	生产过程	土壤保持、土壤形成、营养调节、废物处理、传授花粉、生物控制	一国、区域或局地人群有使用权但无所有权	一国、区域或局地人群	对生产过程的补偿，主要由政府代表受益方投资，如美国的环境质量激励计划
	栖息功能	残遗物种保护区功能、繁殖功能	全球、一国、区域或局地人群有使用权但无所有权	全球、一国、区域或局地人群	对生物多样性保护功能的补偿，主要由政府代表受益方投资，如英国的环境敏感区项目和农村管理计划

续表

农业生态系统服务价值	生态系统功能	生态系统服务	生态系统服务产权	受益方	生态系统服务补偿方式及典型案例
生态价值	调节功能	气候调节、气体调节、干扰调节、水调节	全球、一国、区域或局地人群有使用权但无所有权	全球、一国、区域或局地人群	无补偿
社会价值	就业、景观文化功能	观赏资源、审美与生活条件、娱乐、文化与艺术信息等	农业经营者	接近或进入农田的人群	对景观文化功能的补偿，主要由政府代表受益方投资，如欧盟的农业环境政策、英国的环境敏感区项目和农村管理计划

农业经济价值主要通过其生产功能体现出来，包括食物、原材料和医药资源等物质产品的生产。农产品的所有者为农业经营者，通过农产品的销售可以使全球、一国、区域或局地人群受益。由于难以区分具体的受益方，因此，如果因农业土地利用方式发生变化而使经济价值受损，则农业生产功能或经济价值的补偿将主要由政府代表受益方承担，如美国的保护性储备计划。

农业生态价值主要通过其生产过程及农业生态系统所具备的调节、栖息和景观等功能体现出来。其中，农业生产过程提供的生态系统服务包括土壤保持、废物处理和生物控制等。一国、区域或局地人群对生产过程所包含的生态系统服务有使用权，但无所有权。如果为了改善农田的生态价值，转变传统的农业生产过程而使农民受损，则需补偿农民因传统的农业生产方式转变而承担的成本投入、直接损失与机会损失。因难以区分具体的受益方，因而一般由政府或国际组织投资对农民实施补偿。栖息功能所对应的生态系统服务类型包括残遗物种保护区功能和繁殖功能两类，对于栖息功能，全球、一国、区域或局地人群有使用权，但无所有权。栖息功能的补偿实质上是对生物多样性保护功能的补偿，一般由国家代表受益方投资。对调节功能的补偿目前几乎没有。

农业社会价值主要通过就业、景观、文化、教育等方面的功能来体现。农业作为基础性产业，为农民提供了大量就业机会，也是农民收入的主要来源。农业的健康发展是社会稳定的重要保障。农业也是文化教育的课堂，在人类认识和探索自然过程中发挥了重要作用。此外，随着乡村旅游的日益兴起，农业生态系统成了重要的景观和旅游资源，人们在农业旅游过程中能极大地愉悦心情和放松精神。如果为了保持农业景观文化功能而限制农田转为其他土地利用方式，则需对农田所产生的机会损失进行补偿，一般也由政府代表受益方投资。

12.1.2 农业生态补偿含义及特点

12.1.2.1 农业生态补偿的产生机理与决策过程

农业生态系统与社会经济系统之间具有不可分割的联系。前者通过其自然生产及人类作用等过程，不仅为人类提供了大量的食物和原材料等物质性产品，也提供了人类赖以生存的生态系统服务。社会经济系统也会对农业生态系统的服务功能产生较大影响。如果后者只是一味地向前者索取生态价值而不进行补偿，必将导致前者服务功能退化，影响农业的可持续发展。因此，要实现农业生态系统与社会经济系统的相互促进，必须建立社会经济系统对农业生态系统的生态补偿机制，以保障前者服务功能的持续存在以及良性增长（见图 12.1）。

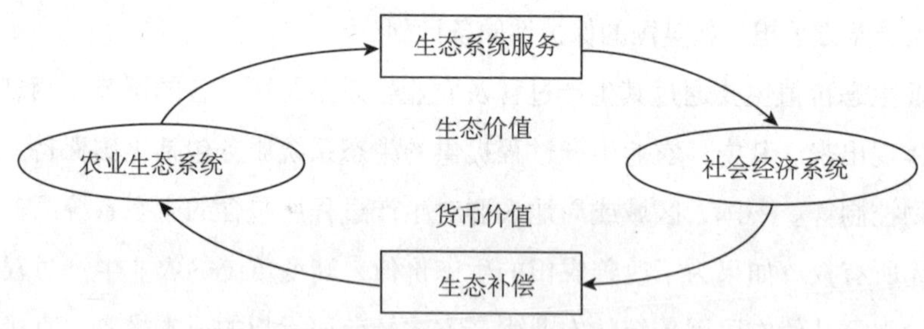

图 12.1 农业生态系统与社会经济系统的生态 – 经济价值循环

构建农业生态补偿机制时，必须对其生态系统服务价值进行估算，并且将其作为农业生态环境政策制定的重要参考因素。不妨对传统农业和生态农业进行比较，来分析如何将生态系统服务价值纳入农业生态补偿中。对于传统农业而言，农户经营成本中并未考虑生态系统服务价值的损失，农民片面追求高产量和高经济收入，在生产过程中采取的措施很容易损害农业生态系统服务功能，因此传统农业往往付出较高的生态代价，这种生态环境破坏就是传统农业生产的负外部性。而生态农业则不会出现传统农业生产导致的生态代价，能够保持生态系统服务价值相对稳定甚至有所增加，但农户的经济收入往往会因为产量下降而受到影响。显然，如果农户损失的收入不能得到弥补，农户仍将选择传统生产方式。因此，如何通过各种手段来引导和激励农户选择生态型生产方式，是政府制定农业相关政策必须考虑的问题。

在实际中，很多地方政府通过行政控制等政策手段，强行要求农户摒弃传统的生产方式，但效果往往并不好。如很多地方推行的退耕还林及禁牧等政策，因为农户收入下降很多，而国家的补贴标准过低无法弥补农户损失，因此经常出现毁林开荒和偷牧等现象，政策效果大打折扣。如上文所述，生态农业能稳定甚至增加生态系统服务价值，因此使这部分价值在农户收入中得到体现，是激励农户进行生态型生产的关键所在。生态补偿正好可以实现这一目标，根据生态系统服务价值来确定补偿金额，既可以增加农户的收入，也有利于生态环境保护。因为如果不实行生态补偿，农户选择传统生产方式，虽然农户收入会增加，但是生态代价会很大，对整个社会来说福利水平会下降；而如果实施生态补偿，不仅农户可以增加收入，从全社会来看，生态系统服务价值也会大大增加，这样福利水平也会增加（见图 12.2）。

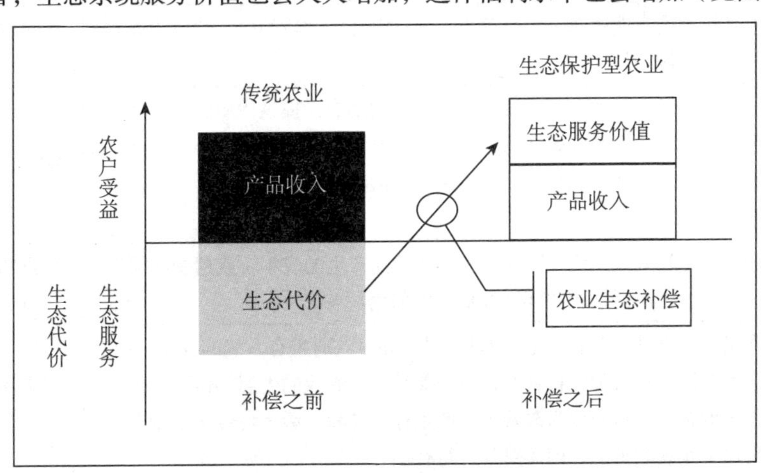

图 12.2　农业生态补偿的决策概念模型

因此，政府在制定农业相关政策时，必须将农业生态系统服务价值作为重要参考因素，将其纳入农业生态补偿机制建设中，确保农户收入增加，农业生态系统可持续发展。

12.1.2.2　农业生态补偿的含义

农业生态补偿是生态补偿的具体实践，可以理解为对农业生态或环境服务功能付费。关于其含义，国内有部分学者进行了界定（见表 12.2）。

表 12.2　农业生态补偿的内涵

含义	文献来源
整个环境利用主体因其所利用的农业生态环境所产生的生态效益，而对农业环境养护者进行多种方式的利益补偿	邵江婷（2010）
根据生态补偿的基本原则，对农业生产过程中的生态破坏者进行约束限制，也是对生态保护者进行激励的一种手段	丘煌（2010）
一种运用财政、税费、市场等经济手段激励农民维持、保育农业生态系统服务功能的制度安排，调节农业生态保护者、受益者和破坏者之间的利益关系，以内化农业生产活动产生的外部成本，保障农业可持续发展	金京淑（2011）
在农业生态环境污染治理、农业资源保护与开发利用，以及农业生态环境建设过程中，运用法律手段、经济手段和技术措施，对保护农业生态环境、保育和改善农业生态系统而牺牲自身利益的个人或组织进行补偿的一种制度安排	高尚宾等（2011）
为保护农业生态环境、改善或恢复农业生态系统服务功能，农业生态受益者对农业生态服务者（农业生态环境保护者）所给予的多种方式的利益补偿	刘尊梅（2012）
以保护和可持续利用农业生态系统服务为目的，以经济手段为主，调节相关者利益关系的制度安排	付意成等（2013）
一种运用经济、政策、技术、市场等多种手段，激励农民提供优质的农业生态环境相关产品及其行为，约束破坏行为，鼓励受益者购买这些优质相关产品，从而有效地调节相关群体的利益关系、解决相关活动的负外部性问题，以保障农业可持续发展的机制	陈海军（2014）
对农业生产主体（私人或组织）因保护生态环境而产生的成本（或遭受的损失）进行补偿，将农业生产活动相关环境外部性内部化	梁丹和金书秦（2015）
包括两类含义：一类是"对农业生态的补偿"，即对农业生态系统的补偿，指对农业生态系统的修复行为进行补偿；另一类是"对农业的生态补偿"，即对农业生态价值的补偿，指农业为改善人类的生存条件和生活环境带来了没有在现实经济价值中实现的价值，因而对其进行补偿	牛志伟和邹昭晞（2019）

上述文献从不同角度对农业生态补偿含义进行了界定，有的认为是制度安排，有的认为是政策手段，但无论是何种角度，都是由政府施行干预行动以改善农业生态环境，在"谁破坏，谁补偿"的生态补偿原则和"谁获益，谁补偿"的付费原则下，农业生态补偿机制保障了人们享用农业公共资源的公平性。

结合上文所述及现有文献观点，本书将农业生态补偿概念界定为：为激励农户（或农业企业）采取生态型生产方式，保障农业生态系统的基本功能，通过各种手段来协调农业生产过程中各利益相关者之间利益关系的制度安排。从农业生态补偿含义及各国实践来看，其主要目标是农业污染防治和农业生态建设，补偿范围主要包括三个方面：其一，对农业生态环境本身的补偿，即对已受损的农业生态环境进行修复所支付成本的补偿。其二，对农户保护农业生态环境及其生态型生产行为进行奖励。其三，对农户保护农业生态环境及其生态型生产行为而放弃的发展机会进行补偿。一般来说，农业生态保护与环境治理的目标是一致的。如在农村能源改造过程中，用沼气来替代传统的生活燃料（如秸秆、木材等），既能有效地抑制林木砍伐，又能使大量废弃物（如粪尿）得到资源化利用，降低农村的生活污染。

12.1.2.3 农业生态补偿的特点

第一，补偿目标的多重性。农业生态补偿的核心是通过对生态型农业生产方式进行补贴①，以降低农业生产过程中的环境污染和生态破坏。但在实际中，生态保护目标可能会与粮食安全目标存在矛盾。国家为了保障粮食安全，出台了很多鼓励粮食生产的政策，包括免除农业税、农资补贴、粮食直补和划定耕地面积红线等，一定程度上保障了退耕还林还草等生态工程的实施效果。人口众多是我国的基本国情，这导致人均自然资源严重不足，不利于有机农业等（环境友好但产量较低）生产方式的大面积实施。因此，在构建农业生态补偿制度时，必须统筹考虑农业产量提升和生态环境保护两个重要目标，同时兼顾劳动力转移、产业结构优化、生活能源改造等其他目标。

第二，受偿主体的角色多重性。在生态补偿中，受偿主体通常包括生态环境保护者、生态环境破坏的受损者以及部分生态环境破坏者②等。在农业生态补偿机制中，农民作为受偿主体，同时担任上述三种角色。首先，农民是生态环境的保护者。千百年来，农民根据祖祖辈辈传下来的经验，通过培肥地力、保护农业资源等方式进行生产，使农业得到永续发展。在目前农业科技高度发达的年代，农民依旧可以通过生态型生产来保护环境。其次，农民是生态环境破坏的受损者。由于自身生产生活方式不当，再加上城市污染转移，农村生态环境遭到一定程度的破坏，农民利

---

① 生态型生产方式包括退耕还林、保护性耕作、减少农用化学投入品的使用等。

② 之所以对生态环境破坏者进行补偿，目的是通过补偿，使其在较低的产量水平上也能获得较大的利润，以此来督促其降低产量。但在实际中，如果监管不到位，也有可能出现骗取生态补偿的情况。

益自然遭受损失。最后，农民是生态环境破坏者。部分农户为了生计，对草地、森林、水域等自然资源进行过度利用，造成一定的生态破坏，即所谓的“贫困污染”。为减少或避免“贫困污染”，必须对农户进行生态型生产而付出的机会成本进行补偿。

第三，补偿范围的特定性。生态补偿主要针对次生环境问题[①]进行补偿，即对由人类活动引发的生态环境问题进行补偿。农业生态补偿方向主要是农业生态建设和环境修复治理等，具体包括面源污染防治、农业废弃物综合利用、四荒资源开发、保护性耕作、清洁能源建设和退耕还林还草等。

第四，补偿方式的多样性。在我国各领域生态补偿实践中，多通过现金补偿和实物补偿方式，这能满足贫困地区农户最直接的需求，显著改善了受偿农户的生产和生活状况。但是从长期来看，要实现农户生态型生产能力的积累和提升，政策补偿、技术补偿和智力补偿等方式可能效果更加持久。除上述方式外，强化农业基础设施建设、加大农业教育和培训支出、生态移民等都是较好的农业生态补偿方式。

12.1.3 农业生态补偿与相关政策的适用性比较

世界各国经常使用的农业环境政策主要有政府管制、环境交叉合规、生态税费、生态区划、政府征用（收购）、农村综合发展项目等。各政策对土地利用的限制程度和经济激励强度存在较大差异（见图 12.3）。

第一，政府管制，即通过行政力量对农业生产过程的最低生态环境保护要求进行规定，并强制要求农户无条件执行。总体而言，政府管制对土地利用的限制程度较低，并且因为是强制执行，经济激励性很低。

第二，环境交叉合规，指对农户实行补贴时附加的生态环境保护条款，如果农户未执行到位则扣减部分补贴。由于是额外附加的条款，对土地利用有一定限制，也与补贴金额有关，所以有一定经济激励性。

第三，生态税费，即通过征收税费的方式来减少生态环境破坏，由于征税对象为低收入的农民，会进一步拉大收入分配差距。与生态补偿采取的补贴政策相比，

① 次生环境问题的范围也是相当广泛的，除了对已破坏的生态环境恢复进行补偿之外，还包括对未破坏的生态环境所做的防患于未然的费用支出、为此丧失发展的机会成本，以及为环境保护而进行的科学研究、教育培训等支出。

生态税费经济激励性较差，同时生态税费对土地利用的限制要比政府管制高。

第四，生态区划，指政府根据区域分工需要，将特定区域划定为生态功能区，如自然保护区和国家公园等。在生态功能区内，对土地的利用有非常严格的限制。由于生态功能区的划定是政府通过行政力量实施，并未对土地所有者进行补贴，因此该政策本身并没有经济激励性。但是在政策执行过程中，政府会通过转移支付、财政补贴等手段对生态功能区内的企业、农户进行补偿，会产生一定的激励效果。

第五，政府征用（收购），指国家为了保护生态环境，将私人（或集体）土地直接收购为国有土地，并按照要求进行生态型生产。由于是收购，原土地所有者将获得一定的补偿，具有一定的经济激励性。与生态补偿政策相比，这种收购是一次性支付，可持续性相对较差。政府收购土地的目的是生态型生产，因此对土地利用的限制最强。

第六，农村综合发展项目，即为推动农村经济、环境等综合发展而实施的特定项目。项目可能会涉及一些农村生态环境保护相关的内容，但其核心目标是农村发展，因此对土地利用的限制不多，经济激励性也较弱。

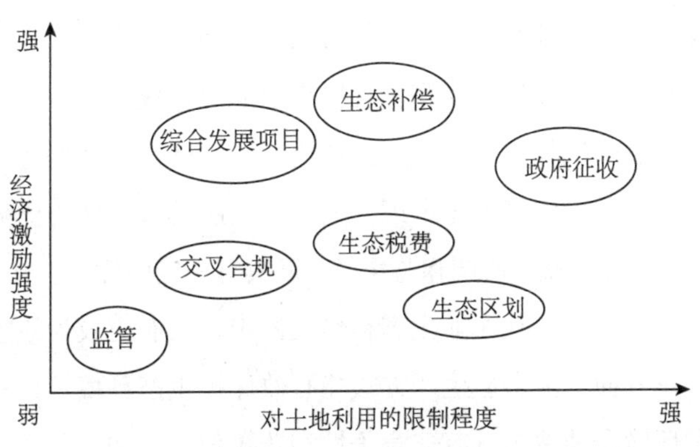

图 12.3　农业生态补偿与其他农业环境政策的比较

由上述分析可知，与其他农业环境政策相比，农业生态补偿政策的经济激励性最强，对土地利用的限制非常灵活。一方面，农业生态补偿比政府管制对土地利用的限制更多，另一方面，也给经济激励留出了较大的土地利用空间，必要时可以同时提高土地利用限制和补偿力度。

12.2 农业生态补偿机制的核心要素

12.2.1 补偿主体

前文已述，生态补偿主体应是生态系统服务的受益者。因为大型农业生态系统受益者众多，可能遍布很多区域，所以从实际运行层面看，不可能将所有的受益者都界定为补偿主体。根据各国实践经验，从操作层面来讲，农业生态补偿的主体主要应该包括政府、社会组织和农业生产者自身。其中，政府是最主要的补偿主体，这也得到国内外大量实践的证明。

12.2.1.1 政府补偿为主

在生态补偿中政府应承担主要的补偿责任，原因主要包括：其一，保护生态环境是政府的重要职责。政府是广大民众利益的代表，有责任向全社会提供良好的生态环境，因此有义务实施生态补偿。其二，生态环境产权不易清晰界定。根据科斯定理，只要产权清晰，利益相关方可通过市场谈判和交易来实现供求匹配。很多国家自然资源和生态环境产权比较模糊，难以界定或界定成本非常高，因此现阶段由政府承担生态环境供给比较现实。加上自然资源的经济价值和生态价值往往呈负相关，因此如何取舍也需要政府统筹考虑。其三，政府具有特殊的优势。政府具有强大的行政资源，在信息获取、协调和监督等方面具有一定的优势。

除上述一般性原因外，在农业生态补偿机制中，政府应成为最主要的补偿主体的原因还包括：一方面，生态型生产方式能有效保护生态环境，具有显著的正外部性，而农业生态环境在消费上具有非竞争性和非排他性，加上其效用难以分割，是典型的公共物品，这两种特性决定了政府承担补偿责任的必然性。另一方面，农业为基础性产业，与其他产业相比，具有较强的弱质性，需要国家的政策扶持。从美国、欧盟等发达国家的实践经验来看，政府在农业生态补偿中均承担了主要的责任。

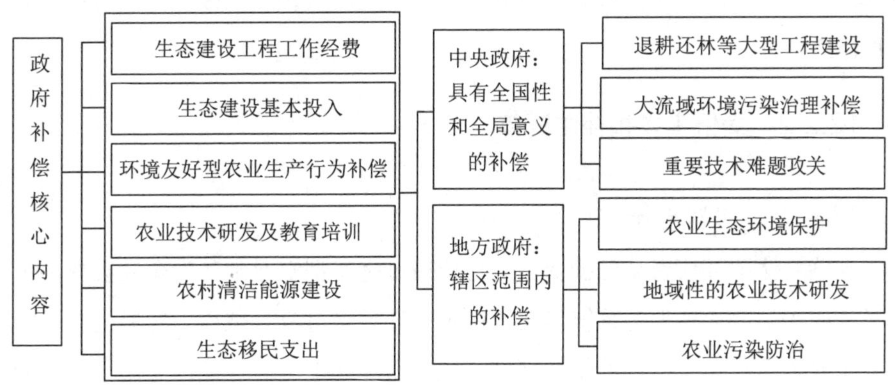

图 12.4 农业领域中政府补偿的范围

12.2.1.2 鼓励社会补偿

社会补偿是指各类市场主体（包括企业和个人）对农业生态系统建设和保护进行补偿。一方面，各市场主体可能在自然资源利用过程中对生态环境造成污染和破坏；另一方面，他们也可能从农业生态系统服务中受益。根据“破坏者恢复，受益者付费”的原则，他们理应承担一定的补偿责任。通常而言，这类补偿为间接补偿，补偿主体通过生态税费、污染罚款等方式将补偿金交付给国家，国家再通过各种方式支付给受偿主体。当然，也有一些受益者通过高价购买生态认证产品、有机农产品等市场交易的方式履行了生态补偿责任。值得说明的是，除了市场主体外，还有一些社会机构（如环保组织等非营利性机构）出于自身的环保意识和社会责任，也会通过捐赠、赞助等方式参与农业生态补偿。非营利性组织并非经常性补偿主体，但其拥有较大的社会影响力，因此国家应强化对农业生态系统建设和保护的宣传，鼓励各类市场主体和非营利性组织成为生态补偿主体，不断拓宽农业生态补偿资金来源渠道。

12.2.1.3 倡导自我补偿

自我补偿又称为农业生产者自我补偿（或者区域内部补偿）。农业生产者通过保护性耕作手段，广泛利用环境友好型生产技术，加大对畜禽粪便、秸秆等农业废弃物的资源化利用程度，不仅能提高农业资源利用效率和改善农村生活环境，还有利于农产品市场竞争力提升。在加强农业生态系统建设的同时，要不断优化区域产业结构，在生态经济、环境保护等领域培育新的经济增长点，提升区域的自我造血和自我补偿能力。

12.2.2 受偿主体和补偿客体

12.2.2.1 受偿主体

受偿主体即补偿资金的接受者，是指通过生态型农业生产为全社会提供生态系统服务或产品，从事生态系统建设或保护，导致自身收入减少、发展机会受损，依照法律或合同规定应获得补偿的区域、社会组织和个人。可见，受偿主体范围包括生态系统建设者、实施生态型生产的农户以及为保护生态环境而付出成本（或丧失发展机会）的区域及农牧民等。

在实施农业生态补偿项目时，农民可以根据自身情况决定是否参与补偿项目并成为受偿主体。在具体流程上，首先是项目实施者（通常为农业主管部门）通过各种渠道公开发布项目信息，包括项目介绍（如实施背景、实施目的、项目规模等）、生态补偿相关信息（如补偿标准、补偿方式、补偿周期等）以及申请条件等信息。其次是农户根据自身意愿提出申请。申请内容包括拟采取的生态型生产方式（如土地利用、环保技术等）及可能的环境保护效果，以及与生态补偿相关的内容（如期望的补偿金额和方式）等。项目实施者若同意农户申请，则双方签订正式合同；若不同意，则应在规定期限内告知申请农户并说明原因，或者需要修改的内容。如果农户同意按要求修改申请内容，则双方按修改后的条款签订合同，若农户不同意修改则申请失败。在这种机制下，农户具有相当的自主权，其经济利益也能获得充分保障，并且由于农户是自愿参与项目，会更好履行自己的各项职责。在实际运行时，因为农户数量过多，如果项目实施者要审核所有农户申请，会比较困难，交易成本也很高。因此，可以通过专业合作组织或者村民小组进行统一申请，申请被批准后，项目实施者再与农户签订合同，这样可以提高效率和降低交易成本。

12.2.2.2 补偿客体

前文已述，补偿客体是补偿主体和受偿主体权利义务共同指向的对象。从农业生态补偿看，补偿客体应包括对耕地、草原、森林、水域及生物多样性等资源的保护行为。从操作层面看，以单一资源保护行为作为补偿客体似乎并不合适，交易成本很高，以特定的农业生态项目（工程）作为补偿范围更加便于操作。其主要原因是生态系统各资源要素是一个有机整体，某一资源要素的保护（或破坏）都会对其他要素产生影响，资源的不当开发会污染环境[①]。一般来说，生态补偿作为一种经济激励制度，主要从两个方面发挥作用：其一是针对结果进行激励，如对土壤有机质含量增加、农田污染径流量减少等进行补贴。其二是针对行为进行激励，如对减施化肥农药、使用节水设施等进行补贴。前者鼓励末端治理，后者鼓励源头治理。在农业生态系统建设中尤其是污染防治方面，源头治理是更有效的方法，其原因在于农业污染存在较大的不确定性，且比较分散，再加上剂量—反应关系不明确导致污染损害量化比较困难，末端治理的可操作性较差。而源头治理通过生态项目形式，要求参与者按项目要求进行生态环境保护，如果农户能严格按照合同规定进行生产（如减施化肥农药），就可以获得生态补偿，这样能够激励农户进行生态型生产，最终实现生态环境保护的目的。

综上所述，农业生态补偿客体为环境友好型行为，既包括对受损生态环境的治理行为，也包括预防生态环境破坏的行为，并且这些行为多以特定生态项目为依托。生态项目具体包括三个方面：一是对受损生态环境进行治理的项目；二是对存在污染风险的生态环境进行预防与保护的项目；三是清洁能源开发与利用项目[②]。

12.2.3 补偿标准

补偿标准确定是农业生态补偿机制的核心问题。农户的生态环境保护行为使农业生态系统服务价值增加，因此生态系统服务价值应成为理论上的最高补偿标准。但在具体实践中，多根据生态系统建设者的成本（包括机会成本）来估算补偿标准。下文分别对这两种估算方法进行阐述。

---

① 如基于耕地保护的保护性耕作，可以改善土壤的可耕作性，增加土壤有机质；可以锁住土壤水分，提高水分利用率；可以减少秸秆焚烧导致的大气污染；还可以覆盖减耕以治理沙尘暴；等等。

② 其中，生态环境治理项目包括退耕还林、退牧还草、生态移民等；生态环境预防与保护项目包括农业污染综合防治（农业区域规划、替代农用化学品的研发使用等）、保护性耕作及其他可持续农业生产措施、生态农业、小流域综合治理（四荒资源开发）等；清洁能源开发与利用项目包括农业废弃物的资源化再利用、沼气工程、小水电、太阳能、风能等能源的开发利用。

12.2.3.1　生态系统服务价值标准

生态系统服务价值标准即根据农业生态建设所增加的固碳释氧、环境净化和生物多样性保护等生态系统服务价值来确定的补偿标准。

12.2.3.1.1　生产功能

农业生态系统可以为人类提供大量农产品，通过实地调研可得出不同农业类型单位面积产值及单价，并以此为基础计算农业生态系统生产功能价值。其计算公式为：

$$V_p = \sum (S_i \times P_i \times O_i) \tag{12.1}$$

式（12.1）中，V_p 为农业经济产出总价值；i 为农业用地类型；S、P、O 分别为各类农业用地的面积、农产品价格和单位产量。

12.2.3.1.2　固碳释氧

农作物通过光合作用可以固定二氧化碳和释放氧气，由光合作用的反应方程式可知，植被每积累 1 千克的干物质，可以固定 1.63 千克的二氧化碳，释放 1.19 千克的氧气。通过碳税法或造林成本法计算其服务价值，公式如下：

$$V_c = \sum 1.63 \times B_i \times P_c \times A_i + \sum 1.19 \times B_i \times P_o \times A_i \tag{12.2}$$

式（12.2）中，V_c 为农业生态系统的固碳释氧价值；B_i 为各类农业类型的净初级生产力；A_i 为各类农业类型面积；P_c、P_o 分别为单位固碳价格和单位释氧价格。

12.2.3.1.3　环境净化

农业生态系统中农作物、草地、林地在生长过程中能有效吸收、降解大气中的有害气体，如二氧化硫、粉尘等。当前对大气污染最严重的是二氧化硫、氮氧化物、粉尘等，本书重点考虑这三类环境净化功能，计算公式为：

$$V_h = \sum (Q_i \times C_j \times A_i) \tag{12.3}$$

式（12.3）中，V_h 为农业生态系统的环境净化服务功能价值；Q_i、A_i 分别为各类农业类型单位面积吸收污染物的量（见表 12.3）和各类农业类型面积；C_j 为第 j 种污染物的治理成本。

表 12.3 各农业用地类型单位面积吸收污染物的量（千克 / 公顷・年）

农业用地类型	吸收污染物种类		
	二氧化硫	氮氧化物	粉尘
林地	291.03	215.36	44300.00
草地	21.70	16.06	120.00
耕地	45.00	33.30	940.00
园地	90.00	66.60	9000.00

12.2.3.1.4 气候调节、生物多样性

农业生态系统通过果树、森林、草地等调节气温及降水，调节区域气候，同时为许多野生动植物提供重要的栖息地，功能价值计算公式为：

$$V_a = \sum T_i \times A_i + \sum S_i \times A_i \tag{12.4}$$

式（12.4）中，V_a 为农业生态系统的气候调节和生物多样性功能价值；A_i 为各类农业类型面积；T_i、S_i 分别为各类农业类型单位面积的气候调节和生物多样性功能价值（见表 12.4）。

表 12.4 单位面积气候调节、生物多样性价值表（万元 / 公顷・年）

	耕地	林地	草地	园地	水域
气候调节	0.12	0.51	0.20	0.32	0.26
生物多样性	0.12	0.57	0.23	0.35	0.43

12.2.3.1.5 水源涵养

水源涵养主要体现在农作物生长过程中对降水的截留、吸收和存储等方面，可以通过综合蓄水法和土壤蓄水法来进行水源涵养的价值测算，计算公式为：

$$V_w = (e \times f + j \times l + x \times h + s \times h \times p) \times S \times C \tag{12.5}$$

式（12.5）中，V_w 为农业生态系统的涵养水源价值；e、f、j、l、x 分别为林冠截留率、降水量、落叶层干重、饱和吸水率以及非毛管孔隙度；s、h、p、S 分别为土壤容重、土壤厚度、土壤含水率和面积；C 为蓄水成本。

12.2.3.1.6 旅游休闲功能

随着城市化发展，人们对于旅游休闲的需求提高，观光农业、休闲农业呈快速发展趋势，农业生态系统的旅游休闲功能越来越显著，其价值计算公式为：

$$V_t = \sum W_i \times A_i \tag{12.6}$$

式（12.6）中，V_t 为旅游休闲总价值；W_i 为各农业类型单位面积旅游休闲服务价值；A_i 为各类农业类型面积。

12.2.3.2　成本标准

农业生态环境建设需要花费一定的人力、物力和财力，在生态补偿时必须将其考虑进去作为最低的补偿标准，否则不可能调动农户的积极性。

12.2.3.2.1　化肥、农药、机械投入

为保证农产品的产量和质量，防治病虫害，农户必须投入大量的化肥和农药，这是农业生产的主要投入。同时，随着科技水平的提高，农用机械使用更为频繁，人力资本投入减少，化肥、农药、机械投入计算公式为：

$$V_f = \sum (G_{1i} \times R_{1i} \times A_i \times p_1) + \sum (G_{2i} \times R_{2i} \times A_i \times p_2) + \sum (G_{3i} \times R_{3i} \times A_i \times p_3) \tag{12.7}$$

式（12.7）中，V_f 为化肥、农药和机械的总投入价值；G_{1i}、G_{2i}、G_{3i} 分别为化肥、农药和机械的施用量；R_{1i}、R_{2i}、R_{3i} 分别为各类型农业中化肥、农药和机械的施用比重；p_1、p_2、p_3 分别为化肥、农药和机械的单位价格；A_i 为各类农业类型面积。

12.2.3.2.2　水资源、种子或树苗费

对种子或树苗费用的评价采用各农业用地类型单位面积所使用的种子或树苗量乘以种子或树苗单价来测评，计算公式为：

$$V_y = \sum I_j \times A_j \tag{12.8}$$

其中：

$$I_j = \frac{C_1 + C_2 + \cdots + C_n}{A_1 + A_2 + \cdots + A_n} \tag{12.9}$$

式（12.8）和式（12.9）中，V_y 为农业投入要素价值；I_j 为第 j 类要素（水资源、种子、苗木等）的单位面积投入量；A_j 为第 j 类要素的使用面积；C_n 为农户 n 对第 j 类要素的年投入金额；A_n 为农户 n 的农业用地面积。

12.2.3.2.3　劳动力投入

劳动力投入用各农业用地类型所投入的劳动力数量乘以农民人均农业收入进行测算，公式为：

$$V_l = \sum a_i \times M \tag{12.10}$$

式（12.10）中，V_l 为单位面积劳动力投入价值；a_i 为各类农业类型单位面积投入的劳动力数量；M 为农民人均农业收入。

除上述直接投入外，农业生态环境建设意味着农户必须进行生态型生产，区域必须限制某些可能带来污染的资源开发，这样就会给农户收入及区域经济发展带来一些损失，即所谓的机会成本。机会成本虽不是实际发生的支出，但是农业生态环境建设导致的发展机会损失，也应给予补偿。具体补偿金额可以参照相邻的发展基础相似地区的相关指标来确定。

12.2.3.3 土地利用方式转变类型与补偿标准的差异

如果土地利用者保持现有的土地利用方式不变，由于土地的排他性使用权或所有权明确，土地使用者可以按市场机制，将体现农业生产功能的产品在市场上按市场价格进行交易，获取其应得的报酬，土地使用者的付出已经得到了回报，所以农业的生产功能中不存在补偿问题。但为保证农业生态功能的发挥，需要对农业经营者实施一定的补偿。因为农业生态功能属于公共物品，农业经营者的行为具有明显的正外部性，享用农业生态功能的人群并没有向农业经营者支付费用，所以农业经营者属于受损方，经营者的数量和位置都是明确的；享用农业生态功能的人群属于受益方，但受益方的范围和位置是不明确的。理论上，可以根据受益方的支付意愿、受损方的直接投入（或损失）进行补偿，双方协商或通过市场交易，由受益方对受损方实施补偿。但由于很难准确计算受益方和受损方的生态系统服务价值，同时受益人群及其地理界线界定成本极高，所以实践中往往在市场机制之外，需要寻求第三方（政府或其他组织）的介入。

如果土地使用者可以无限制地通过市场机制将现有土地利用方式转为其他用途，并在土地利用方式转变的过程中，根据市场价格获取其使用权变换所应得的报酬，各方利益均衡，此时就不存在补偿的问题。但由于农业土地的重要作用，国家往往限制其转为其他用地。在法律许可的范围内，原有的土地利用方式转变受限制，则可能存在补偿的要求。同时，为维持良好的农业生态环境，需要转变传统的农业生产经营方式，进行必要的生产设施的投入，采用环境友好型生产方式（如有机农业等）。此外，农民因传统生产方式的转换而承担了一定的损失，需要得到补偿。此时补偿标准应为农户维持现有土地利用方式的直接投入 C_1、直接损失 C_2 和机会成本 C_3。其中，机会成本 C_3 与转换土地利用方式产生的经济和生态效益大小有关。假设在现有土地利用方式下，农业的经济效益和生态效益分别为 D_1 和 D_2；而农业土地转为其他用地时产生的经济效益和生态效益分别为 E_1 和 E_2。转换前后经济效益和生态效益的差额分别为 $C_{31}=E_1-D_1$、$C_{32}=E_2-D_2$。

类型 1：农业用地向经济效益和生态效益均更高的利用方式转变。此时，经济效益差额 $C_{31}>0$，生态效益差额 $C_{32}>0$，机会成本 $C_3=C_{31}+C_{32}$。补偿标准 B 应等于直接投入、直接损失、机会成本及经营利润 S 之和，即 $B=C_1+C_2+C_{31}+C_{32}+S$。

类型 2：农业用地向经济效益更高、生态效益不变的利用方式转变。此时，经济效益差额 $C_{31}>0$，生态效益差额 $C_{32}=0$，机会成本 $C_3=C_{31}$。补偿标准 B 应等于直接投入、直接损失、机会成本及经营利润 S 之和，即 $B=C_1+C_2+C_{31}+S$。

类型 3：农业用地向经济效益更高、生态效益更低的利用方式转变。此时，经济效益差额 $C_{31}>0$，生态效益差额 $C_{32}<0$。如果 $C_{31}>|C_{32}|$，则机会成本 $C_3=C_{31}+C_{32}$。补偿标准 B 应等于直接投入、直接损失、机会成本及经营利润 S 之和，即 $B=C_1+C_2+C_{31}+C_{32}+S$。如果 $C_{31}<|C_{32}|$，则机会成本为负值。补偿标准 B 应等于直接投入、直接损失及经营利润 S 之和，即 $B=C_1+C_2+S$。

类型 4：农业用地向经济效益不变、生态效益更高的利用方式转变。此时，经济效益差额 $C_{31}=0$，生态效益差额 $C_{32}>0$，机会成本 $C_3=C_{32}$。补偿标准 B 应等于直接投入、直接损失、机会成本及经营利润 S 之和，即 $B=C_1+C_2+C_{32}+S$。

类型 5：农业用地向经济效益不变、生态效益不变的利用方式转变。此时，经济效益的差额 $C_{31}=0$，生态效益的差额 $C_{32}=0$。补偿标准 B 应等于直接投入、直接损失及经营利润 S 之和，即 $B=C_1+C_2+S$。

类型 6：农业用地向经济效益不变、生态效益更低的利用方式转变。此时，经济效益差额 $C_{31}=0$，生态效益差额 $C_{32}<0$，机会成本为负值。补偿标准 B 应等于直接投入、直接损失及经营利润 S 之和，即 $B=C_1+C_2+S$。

类型 7：农业用地向经济效益更低、生态效益更高的利用方式转变。此时，经济效益的差额 $C_{31}<0$，生态效益差额 $C_{32}>0$。如果 $C_{32}>|C_{31}|$，则机会成本 $C_3=C_{31}+C_{32}$。补偿标准 B 应等于直接投入、直接损失、机会成本及经营利润 S 之

和，即 $B = C_1 + C_2 + C_{31} + C_{32} + S$。如果 $C_{32} < |C_{31}|$，则机会成本为负值，补偿标准 B 应等于直接投入、直接损失及经营利润 S 之和，即 $B = C_1 + C_2 + S$。

类型 8：农业用地向经济效益更低、生态效益不变的利用方式的转变。此时，经济效益差额 $C_{31} < 0$，生态效益差额 $C_{32} = 0$，机会成本为负值。补偿标准 B 应等于直接投入、直接损失及经营利润 S 之和，即 $B = C_1 + C_2 + S$。

类型 9：农业用地向经济效益更低、生态效益更低的利用方式转变。此时，经济效益差额 $C_{31} < 0$，生态效益的差额 $C_{32} < 0$，机会成本为负值。补偿标准 B 应等于直接投入、直接损失及经营利润 S 之和，即 $B = C_1 + C_2 + S$。

12.2.4 补偿模式

根据补偿主体及运行机制不同，生态补偿模式可分为政府补偿和市场补偿两类。政府补偿即通过公共支付方式进行补偿，市场补偿包括一对一交易、市场贸易和生态产品认证（生态标签）等。从我国农业生态补偿实际情况看，政府直接公共支付应作为最主要的补偿模式，在市场模式中，生态产品认证为目前的首选支付模式，而一对一交易和市场贸易则可以作为未来的发展方向。

12.2.4.1 直接公共支付

直接公共支付即以政府为补偿主体，直接向农业生态环境建设和保护者进行补偿，实质是政府购买生态系统服务并供给受益者无偿使用，其资金来源主要包括公共财政资金、基金、国债和国际援助等。目前我国常见的直接公共支付形式为财政转移支付和专项资金，也有部分地区设立了农业生态补偿基金。

第一，财政转移支付①。财政转移支付是目前我国各领域普遍采用的区域补偿政策，包括一般性转移支付和专项转移支付。在财政转移支付中单独切出一部分用于生态补偿，并进一步提高用于农业生态环境建设的比重，有利于促进农户进行生态型生产和农村生态环境保护。

第二，专项资金。专项资金即国家针对生态补偿项目的专项拨款，是世界各国常见的方式。如我国的退耕还林项目，其原粮、种苗费及生活补助等均由国家支出，

① 财政转移支付制度是因中央和地方财政之间的纵向不平衡和各区域之间的横向不平衡而产生的，是国家为了实现区域间各项社会经济事业的协调发展而采取的财政政策。

并且为了保障退耕还林成果，国家还设立了后续专项建设资金。再比如退牧还草项目，国家对草原围栏建设给予补偿，所需资金中70%来源于中央专项拨款，30%由地方政府和个人分摊。此外，为防止水土流失，中央财政还设立了保护性耕作专项资金等。

第三，农业生态补偿基金。农业生态补偿基金是由政府部门（主要是农业或环保相关部门）牵头设立的，专门用于农业生态补偿的基金。其资金来源主要包括财政拨款、生态系统服务受益方及供给方政府间横向转移支付、国内外捐赠及援助、基金运行收益等。

在农业生态补偿机制中，将公共支付作为最主要支付方式的主要原因有：其一是生态补偿资金需求量很大；其二是市场补偿机制尚不健全；其三是生态系统服务具有较强的公共物品和外部性特征。再加上直接公共支付通过政府行政力量强力推行，具有较强的规模效应，在各国实践中补偿效果也非常显著。

12.2.4.2 生态产品认证（生态标签）

生态产品认证并不是对生态系统服务的直接支付，而是消费者通过支付比普通产品更高的价格来购买环境友好型产品，其超出的价格就可理解为购买了环境友好型产品中所附加的生态系统服务价值。所以，购买生态认证产品是对生态系统服务的间接支付。将生态产品认证作为市场补偿首选模式的主要原因有：

第一，具有较好的基础。20世纪90年代起，我国就开始进行绿色食品认证，到目前为止，针对生态农产品已经发展为多个层次的质量认证体系，包括绿色食品、无公害农产品、有机食品和农产品地理标志保护产品等，其中获得绿色食品认证的农产品数量每年增长高达29%。

第二，社会普遍接受。一方面，生态产品认证包括产地认证和产品认证两个层面，能同时保证农产品和农业生态环境的质量，消费者普遍认可；另一方面，生态产品认证程序简单且成本较低，生产者也容易接受。农业生产者只要切实履行生态型生产职责，生产出符合环境要求的农产品，就可以申请认证，一旦成功就可以按较高价格出售。从这个角度看，生态产品认证必将成为农业生态系统服务的重要支付方式，应进一步扩大生态产品认证的范围和力度。

生态产品认证关键在于认证体系的可信赖性以及认证产品市场的培育和监管。

因此，政府应从以下几方面进行努力：其一，出台相关制度，丰富并完善认证体系，并确保第三方认证机构的独立性。其二，通过政策激励受偿区域扩大生态认证产品的生产规模，推动生态优势转化为经济优势。其三，强化生态认证产品市场建设，鼓励政府采购绿色产品，积极培育绿色产品市场。同时加强市场监管，切实打击假冒伪劣“绿色产品”，保障消费者权益。

12.2.4.3 其他支付模式

除生态产品认证外，国际常见的市场支付模式还有一对一交易和市场贸易。一对一交易即生态系统服务供求双方的直接交易。其特点在于交易双方非常明确，且数量非常少（一个或少数几个），交易双方通过协商或谈判确定交易价格和交易方式，有时也需要第三方（如政府部门或咨询机构等）参与。一对一交易要求环境资源的产权清晰，并且交易成本较低，以便交易双方达成协议。

市场贸易又称限额交易，与排污权交易比较类似，即政府为保障生态系统可持续发展，将生态系统允许的最大破坏量设定一个限额，辖区内机构或个人可通过一定方式获得“信用额度”。“信用额度”可以进行交易，以实现补偿目的。市场贸易要有效实施必须具备一定市场条件，如生态系统服务的标准化、“信用额度”交易制度等。政府应出台相关法律法规，允许生态系统服务进行市场交易并制定交易规则，提供生态系统服务计量和监测服务等，这样可以降低市场贸易的交易成本。

12.3 我国农业生态补偿的政策演进与实践进展

12.3.1 我国农业生态补偿的政策演进

2002 年，国家对《中华人民共和国农业法》进行修订，明确提出要防治农业污染，保障农产品质量。2005 年，国家“十一五”计划提出要保护好自然生态环境，加快建立生态补偿机制。2006 年，《中共中央 国务院关于推进社会主义新农村建设的若干意见》出台，再次提出要推进生态补偿机制的建立。湖北省是全国第一个出台农业生态保护地方立法的省份，2006 年发布了《湖北省农业生态环境保护条例》，提出要强化农业废弃物的综合利用，建立和完善农业生态补偿机制。

第一部农业生态保护地方立法出台试行后，其他部分省（自治区、直辖市）也相继有了涉及农业生态补偿的规章条例。例如，2008年初《甘肃省农业生态环境保护条例》发布，对农业面源污染、农业环境评估、农业污染事故处理等进行规范。同年7月，山东省出台《山东省渔业养殖与增殖管理办法》，规定因水域、滩涂开发对渔业生态产生损害的必须进行生态补偿。虽然各地纷纷制定了与农业生态补偿有关的规章制度，但整体上而言，国家对农业生态补偿的政策和机制仍旧比较碎片化，具体内容不够完善，操作比较困难。

2008年10月，国家发布《中共中央关于推进农村改革发展若干重大问题的决定》，提出要健全农业生态环境补偿制度，保护自然资源和农业物种资源。2009年起，农业部在天津、安徽、江苏和云南设立四个试点，试点内容包括农业生态补偿方面的技术培训、最佳农业生产管理经验的推广、农业再生资源的管理以及无公害综合治理技术的推广。此次试点意味着农业生态补偿政策已经进入实践层面，同时也为制定系统合理的农业生态补偿机制奠定了基础。

在全国稳步推进农业生态补偿的背景下，2014年5月，江苏省出台《苏州市生态补偿条例》，这是全国首部生态补偿地方立法，条例第七条提出对规定区域内的水稻田、公益林、湿地及水源地等自然生态资源进行生态补偿。并在第八条中提出补偿对象为“直接承担自然生态保护责任的镇人民政府、村民委员会、农户（含农民专业合作组织、农场）”。此条例进一步明确了政策主体的操作规范，细分了利益相关者的责任，实现了国家强调对生态资源开发利用行为必须补偿的目的，有利于生态平衡的维护。2016年5月，国家发布《关于健全生态保护补偿机制的意见》，明确提出要逐步实现自然资源各领域和生态功能区等重要区域生态补偿全覆盖。2017年，十九大报告提出要严格保护农业，扩大轮作休耕试点，建立市场化、多元化生态补偿机制。随后，2018年和2019年的中央一号文件均明确提出要加强农村污染治理和生态环境保护，推动农业农村绿色发展。

12.3.2 我国农业生态补偿的实践进展

12.3.2.1 化肥农药减施的生态补偿实践

第一，测土配方施肥。2005—2008年，我国逐步开展测土配方施肥补贴项目试点，以县为单位，2005年、2006年、2007年分别选择200个、1000个和1000个项目县，2008 年共有 10 万亩以上的土地施用了配方肥。测土配方施肥主要是基于田间试验结果，通过直接使用配方肥来缓解土壤与作物之间肥力供需矛盾，同时提高肥料利用率。经过连续多年实践，如今测土配方施肥项目覆盖范围广，成效较好。

2013 年，国家发布了测土配方施肥补贴项目的任务目标及补贴标准。任务目标方面，要求测土配方施肥技术推广面积达农作物种植面积的 60% 以上，配方肥施用面积达 25% 以上，配方肥施用量达到 700 万吨以上，免费为 1.9 亿农户提供技术指导。补贴标准方面，单个项目县的补贴额度一般为 1540 万元，其中整乡镇推进和整县推进该项目的示范县补贴额度可适当提高[①]。2014 年，国家又发布通知，要求“推动配方肥进村入户到田”，并进一步提高了补助资金额度。

第二，有机农业项目[②]。人工制造的化肥、农药的利用率低，氮、磷等元素的流失容易造成自然资源的破坏，部分流入江河湖海造成水生生物死亡。这是造成农业面源污染的主要原因。有机农业利用物理方式抗虫、使用有机肥，以使用天然物质为主，充分利用生态系统的循环规律，不会造成生态污染，也节约了农业投入成本。

国家大力倡导发展有机农业，对有机肥料给予补贴，但不同地区补贴标准有一定差异。国家层面，从 2008 年 6 月 1 日起，对有机肥产品销售免征增值税。地方层面，上海从 2004 年起对使用有机肥进行补贴，补贴标准为 200 元 / 吨。之后，北京、江苏、山东、河南等地也陆续出台有机肥补贴政策，北京市的补贴标准为 450 元 / 吨，其他几个省份为 180 ～ 250 元 / 吨。2013 年浙江江山对有机肥生产和使用同时进行补贴，对生产企业的补贴标准为 30 元 / 吨，对使用者的补贴标准为 200 元 / 吨（单个使用者最高补贴 20 万元）。

除了对有机肥料进行补贴外，国家还对规模化的有机农场给予大量补贴，规模稍大的农场每年的补贴可达到几千万元，可占到农场总投入的 20% ～ 30%。此外，有些地区还大力推广有机农业病虫害防治措施。如 2014 年湖南省大力推广频振式杀虫灯及提前灌水杀蛹等技术，累计安装频振式杀虫灯 3000 余盏，覆盖稻田近 20 万

---

① 项目县补贴资金主要用于取土化验、田间试验、科学制定配方、应用县域测土配方施肥专家系统、示范展示、施肥信息上墙、施肥技术指导服务、项目管理等方面的经费补助，项目管理经费不能超过总项目补贴资金的 4%。

② 有机农业是指在生产中完全或基本不用人工合成的肥料、农药、生长调节剂和畜禽饲料添加剂，而采用有机肥满足作物营养需求的种植业，或采用有机饲料满足畜禽营养需求的养殖业。

亩，取得较好成效。

12.3.2.2 畜禽养殖废弃物防治与利用

在我国立法层面，与畜禽养殖废弃物管理有关的法律主要有《中华人民共和国畜牧法》《中华人民共和国固体废弃物污染环境防治法》《中华人民共和国水污染防治法》《中华人民共和国动物防疫法》和《中华人民共和国清洁生产促进法》。2014年，国家又出台了《畜禽规模养殖污染防治条例》，从多个角度对畜禽规模化养殖进行规范，解决了我国法律条例欠缺和与我国当前现状不相适应的问题。其中，条例对畜禽养殖废弃物的综合利用制定了详细的扶持措施。畜禽养殖废弃物包括固体、液体和气体废弃物，其可能产生的污染包括土壤污染、水体污染、大气污染、病菌传染等，会造成环境污染，也会影响人的身体健康，危害巨大，因此各级政府都在加强做好畜禽养殖废弃物的防治工作。

在实践中，对畜禽养殖废弃物进行综合利用有很多方式，常见的有沼气化利用、肥料化利用和生物技术应用等。甘肃省华池县在畜禽养殖废弃物处理方面探索出一种行之有效的模式，即“全膜玉米种植—玉米秸秆青贮—青贮秸秆养畜—畜禽粪便制沼（制肥）—沼气能源利用—沼渣沼液还田—发展有机农业”的循环经济模式（见图12.5）。

12.3.2.3 农作物秸秆综合利用

我国农作物秸秆产量约7亿吨/年，居世界第一位。为了减少秸秆处理成本，很多农户都是直接在田间焚烧秸秆，不但造成严重的大气污染，而且存在很大安全隐患。为了减少秸秆焚烧情况，政府大力开展防治行动，从秸秆功能和资金补贴入手进行引导，使农民自觉自愿地停止秸秆焚烧行为。

在实践中，农作物秸秆综合利用技术包括直接还田、过腹还田、生产生物活性有机肥、秸秆发电、生产建材、生产沼气和工艺品等。为推广农作物秸秆综合利用，很多地方政府均给予了一定的补贴。如安徽省2014年出台的秸秆综合利用补贴政策内容为：全面实施以奖代补政策，小麦、油菜、玉米秸秆综合利用奖励标准为20元/亩，水稻秸秆奖励标准为10元/亩。并实行逐级奖补方式，市政府和省级国有农场直接由省级财政进行奖补，而县（市、区）所属机构和农户等则由市级财政进行奖补[①]。

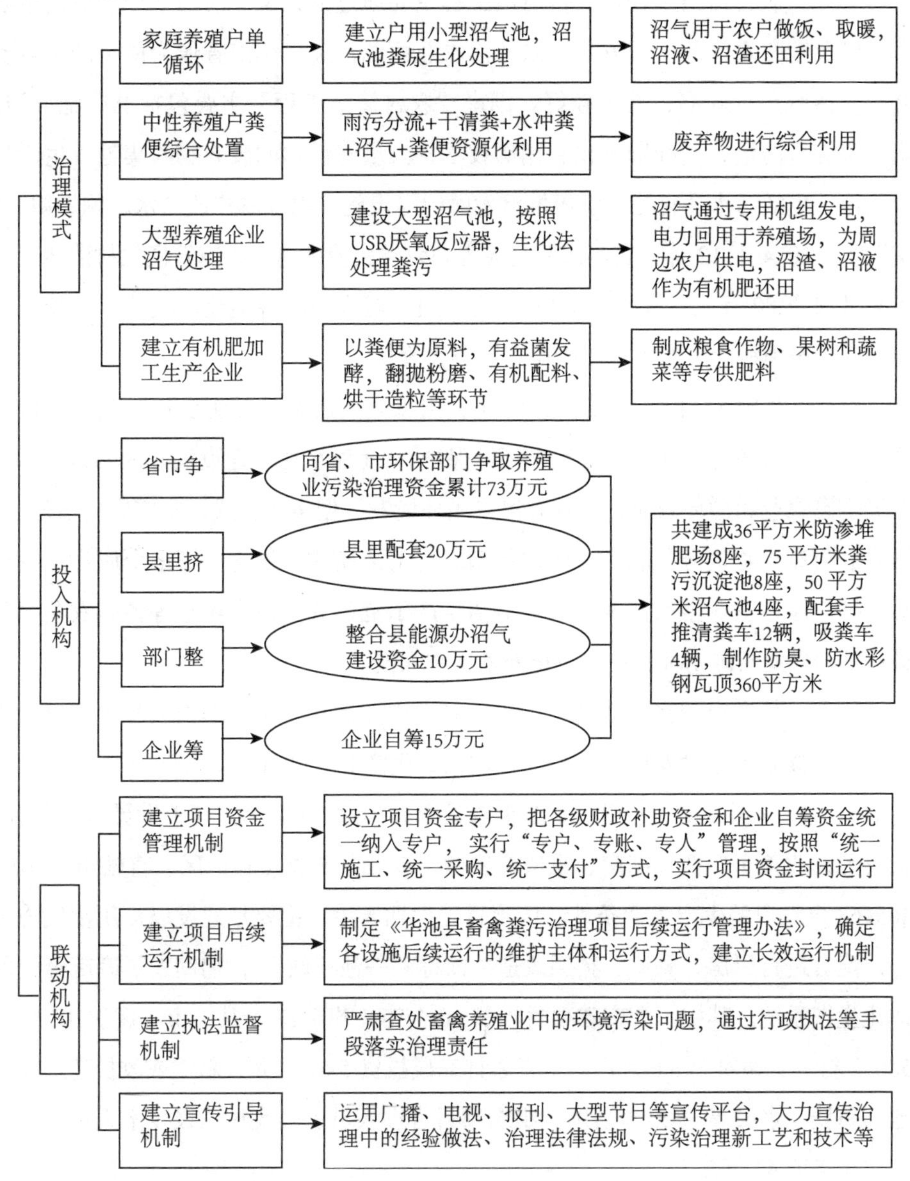

图 12.5 华池县畜禽养殖污染治理循环经济图

① 其中，省财政对皖北 3 市 7 县及大别山片区县补助总金额的 70%，对合肥、芜湖、马鞍山、铜陵市补助 30%，其他地区补助 50%；其余部分由市、县财政足额配套，配套比例由各市确定。省级国有农场奖补资金由省财政全额承担。

12.3.2.4 农村环境综合治理

第一，农村清洁工程。农村清洁工程主要通过大力推广清洁生产和清洁生活技术，以及转变农民的生活方式，来防治农业面源污染。湖南省作为最早的试点省市之一，活跃程度较高，效果较好。湖南“农村清洁工程”主要包括推广配方施肥、病虫害综合防治、秸秆资源化利用等技术，大量建设田间废弃物收集池、生活垃圾收集池、生活污水净化池、农田堆沤发酵池等设施，以及农户改“水、厕、厨、栏、院”等。2014 年 12 月，农业部新闻报道湖南省武冈市湾头桥镇石枧农村清洁工程项目总共投资 80 万元，核心示范户 16 户，通过对农户庭院美化、生产生活清洁设施建设等，石枧村的生产生活环境得到了极大改善。

第二，“美丽乡村”项目。2013 年，国家全面启动“美丽乡村”项目，目的是改善农村人居环境、加强农业生态环境保护。“美丽乡村”建设核心内容包括：大力发展生态农业和循环农业，鼓励农民采用环境友好型生产方式；实施农村清洁工程，推进农村废弃物资源化利用，构建新型农村清洁模式；强化土壤重金属污染综合防治，推广绿色农业生产技术和农业清洁生产示范，减少畜禽养殖等各类农业面源污染；加强农业资源物种保护，防止外来生物入侵。

第三，生态家园富民计划。2000 年初，农业部在全国范围内实施生态家园富民计划，其核心是通过发展沼气来改善农民的生产和生活环境。2009 年 6 月，世界银行启动生态家园富民工程项目，5 年内投资总额达 30 亿元，其中世界银行贷款 1.2 亿美元，改善了广西、湖南、重庆、安徽、湖北共 5 省（自治区、直辖市）、65 县、465963 户农户的生产生活条件。该项目建设期 5 年，主要是建设以户用沼气池为中心，配套进行厨房、厕所、猪圈改造（简称“一池三改”），辅助发展庭院经济的一体化生态系统。其中，湖南省项目涉及 10 个市（州）18 个县（市、区）102 个乡镇 586 个村，受益农户 8.8 万户，全省累计完成投资 5.69 亿元，新建或改扩建果园、菜地、鱼塘、水田等 5700 多公顷，组织项目管理人员、县乡村三级技术人员、示范户和农民培训 42 万多人。

第四，“以奖代补，以奖促治”政策。该政策从 2008 年起实施，当年财政投入 5 亿元，支持 700 个村镇进行生态建设和环境整治，直接受益群众达 400 万人。至 2013 年底，中央财政累计投入 195 亿元，地方财政配套 260 多亿元，全国 4.6 万个村庄、8700多万群众直接受益。并且在中央财政的带动下，很多地方政府也逐年增加了“以奖代补，以奖促治”的资金投入。如2007—2011年，河南洛阳投入该项目的资金从100万元增加到1000万元，2011—2014年，3年共争取中央专项资金5000万元，省级配套资金1500万元。在以上资金的基础上，洛阳市乡镇污水处理设施建设工作取得了突破性进展。

第五，土壤污染防治行动计划。2016年，国务院发布《土壤污染防治行动计划》，在全国选择6个重污染地区进行试点，每个试点地区投入10亿～15亿元，资金主要用于土壤保护和污染治理。计划通过5年时间，使土壤污染恶化趋势得到遏制。其实，在国家出台《土壤污染防治行动计划》之前，部分省市已经进行了一些实践。如浙江省早在2011年就开始实施“清洁土壤行动”，重点针对土壤中重金属、有机污染物和固体废物等污染物从源头上进行综合治理。同时，强化对土壤污染的监测，大力实施“132”工程①，在全省范围内建立土壤环境数据库。

12.4 农业生态补偿的国际经验及借鉴

12.4.1 美国农业生态补偿政策

12.4.1.1 美国农业环境政策概述

美国是世界上较早开展农业生态补偿的国家。20世纪30年代，由于干旱、沙尘等的影响，农业经济可持续发展受到严重挑战，美国政府开始实施农田生态补偿项目，来激励农民保护土地。1990年开始，美国将水体、空气和野生动植物栖息地等保护也纳入农业环境政策目标框架内，使农业环境政策内涵更加丰富。

土地退耕是美国农业环境政策的核心内容。进入20世纪30年代以来，美国农产品价格持续低迷。基于此，1936年美国出台《农业调整法案》，对农产品生产进行补偿，直接导致1936—1942年每年有1620万公顷的土地退耕。此后，伴随着农产品价格的大幅下降，美国开始实施土壤银行政策（1956—1972年）。美国土地退耕的第三个主要阶段始于1985年美国农业经济大衰退中期的保护性储备计划。早期的保

① “132”工程即建设1000个农田土壤定位监测点、300个综合监测点、20个综合防控试验站。

护性储备计划也主要关注土地退耕。从1990年起，保护性储备计划要求通过竞争性议价来提高农业环境项目的成本效率。发展到现在，保护性储备计划除了保护土地、提高土地产出率外，还要求降低农业生产环境损害，成了一种多目标计划。

联邦政府除将大量资金定期投资在大规模土地退耕上之外，也将小部分资金投资于改善未退耕农用地（如农田和草地）的农业环境特性上。1936年，农业保护项目（ACP）开始分担梯田、排水沟和其他土壤保护工程的建设成本。后来，该项目开始分担牲畜废物处置设施安装成本，从而进一步拓宽其对农业环境活动的资助范围。1996年，农业保护项目与大量更小的相关项目一起共同组成环境质量激励计划。该计划与保护性储备计划一样也包括了多重环境目标。为在土地退耕和未退耕土地保护间取得平衡，2002年国会大幅度提高了未退耕土地项目预算（主要是环境质量激励计划）。然而，要获得额外的资金支持，环境质量激励计划必须忽略成本－收益目标，取消资金支持竞价并主要支持服从计划要求的生产者，使环境质量激励计划的成本效率有所降低。

此外，农田和牧场保护计划为州、社区、当地政府和非政府组织购买保护地役权匹配资金，并帮助农牧民保留农业土地。购买保护地役权后来发展为向土地所有者提供补偿以限制其将土地用于非农用途。2004年，农田和牧场保护计划的预算相对较少，大约是9100万美元，仅占《农田法案》保护性计划的2.7%。由于各州农业用地压力不同，各州基金分配比例差别很大。2006年，新泽西州分得总基金的5.6%，而路易斯安那州仅分配到总基金的0.3%。

为低成本、高效率地实施农业环境政策，必须掌握大量的信息，包括潜在的环境收益和农民能够接受的最低补偿水平。但不同土地及生产方式导致的环境收益和农民受偿意愿各不相同，要在全国范围内完全掌握这些信息是不可能的。为解决这个问题，政府将竞争性议价机制引入了农业环境项目。通过竞争性议价，政策制定者可以了解为加入相关项目，农民愿意提供的服务和采取的生产方式，以及受偿意愿等信息。项目参与过程如下：①项目申请过程中收集相关信息；②项目申请条件决定哪些农民可以申请相关项目；③补偿水平决定哪些农民希望并能够参与项目；④成本－收益指数用于从大量申请者中选择最终的项目参与者（见图12.6）。

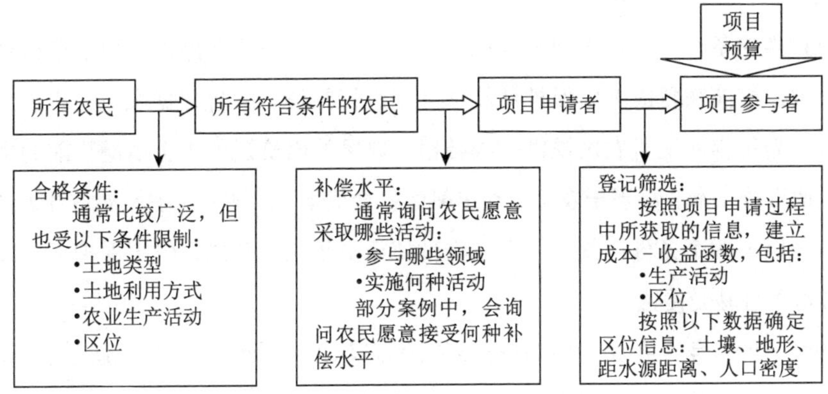

图 12.6　农业环境项目参与过程

可以发现，在农业环境项目实施过程中，政府的职责主要包括：确定土地保护标准、确定农户受偿意愿、选择符合条件的农民等。如果项目有农民竞价环节，政府部门一般会设定一些基本门槛来进行筛选。

12.4.1.2　保护性储备计划（CRP）

12.4.1.2.1　政策沿革

保护性储备计划的前身是 20 世纪 30 年代实行的土壤保护政策，根据《农业调整法案》要求，每年要休耕土地约 1620 万公顷。20 世纪 50 ～ 60 年代，美国开始出台政策，引导农场主自愿退耕以保护土壤。1956 年，美国实行土壤银行计划，其核心内容是农场主将退耕土地“存入”土壤银行，银行根据退耕规模给予农场主差异化的农产品价格补贴。1961 年，美国又出台了紧急饲料谷物计划，规定农场主至少退耕 20% 的耕地面积才能获得补助，补助标准为停耕土地正常产量的 50%（实物或现金），若退耕面积超过 20%，补助标准可提高到 60%。1965 年，美国又开始实行有偿转耕计划，其核心内容是要求农场主无偿停耕一定数量的土地，来获得政府提供的各种优惠政策。进入 80 年代后，美国农产品价格持续下跌，而农业生产成本却逐年攀升，导致大量农场主破产。1985 年 12 月 18 日，美国正式出台《食品保障法》，明确提出了土壤保护性储备计划，其核心内容是在土壤侵蚀较严重的地区，有计划地休耕或退耕还林还草。

12.4.1.2.2　补偿机制

保护性储备计划规定的退耕时间为 10 ～ 15 年，农民在停耕土地上植树种草来恢复植被，植被恢复成本由保护性储备计划进行补偿。并且根据农民的出价，保护性储备计划每年向退耕农民提供一次补偿。农民的出价近似于土地退耕前的生产成本和土地维持成本，相当于农民土地退耕的机会成本[①]。加入保护性储备计划的土地必须符合以下两个条件：其一，农作物种植历史较长。其二，位于保护区（或缓冲区或湿地）且易受侵蚀。

1986—1990 年，在保护性储备计划实施初期，计划致力于尽快登记大面积的土地，农民可以以固定的、全国统一的价格退耕土地，以鼓励农民将所有低生产率土地加入保护性储备计划中。20 世纪 90 年代初开始，农业部不再接受等于或低于预先设定出价限制的所有出价，农民可以通过各种手段来增加其环境收益指数（EBI）得分，包括要求更低的年补偿款、先期承担退耕土地植被恢复成本，以及使退耕土地植被繁茂程度超过野生动物栖息地等，从而提升加入保护性储备计划的机会。

1996 年,《联邦农业改善和重建法案》允许保护性储备计划续签到期的合同，并实行一般签约合同和持续签约合同并存的签约方式，通过有限资金来实现更好的生态效果。

第一,一般签约政策。农业部公布每次保护性储备计划签约的基本要求，符合条件的土地所有者自愿申请，然后用环境收益指数衡量野生生物栖息地保护、水质保持等七个方面的综合效益，根据全国范围内的环境收益指数得分高低筛选申请者。1996 年的主要政策调整还包括允许合同到期的土地参与竞争，合同期满后，参与计划的土地如果符合条件，可以重新申请并再次被接受后方能重新参与该计划。合同到期土地和新申请的土地同时通过竞争进入项目，从而用更具生态敏感性的地块替代原项目内生态效益较低的地块，提高了项目实施的效率。

第二，持续签约政策。1996 年的新法案规定，河岸缓冲带、隔离带、防风林等一系列具有重要生态作用的地块可以随时申请加入项目。如果上述地块符合农业部规定的其他条件，可以不参与竞争，自动纳入项目中。针对政策调整后，项目既要

---

① 美国农业部每年支付约 15 亿美元作为土地租金和转换生产方式的成本，每年的平均补偿金额为 116 美元 / 公顷。保护性储备计划每年还提供 9.9 美元 / 公顷的责任鼓励金。对于持续签约的行为，每年提供不超过年租金 20% 的资助作为激励。

延续原有合同，又要纳入新退耕地的压力，美国政府调整了原有的补助规划，不再要求保护性储备计划达到最初的规划面积，但要求2002年前，项目每年登记的土地总面积不超过1473万公顷。该项政策调整减少了保护性储备计划实施中的不确定性，便于政府安排公共资源投入。符合保护性储备计划条件的地块通常面积比较小，但生态价值较高，通过非竞争的签约方式能保证这些土地优先退耕。

尽管保护性储备计划规定，只有高度侵蚀的土地才能参与计划，但在实际中，通常是根据环境收益指数来选择符合条件的土地。环境收益指数中包含的要素包括成本收益、水质保护、野生动植物保护、土壤侵蚀等。（见表12.5）

表12.5　保护性储备计划环境收益指数（EBI）要素与得分

EBI要素	要素说明	增加得分的特征	最高得分
野生动植物保护	评价所提供的预期的野生动植物保护收益	草/豆类多样性；使用本地草；种植林木；修复湿地；有益于受威胁/濒危物种；弥补湿地栖息地	100
水质保护	评价地表水和地下水影响潜力	位于地表或地下水保护区；过滤化学品的潜力和当地人群使用地下水的可能性；径流影响地表水和当地人口的潜力	100
土壤侵蚀	评价土壤侵蚀度	大范围平均侵蚀度指标	100
持久收益	评价保持项目活动的可能性	林木覆盖；湿地修复	50
空气质量	评价减少灰尘的收益	灰尘影响人群的潜力； 易受风蚀的土壤；碳汇	45
成本	评价打包成本	更低的保护性储备计划租金；不分担政府成本；补偿低于项目最大可接受的地域和土壤类型	变量

资料来源：Roger等（2008）。

12.4.1.3　环境质量激励计划（EQIP）

12.4.1.3.1　政策沿革

环境质量激励计划于1996年正式实施。该计划通过对农牧民的资金和技术支持，鼓励其进行生态型生产，改善农业生态环境。环境质量激励计划包括众多小型项目，可视为对保护性储备计划的补充。

1996—2002年，至少65%的环境质量激励计划资金投资在优先保护区域。优先保护区内近41%的申请获批准，而优先保护区外只有24%的申请获得通过。2002年的法案取消了环境质量激励计划资金支持优先区域，还强调了要对服从调整的生产者给予帮助。参与条件和补偿限额也进行了相应调整，已将2003年开始实施《清洁水法案》后最先建设的大型牲畜饲用设施包括在内，使得与牲畜喂养有关的环境质量激励计划资金由50%增长到60%。2003年，与牲畜有关的项目补偿资金占环境质量激励计划资金的67%。截至2005年，环境质量激励计划的补偿资金达到了10亿美元。

2002年，美国《农业法》对环境质量激励计划的内容进行扩充，同时要求计划实施期内每个实体所获得的补贴总额不得超过45万美元。扩充的内容主要包括：其一，创新保护方式赠款计划。通过赠款方式，激励农牧民创新各种方式来进行环境保护，以提升环境保护措施的经济效益；其二，地下水和地表水保护计划。为增加灌溉系统效率，设立专项资金来保护地下水和地表水；其三，野生生物生境激励计划。对那些自愿改善野生生物生境的农业生产者或土地所有者进行补贴，补贴期限通常为5～10年。

12.4.1.3.2　补偿机制

环境质量激励计划的核心要素包括：

第一，补偿对象。环境质量激励计划的补偿对象是其农田和草地的生产方式对生态环境有威胁的农场主和牧场主。

第二，补偿内容。环境质量激励计划的准入资格比较宽松，农场主和牧场主均可申请。补偿内容主要包括两部分：一是对农牧场主的环保工程成本进行补贴，补贴标准一般为总成本的75%，最高补贴比例可达90%（主要针对新农、牧民和小规模经营者）。补贴范围包括大约250个不同种类的畜牧业生产活动，工程完工后验收合格即发放补偿款。二是对农、牧场主的土地管理措施进行补贴，包括养分管理、灌溉水管理、害虫综合防治等。补偿期限超过3年，以激励并确保生产者转变生产方式。

第三，补偿金额。补偿金额的变化大致可分为两个阶段：第一阶段是1996—2002年，农牧场主通过投标方式获得补偿。投标内容包括要解决哪些资源问题，通过什么方式来解决这些问题以及受偿意愿是多少等。投标的资金支持分配方式为：

基础设施建设成本分担比例（最高 75%）+ 管理活动成本分担比例。第二阶段即 2002 年以后，取消了投标过程，资金支持的标准改为：50% 的基础设施建设成本 + 固定比例的管理活动成本。

第四，资金分配。资金分配主要包括两方面：一是各州之间的资金。主要通过因子加权法来进行分配。首先，确定影响资金分配的因子及相应权重[①]；其次，根据每个因素在各州的权重进行资金分配。二是各州内部资金分配。各州分得的环境质量激励计划资金的计算参考了一系列农业环境指标及其他指标。1996—2002 年，相关条例要求州项目管理者要实现单位支出的环境收益最大化。因而，各州采用本州的“出价指标”将可接受的生产者提供的合同或出价分级，但需要计算大量被合同成本分开的环境分数（各州的计算各不相同）。各州可以建立自己的“出价指标”以分配本州的环境质量激励计划资金。2002 年以后，在确定资助项目时，不再要求单位支出的环境收益最大化，而是追求环境效益总体最优。分担比例方面，继续实行 75% 的费用分担政策，对于新加入或规模较小的农牧场主，费用分担比例最高可达到 90%，并且签约当年即可支付。

第五，补偿年限、资金来源及数额。环境质量激励计划补偿年限可分为两种（与合同相关），一种是 5 ～ 10 年，另一种是 1 ～ 10 年，补偿资金主要来源于农业部向各州的拨款。资金总量呈逐年上升趋势。（见表 12.6）

表 12.6　环境质量激励计划的资金投入量（单位：亿美元）

年份	1996—2001	2002	2003	2004	2005	2006	2007	2008	2009	2010
资金量	1.5 ～ 2	4	7	10	12	12	13	15	17	20

截至 2010 年，环境质量激励计划已使超过 5050 万公顷土地的环境质量得到改善。环境质量激励计划的实施，在改善水环境、地下水及地表水保护、减少农地污染、改良牧场环境、土地合理管理等方面取得了显著的效果，在巩固保护性储备计划成果的同时，进一步扩充了生态保护的范围。

① 美国农业部自然资源保护局开发了一个分配公式，用于将全国的环境质量激励计划资金分配到各州。该公式涉及与耕作、牧场和林业活动有关的 29 个因子，按照全国保护的优先顺序给各个因素赋权重值。

12.4.2 欧盟的农业生态补偿政策

12.4.2.1 政策背景

欧盟实施农业生态补偿政策的背景主要有两方面：其一，农业生态环境问题加剧。1962 年，为了促进农业发展，欧盟制定了“共同农业政策”。随着农业技术的快速进步，农业生产力飞速提升，但同时现代化的农业生产方式对生态环境也造成了严重的损害[①]。生态环境破坏既威胁到农产品的质量安全，也制约了农业的可持续发展。其二，农产品过剩、农村贫困化及低就业率。一方面，由于农业技术进步和劳动生产率提高，农产品产量增长迅速，出现了严重的供过于求，政府财政负担也日益加重。因此，欧盟迫切希望通过降低农产品供给来平衡市场和降低农业支出。另一方面，农村的贫困化与低就业率比较严重。由于农业的弱质性，欧盟农民收入要远低于城市居民收入，很多年轻农民均不愿从事农业生产。同时，现代化的农业生产方式吸纳的农业就业人口越来越少，农村居民失业率迅速攀升。

基于上述两方面背景，欧盟于 20 世纪 80 年代开始启动农业生态补偿，主要目的是增加农民的收入和缓解环境压力。

12.4.2.2 农业生态补偿的主要内容与管理机制

12.4.2.2.1 补偿措施

欧盟农业生态补偿措施主要可归纳为四类：

第一，价格补贴与环保措施挂钩。欧盟对农业领域的补贴种类很多，有些是对农民进行环境保护付出代价的补偿，因此可视为生态补偿，主要包括：一是环境受限制地区补偿。对自然条件较差的农场，欧盟补贴标准为 25 ～ 200 欧元 / 公顷，具体与农场生产条件、发展目标等相关。对于因环境问题而限制开发的区域，补偿标准为 200 欧元 / 公顷。二是农业环境保护补贴。欧盟对农户的环境保护行为进行补贴，补贴金额以农户因参加环保计划而导致的成本增加和收入下降为依据来确定。其补偿上限为：一年生作物为 600 欧元 / 公顷，多年生作物为 900 欧元 / 公顷，其他

---

① 具体表现为：①土壤污染、盐碱化、地下水污染、饮用水污染和水体富营养化；②土壤硬化，毛细管作用减弱，氧和养分循环减少；③植物病害增加；④农田物种多样性降低，景观改变；⑤农村地区未处理的塑料垃圾增加；等等。

土地使用为450欧元/公顷。三是林业经济补贴。欧盟对乡镇所有和私人（或合伙人）所有的森林给予补贴，补贴标准为40～120欧元/公顷[①]。四是对农业用地上的植树造林进行补贴，补贴标准为：农场主为725欧元/公顷，其他私有法人为185欧元/公顷，公共部门则仅补偿建设成本，补贴时间为20年。

第二，改变生产方式，减少环境污染。欧盟每年拨出专款用于资助成员国进行农业生态环境保护，各成员国可制定相应规则来激励农户改变土地利用方式，进行生态型生产。主要措施包括：减施化肥和农药、将农田改为粗放型绿地或公共设施用地、降低草地载畜量、使用环保型生产技术、饲养当地濒危畜种、休耕农田20年（用于建立自然公园、野生动植物保护区或水源保护）等。

第三，植树造林，美化环境。欧盟通过补贴来激励农户在农用土地上进行绿化，这一措施能有效促进绿色农业发展，保护了生态环境，同时也能促进农民增收。1993—1997年，欧盟用于该措施上的支出达13250亿埃居，并且目标地区和其他地区还需分别配套25%和50%的资金。到1997年，共有70万公顷新造林区和30万公顷老林区改造受到资助。

第四，调整农业结构，减轻环境压力。农业结构不合理对农业生态环境具有显著的负面影响。1988年和1993年，欧盟分别出台了一系列政策来推动欠发达地区和山区的农业结构转型，包括对环境友好型农业活动进行补贴、对生态农业及农业环保项目进行投资等。

12.4.2.2.2　补偿范围

欧盟农业生态补偿范围非常宽泛，且各成员国之间存在较大差异。如德国，其农业生态补偿范围主要包括三部分：其一，有机农业。补偿条件要求农场所有产品均符合有机农业的生产标准，包括农产品和畜产品均要获得有机食品标签。其二，粗放型草场使用（包括由耕地转化为草场）。其条件为：草场载畜量介于0.3大牲畜单位/公顷与1.4大牲畜单位/公顷之间；大幅度减施化肥和农药；不得转换为耕地。其三，放弃使用除草剂，主要针对水果等多年生作物。

---

① 除现金补贴外，还包括以下一些措施：种植适于本地条件的环保型林木；森林投资旨在极大地改善经济、生态或社会价值；投资以改善优化林产品收获、加工和销售；提高林产品利用和销售的新渠道；建立林场主联合会，目的在于帮助会员改进林场的可持续和有效管理；恢复受自然灾害、火灾影响的林业生产潜力，引进适当的防范措施。

再比如法国，其农业生态补偿范围主要包括四部分：其一，合理使用农用化学品。法国《硝酸盐指令》要求，各农场必须按规定时间、地点和标准进行施肥，并进行记录。此外，农场主必须拥有足够的肥料储存设备和空间，以保证肥料在储存过程中处于密封状态。其二，合理使用农业用水。法国有很多法律与农业用水有关，如《地表水指令》《污水处理指令》《灌溉标准》等。这些法律对合理使用农业用水进行了明确的规定，如对污染地表水的行为进行罚款、签订污水排放合同、抽水要得到批准等。其三，水土保持。法国相关法律规定，任何耕地须至少留出 3% 的面积来种植土壤覆盖物，且这部分面积严格禁止施用化肥和农药。此外，法国严格禁止焚烧秸秆，秸秆必须埋入土壤中。其四，栖息地保护。法国《动植物栖息地和野生鸟指令》规定，农业生产不能破坏动植物栖息地的自然环境。对草场面积退化较快的地区，政府可以强制要求农场主恢复草场或退耕还草，同时规定最大载畜量（每公顷低于 1.4 头牛）。除上述内容外，法国对有机农业、基因保护和保护性耕作等行为也都予以补贴。

12.4.2.2.3　补偿主体和受偿主体

欧盟农业生态补偿主体是欧盟和各成员国政府。农业生态环境保护能提供大量的生态系统服务，如水土保持、固碳释氧、净化空气、调节气候以及野生动植物保护等，使整个国家或地区全体成员受益，因此政府作为全体社会成员代表必须履行补偿责任。在 1962 年的共同农业政策中，环境保护就是其中一个重要组成部分，欧盟和各成员国政府投入了大量资金对农户的环境友好型行为进行了补偿。

欧盟农业生态补偿的受偿主体主要包括两类：其一，补偿项目申请成功者。欧盟的生态补偿项目多为开放性项目，政府部门通过各种途径公开发布项目相关信息，农户（或其他社会主体）若有意参与项目，可按要求进行申请。如果申请获得批准，则与项目实施者签订合同，合同中会详细列出双方权责关系及补偿标准等信息。其二，遵守相关环保规定的农牧场主。共同农业政策新方案（2003 年 6 月达成）中规定，生产补贴与农牧民是否遵守食品安全、环保标准等密切相关。目前，欧盟已出台了 18 项法定标准，涉及环境、食品安全等诸多方面，要求农业生产经营活动必须同时符合上述标准。若农牧民违背了这些标准，其补贴将会减少或者全部取消，甚至还会受到其他制裁。

12.4.2.2.4 补偿标准

欧盟的农业生态补偿标准主要根据农民的生态建设成本来确定，成本越高则补偿越多。生态建设成本既包括直接投入成本（如基础设施和劳动力投入等），也包括因生态型生产导致农产品产量下降的损失（即机会成本）。因此，农业生态补偿标准会因生产方式、环境条件和地区经济发展水平不同而存在较大差异。如畜牧饲养补偿，当农户连续 5 年以上实行高标准畜牧饲养时，即可获得政府的补偿。补偿金额根据高标准饲养导致的成本增加（或收益减少）额来确定，其上限为每年 500 欧元 / 牲畜单位（成牛）。再比如德国巴伐利亚州，其生态农业全球知名，当地政府为鼓励生态农业发展，对很多环保型措施均给予了补偿，不同措施的补偿标准存在较大差异（见表 12.7）。

表 12.7 德国巴代利亚州生态农业项目的补偿标准

序号	措施名称	补偿标准
1	整个农场内采用生态农业的耕作方式	255 ～ 560 欧元 / 公顷
2	有利于环境保护的耕作措施	25 欧元 / 公顷
3	草场的粗放利用	125 欧元 / 公顷
4	水体与敏感性草带附近禁用化肥和农药	360 欧元 / 公顷
5	稀植果园（每公顷最多 100 棵果树）	5 欧元 / 公顷，最多 340 欧元 / 公顷
6	退耕还草	500 欧元 / 公顷
7	牲畜粪便的合理处理	1 欧元 / 公顷

资料来源：中国 21 世纪议程管理中心可持续发展战略研究组（2007）。

12.4.2.3 评估、监测和制裁

为了保障农业生态项目运行顺畅以便更好实现预期目标，欧盟建立了相对完善的评估、监测和制裁制度。其一，对成员国生态项目财政支出进行评估。欧盟要求各成员国定期上报其农业环境支出的评估报告，内容涉及支出金额及其变动、合同签订及受益人数量、特定措施的补偿上限变动以及覆盖区域面积等。其二，对具体生态项目进行监测。要求每个生态项目均要根据预先设定的指标体系，上报项目运行的相关信息。其三，项目执行效果的检查和处理。要求农场主如果不能完成合同规定的环保任务，必须将具体情况书面告知当地政府，否则将受到一定制裁①。

① 具体制裁措施包括：对于应付的补贴，预扣所得税；要求返还补贴及利息；终止补贴；补贴的 10% 作为额外的惩罚；两年之内不得参加其他的环境项目。

12.4.3 日本的农业生态补偿政策

12.4.3.1 环境保全型农业与支持措施

20世纪70年代，由于农业生态环境及农产品安全问题日益严重，日本提出要发展循环型农业。1992年，农林水产省发布《新的食品、农业、农村政策方向》，提出了“环境保全型农业”的概念。环境保全型农业的目标是既要降低农业环境污染，又要提高农业生产率，因此又称“可持续性农业”。

在实践中，为完成环境保全型农业目标，日本构建了“减量化、再生化、有机化”的农业生产模式。其一，农业化学品减量化。充分利用现代农业技术，在确保农产品产量和品质的前提下，通过减施化肥和农药来降低化学污染物排放及食品中有毒物质残留量。其二，资源再生化。即对农业生产中产生的畜禽粪便、作物秸秆等废弃物进行资源化利用，以减少对土壤、水体、空气的污染。其三，农业生产有机化。即通过轮作、改良土壤等传统农业生产技术，按照动植物生长自然规律进行生产，并且不使用化肥、农药、添加剂等农用化学物质。为鼓励农户采取上述“减量化、再生化、有机化”的生产方式，日本政府出台了大量的扶持政策。

12.4.3.2 农业生态补偿机制

日本农业生态补偿机制的核心要素包括：

第一，补偿主体为政府。日本的工业非常发达，因此相对而言农业弱势性就更加明显，再加上农业生态系统的外部性及公共物品特征，所以政府理所当然地成为生态补偿主体，切实承担起保护农业生态环境的责任。

第二，补偿范围。日本农业生态补偿范围非常广，只要是与环境保全型农业生产有关的均可能获得政策支持，如针对有机农业的无息贷款和奖励性补贴，针对生态农业的信贷及税收优惠，针对有机农产品贮运和堆肥生产设施的现金补贴及税收返还等。

第三，受偿主体和补偿方式。受偿主体经过农户申请和部门审批两个阶段产生。首先，政府公开发布环保型农户的基本条件，符合条件的农户可以递交申请，并且要附上欲采取的环保型生产方案。其次，政府主管部门进行核实和审批，审批通过的农户即确定为环保型农户。政府为环保型农户提供了多种类型的支持政策，如对农业设施建设提供 50% 的资金支持，并且第一年可减免 7% ～ 30% 的税收，后面几年仍可酌情减免；对生产规模和技术水平较高的农户，政府可将其确定为技术培训基地、农业项目示范基地等，这样能有效提升知名度并获得更高的经济效益。此外，银行还可为环保型农户提供可长达 12 年、额度不等的无息贷款。这些政策极大地推动了农户采取环境保全型农业生产方式，促进了农业可持续发展。

12.4.3.3　农业生态补偿的支持体系

第一，规范的农业生产技术规程。日本政府通过发布农业生产技术规程，来规范农户生产过程和保障农产品质量。2005 年 3 月，日本出台了《环境保全型农业生产活动规范》，确定了农作物生产和家畜饲养的生产技术规程，并将环境因素也纳入规程中，以降低农业生产对生态环境的影响[①]。尽管政府发布的生产技术规程并非要求强制性执行，而是依托于农户的自觉遵从，但是政府在确定享受补贴及其他优惠政策的主体时，往往将其视为必要条件，这样能够有效地推动技术规程的落实。此外，日本针对有机农产品及某些特殊栽培农产品，还特别规定了化肥、农药的使用数量和方式，这样有利于农产品质量的标准统一和安全保证。

第二，较高的生态农业研究水平。环境友好型农产品市场要健康发展，首先消费者要认可它才会愿意支付高价，其次生产者要能同时实现环境和收益的双重目标，才可能采取环境友好型生产方式。所以，日本政府对生态农业的研究（包括社会科学和自然科学）也非常重视。如早稻田大学利用社会学中的人与自然、人与食品系统等理论对生态农业进行研究，中央农业综合研究中心从废弃物利用、污染治理，以及工程、生物、物理、机械等措施方面进行综合研究，成效非常显著。

第三，完善的环保农业认证制度。日本对有机食品的认证非常重视，根据《农林物资规格化和质量表示标准法规》（JAS 法）规定，有机食品要在日本销售，必须经过认证，且认证机构必须在农林水产省注册。到 2010 年为止，共有 64 家国内认证机构和 19 家国外认证机构在农林水产省注册，这些认证机构多为非官方、非营利机构。日本对有机农产品的认证管理包括四个程序，即双层申请、双向调查、双审

① 在作物生产方面，涉及土壤管理、肥料使用、杂草与病虫害防除、废弃物处理与利用、能源节约、新知识和信息的收集、生产活动记录保存等内容；在家畜饲养方面，内容包括减少和防止臭味与虫害发生、利用家畜粪便、节约能源、搜集新知识与信息等措施。

认定、发证监管（见图 12.7）。

有机食品若获得国家认证，则可以在包装袋上张贴“JAS”字样和图案；若获得省级认证，则包装袋上只能标记“减化肥、农药栽培农产品”“无化肥、农药栽培农产品”或各省自行设计图案。统计数据显示，2008 年度，55928 吨有机农产品获得认证，占当年农产品总量的 0.18%。到 2009 年 4 月，日本共有 8595 公顷耕地符合 JAS 认证标准，占耕地总面积的 0.19%，有机农产品已覆盖主要的农作物。

第四，健全的农业环境法规体系。为保障农业环境政策实施，日本建立了包括总法、专项法在内的相对完善的环境法规体系。其中《食物、农业、农村基本法》可视为日本农业领域的总法，而专项法规数量众多，典型的有《有机农业促进法》《肥料管理法》等。同时，日本还非常重视配套的制度、标准的制定，从操作层面保障法律法规的实施。如 2000 年，日本对 JAS 法进行修订，增加了与有机农产品栽培、加工相关的条款，形成《有机 JAS》，同时还出台了《促进有机农业的基本方针》等配套制度。

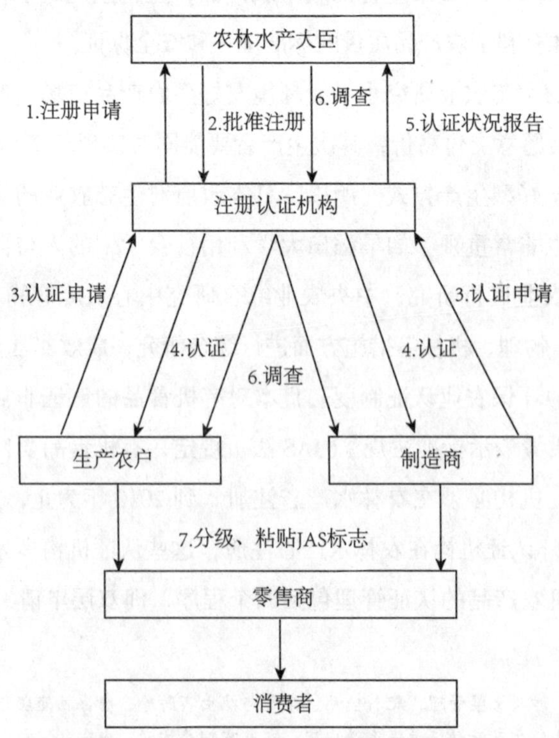

图 12.7 日本有机食品认证工作流程示意图

12.4.4 尼加拉瓜农牧复合生态补偿政策

12.4.4.1 概述

长期发展粗放型牧业是导致中美洲地区自然栖息地破坏和生物多样性受损的主要原因。粗放型牧业直接引起草地退化、水土流失和空气污染等严重生态后果，同时生产率下降导致的贫穷也对其他环境良好区域构成了威胁。

全球环境基金（GEF）通过生态系统服务付费形式，在中美洲地区很多国家设立农牧复合生态系统工程，这些国家包括尼加拉瓜、哥伦比亚、哥斯达黎加等。农牧复合生态系统一般是指在草地上种植乔灌木并形成树木围墙，在围墙内的草地上放牧，这样既能改善生态系统服务，又能保证畜牧生产。因为需要增加投入且树木生长较慢，所以牧民最初并不接受这种方式。而项目实施者对牧民进行补偿来激励牧民加入该项目，以达到生态建设和生物多样性保护的目的。

尼加拉瓜农牧复合生态补偿项目实施区域坐落于尼加拉瓜马塔加尔帕省（Matagalpa），位于马纳瓜（Managua）东北部 140 千米，在雁列山脉达连湾（Cordillera de Darien）南部。它是丘陵地形，海拔 300 ～ 500 米，平均温度为 25 摄氏度，平均年降水量为 1700 ～ 2500 毫米。项目执行前，土地利用方式主要是放牧，牧场占区域土地面积的 63%，其中近一半的草地发生退化，另外 1/4 几乎没有树木生存。农牧复合生态系统管理工程刚开始并没有得到广泛执行：牧场中拥有较高树木密度的面积仅占 17%，饲草面积占 3%，全部土地上森林覆盖率仅为 20%，大部分是河岸林。尽管大多数家庭占用的是公共土地，但对公共土地的长期占有使这些家庭拥有稳定的土地使用期限。

12.4.4.2 补偿金额

尽管农牧复合生态系统有许多好处，但也存在一些局限：其一，营利性较低导致牧民参与积极性较低。该项目确定种植成本为 180 ～ 400 美元 / 公顷，草料储存成本为 170 ～ 300 美元 / 公顷，居住围墙为 110 ～ 160 美元 / 千米。另外，因增加或改善牧群而增加的草料产品，需要额外的成本，同时在生态系统具有生产力之前会产生机会成本，所以回报率往往很低，一般只有 4% ～ 14%。其二，初始投资较高导致信用受限的牧民无法筹集到足够的投资资金。其三，农牧复合生态系统的复杂性意味着牧民必须获得技术支持才能采取行动。其四，农牧复合系统投资的长期性与土地使用年限存在一定矛盾，也是影响牧民投资的重要因素。其五，对贫困牧民来说，可能面临更多的障碍，如储蓄少、信用低、土地年限安全性差等，这些会制约他们获得足够的资金和技术支持。

补偿金额多少与生态系统服务供给能力密切相关。在尼加拉瓜农牧复合生态补偿项目中，主要通过生态系统服务指数（ESI）来衡量生态系统服务供给能力，而生态系统服务指数则根据生物多样性保护指数和碳汇指数相加得到（见表 12.8）①。在此基础上，根据农牧民拥有土地面积来计算 ESI 的净收益，最终可求出每年应获得的补偿金额。

表 12.8 尼加拉瓜农牧复合生态系统项目的生态系统服务指数（ESI）

土地利用类型	生物多样性指数	固碳指数	生态系统服务指数
一年生农作物用地	0.0	0.0	0.0
退化的草地	0.0	0.0	0.0
无树林的天然草地	0.1	0.1	0.2
无树林的改良草地	0.4	0.1	0.5
半永久性的农作物用地	0.3	0.2	0.5
富有低密度树林的天然草地（<30 公顷）	0.3	0.3	0.6
最近植树的天然草地（>200 公顷）	0.3	0.3	0.6
最近植树改良后的草地（>200 公顷）	0.3	0.4	0.7
单一水果作物用地	0.3	0.4	0.7
草料储存地	0.3	0.5	0.8
低树林密度的改良后草地（<30 公顷）	0.3	0.6	0.9
拥有木材物种的草料储存地	0.4	0.5	0.9
富有高密度树林的天然草地（>30 公顷）	0.5	0.5	1.0

① 具体方法为：将生物多样性最少的土地利用类型（退化牧草地和一年生农作物地）的生物多样性保护指数设为 0，生物多样性最丰富的土地利用类型（原始森林）的生物多样性指数设为 1。从 0～1，专家参考种群数量、空间分布、层次、斑块面积、产品产出等因素，为每一种土地利用类型赋值。同样，参考土壤和坚固的木头（hard wood）稳定的碳汇能力为碳汇指数赋值，其中 1 单位碳汇指数 =10 吨碳 / 公顷·年。

续表

土地利用类型	生物多样性指数	固碳指数	生态系统服务指数
多样化的水果作物用地	0.6	0.5	1.1
多样化的草料储存地	0.6	0.6	1.2
单一的木材种植用地	0.4	0.8	1.2
富有高密度树林的改良后草地（>30 公顷）	0.6	0.7	1.3
多样化的木材种植用地	0.7	0.7	1.4
矮树栖息地	0.6	0.8	1.4
河岸林	0.8	0.7	1.5
受到干扰的次生林（>10 平方米基准面积）	0.8	0.9	1.7
次生林（>10 平方米基准面积）	0.9	1.0	1.9
原始森林	1.0	1.0	2.0
新的居住围栏或已经建立经常修剪的围栏（千米）	0.3	0.3	0.6
防风墙（千米）	0.6	0.5	1.1

注：ESI= 生物多样性指数 + 固碳指数；表中忽略了该区域没有的土地利用类型。

资料来源：Pagiola 等（2007）。

理论上讲，补偿额度应介于农牧民经营土地的最高回报与生态系统服务价值之间。若低于农牧民的经营所得，他们将不会参加该项目；若高于生态系统服务价值，项目投资是不划算的。但在实践中，生态系统服务价值很难评估，尤其是生物多样性保护的价值难以评估。相反，经营成本（包括机会成本）相对容易评估。因此，尼加拉瓜农牧复合生态系统主要基于土地利用的机会成本来确定补偿金额，具体标准为生态系统服务指数增加 1 个单位，即补偿 75 美元 / 公顷。

12.4.4.3 补偿机制

第一，资金来源。在纯生态补偿项目中，服务使用者向服务提供者支付费用，从而在服务的提供者与使用者之间建立起类似市场化的交易。在农牧复合生态系统服务付费项目中，目标生态系统服务价值为生物多样性的保护和固碳效益价值。由于这种具有全球效应的生态系统服务的最终使用者是模糊的，直接界定受益方的交易成本极高，因此，该项目资金来源于全球环境基金。全球环境基金由全球委员会

（Global Community）设立，在《生物多样性保护公约》和《联合国气候变化框架公约》指导下，为其认为重要的全球福利付费。尽管农牧复合生态系统也提供水资源服务，但补偿资金来源中并无来自水资源使用者的付费。世界银行作为实施机构，与全球环境基金会一起对农牧复合生态补偿项目的实施进行监督，而具体的管理工作由非政府组织负责。

第二，服务提供者。尼加拉瓜农牧复合生态系统项目主要根据地理位置来筛选服务提供者，只有规定区域内的农牧民可以参加，而区域外的则不能参与。在规定区域内，只要拥有牲畜数量达到最低标准，农户都可以申请参加。但因为预算限制，最终只有 100 多个农户能够通过批准获得参与资格。参与项目的农户需要登记第一收入（first-income）、第一服务基础（first-served）。参与项目中的家庭每户平均 6 人，平均拥有 31 公顷土地和 30 头牲畜；农业是其主要的经济活动，有非农收益的家庭很少；家庭人均收入为 340 美元，低于贫困线；很少家庭拥有自来水和电，受教育水平很低。尽管大多数家庭占用的是公共土地，但长期占有公共土地使这些家庭拥有稳定的土地使用期限。

第三，服务购买者。在理想情况下，生态补偿项目应为所有实际提供的生态系统服务付费，然而这是不现实的。农户往往看不到其所提供的生态系统服务，所以他们就难以控制其土地以提供所需要的生态系统服务。所以，很多生态补偿项目都是向被认为拥有可以提供期望生态系统服务的土地利用类型的农户提供费用。尼加拉瓜农牧复合生态系统服务付费项目就采取了这种方式。

第四，补偿合约。参与项目的农户需要签订合约，一个周期为四年，监测到土地利用变化之后进行费用支付。因而，该项目与原来的主要对期望提供生态服务的土地利用类型进行补贴完全不同。尼加拉瓜农牧复合生态补偿项目按所提供的生态系统服务比例支付费用（通过 ESI 的变化来测量），不考虑提供服务的成本。与其他发展中国家的生态补偿项目一样，尼加拉瓜农牧复合生态补偿项目向符合条件的土地利用类型的所有者提供固定的补偿金额。与一些生态补偿项目不同，尼加拉瓜农牧复合生态补偿项目的费用支付是短期的。尽管项目的实施存在长期的收益，但由于存在较大的初始投资和较长的投资回收期，该项目对农民来说缺乏吸引力。它能够解决很多农民所面临的流动性问题，并帮助他们筹措到所需要的资金。

第五，避免外溢和不正当激励。生态补偿项目中，比较普遍的一个问题是环境损害行为仅仅被替换，而没有减少。尼加拉瓜农牧复合生态补偿项目通过计算纯农田 ESI 的变化来避免上述问题，即减少服务提供的任何土地利用变化都会导致 ESI 变小，从而导致总补偿费用的减少。由于该项目涉及土地面积非常小，ESI 变化的外溢效应（即对其他农田的影响）可以忽略不计，但如果该项目规模扩展，则有可能导致一定的外溢效应。最初，土地使用者仅仅因为 ESI 比项目实施前有所增加而得到补偿。这显然会导致不正当的激励，当农户被告知他们不再因为已经存在的树木被补偿时，他们会选择把这些树全部砍掉。结果，最初计划修改为保持基准线水平就可以得到每单位 ESI 10 美元的补偿，这样可能更有利于缓解财政压力。2003 年 7 月，农牧复合生态系统管理工程以生态系统服务指数为基准线，进行了首次补偿。2004 年 5 月，监控到土地利用的改变后，对生态系统服务指数增加的部分进行了补偿，2005 年 5 月实施了第二次补偿。2006 年和 2007 年相继追加了补偿。

12.4.5 农业生态补偿的国际经验借鉴

12.4.5.1 与国家农业政策与环境规则保持一致

农业生态补偿制度的变迁与国家农业政策、环境规则的改变密切相关。新的农业政策出台以及环境规则的制定，必然会对原来的利益格局产生冲击，带来新的利益不均衡，需要一些配套制度来平衡各方利益。农业生态补偿制度就是一种重要的平衡各方利益的制度安排，必然随农业政策与环境规则的变动而发生变化。如美国《农田法案》将更多的主体和资源纳入保护条款中，因此生态补偿制度也发生变化；为了响应环保要求和社会实际的变动，美国的 CRP 和 EQIP 补偿机制一直在完善和调整，如野生动物的栖息地、地下水及地表水、私人牧场等都陆续纳入 CRP 和 EQIP 工程中。

12.4.5.2 充分利用 WTO 政策框架实施农业生态补贴

在 WTO 运行框架内，有大量的农业扶持政策，即所谓的“绿箱”“蓝箱”“黄箱”政策，欧美等发达国家均充分利用了这些政策来实施农业生态补偿。如为提高农业生产力和保护农田，欧盟实施了共同农业政策，这些政策的实施保障了欧盟的粮食供给和农民的收入水平；欧盟的农业环境政策比较注重对农业生产过程的补偿，既包括减少负外部性的行为（如减施化肥和农药），又包括生产景观农业等具有正外部性的行为，以此改善农业生态环境和促进农村发展。再比如美国实施的环境质量激励计划：一方面向农牧民提供资金补贴和技术支持，来分担其农业基础设施建设成本；另一方面提供激励补贴，以鼓励其进行环保型生产及土地利用。

12.4.5.3　补偿目标多元化

补偿目标多元化主要从以下三方面进行理解：其一，农业生态补偿目标既包括减少负外部性，也包括生产正外部性。如美国认为土地退耕并还原到自然状态的环境价值更大，因此补偿的目的主要是降低农业生产的负外部性；而欧盟国家的消费者偏好农业景观并愿意为其付费，因此欧盟的生态补偿主要是针对农业生产的环境正外部性。这种差异主要是由于美国和欧盟的价值理念不同所引起的。其二，补偿目标中包括了对农户转变土地利用形式的补偿。为了达到日益严格的环境管制的要求，农户必须改变原有的破坏性土地利用方式，转而采取保护性耕作方式，导致成本增加和收益减少并因此获得补偿。从这个角度理解，生态补偿可视为对环境法规的弥补。其三，生态补偿将部分社会财产转移给农户，有利于保障弱势群体的利益。如现金补偿可理解为直接的财产转移，而实物补偿、技术援助和政策补偿等其他方式可以降低农户生产成本或提高农业产量，可理解为间接的财产转移。

12.4.5.4　补偿金额

第一，基准线的动态变化。由于生产成本、环境条件以及经济发展水平等因素的变动，补偿基准线也应不断变化，以科学确定补偿额度，实现纠正负外部性的目的。同时，通过调整基准线，能够及时发现生态补偿中存在的问题并且调整补偿政策。如在欧盟的 AEP 中，各成员国的基准线标准是相互独立的，由各成员国根据自身实际情况来确定。

第二，科学测算补偿额度。补偿额度主要根据农户机会成本进行测算，并且为反映实际情况及受偿主体意愿，补偿额度是可以调整的。如美国的农业环境政策通过政府与农户的竞争性议价方式来确定补偿金额，一定程度上能反映农户的受偿意愿；美国保护性退耕计划通过合同投标方式，补偿标准根据合同双方（政府与农户）供求均衡决定。而欧盟主要根据各国收益损失金额和承诺款项的额外成本来确定补偿额度。如英格兰 ESA 费用支付比率取决于资本结构成本和因采取特殊的管理方式而放弃的收益，每一区域的支付率是分级可调的，以反映每一 ESA 项目中特殊因素的影响。还有一些项目通过各种指数的计算来确定补偿额度，如保护性储备计划的环境收益指数、环境质量激励计划的报价指数和尼加拉瓜农牧复合生态补偿项目的生态系统服务指数等。

第三，补偿的效用对不同参与者可能不同。同样的生态补偿项目，其补偿的额度因时因地因人而异，即并非所有的参与者都满意。如 CG/ADAS 对英国的 CSS 项目进行评估，结果表明：当前合同到期后，64% 的受访者表示将重新申请，3% 的受访者表示不再申请，33% 的受访者不确定。这说明，将近 2/3 的参与者对 CSS 项目的补偿金额比较满意。

参考文献

安虎森，周亚雄，2013. 区际生态补偿主体的研究：基于新经济地理学的分析 [J]. 世界经济，(2)：117–136.

白景锋，2010. 跨流域调水水源地生态补偿测算与分配研究：以南水北调中线河南水源区为例 [J]. 经济地理，30(4)：657–672.

薄其皇，2015. 基于机会成本的森林生态补偿标准研究 [D]. 咸阳：西北农林科技大学 .

蔡海生，肖复明，张学玲，2010. 基于生态足迹变化的鄱阳湖自然保护区生态补偿定量分析 [J]. 长江流域资源与环境，19(6)：623–627.

蔡守秋，2017. 公众共用物的治理模式 [J]. 现代法学，(5)：4–11.

蔡银莺，张安录，2011. 消费者需求意愿视角下的农田生态补偿标准测算：以武汉市城镇居民调查为例 [J]. 农业技术经济，(6)：43–52.

曹先磊，刘高慧，张颖，等，2017. 城市生态系统休闲娱乐服务支付意愿及价值评估：以成都市温江区为例 [J]. 生态学报，37(9)：2970–2981.

陈海军，2014. 云南民族地区农业生态补偿机制研究：以元阳县为例 [D]. 昆明：云南财经大学 .

陈儒，姜志德，2018. 中国省域低碳农业横向空间生态补偿研究 [J]. 中国人口 · 资源与环境，28(4)：87–97.

陈儒，姜志德，赵凯，2018. 低碳视角下农业生态补偿的激励有效性 [J]. 西北农林科技大学学报(社会科学版)，18(5)：146–154.

成波，李怀恩，2017. 基于河道生态基流保障的农业生态补偿量研究 [J]. 自然资源学报，32(12)：2055–2064.

成红，孙良琪，2014. 论流域生态补偿法律关系主体 [J]. 河海大学学报(哲学社会科学版)，16(1)：80–84.

程琳琳，杨丽铃，刘昙昙，2019. 高潜水位煤矿区生态补偿标准评估框架与测算：以东滩煤矿为例 [J]. 中国矿业，28(4)：87–92.

程淑杰，朱志玲，王林伶，等，2013. 基于“省公顷”足迹变化的泾源县生态补偿定量评价 [J]. 水土保持研究，20(5)：216–220.

楚宗岭，庞洁，蒋振，等，2019. 贫困地区农户参与生态补偿自愿性影响因素分析：以退耕还林和公益性补偿为例 [J]. 生态与农村环境学报，35（6）：738–746.

崔一梅，2008. 北京市生态公益林补偿机制的理论与实践研究 [D]. 北京：北京林业大学 .

戴其文，2014. 广西猫儿山自然保护区生态补偿标准与补偿方式 [J]. 生态学报，34（17）：5114–5123.

戴其文，赵雪雁，2010. 生态补偿机制中若干关键科学问题：以甘南藏族自治州草地生态系统为例 [J]. 地理学报，65（4）：494–506.

戴茂华，谢青霞，2014. 论我国矿产资源开发生态补偿机制的法律构建：以稀有金属矿开发为例 [J]. 东华理工大学学报（社会科学版），33（1）：69–73.

邓晓红，徐中民，2012. 参与人不同风险偏好的拍卖在生态补偿中的应用：以肃南县退牧还草为例 [J]. 系统工程理论与实践，32（11）：2411–2418.

邓远建，肖锐，严立冬，2015. 绿色农业产地环境的生态补偿政策绩效评价 [J]. 中国人口·资源与环境，25（1）：120–126.

杜建宾，姜志德，2013. 联合生产条件下的退耕补偿弱激励性：基于农户模型的分析 [J]. 林业经济问题，33（3）：204–212.

杜丽永，蔡志坚，杨加猛，等，2013. 运用 Spike 模型分析 CVM 中零响应对价值评估的影响：以南京市居民对长江流域生态补偿的支付意愿为例 [J]. 自然资源学报，28（6）：1007–1018.

段靖，严岩，王丹寅，等，2010. 流域生态补偿标准中成本核算的原理分析与方法改进 [J]. 生态学报，30（1）：221–227.

付意成，高婷，闫丽娟，等，2013. 基于能值分析的永定河流域农业生态补偿标准 [J]. 农业工程学报，29（1）：209–217.

高广阔，郭毯，吴世昌，2016. 长三角地区生态补偿与产业结构优化研究 [J]. 上海经济研究，（6）：73–86.

高琴，敖长林，毛碧琦，等，2017. 基于计划行为理论的湿地生态系统服务支付意愿及影响因素分析 [J]. 资源科学，39（5）：893–901.

高振斌，王小莉，苏婧，等，2018. 基于生态系统服务价值评估的东江流域生态补偿研究 [J]. 生态与农村环境学报，34（6）：563–570.

葛颜祥，梁丽娟，王蓓蓓，等，2009. 黄河流域居民生态补偿意愿及支付水平分析：以山东省为例 [J]. 中国农村经济，（10）：77–85.

耿翔燕，葛颜祥，王爱敏，2017. 水源地生态补偿综合效益评价研究：以山东省云蒙湖为例 [J]. 农业经济问题，（4）：93–102.

耿翔燕，葛颜祥，张化楠，2018. 基于重置成本的流域生态补偿标准研究 [J]. 中国人口·资源与环境，28（1）：140–147.

国家发展改革委国土开发与地区经济研究所课题组，2015. 地区间建立横向生态补偿制度

研究 [J]. 宏观经济研究,(3):13–23.

郭年冬,李恒哲,李超,等,2015. 基于生态系统服务价值的环京津地区生态补偿研究 [J]. 中国生态农业学报,23(11):1473–1480.

韩鹏,黄河清,甄霖,等,2012. 基于农户意愿的脆弱生态区生态补偿模式研究:以鄱阳湖区为例 [J]. 自然资源学报,27(4):625–642.

何桂梅,王鹏,徐斌,等,2018. 国际林业碳汇交易变化分析及对我国的启示 [J]. 世界林业研究,31(5):1–6.

何如海,许典舟,孙鹏,等,2017. 基于生态足迹的安徽省耕地生态补偿评价 [J]. 安徽农业大学学报(社会科学版),26(4):28–35.

侯成成,赵雪雁,赵敏丽,等,2012. 生态补偿对牧民社会观念的影响:以甘南黄河水源补给区为例 [J]. 中国生态农业学报,20(5):650–655.

胡浩志,2007. 交易费用计量研究述评 [J]. 中南财经政法大学学报,(4):20–26.

胡小飞,傅春,陈伏生,等,2016. 基于水足迹的区域生态补偿标准及时空格局研究 [J]. 长江流域资源与环境,25(9):1430–1437.

胡小飞,邹妍,傅春,2017. 基于碳足迹的江西生态补偿标准时空格局 [J]. 应用生态学报,28(2):493–499.

胡振华,刘景月,钟美瑞,等,2016. 基于演化博弈的跨界流域生态补偿利益均衡分析:以漓江流域为例 [J]. 经济地理,36(6):42–49.

胡振通,孔德帅,靳乐山,2016. 草原生态补偿:弱监管下的博弈分析 [J]. 农业经济问题,(1):95–103.

胡振通,孔德帅,魏同洋,等,2015. 草原生态补偿:减畜和补偿的对等关系 [J]. 自然资源学报,(11):1846–1859.

胡振通,柳荻,靳乐山,2016. 草原生态补偿:生态绩效、收入影响和政策满意度 [J]. 中国人口·资源与环境,26(1):165–176.

《环境科学大辞典》编委会,1991. 环境科学大辞典 [M]. 北京:中国环境科学出版社.

黄彬彬,王先甲,桂发亮,等,2011. 不完备信息下生态补偿中主客体的两阶段动态博弈 [J]. 系统工程理论与实践,31(12):2419–2424.

黄涛珍,宋胜帮,2013. 基于关键水污染因子的淮河流域生态补偿标准测算研究 [J]. 南京农业大学学报(社会科学版),13(6):109–118.

贾卓,陈兴鹏,善孝玺,2012. 草地生态系统生态补偿标准和优先度研究:以甘肃省玛曲县为例 [J]. 资源科学,34(10):1951–1958.

接玉梅,葛颜祥,徐光丽,2011. 黄河下游居民生态补偿认知程度及支付意愿分析:基于对山东省的问卷调查 [J]. 农业经济问题,(8):95–101.

金京淑，2011. 中国农业生态补偿研究 [D]. 长春：吉林大学 .

景守武，张捷，2018. 新安江流域横向生态补偿降低水污染强度了吗？[J]. 中国人口·资源与环境，28（10）：152–159.

孔凡斌，2010. 中国生态补偿机制、实践与政策设计 [M]. 北京：中国环境科学出版社 .

孔凡斌，2010. 生态补偿机制国际研究进展及中国政策选择 [J]. 中国地质大学学报（社会科学版），10（2）：1–5.

孔凡斌，陈建成，2009. 完善我国重点公益林生态补偿政策研究 [J]. 北京林业大学学报（社会科学版），（4）：32–39.

赖敏，吴绍洪，尹云鹤，等，2015. 三江源区基于生态系统服务价值的生态补偿额度 [J]. 生态学报，35（2）：227–236.

李芬，李文华，甄霖，等，2010. 森林生态系统补偿标准的方法探讨：以海南省为例 [J]. 自然资源学报，25（5）：735–745.

李芬，甄霖，黄河清，等，2009. 土地利用功能变化与利益相关者受偿意愿及经济补偿研究：以鄱阳湖生态脆弱区为例 [J]. 资源科学，31（4）：580–589.

李国平，郭江，2012. 榆林煤炭矿区生态环境改善支付意愿分析 [J]. 中国人口·资源与环境，（3）：137–143.

李国平，石涵予，2015. 退耕还林生态补偿标准、农户行为选择及损益 [J]. 中国人口·资源与环境，25（5）：152–161.

李国平，石涵予，2017. 退耕还林生态补偿与县域经济增长的关系分析：基于拉姆塞 – 卡斯 – 库普曼宏观增长模型 [J]. 资源科学，39（9）：1712–1724.

李国平，王奕淇，张文彬，2015. 南水北调中线工程生态补偿标准研究 [J]. 资源科学，37（10）：1902–1911.

李国平，张文彬，2014. 退耕还林生态补偿契约设计及效率问题研究 [J]. 资源科学，36（8）：1670–1678.

李国志，2016. 城镇居民公益林生态补偿支付意愿的影响因素研究 [J]. 干旱区资源与环境，30（11）：98–102.

李皓，张克斌，杨晓晖，等，2017. 密云水库流域“稻改旱”生态补偿农户参与意愿分析 [J]. 生态学报，37（20）：6953–6962.

李华，2016. 完善西藏森林生态效益补偿体系建设研究 [D]. 哈尔滨：东北林业大学 .

李琪，温武军，王兴杰，2016. 构建森林生态补偿机制的关键问题 [J]. 生态学报，36（6）：1481–1490.

李斯佳，王金满，张兆彤，2019. 矿产资源开发生态补偿研究进展 [J]. 生态学杂志，38（5）：1551–1559.

李文华，李芬，李世东，2006. 森林生态效益补偿的研究现状与展望 [J]. 自然资源学报，21（5）：677–688.

李文华，李世东，李芬，等，2007. 森林生态补偿机制若干重点问题研究 [J]. 中国人口・资源与环境，17（2）：13–18.

李文华，刘某承，2010. 关于中国生态补偿机制建设的几点思考 [J]. 资源科学，32（5）：791–796.

李潇，李国平，2014. 基于不完全契约的生态补偿"敲竹杠"治理：以国家重点生态功能区为例 [J]. 财贸研究，（6）：87–94.

李欣，曹建华，李风琦，2015. 生态补偿参与对农户收入水平的影响：以武陵山区为例 [J]. 华中农业大学学报（社会科学版），（6）：51–57.

李琰，李双成，高阳，等，2013. 连接多层次人类福祉的生态系统服务分类框架 [J]. 地理学报，68（8）：1038–1047.

李颖，葛颜祥，刘爱华，等，2014. 基于粮食作物碳汇功能的农业生态补偿机制研究 [J]. 农业经济问题，（10）：33–40.

李云燕，2011. 北京市生态涵养区生态补偿机制的实施途径与政策措施 [J]. 中央财经大学学报，（12）：75–80.

梁丹，2008. 全球视角下的森林生态补偿理论和实践：国际经验与发展趋势 [J]. 林业经济，（12）：7–15.

梁丹，金书秦，2015. 农业生态补偿：理论、国际经验与中国实践 [J]. 南京工业大学学报（社会科学版），14（3）：53–62.

刘春腊，刘卫东，陆大道，2014. 生态补偿的地理学特征及内涵研究 [J]. 地理研究，33（5）：803–816.

刘春腊，刘卫东，陆大道，等，2015. 2004—2011 年中国省域生态补偿差异分析 [J]. 地理学报，70（12）：1897–1910.

柳荻，胡振通，靳乐山，2019. 基于农户受偿意愿的地下水超采区休耕补偿标准研究 [J]. 中国人口・资源与环境，29（8）：130–139.

柳荻，胡振通，靳乐山，2018. 生态保护补偿的分析框架研究综述 [J]. 生态学报，38（2）：380–392.

柳荻，胡振通，靳乐山，2018. 美国湿地缓解银行实践与中国启示：市场创建和市场运行 [J]. 中国土地科学，32（1）：65–72.

刘桂环，张惠远，2015. 流域生态补偿理论与实践研究 [M]. 北京：中国环境出版社 .

刘晶，2017. 环境正义视域下的我国森林生态补偿问题探析 [J]. 北京林业大学学报（社会科学版），16（2）：8–13.

刘菊，傅斌，王玉宽，等，2015. 关于生态补偿中保护成本的研究 [J]. 中国人口・资源与环境，25（3）：43–49.

刘利花，杨彬如，2019. 中国省域耕地生态补偿研究 [J]. 中国人口·资源与环境，29（2）：52–62.

刘文婧，耿涌，孙露，等，2016. 基于能值理论的有色金属矿产资源开采生态补偿机制 [J]. 生态学报，36（24）：8154–8163.

刘兴元，龙瑞军，2013. 藏北高寒草地生态补偿机制与方案 [J]. 生态学报，33（11）：3404–3414.

刘玉卿，宋晓谕，钟方雷，等，2011. 最小数据方法在舟曲县生态补偿中的应用 [J]. 中国人口·资源与环境，21（6）：142–147.

刘朝阳，宋英慧，2015. 交易费用理论与会计准则变迁 [J]. 会计之友，（21）：8–11.

龙开胜，王雨蓉，赵亚莉，等，2015. 长三角地区生态补偿利益相关者及其行为响应 [J]. 中国人口·资源与环境，25（8）：43–49.

陆新元，汪冬青，凌云，等，1994. 关于我国生态环境补偿收费政策的构想 [J]. 环境科学研究，7（1）：61–64.

吕洁华，张洪瑞，张滨，2015. 森林生态产品价值补偿经济学分析与标准研究 [J]. 世界林业研究，28（4）：6–11.

吕悦风，谢丽，孙华，等，2019. 基于化肥施用控制的稻田生态补偿标准研究：以南京市溧水区为例 [J]. 生态学报，39（1）：63–72.

马爱慧，蔡银莺，张安录，2012. 耕地生态补偿相关利益群体博弈分析与解决路径 [J]. 中国人口·资源与环境，22（7）：114–119.

马永喜，王娟丽，王晋，2017. 基于生态环境产权界定的流域生态补偿标准研究 [J]. 自然资源学报，32（8）：1325–1336.

毛德华，胡光伟，刘慧杰，等，2014. 基于能值分析的洞庭湖区退田还湖生态补偿标准 [J]. 应用生态学报，25（2）：525–532.

毛显强，钟瑜，张胜，2002. 生态补偿的理论探讨 [J]. 中国人口·资源与环境，（4）：38–41.

蒙吉军，王雅，江颂，2019. 基于生态系统服务的黑河中游退耕还林生态补偿研究 [J]. 生态学报，39（15）：5404–5413.

孟雅丽，苏志珠，马杰，等，2017. 基于生态系统服务价值的汾河流域生态补偿研究 [J]. 干旱区资源与环境，31（8）：76–81.

穆贵玲，汪义杰，李丽，等，2018. 水源地生态补偿标准动态测算模型及其应用 [J]. 中国环境科学，38（7）：2658–2664.

牛志伟，邹昭晞，2019. 农业生态补偿的理论与方法：基于生态系统与生态价值一致性补偿标准模型 [J]. 管理世界，（11）：133–143.

潘鹤思，柳洪志，2019. 跨区域森林生态补偿的演化博弈分析：基于主体功能区的视角 [J].

生态学报，39（12）：4560–4569.

彭秀丽，2016. 基于多维嵌套期权的矿产开发生态补偿额核算模型研究：以“锰三角”为例 [J]. 吉首大学学报（社会科学版），37（5）：89–94.

皮泓漪，张萌雪，夏建新，2018. 基于农户受偿意愿的退耕还林生态补偿研究 [J]. 生态与农村环境学报，34（10）：903–909.

乔晓楠，王丹，2017. 流量型污染的生态补偿：实施主体、条件与经济绩效 [J]. 环境经济研究，（4）：123–140.

乔旭宁，杨永菊，杨德刚，2012. 流域生态补偿研究现状及关键问题剖析 [J]. 地理科学进展，31（4）：395–402.

秦扬，李俊坪，2013. 油气开发生态补偿法律关系主客体界定 [J]. 西南民族大学学报（人文社会科学版），（10）：92–96.

丘煌，2010. 农业生态补偿法律机制研究 [D]. 咸阳：西北农林科技大学 .

裘丽，唐吉斯，2019. 基于“管制平衡”的草原生态补偿政策参与式干预发展评价研究 [J]. 生态学报，39（1）：73–84.

任毅，刘薇，2014. 市场化生态补偿机制与交易成本研究 [J]. 财会月刊，（11）：109–112.

任勇，俞海，冯东方，等，2006. 建立生态补偿机制的战略与政策框架 [J]. 环境保护，（19）：18–24.

邵江婷，2010. 基于社区发展的我国农业生态补偿法律问题研究 [D]. 武汉：华中农业大学 .

盛文萍，甄霖，肖玉，2019. 差异化的生态公益林生态补偿标准：以北京市为例 [J]. 生态学报，39（1）：45–52.

史恒通，睢党臣，吴海霞，等，2019. 公众对黑河流域生态系统服务消费偏好及支付意愿研究：基于选择实验法的实证分析 [J]. 地理科学，39（2）：342–350.

宋蕾，2009. 矿产资源开发生态补偿理论与计征模式研究 [D]. 北京：中国地质大学 .

孙开，孙琳，2015. 流域生态补偿机制的标准设计与转移支付安排：基于资金供给视角的分析 [J]. 财贸经济，（12）：118–128.

谭秋成，2012. 丹江口库区化肥施用控制与农田生态补偿标准 [J]. 中国人口 · 资源与环境，22（3）：124–129.

谭秋成，2009. 关于生态补偿标准和机制 [J]. 中国人口 · 资源与环境，19（6）：1–6.

田美荣，高吉喜，陈雅琳，2014. 基于化石能源资产流转的生态补偿核算研究 [J]. 资源科学，36（3）：549–556.

佟长福，李和平，郭永瑞，等，2017. 基于 DPSIR 模型的农业节水生态补偿机制评价研究：以甘肃省酒泉地区为例 [J]. 中国农学通报，33（21）：160–164.

万志芳，耿玉德，1999. 关于公益林生产经营补偿的思考 [J]. 林业经济问题，（3）：16–18.

王彬彬，李晓燕，2015. 生态补偿的制度建构：政府和市场有效融合 [J]. 政治学研究，(5): 67–81.

王娇，李智勇，胡丹，2015. 辽宁省森林成本补偿标准研究 [J]. 林业经济，(7): 108–112.

汪劲，2006.21 世纪日本环境立法与环境政策的新动向：以构建与地球共生的“环之国”为目标 [J]. 环境保护，(24): 68–71.

王金南，万军，张惠，2006. 关于我国生态补偿机制与政策的几点认识 [J]. 环境保护，(19): 24–28.

王军锋，侯超波，闫勇，2011. 政府主导型流域生态补偿机制研究：对子牙河流域生态补偿机制的思考 [J]. 中国人口・资源与环境，21 (7): 101–106.

王丽佳，刘兴元，2017. 牧民对草地生态补偿政策的满意度实证研究 [J]. 生态学报，37 (17): 5798–5806.

王女杰，刘建，吴大千，等，2010. 基于生态系统服务价值的区域生态补偿：以山东省为例 [J]. 生态学报，30 (23): 6646–6653.

汪霞，南忠仁，郭奇，等，2012. 干旱区绿洲农田土壤污染生态补偿标准测算 [J]. 干旱区资源与环境，(12): 46–52.

王显金，钟昌标，2017. 沿海滩涂围垦生态补偿标准构建：基于能值拓展模型衡量的生态外溢价值 [J]. 自然资源学报，32 (5): 742–754.

汪小勤，黎萍，2001. 从“退耕还林”和“禁伐”政策的实施看对农民利益的补偿 [J]. 改革，(3): 16–21.

王兴杰，张骞之，刘晓雯，等，2010. 生态补偿的概念、标准及政府的作用：基于人类活动对生态系统作用类型分析 [J]. 中国人口・资源与环境，20 (5): 41–50.

王雅敬，谢炳庚，李晓青，等，2016. 公益林保护区生态补偿标准与补偿方式 [J]. 应用生态学报，27 (6): 1893–1900.

王奕淇，李国平，2016. 基于水足迹的流域生态补偿标准研究：以渭河流域为例 [J]. 经济与管理研究，37 (11): 82–89.

王宇，延军平，2010. 自然保护区村民对生态补偿的接受意愿分析：以陕西洋县朱鹮自然保护区为例 [J]. 中国农村经济，(1): 63–73.

文琦，2014. 中国矿产资源开发区生态补偿研究进展 . 生态学报，34 (21): 6058–6066.

吴红军，李剑泉，2010. 我国森林生态效益补偿政策探析 [J]. 林业资源管理，(5): 677–687.

吴乐，孔德帅，靳乐山，2019. 中国生态保护补偿机制研究进展 [J]. 生态学报，39 (1): 1–8.

吴立军，李文秀，2019. 基于公平视角下的中国地区碳生态补偿研究 [J]. 中国软科学，(4): 184–192.

吴娜，宋晓谕，康文慧，等，2018. 不同视角下基于 Invest 模型的流域生态补偿标准核算：

以渭河甘肃段为例 [J]. 生态学报, 38(7): 2512–2522.

郗敏, 郗厚叶, 王庆改, 等, 2018. 基于选择实验法的胶州湾滨海湿地生态补偿标准研究 [J]. 北京师范大学学报(自然科学版), 54(1): 118–124.

肖加元, 2016. 公共品单向外溢下地方政府间演化博弈: 以跨区域水资源生态补偿为例 [J]. 财经理论与实践, 37(204): 96–101.

肖建红, 王敏, 于庆东, 等, 2015. 基于生态足迹的大型水电工程建设生态补偿标准评价模型: 以三峡工程为例 [J]. 生态学报, 35(8): 2726–2740.

肖俊威, 杨亦民, 2017. 湖南省湘江流域生态补偿的居民支付意愿 WTP 实证研究: 基于 CVM 条件价值法 [J]. 中南林业科技大学学报, 37(8): 139–144.

谢花林, 程玲娟, 2017. 地下水漏斗区农户冬小麦休耕意愿的影响因素及其生态补偿标准研究: 以河北衡水为例 [J]. 自然资源学报, 32(12): 2012–2022.

谢识予, 2002. 经济博弈论(第二版)[M]. 上海: 复旦大学出版社 .

徐大伟, 常亮, 侯铁珊, 等, 2012. 基于 WTP 和 WTA 的流域生态补偿标准测算: 以辽河为例 [J]. 资源科学, 34(7): 1354–1361.

徐大伟, 刘春燕, 常亮, 2013. 流域生态补偿意愿的 WTP 与 WTA 差异性研究: 基于辽河中游地区居民的 CVM 调查 [J]. 自然资源学报, 28(3): 402–409.

徐晋涛, 陶然, 徐志刚, 2004. 退耕还林: 成本有效性、结构调整效应与经济可持续性: 基于西部三省农户调查的实证分析 [J]. 经济学, 4(1): 139–162.

许丽丽, 李宝林, 袁烨城, 等, 2016. 基于生态系统服务价值评估的我国集中连片重点贫困区生态补偿研究 [J]. 地球信息科学学报, 18(3): 286–297.

徐松鹤, 韩传峰, 2019. 基于微分博弈的流域生态补偿机制研究 [J]. 中国管理科学, 27(8): 199–207.

徐永田, 2011. 我国生态补偿模式及实践综述 [J]. 人民长江, (11): 68–73.

闫丰, 王洋, 杜哲, 等, 2018. 基于 IPCC 排放因子法估算碳足迹的京津冀生态补偿量化 [J]. 农业工程学报, 34(4): 15–20.

严俊, 张学洪, 蒋敏敏, 等, 2016. 耕地重金属污染治理生态补偿标准条件估值法研究: 以广西大环江流域为例 [J]. 生态与农村环境学报, 32(4): 577–581.

严茂超, Odum H T, 1998. 西藏生态经济系统的能值分析与可持续发展研究 [J]. 自然资源学报, 13(2): 116–125.

杨晓萌, 2013. 生态补偿机制的财政视角 [M]. 大连: 东北财经大学出版社 .

杨欣, 蔡银莺, 2012. 基于农户受偿意愿的武汉市农田生态补偿标准估算 [J]. 水土保持通报, 32(1): 212–216.

杨欣, 蔡银莺, 张安录, 2014. 发展受限视角下的武汉城市圈跨区域农田生态补偿额度测算

[J]. 华中农业大学学报(社会科学版),(4):92-95.

么相姝,金如委,侯光辉,2017. 基于双边界二分式CVM的天津七里海湿地农户生态补偿意愿研究[J]. 生态与农村环境学报,33(5):396-402.

叶文虎,魏斌,仝川,1998. 城市生态补偿能力衡量和应用[J]. 中国环境科学,(4):298-301.

易文,2011. 首款低碳环保彩票亮相英国[N]. 中国社会报,2011-08-31.

袁梁,张光强,霍学喜,2017. 生态补偿对国家重点生态功能区居民可持续生计的影响:基于"精准扶贫"视角[J]. 财经理论与实践,38(6):119-124.

曾黎,杨庆媛,廖俊儒,等,2018. 基于农户受偿意愿的休耕补偿标准探讨:以河北样本户为例[J]. 资源科学,40(7):1375-1386.

张爱美,陈绍志,朱可亮,2014. 我国以天然林保护工程为主体的公益林生态效益补偿及其估值研究[J]. 生态经济,30(11):161-164.

张灿强,李文华,张彪,2012. 基于土壤动态蓄水的森林水源涵养能力计量及其空间差异[J]. 自然资源学报,27(4):697-704.

张殿发,张祥华,2001. 西部地区退耕还林急需解决的问题及建议[J]. 中国水土保持,(3):14-16.

张化楠,葛颜祥,接玉梅,等,2019. 生态认知对流域居民生态补偿参与意愿的影响研究[J]. 中国人口·资源与环境,29(9):109-116.

张茂月,2014. 浅析无因管理制度规则对森林生态效益补偿制度设计的借鉴意义[J]. 中国农业资源与区划,35(3):32-38.

张涛,2003. 森林生态效益补偿机制研究[D]. 北京:中国林业科学研究院.

张文彬,李国平,2015. 生态补偿契约设计及地方政府生态保护战略[J]. 经济管理,(3):140-149.

张文翔,明庆忠,牛洁,等,2017. 高原城市水源地生态补偿额度核算及机制研究:以昆明松花坝水源地为例[J]. 地理研究,36(2):373-382.

张五常,1999. 交易费用的范式[J]. 社会科学战线,(1):1-9.

张五常,2014. 经济解释:制度的选择(卷四)[M]. 北京:中信出版社.

张新华,2019. 新疆城镇居民对草原生态保护补偿支付意愿分析[J]. 干旱区资源与环境,33(3):51-56.

张新华,鲁金萍,谷树忠,等,2017. 新疆草原生态补偿政策实施效应评价[J]. 干旱区资源与环境,31(12):39-44.

张颖,张莉莉,金笙,2019. 基于分类分析的中国碳交易价格变化分析:兼对林业碳汇造林的讨论[J]. 北京林业大学学报,41(2):116-124.

张郁,苏明涛,2012. 大伙房水库输水工程水源地生态补偿标准与分配研究[J]. 农业技术经济，(3)：109–113.

张媛，2015. 森林生态补偿的新视角：生态资本理论的应用 [J]. 生态经济，31(1)：176–179.

张跃胜，2015. 国家重点生态功能区生态补偿监管研究 [J]. 中国经济问题，11(6)：87–96.

赵士洞，张永民，2006. 生态系统与人类福祉：千年生态系统评估的成就、贡献和展望 [J]. 地球科学进展，21(9)：895–902.

赵雪雁，路慧玲，刘霜，等，2012. 甘南黄河水源补给区生态补偿农户参与意愿分析 [J]. 中国人口·资源与环境，22(4)：96–101.

赵雪雁，张丽，江进德，等，2013. 生态补偿对农户生计的影响：以甘南黄河水源补给区为例 [J]. 地理研究，32(3)：531–542.

郑雪梅，白泰萱，2016. 大伙房水源受水城市居民生态补偿支付意愿及影响因素分析 [J]. 湿地科学，14(1)：65–71.

郑云辰，葛颜祥，接玉梅，等，2019. 流域多元化生态补偿分析框架：补偿主体视角 [J]. 中国人口·资源与环境，29(7)：131–139.

郑植，2016. 利益相关者的森林生态效益补偿政策评价 [D]. 福州：福建师范大学 .

中国 21 世纪议程管理中心，2012. 生态补偿的国际比较：模式与机制 [M]. 北京：社会科学文献出版社 .

中国生态补偿机制与政策研究课题组，2007. 中国生态补偿机制与政策研究 [M]. 北京：科学出版社 .

中国 21 世纪议程管理中心可持续发展战略研究组，2007. 生态补偿：国际经验与中国实践 [M]. 北京：社会科学文献出版社 .

周晨，丁晓辉，李国平，等，2015. 南水北调中线工程水源区生态补偿标准研究：以生态系统服务价值为视角 [J]. 资源科学，37(4)：792–804.

周晨，丁晓辉，李国平，等，2015. 流域生态补偿中的农户受偿意愿研究：以南水北调中线工程陕南水源区为例 [J]. 中国土地科学，29(8)：63–72.

周晨，李国平，2015. 流域生态补偿的支付意愿及影响因素：以南水北调中线工程受水区郑州市为例 [J]. 经济地理，35(6)：38–46.

周健，官冬杰，周李磊，2018. 基于生态足迹的三峡库区重庆段后续发展生态补偿标准量化研究 [J]. 环境科学学报，38(11)：4539–4553.

周洁，祖力菲娅·买买提，裴要男，等，2019. 牧户对草畜平衡补偿标准的受偿意愿分析：基于对新疆 223 户牧户的调查研究 [J]. 干旱区资源与环境，33(10)：54–79.

周俊俊，杨美玲，樊新刚，等，2019. 基于结构方程模型的农户生态补偿参与意愿影响因素研究：以宁夏盐池县为例 [J]. 干旱区地理，42(5)：1185–1194.

朱冰莹，陈留根，盛婧，等，2019. 稻麦两熟农田径流养分循环利用模式的能值分析与生态

补偿标准测算 [J]. 农业资源与环境学报，36（5）：592–599.

朱红根，江慧珍，康兰媛，等，2015. 基于农户受偿意愿的退耕还湿补偿标准实证分析：来自鄱阳湖区 1009 份调查问卷 [J]. 财贸研究，（5）：57–64.

朱红根，黄贤金，2018. 环境教育对农户湿地生态补偿接受意愿的影响效应分析：来自鄱阳湖区的证据 [J]. 财贸研究，（10）：40–48.

邹秀清，熊玉梅，尹朝华，2011. 财产权利权能理论新拓展：理论框架及其对中国当前集体农地权利体系的合理解释 [J]. 中国土地科学，（6）：41–48.

Allen A O, Feddema J J,1996. Wetland loss and substitution by the section 404 permit program in southern California, USA[J]. Environmental Management, 20（2）: 263–274.

Almigues J P, Boulatoff C,2002. The benefits and costs of riparian analysis habit at preservation: a willingness to accept to pay using contingent valuation approach[J]. Ecological Economics,（43）:17–31.

Alpizar U F,2013. Condtional cash transfers and payments or environmental services:a conceptual framework for explaining and judging differences in outcomes[J]. World Development,（43）:124–137.

Annandale D,2000. Mining company approaches to environmental approvals regulation: a survey of senior environment managers in Canadian firms[J]. Resources Policy,18（9）:51–59.

Arrow K J,1969. The organization of economic activity: issues pertinent to the choice of market versus nonmarket allocation[J]. The Analysis and Evaluation of Public Expenditure: the PPB system,（1）:59–73.

Asquith N M, Vargas M T, Wunder S,2008. Selling two environmental services:in–kind payments for bird Habitat and watershed protection in Los Negros, Bolivia[J]. Ecological Economics, 65（4）:675–684.

Astrid Z, Brian R, 2009. Optimal design of pro–conservation incentives[J]. Ecological Economics,（69）:126–134.

Austin R L, Eder J,2007. Policy review:environmentalism, development and participation on Island, Philippines[J]. Society and Natural Resources,20（4）:121–130.

Babcock B A, Lakshminarayan P G, Wu J J, et al., 1997. Targeting tools for the purchase of environmental amenities[J]. Land Economics, 73（3）: 325–339.

Bhandari P, Mohan K C, Shrestha S, et al.,2016. Assessments of ecosystem service indicators and stakeholder’ s willingness to pay for selected ecosystem services in the Chure region of Nepal[J]. Applied Geography,（69）: 25–34.

Bienabe E, Hearne R R,2006. Public preferences for biodiversity conservation and scenic beauty within a framework of environmental services payments[J]. Forest Policy and Economics,（9）: 335–348.

Birner R, Wittmer H,2004. On the efficient boundaries of the State:the contribution of transaction costs economics to the analysis of decentralization and devolution in natural resource management[J].

Environment and Planning C: Government and Policy,22 (5):667–685.

Boyd J, Banzhaf S, 2007. What are ecosystem services? The need for standardized environmental accounting units[J]. Ecological Economics, 63 (2/3): 616–626.

Bremer L L, Farley K A, Lopez C D, et al.,2014. Conservation and livelihood outcomes of payment for ecosystem services in the ecuadorian andes:what is the potential for 'Win - Win' [J]. Ecosystem Services, (8):148–165.

Bremer L L, Farley K A, Lopez C D,2014. What factors influence participation in payment for ecosystem services programs? an evaluation of Ecuador' s Socio Paramo program[J]. Land Use Policy, (36):122–133.

Brown K, Adger E, Tompkins P B, et al.,2001. Trade–off analysis for marine protected area management[J]. Ecological Economics,37 (3):417–434.

Brown T C, Bergstrom J C, Loomis J B, 2007. Defining, valuing, and providing ecosystem goods and services. Natural Resources Journal, 47 (2): 329–376.

Bulte E H, Lipper L, Stringer R, et al.,2008. Payments for ecosystem services and poverty reduction: concepts, issues and empirical perspectives[J]. Environment and Development Economics, 13 (3):245–254.

Castro A J, Vaughn C C, Garcia M, et al.,2016. Willingness to pay for ecosystem services among stakeholder groups in a South–Central U. S. watershed with regional conflict[J]. Journal of Water Resources Planning & Management,142 (9):137–149.

Castro E,2001. Costa rican experience in the charge for hydro environmental services of the biodiversity to finance conservation and recuperation of hillside ecosystems[R]. The International Workshop on Market Creation for Biodiver–sity Products and Services, OECD, Paris.

Chircu A M, Mahajan V, 2006. Managing electronic commerce retail transaction costs for customer value[J]. Decision Support Systems,42 (2):898–914.

Claassen R, Cattaneo A, Johansson R,2008. Cost–effective design of agri–environmental payment programs: U. S. experience in theory and practice[J]. Ecological Economics, (65):737–752.

Clausen S, Mcallister M L,2001. A comparative analysis of voluntary environmental initiatives in the Canadian mineral industry[J]. Minerals & Energy–Raw Materials Report,31 (16):27–41.

Clot S, Andriamahefazafy F, Grolleau G, et al., 2015. Compensation and rewards for environmental services and efficient design of contracts in developing countries:behavioral insights from a natural field experiment[J]. Ecological Economics, (113):85–96.

Coase R H,1937. The nature of the firm[J]. Economics,4 (16):386–405.

Coase R H,1960. The problem of social cost[J]. Journal of Law and Economics,25 (3):1–44.

Costanza R, Darge R, Groot R, et al.,1997. The value of the world' s ecosystem services and natural capital[J]. Nature, (386) :253 -260.

Cuperus R, Canters K J, Piepers A G,1996. Ecological compensation of the impacts of a road: preliminary method for the A50 road link (Eindhoven-Oss, The Netherlands) [J]. Ecological Engineering,7 (4) :327-349.

Daily G C, 1997. Nature' s Services: Societal Dependence on Natural Ecosystems[M]. Washington DC: Island Press.

Danilo P,2000. Ecological stewardship:a common reference for ecosystem management[J]. Landsc Urban Plan, 49 (3-4) :194-197.

Degroot R S, Wilson M A, Boumans R M J, 2002. A typology for the classification, description and valuation of ecosystem functions, goods and services[J]. Ecological Economics, 41 (3) : 393-408.

Drechsler M, Johst K, Watzold F, et al., 2010. An agglomeration payment for cost-effective biodiversity conservation in spatially structured landscapes[J]. Resource and Energy Economics, (32) :261-275.

Engel S, Pagiola S, 2008, Wunder S. Designing payments for environmental services in theory and practice: an overview of the issues[J]. Ecological Economics, (65) : 663-674.

Farley J, Costanza R, 2010. Payments for ecosystem services: from local to global[J]. Ecol. Econ, 69 (11) : 2060-2068.

Ferraro P J, 2008. Asymmetric information and contract design for payments for environmental services[J]. Ecological Economics, (65) :810-821.

Ferraro P J, 2003. Assigning priority to environmental policy interventions in a heterogeneous world[J]. Journal of Policy Analysis and Management, 22 (1) :27-43.

Fisher B, Turner R K, Morling P, 2009. Defining and classifying ecosystem services for decision making[J]. Ecological Economics, 68 (3) : 643-653.

Gretchen C D, Stephen P, Joshua G, et al., 2009. Ecosystem services in decision making: time to deliver[J]. Front Ecological Environment, 7 (1) :21-28.

Haines-Young R, Potschin M,2010. Proposal for a Common International Classification of Ecosystem Goods and Services (CICES) for Integrated Environmental and Economic Accounting. [EB/OL]. http: //www. nottingham. ac. uk/cem/pdf/UNCEEA-5-7-Bk1. pdf.

Harnndar B,1999. An efficiency approach to managing Mississippi, s marginal land based on the conservation reserve program[J]. Resource, Conservation and Recycling, (26) :15-24.

HE J,2015. Spatial heterogeneity and transboundary pollution: a contingent valuation study on the Xijiang River drainage basin in south China[J]. China Economic Review,36 (15) :101-130.

Hecken G V, Bastiaensen J, Vasquez W F,2012. The viability of local payments for watershed services:empirical evidence from Matiguas, Nicaragua[J]. Ecological Economics, (74): 169–176.

Hegde R, Bull G Q, 2011. Performance of an agro–forestry based payments–for–environmental–services project in Mozambique: a household level analysis[J]. Ecological Economics, (7): 122–130.

Herzog F, Dreier S, Hofer G, et al., 2005. Effect of ecological compensation areas on floristic and breeding bird diversity in Swiss agricultural landscapes[J]. Agriculture, Ecosystems and Environment,108 (3):189–204.

Hilson G,2002. An overview of land use conflicts in mining communities[J]. Land Use Policy, 19 (1):65–73.

Holdren J P, Ehrlich P R, 1974. Human Population and the Global Environment: Population Growth, Rising Per Capita Material Consumption, and Disruptive Technologies Have Made Civilization a Global Ecological Force[J]. American Scientist, (5):282–292.

Jaboury G, Claude G, Kushalappa C, 2009. Landscape labeling: a concept for next–generation payment for ecosystem service scheme[J]. Forest Ecology and Management, 258 (9): 1889–1895.

Jagdish P, Daowei Z, Benjamin S,2018. Estimating the demand and supply of conservation banking markets in the united states[J]. Land use policy, (79):320–325.

Johst K, Drechsler M, Watzold F,2002. An ecological–economic modeling procedure to design compensation payments for the efficient spatio–temporal allocation of species protection Measures[J]. Ecological Economics, (41):37–49.

Jones W,2006. LIFE and European forests[M]. Office for Official Publications of the European Communities.

Kaczan D, Swallow B M, Adamowicz W L,2013. Designing a payments for ecosystem services (PES) program to reduce deforestation in Tanzania: an assessment of payment approaches[J]. Ecological Economics, (95):20–30.

Kellert S R,1984. Assessing wildlife and environmental values in cost–benefit analysis[J]. Journal of Environmental Management,18 (4):355–363.

Kelsey B, Carolyn K, Katharine R, 2008. Designing payments for ecosystem services: lessons from previous experience with incentive–based mechanisms[J]. Proceedings of the National Academy of Sciences,105 (28):9465–9470.

Kemkes R J, Farley J, Koliba C J,2010. Determining when payments are an effective policy approach to ecosystem service provision[J]. Ecological Economics, (69):2069–2074.

Kosoy N, Corbera E, Brown K, 2008. Participation in payments for ecosystem services:case studies from the Lacandon rainforest, Mexico[J]. Geoforum,39 (6):2073–2083.

Kosoy N, Martinez T M, Muradian R, et al., 2007. Payments for environmental services in watersheds: insights from a comparative study of three cases in Central America[J]. Ecological Economics,61(2):446–455.

Kwayu E J, Sallu S M, Paavola J,2014. Farmer participation in the equitable payments for watershed services in Morogoro, Tanzania[J]. Ecosystem Services,(7):1–9.

Lindhjema H, Mitanib Y,2012. Forest owners' willingness to accept compensation for voluntary conservation: a contingent valuation approach[J]. Journal of Forest Economics,18(4): 290–302.

Locatelli B, Rojas V, Salinas Z, 2008. Impacts of payments for environmental services on local development in northern Costa Rica: a fuzzy multicriteria analysis[J]. Forest Policy and Economics, 10(5): 275–285.

Macmillan D C, Harley D, Morrison R,1998. Cost–effectiveness analysis of woodland ecosystem restoration[J]. Ecological Economics,27(3):313–324.

Mahanty S, Suich H, Tacconi L, 2012. Access and benefits in payments for environmental services and implications for REDD+: lessons from seven PES schemes[J]. Land Use Policy,(31): 38–47.

Margules C R, Pressey R L,2000. Systematic conservation planning[J]. Fisheries Management & Ecology,405(6783):243–253.

Marie A, Brown B, Clarkson J, et al., 2013. Ecological compensation: an evaluation of regulatory compliance in New Zealand[J]. Impact Assessment and Project Appraisal,(1):34–44.

Maron M, Bull J W, Evans M C, et al.,2015. Locking in loss: baselines of decline in Australian biodiversity offset policies[J]. Biological Conservation,(6):179–192.

Meyer C, Reutter M, Matzdorf B, et al.,2015. Design rules for successful governmental payments for ecosystem services: taking agri–environmental measures in Germany as an example[J]. Journal of Environmental Management,(157):146–159.

Moran D, Mcvittie A, Allcroft D J, et al.,2007. Quantifying public preferences for agri–environmental policy in Scotland: a comparison of methods[J]. Ecological Economics,63(1):42–53.

Morris J, Gowing D J, Mills J, et al.,2000. Reconciling agricultural economic and environmental objectives: the case of recreating wetlands in the Fenland area of eastern England[J]. Agriculture, Ecosystems and Environment,79(2):245–257.

Mosey A, White B, Ozanne A,1999. Efficient contract design for agri–environment policy[J]. Journal of Agricultural Economics,50(2):187–202.

Mudaca J D, Tsuchiya T, Yamada M, et al.,2015. Household participation in payments for ecosystem services:a case study from Mozambique[J]. Forest Policy and Economics,(55):21–27.

Munoz P C, Guevara A, Torres J M, et al.,2008. Paying for the hydrological services of Mexico's forests:analysis, negotiations and results[J]. Ecological Economics,65(4):725–736.

Muradian R, Corbera E, Pascual U, et al., 2010. Reconciling theory and practice: an alternative conceptual framework for understanding payments for environmental services[J]. Ecological Economics, 69(6): 1202–1208.

Mzoughi N,2011. Farmers adoption of integrated crop protection and organic farming: do moral and social concerns matter[J]. Ecology Economics,70(8):1536–1545.

Noordwijk M, Leimona B, Jindal R, et al.,2012. Payments for environmental services: evolution toward efficient and fair incentives for multifunctional landscapes[J]. 37(1): 389–420.

Odum H T. Handbook of emergy evaluation: a compendium of data for emergy computation. Folio No.1Introduction and global budget[R/OL]. [2019–03–21]. http: //www. ees. ufl. edu/cep/.

Ozanne A, White B,2007. Equivalence of input quotas and input charges under asymmetric information in agri–environmental schemes[J]. Journal of Agricultural Economics,58(2): 260–268.

Pagiola S,2008. Payments for environmental services in Costa Rica1[J]. Ecological Economics, 65(4): 712–724.

Pagiola S, 2005. Assessing the efficiency of payments for environmental services programs:a framework for analysis[R].

Pagiola S, Agostin A, Platais G,2004. Can payments for environmental services help reduce poverty? An exploration of the issues and the evidence to date from Latin America[J]. World Development, 33(2):237–253.

Pagiola S, Platais G, 2007. Payments for environmental services:from theory to practice[R]. World Bank, Washington.

Pagiola S, Ramirez E, Gobbi J, et al.,2007. Paying for the environmental services of silvopastoral practices in Nicaragua[J]. Ecological Economics,64(2)374–385.

Pagiola S, Rios A R, Arcenas A, 2008. Can the poor participate in paymentis for environmental services? Lessons from the Silvopastoral Project in Nicaragua[J]. Environment and Development Economics,13(3):299–325.

Parkhurst G M, Shogren J F, Bastian P, et al.,2002. Agglomeration bonus: an incentive mechanism to reunite fragmented habitat for biodiversity conservation[J]. Ecological Economics, (41): 305–328.

Peralta A, 2007. Development of a cost estimation model for mine closure[D]. United States: Colorado School of Mines.

Plantinga A J, Alig R, Cheng H T, 2001. The supply of land for conservation uses: evidence from the conservation reserve program[J]. Resources, Conservation and Recycling, 31(3):199–215.

Porras I, Grieggran M, Neves N, 2008. All that glitters: a review of payments for watershed services in developing countries[J]. Iied Natural Resource Issues, 45(14):420–442.

Quintero M, Wunder S, Estrada R D, et al., 2009. For services rendered? Modeling hydrology and livelihoods in andean payments for environmental services schemes[J]. Forest Ecology & Management, 258(9):1871–1880.

Robertson N, Wunder S, 2005. Fresh tracks the "forest" : assessing incipient payments for environmental services initiatives in Bolivia[R]. CIFOR, Bogor.

Rocio M, Jorge M, Wunder S, et al., 2012. Heterogeneous users and willingness to pay in an ongoing payment for watershed protection initiative in the Colombian Andes[J]. Ecological Economics, (75):126–134.

Roger C, Andrea C, Robert J,2008. Cost–effective design of agri–environmental payment programs: U. S. Experience in theory and practice[J]. Ecological Economics.

Salzman J, 2005. Creating markets for ecosystem services:notes from the field[J]. Social Science Electronic Publishing, 80(3):870–961.

Sarker A, Ross H, Shrestha K K 2008. A common–pool resource approach for water quality management: an australian case study[J]. Ecological Economics, (68):461–471.

Sheng J C, Wu Y, Zhang M Y, et al.,2017. An evolutionary modeling approach for designing a contractual REDD+ payment scheme[J]. Ecological Indicators, (79): 276–285.

Sherry B W, Mark B, 2011. Renewable emergy in earth' s biomes[C]. Proceedings of the 6th Biennial Emergy Conference, Gainesville, FL.

Sierra R, Russman E,2006. On the efficiency of environmental service payments:a forest conservation assessment in the Osa Peninsula, Costa Rica[J]. Ecological Economics, 59(1): 131–141.

Simon B, Martin S, Felix H, et al., 2007. The Swiss agri–environment scheme promotes farmland birds: but only moderately[J]. Journal of Ornithology, (2):295–303.

Smith T, Kunkle J, Castelaz J, et al., 2005. The effects of a hydrogen environment on the lifetime of small–diameter drift chamber anode wires[J]. Nuclear Instruments and Methods in Physics Research Section A:Accelerators, Spectrometers, Detectors and Associated Equipment, 550(12): 90–95.

Sommerville M, Jones J P, Rahajaha M, et al.,2010. The role of fairness and benefit distribution in community–based payment for environmental services interventions: a case study from Menabe, Madagascar[J]. Ecological Economics, 69(6):1262–1271.

Stefano P, 2008. Payments for environmental services in costa rica[J]. Ecological Economics, 65(4):712–724.

Southgate D, Wunder S, 2009. Paying for watershed services in Latin America:a review of current initiatives[J]. Journal of Sustain Forest, (28):497–524.

Swallow B M, Kallesoe M F, Iftikhar U A, et al.,2009. Compensation and rewards for environmental services in the developing world: framing pan–tropical analysis and comparison[J]. Ecol. Soc, 14 (2): 26–38.

Tacconi L, 2012. Redefining payments for environmental services[J]. Ecological Economics, 73 (1727): 29–36.

Tacconi I, Mahanty S, Suich H, 2009. Assessing the livelihood impacts of payments for environmental services: implications for avoided deforestation[J]. Buenos Aires, Argentina, (8):18–23.

Tacconi L, Mahanty S, Suich H,2013. The livelihood impacts of payments for environmental services and implications for REDD+[J]. Society & Natural Resources, 26 (6):733–744.

Taff S, Runge C F, 1986. Supply control, conservation and budget restraint: conflicting instruments in the1985 farm bill[R].

TEEB, 2010. The Economics of Ecosystems and Biodiversity: Mainstreaming the Economics of Nature: A Synthesis of the Approach, Conclusions and Recommendations of TEEB[M]. Malta: Progress Press.

Thanh N T, Pham V D, Tenhunen J,2013. Linking regional land use and payments for forest hydrological services:a case study of Hoa Binh Reservoir in Vietnam[J]. Land Use Policy, 33 (4):130–140.

Torres A B, Macmillan D C, Skutsch M, et al., 2013. Payments for ecosystem services and rural dev elopment:landowners' preferences and potential participation in western Mexico[J]. Ecosystem Services, (6):72–81.

Tudor T L, Bannister S, Butler S,2007. Can corporate social responsibility and environmental citizenship be employed in the effective management of waste? [J]. Resources, Conservation & Recycling, 14 (3):764–774.

Turner R, Daily G, 2008. The ecosystem services framework and natural capital conservation[J]. Environmental and Resource Economics, (1).

Turpie J K, Marais C, Blignaut J N,2008. The working for water programme:evolution of a payments for ecosystem services mechanism that addresses both poverty and ecosystem service delivery in South Africa[J]. Ecological Economics, 65 (4):788–798.

United Nations Environmental Program, 2005. Millennium Ecosystem Assessment Ecosystems and Human Well–Being:Synthesis[M]. Washington DC: Island Press.

Van N M, Leimona B, Emerton L, et al., 2007. Criteria and indicators for environmental service reward and compensation mechanisms: realistic, voluntary, conditional and pro–poor[R]. World Agroforestry Center, Nairobi.

Vander V M, Lorenz C M, 2002. Integrated economic–eco–logical analysis and evaluation of management strategies on nutrient abatement in the Rhine Basin[J]. Journal of Environmental Management, (66).

Villarroya A, Jordi P, 2010. Ecological compensation and environmental impact assessment in Spain[J]. Environmental Impact Assessment Review, (30):357–362.

Wallace K J, 2007. Classification of ecosystem services: Problems and solutions[J]. Biological Conservation, 139 (3/4):235–246.

Wang X, Bennett J,2008. Policy Analysis of the Conversion of Cropland to Forest and Grassland Program in China[J]. Environmental Economics and Policy Studies, 9 (2):119–143.

Watzold F, Drechsler M,2014. Agglomeration payment, agglomeration bonus or homogeneous payment? [J]. Resource and Energy Economics, (37):85–101.

White B, 2002. Designing voluntary agri–environment policy with hidden information and hidden action:a note[J]. Journal of Agricultural Economics, (53):353–360.

Williamson O E,1985. The economic institutions of capitalism:firms, markets, relational contracting[M]. New York: Free Press.

Wunder S,2005. Payments for environmental services:some nuts and bolts[M]. Jakarta:CIFOR.

Wunder S,2015. Revisiting the concept of payments for environmental services[J]. Ecological Economics, (117): 234–243.

Wunder S, 2008. Payments for environmental services and the poor: concepts and preliminary evidence[J]. Environment & Development Economics, 13 (3):279–297.

Wunder S, Alban M, 2008. Decentralized payments for environmental services:the cases of pimampiro and profafor in Ecuador[J]. Ecological Economics, 65 (4):685–698.

Wunscher T, Engel S, Wunder S, 2008. Spatial targeting of payments for environmental services: a tool for boosting conservation benefits[J]. Ecological Economics, 65 (4):822–833.

Wunscher T, Engel S, Wunder S,2010. Determinants of participation in payments for ecosystem service schemes[J]. Tropentag, (9):14–16.

Xie G D, Lu C X, Leng Y F, et al.,2003. Ecological assets valuation of Tibetan Plateau[J]. Journal of Nature Resource, 18 (2):189–195.

Zbindenm S R, Lee D, 2005. Paying for environmental services: an analysis of participation in Costa Rica' s PSA program[J]. World Development, 33 (2):255–272.

附表 1　国外主要生态补偿案例

	项目名称	生态补偿目标	生态服务购买者	资金来源	生态服务提供者	项目中介机构	支付方式	副目标	实施范围及规模
政府主导项目	哥斯达黎加环境服务支付项目	水源保护、生物多样性、碳封存等	FONAFIFO（政府设立的机构）	政府预算、私人付费、国际机构捐赠	私人土地所有者和当地社区	FONAFIFO（政府设立的机构）	现金	扶贫	指定自然区域 27 万公顷
	墨西哥水文环境服务项目	流域和含水层保护	CONAFOR（政府森林机构）	用水户缴纳水费	公共和私人的土地所有者	环境部森林和水资源委员会	现金	生物多样性和扶贫	指定区域 60 万公顷
	美国耕地保护性储备计划	空气、水、土壤和野生动物保护	美国政府	政府预算	农场主	美国政府	现金 + 技术支持	稳定农产品价格和农民收入增长	1450 万公顷
	澳大利亚水保护项目	地下水的盐度控制	澳大利亚政府	政府预算	陡峭山地的农场主	Wimmera 流域管理机构	现金	无	Wimmera 上游 2.8 万公顷
市场付费项目	越南 Lam Dong 森林保护项目	森林保护	水力发电厂、供水公司和旅游业	水力发电厂、供水公司和旅游业付费	林业保护的承包者	森林保护与发展基金	现金	提高林农收入	Lam Dong 省水源地
	玻利维亚 Los Nergos 流域保护	水流域和生物多样性保护	当地政府和 USFWS 组织	下游灌溉者付费、当地政府及 USFWS 捐赠	Santa Rosa 的 46 位土地拥有者	自然基金（非政府组织）	实物 + 技术支持等	无	Los Nergos 的上游流域
	厄瓜多尔 Pimampiro 流域保护项目	水流域保护	城市用水计量用户	用水户缴纳水费及国际组织捐赠	N.America Coop	CEDERENA（非政府组织）	现金	无	Pimampiro 流域左侧
	法国 Vittel 水保护项目	保持水质	Vittel 公司	Vittel 公司付费	26 个乳业场主	Agrivair（买方建立的机构）	现金 + 技术支持 + 土地租金	无	泉水区域（5100 公顷）

资料来源：聂倩，匡小平．公共财政中的生态补偿模式比较研究 [J]. 财经理论与实践，2014,35（188）:103-108.

附表 2　森林生态系统服务与产权分类

生态系统功能	生态系统服务	生态系统过程与组分	生态产品与服务实例	生态系统服务产权	受益方	补偿的生态系统服务、方式及典型案例
调节功能（维持必要的生态过程和生命支持系统）	1. 气体调节	生态系统在生物地球化学循环中的作用，大气调节	二氧化碳 / 氧气平衡，臭氧层阻挡紫外线，降低 SOX 水平，维持良好空气质量	全人类有使用权，无所有权	全人类	对森林碳汇功能的补偿：①全球合作，受益国家向受损国家提供资金补偿和技术支持，如清洁发展机制下森林碳汇项目及碳减排交易、加拿大减少温室气体排放贸易计划；②碳汇林种植，如澳大利亚木材和碳造林计划俄罗斯森林再造计划；③碳信贷交易，如澳大利亚国家信贷计划和碳信贷计划、加拿大碳信贷交易计划；④碳基金，如俄罗斯能源碳基金、美国森林永久基金；⑤碳排放许可，如美国的碳排放许可证
	2. 气候调节	调节全球温度，在全球和局地尺度上促进其他生物中介气候过程	生态系统对气候的影响，温室气体调节			
	3. 干扰调节	影响不利环境扰动的生态系统结构	免遭暴风雨袭击、控制洪水及栖息地对由植被结构控制的环境变化的反应	区域或局地人群有使用权，无所有权	区域或局地人群	森林生态效益综合补偿
	4. 水调节	调节水文流量、径流及水运	为工农业生产及交通运输供应水资源	一国、区域或局地人群有使用权，无所有权	一国、区域或局地人群	对森林水质和水量控制功能的补偿，如哥斯达黎加森林生态补偿中的用水户付费、墨西哥的森林水服务付费等
	5. 水供给	过滤、保持和储存水资源	通过流域、水库和蓄水层供应水资源			
	6. 土壤保持	植被根系和土壤保持的土壤生物区	防止土壤被风或其他流动的过程侵蚀	区域或局地人群有使用权，无所有权	区域或局地人群	森林生态效益综合补偿
	7. 土壤形成	岩石风化，有机物积累	维持健康并具有自然生产力的土壤	区域或局地人群有使用权，无所有权	区域或局地人群	森林生态效益综合补偿
	8. 营养调节	生物区对营养储存和循环的作用	氮固定，氮、磷和其他组分或营养循环	区域或局地人群有使用权，无所有权	区域或局地人群	森林生态效益综合补偿
	9. 废物处理	植被和生物区在移动或分解单种或混合营养物质中的作用	废弃物处理、污染控制、解毒、消除噪声污染	区域或局地人群有使用权，无所有权	区域或局地人群	对森林消解污染物功能的补偿：①排污权交易，如加拿大减少排污实验贸易计划、英国的排污贸易组织和天然气燃烧器排污许可交易、荷兰的减少排污单位交易许可；②用户付费，如丹麦的电厂排污贸易计划
	10. 传授花粉	生物区在花粉运移中的作用	为农作物或野生植物种群的繁殖提供花粉	全球、一国、区域或局地人群有使用权，无所有权	全球、一国、区域或局地人群	对森林生物多样性保护功能的补偿：①信贷，如澳大利亚的生物多样性信贷计划；②专项基金，如奥地利的降低奥地利景观基金、巴西的国家环境基金、瑞士的联邦森林补偿等；③用户付费，如俄罗斯的生物多样性保护生态旅游公司等；④生物多样性保护组织发起的生物多样性保护行动等
	11. 生物控制	通过营养动力机制控制生物种群	为被掠食种群发展而控制重点掠食者，控制食物链顶端掠食者以减少食草动物，减少有害物影响，预防疾病			

续表

生态系统功能	生态系统服务	生态系统过程与组分	生态产品与服务实例	生态系统服务产权	受益方	补偿的生态系统服务、方式及典型案例
栖息功能（为野生动植物提供栖息地）	12. 残遗物种保护区功能	为野生动植物提供适宜的居住或生存空间	维持生物和遗传多样性，为流浪物种提供栖息地，为局地越冬物种提供区域性栖息地或越冬场所	全球、一国、区域或局地人群有使用权，无所有权	全球、一国、区域或局地人群	对森林生物多样性保护功能的补偿：①信贷，如澳大利亚的生物多样性信贷计划；②专项基金，如奥地利的降低奥地利景观基金、巴西的国家环境基金、瑞士的联邦森林补偿等；③用户付费，如俄罗斯的生物多样性保护生态旅游公司等；④生物多样性保护组织发起的生物多样性保护行动等
	13. 繁殖功能	适宜的繁殖栖息地	野生动物繁殖栖息地			
生产功能（提供自然资源）	14. 食物生产	可作为食物总初级生产力的一部分	通过打猎、收集和农田耕作获得农产品、坚果和水果	所有权归森林土地所有者或森林经营者	通过产品销售可使全人类受益	对森林生产功能和生产过程的补偿：主要通过森林产品用户付费补偿森林生产功能，如全球森林认证体系、洪都拉斯的生物质发电（USIJI 计划）；通过可持续林木采伐等补偿森林生产过程，如美国和加拿大的可持续林木采伐计划、中东欧国家森林管理及产权设置等
	15. 原材料	可作为原材料总初级生产力的一部分	生产木材、燃料和能源或饲料			
	16. 基因资源	遗传材料和野生动植物进化	改善植物抵抗病原体的能力			
	17. 医药资源	生物化学物质多样化和自然生物区其他医药使用价值	药物			
	18. 观赏资源	具有潜在观赏效用的自然生态系统中的生物区的变化	用于时尚、工艺、珠宝、宠物、崇拜、装饰和纪念的资源			
信息功能（提供认知发展的机会）	19. 审美信息与生活条件	有吸引力的景观特征、适宜的生活条件	享受优美的风景，与自然生态系统有关的普通生活条件	森林土地所有者或森林经营者	接近或进入森林的人群	对森林景观娱乐价值的补偿：主要通过用户付费的形式，如哥斯达黎加森林生态补偿中的自然景观补偿、英国的森林进入权等
	20. 娱乐	提供娱乐活动的机会	生态旅游、体育运动和其他户外活动			
	21. 文化和艺术信息	具有文化或艺术价值的自然特征的变化	将自然作为著作、电影、绘画、民间传说、国家象征、建筑、广告等创作动机	森林土地所有者或森林经营者	接近或进入森林的人群	对森林科研与教育价值的补偿：主要通过用户付费补偿森林的科研与教育价值，如美国黄石国家森林公园的研究标本采集许可证、取得和喀拉拉邦访问权的费用等
	22. 精神和历史信息	具有精神或历史价值的自然特征的变化	将自然用于宗教信仰或历史目的			
	23. 科学与教育	具有科学与教育价值的自然特征的变化	学校野外实习等，将自然作为科学研究对象			

资料来源：中国 21 世纪议程管理中心 . 生态补偿的国际比较：模式与机制 [M]. 北京：社会科学文献出版社，2012.

附表 3　我国天然林保护工程相关的法规及制度

时间	颁布机关	法规、规章、制度
1998	财政部	天然林保护工程专项资金管理办法
1999	国家林业局	天然林保护工程公益林项目会计核算办法（试行）
1999	国家林业局	天然林保护工程财政资金管理规定
2001	国家林业局	重点地区天然林资源保护工程建设资金管理规定
2001	国家林业局	重点地区天然林资源保护工程建设项目管理办法（试行）
2001	国家林业局	天然林资源保护工程检查验收办法
2001	国家林业局	天然林资源保护工程管理办法
2003	国家林业局	关于严格天然林采伐管理的意见
2004	国家林业局	天然林资源保护工程森林管护管理办法
2006	国家林业局、财政部	关于做好天然林保护工程区森工企业职工“四险”补助和混岗职工安置等工作的通知
2006	中国银监会、国家林业局	关于下达天然林保护工程区森工企业金融机构债务免除额（第二批）等有关问题的通知
2006	国家林业局、财政部、中国银监会	关于做好天然林保护工程区木材加工等企业关闭破产工作的通知
2007	国家林业局	关于印发《天然林资源保护工程营造林管理办法》的通知
2007	国家林业局	关于印发《天然林资源保护工程“四到省”考核办法》的通知
2008	国家林业局	关于做好天然林保护工程区灾后恢复重建工作的通知
2008	国家林业局	关于认真做好新增天保工程投资用于公益林建设管理工作的通知
2012	国家林业局	关于印发《天然林资源保护工程森林管护管理办法》的通知
2013	国家林业局	关于进一步加强天保工程区公益林管护工作的指导意见
2013	国家林业局	关于切实加强天保工程区森林抚育工作的指导意见
2015	国家林业局	关于严格保护天然林的通知

注：表中所列机构均为国家时设机构。

附表 4 我国退耕还林工程相关的法规及制度

时间	颁布机关	法规、规章、制度
2000	国务院	国务院关于进一步做好退耕还林还草试点工作若干意见
2001	国家林业局	退耕还林工程建设检查验收办法
2002	国务院	国务院关于进一步完善退耕还林政策措施若干意见
2002	国务院	退耕还林条例
2003	国家林业局	退耕还林工程建设监理规定
2004	国家林业局	关于进一步完善退耕还林工程人工造林初植密度标准的通知
2004	国家林业局	关于做好退耕还林工程大户承包管理工作的通知
2005	国家林业局	关于做好退耕还林工程封山育林工作的通知
2005	国务院办公厅	关于切实搞好“五个结合”进一步巩固退耕还林成果的通知
2005	国家林业局	关于进一步加大退耕还林工程有关问题查处力度，切实巩固退耕还林成果的紧急通知
2007	国务院	关于完善退耕还林政策的通知
2007	国家林业局	关于进一步做好当前退耕还林工作的通知
2008	国家林业局	关于印发《退耕还林验收办法（试行）》的通知
2008	国家林业局	关于加强退耕还林工程灾后恢复重建及成果巩固工作的通知
2015	财政部等八部门	关于扩大新一轮退耕还林还草规模的通知
2015	国家林业局	关于印发《新一轮退耕还林工程作业设计技术规定》的通知
2015	国家林业局	关于印发《退耕还林工程档案管理办法》的通知
2018	国家林业和草原局	关于印发《新一轮退耕地还林检查验收办法》的通知

注：表中所列机构均为国家时设机构。

附表 5　我国公益林生态效益补偿相关的法规及制度

时间	名称	具体内容
1981	关于保护森林发展林业若干问题的决定	建立国家林业基金制度。把国家的林业投资、财政拨款、银行贷款按照规定提取育林基金并更改资金，列入林业基金，由中央和地方林业部门按规定权限，分级管理、专款专用
1982	关于制止乱砍滥伐森林的紧急指示	切实加强林政管理，普遍制定乡规民约，严格执行木材采伐审批和运输管理制度
1984	关于深入扎实地开展绿化祖国运动的指示	在植树造林中，不仅要发展用材林，而且要大力发展各种经济林、薪炭林、防护林和特种用途林等，树种合理配置
1984	中华人民共和国森林法	对林地使用权、林木所有权等问题作出规定，突出强调林地使用者和林木所有者权益保护问题
1992	关于一九九二年经济体制改革要点的通知	明确提出要建立林价制度和森林生态效益补偿制度
1993	关于进一步加强造林绿化工作的通知	指出要改革造林绿化资金投入机制，逐步实行征收生态效益补偿费制度
1998	中华人民共和国森林法（第一次修正）	第 8 条第 2 款：国家设立森林生态效益补偿基金
2000	森林法实施条例	条例规定：防护林、特种用途林的经营者有获得森林生态效益补偿的权利
2001	关于开展森林生态效益补助资金试点工作的意见	标志我国的公益林补助试点工作的正式启动
2003	关于加快林业发展的决定	实行林业分类经营管理体制。公益林业要按照公益事业进行管理，以政府投资为主，吸引社会力量共同建设；纳入公益林管理的森林资源，政府将以多种方式给予合理补偿
2004	中央森林生态效益补偿基金管理办法	财政部建立中央森林生态效益补偿基金，补偿标准：每年每亩 5 元，其中 4.5 元用于补偿性支出，0.5 元用于森林防火等公共管护支出
2004	重点公益林区划界定办法	规定了公益林具体划定范围、条件等

续表

时间	名称	具体内容
2007	新修订的中央财政森林生态效益补偿基金管理办法	补偿对象：重点公益林的所有者和经营者；补偿标准：每年每亩 5 元，直接管护的补偿由原来每亩 4.50 元提高到 4.75 元
2008	关于全面推进集体林权制度改革的意见	建立和完善森林生态效益补偿基金制度，按照"谁开发谁保护、谁受益谁补偿"的原则，多渠道筹集公益林补偿基金，逐步提高中央和地方财政对森林生态效益的补偿标准
2009	国家级公益林区划界定办法	修订了国家级公益林的区划范围和标准等
2009	关于进一步推进三北防护林体系建设的意见	按照森林分类经营的原则，工程建设区营造的生态公益林，符合条件的，分别纳入中央和地方森林生态效益补偿范围
2010	关于加大统筹城乡发展力度，进一步夯实农业农村发展基础的若干意见	从 2010 年开始，中央财政对国有林补偿标准提高为每亩每年 5 元，集体和个人所有的国家级公益林补偿标准提高到每亩每年 10 元
2012	关于加快林下经济发展的意见	要把林下经济发展与森林资源培育、天然林保护、重点防护林体系建设、退耕还林、防沙治沙、野生动植物保护及自然保护区建设等生态建设工程紧密结合
2013	国家级公益林管理办法	加强和规范国家级公益林保护管理
2015	关于加快推进生态文明建设的意见	加强森林保护，将天然林资源保护范围扩大到全国；大力开展植树造林和森林经营，稳定和扩大退耕还林范围，加快重点防护林体系建设
2016	关于健全生态保护补偿机制的意见	健全国家和地方公益林补偿标准动态调整机制。完善以政府购买服务为主的公益林管护机制。合理安排停止天然林商业性采伐补助奖励资金
2016	关于印发"十三五"生态环境保护规划的通知	继续实施森林管护和培育、公益林建设补助政策。严格保护林地资源，分级分类进行林地用途管制。加强"三北"、长江、珠江、太行山、沿海等防护林体系建设
2016	关于运用政府和社会资本合作模式推进林业生态建设和保护利用的指导意见	引导鼓励社会资本积极参与林业生态建设和保护利用领域建设

续表

时间	名称	具体内容
2016	关于全民所有自然资源资产有偿使用制度改革的指导意见	严格执行森林资源保护政策，充分发挥森林资源在生态建设中的主体作用
2016	林业改革发展资金管理办法	森林生态效益补偿补助包括管护补助支出和公共管护支出
2017	国家级公益林区划界定办法	修订了国家级公益林的区划范围和标准等
2017	关于建立资源环境承载能力监测预警长效机制的若干意见	建立生态产品价值实现机制，综合运用投资、财政、金融等政策工具，支持绿色生态经济发展
2018	关于进一步放活集体林经营权的意见	积极发展森林碳汇机制，探索推进森林碳汇进入碳交易市场。鼓励探索跨区域森林资源性补偿机制，市场化筹集生态建设保护资金，促进区域协调发展
2018	关于全面加强生态环境保护 坚决打好污染防治攻坚战的意见	对生态严重退化地区实行封禁管理，稳步实施退耕还林还草和退牧还草，全面保护天然林

附表 6 日本公益林法律变迁汇总

年份	法律或制度	具体内容
1875	暂行山林规则	设立了“禁伐木”的条款
1876	官林暂行调查条令	设立“禁伐林”(官林后称国有林)
1881	山地限制规划	对淀川流域附近地带的开垦和林木采伐作了规定
1882	明治 15 年森林法草案	设立了指定 9 种水源涵养林项目，没有出台
1897	第一部《森林法》	规定了 12 种公益林，对公益林营林监督制度进行了补充
1907	对《森林法》进行修改	创立公有林等编制森林作业方法。经营作业的种类不仅局限于禁伐，择伐、皆伐成为可能
1948	公益林强化事业	重要河流山川上游开始指定大规模的公益林，以 5 年计划为基础
1951	对《森林法》进行修改	政府建立森林计划制度，正式规范了森林组合制度。公益林种类增加到 17 种，引入采伐许可证制度
1953	公益林整备临时措施法	开始实施《公益林整备十年计划》
1954	公益林治理临时措施法	强化森林经营，由政府收购民有林；按流域确定森林经营计划
1962	《森林法》修订	增设全国森林计划和地区森林计划，设立采伐报告制度
1964	林业基本法	促进林业产业的发展，提高林业经营者的社会地位
1968	《森林法》修订	设立森林经营计划制度，森林计划时间延长 5 年
1974	《森林法》修订	林业开发许可制度，采伐报告制度中加入劝告
1978	森林组合法	从森林法中独立
1991	《森林法》修订	建立新的森林计划制度
1996	确保林业劳动力促进法	促进林业雇佣劳动力的稳定
1998	《森林法》修订	市町村森林整备计划制度，森林经营权限下放到市町村
2001	《林业基本法》被修改为《森林·林业基本法》	制订了森林·林业基本计划。确定了发挥森林的多种功能和促进林业可持续发展为根本内容的政策方向
2003	《森林法》修订	公益林择伐的采伐许可制更改为事前报告制
2011	森林计划制度的修改	将森林作业计划改为森林经营计划，增设林地所有者申报制度

附表 7　我国国家层面流域生态补偿政策法规

年份	政策法规名称	内容
1988	中华人民共和国水法	因地下水水位下降、水源枯竭或者地面塌陷，对他人生活和生产造成损失的，采矿单位或者建设单位应当采取补救措施，赔偿损失
2005	国务院关于落实科学发展观 加强环境保护的决定	要完善生态补偿政策，尽快建立生态补偿机制。中央和地方财政转移支付应考虑生态补偿因素，国家和地方可分别开展生态补偿试点
2006	第六次全国环境保护大会决定	要完善生态补偿政策，建立生态补偿机制，并强调“要切实保护水源地”“要加大重点流域水污染防治力度，消除环境安全隐患，防止发生重大环境污染事件”
2007	减能减排综合性工作方案	健全矿产资源有偿使用制度，改进和完善资源开发生态补偿机制，开展跨流域生态补偿试点工作
2007	国家环境保护“十一五”规划	落实流域治理目标责任制和省界断面水质考核制度，加快建立生态补偿机制
2008	中华人民共和国水污染防治法	国家通过财政转移支付等方式，建立健全对位于饮用水水源保护区区域和江河、湖泊、水库上游地区的水环境生态保护补偿机制
2008	关于 2008 年深化经济体制改革工作意见的通知	建立健全资源有偿使用制度和生态环境补偿机制，推进建立跨省流域的生态补偿机制试点工作。同年，环境保护部批准了福建省闽江流域等首批开展生态补偿的试点地区
2010	饮用水水源保护区污染防治管理规定	明确规定跨地区的河流、湖泊、水库、输水渠道，其上游地区不得影响下游饮用水水源保护区对水质标准的要求。同年底，财政部、环保部下拨给安徽省 5000 万元启动资金，将新安江作为全国首个跨省流域生态补偿试点
2011	全国地下水污染防治规划	要求开展水质较好湖泊生态环境保护试点
2011	关于加快水利改革发展的决定、长江中下游流域水污染防治规划、全国重要江河湖泊水功能区划	要求确立水资源开发利用控制、用水效率控制、水功能区限制纳污控制“三条红线”，建立用水总量控制、用水效率控制、水功能区限制纳污、水资源管理责任与考核制度四项制度

续表

年份	政策法规名称	内容
2012	关于实行最严格水资源管理制度的意见、节水型社会建设"十二五"规划	扎实推进首批25条重要跨省江河流域水量分配工作，启动了国家水资源监控能力建设项目。同年，签订了《新安江流域水环境补偿协议》，正式提出跨界流域水环境补偿机制
2013	中共中央关于全面深化改革若干重大问题的决定	健全自然资源资产产权制度和用途管制制度，划定生态保护红线，实行资源有偿使用制度和生态补偿制度
2013	华北平原地下水污染防治工作方案、水质较好湖泊生态环境保护总体规划（2013—2020年）	对淮河、海河、辽河、松花江、巢湖、滇池、三峡库区及其上游、黄河中上游和长江中下游9个流域25个省（自治区、直辖市）重点流域水污染防治专项进行规划
2014	中华人民共和国环境保护法	加大对生态保护地区的财政转移支付力度，并确保其用于生态补偿。国家指导受益地区和生态保护地区人民政府通过协商或按市场规则进行生态保护补偿
2016	国务院办公厅关于健全生态保护补偿机制的意见	在江河源头区、集中式饮用水水源地、重要河流敏感河段和水生态修复治理区、水产种质资源保护区、水土流失重点预防区和重点治理区、大江大河重要蓄滞洪区以及具有重要饮用水源或重要生态功能的湖泊，全面开展生态保护补偿，适当提高补偿标准
2017	党的十九大报告	健全耕地草原森林河流湖泊休养生息制度，建立市场化、多元化生态补偿机制
2019	长江流域重点水域禁捕和建立补偿制度实施方案	把长江流域重点水域禁捕作为落实保护优先、自然恢复为主方针的重要举措，作为实施重大生态修复工程的重要内容，作为巩固国家生态安全屏障体系的重要方面，切实保护水生生物资源，修复以生物多样性为指标的长江生态系统

附表 8　我国地方层面流域生态补偿政策法规

年份	政策法规名称	内容
双向型流域生态补偿政策法规		
2008	山东省大汶河流域上下游协议生态补偿试点办法	由省级财政和泰安、莱芜两市财政共筹集资金 2000 万元（其中，省级筹集 1200 万元）作为补偿资金，在南水北调大汶河流域先行开展上下游协议生态补偿试点。以流域水质状况作为依据，按照上年度跨界断面水质自动监测数据（化学需氧量和氨氮）的年平均值进行考核。如果莱芜市入泰安市水质比上年好转，则由泰安市补偿莱芜市；如果莱芜市水质比上年恶化，则由莱芜市向泰安市赔偿；如果东平湖水质比上年好转，则由省级补偿泰安市；如果东平湖水质比上年恶化，则由泰安市向省级赔偿
2011	关于开展新安江流域水环境补偿试点的实施方案	第一轮试点资金为每年 5 亿元，其中中央财政划拨安徽省 3 亿元，用于新安江流域的治理。将新安江最近 3 年的平均水质作为评判基准，若安徽提供水质优于基本标准，由浙江省对安徽省补偿 1 亿元，若水质劣于基本标准，安徽省对浙江省补偿 1 亿元
2011	太湖流域管理条例	上游地区未完成重点水污染物排放总量削减和控制计划、行政区域边界断面水质未达到阶段水质目标的，应当对下游地区予以补偿；上游地区完成重点水污染物排放总量削减和控制计划、行政区域边界断面水质达到阶段水质目标的，下游地区应当对上游地区予以补偿
2012	湖南省湘江保护条例	建立健全湘江流域上下游水体行政区域交界断面水质交接责任和补偿机制。上游地区未完成重点水污染物排放总量削减和控制计划、行政区域交界断面水质未达到阶段水质目标的，应当对下游地区予以补偿；上游地区完成重点水污染物排放总量削减和控制计划、行政区域交界断面水质达到阶段水质目标的，下游地区应当对上游地区予以补偿
2014	巢湖流域水污染防治条例（2014 年修订）	上游地区未完成主要水污染物排放总量控制计划、行政区域边界断面水质未达到阶段水质目标的，应当对下游地区予以生态补偿；上游地区完成主要水污染物排放总量控制计划、行政区域边界断面水质达到阶段水质目标的，下游地区应当对上游地区予以生态补偿
2016	福建省汀江—韩江流域生态补偿	中央划拨财政资金 3 亿元交由福建省使用。闽粤两省共同出资 4 亿元，设立汀江—韩江流域补偿基金，两省每年各出资 1 亿元。以双方确定的水质监测数据作为考核依据，按照“双向补偿”的原则，计算补偿金额
2016	江西省东江流域生态补偿	中央拨付财政资金出资 3 亿元，赣粤两省各每年出资 1 亿元，以跨省界断面水质达标情况为依据，若水质达标，广东省横向补偿江西省；若未达标，则江西省横向补偿广东省

续表

年份	政策法规名称	内容
单向型流域生态补偿政策法规		
2007	江苏省环境资源区域补偿办法（试行）	凡断面当月水质指标值超过控制目标的，上游地区设区的市应当给予下游地区相应的环境资源区域补偿资金；直接排入太湖湖体的河流，断面当月水质指标值超过控制目标的，所在地设区的市应当将补偿资金交省级财政
2008	浙江省跨行政区域河流交界断面水质监测和保护办法	因河流上游地区污染造成下游地区水质达不到控制目标且造成严重后果的，或者因上游地区水污染事故造成下游地区损失的，由上游地区负有责任的人民政府和有关责任单位依法承担赔偿或者补偿责任
2008	辽宁省跨行政区域河流出市断面水质目标考核及补偿办法	出市断面当月水质平均值超过考核目标值的，上游地区设区的市应当给予下游地区设区的市相应的补偿资金；入海断面当月水质平均值超过考核目标值的，所在地设区的市应当将补偿资金交省级财政。补偿资金将被纳入环保引导资金或污染防治资金进行管理，专项用于水污染防治和生态修复，不得挪作他用
2009	陕西省渭河流域生态环境保护办法	按照“谁污染谁付费、谁破坏谁补偿”的原则，逐步建立渭河流域水污染补偿制度。当月断面水质指标值超过控制指标的，由上游设区的市给予下游设区的市相应的水污染补偿
2009	河北省减少污染物排放条例	污染物排放总量超过控制指标的地区，造成相邻地区环境污染加剧或者环境功能下降的，应当向相邻地区支付生态补偿金
2010	贵州省清水江流域水污染补偿办法	黔南自治州、黔东南自治州交界断面水质实测值如超过控制目标，黔南自治州应当向省级财政和黔东南州财政缴纳水污染补偿资金，补偿资金由省级财政和黔东南州财政按 3 ： 7 的比例分配。黔东南自治州出境断面水质实测值如超过控制目标，黔东南自治州应当向省级财政缴纳补偿资金
2012	长沙市境内河流生态补偿办法（试行）	河流生态补偿按超标补偿实施。浏阳河、捞刀河、沩水河、靳江河地表水水质控制标准为Ⅲ类标准限值；其他河流按水质功能区要求执行。凡是交界断面当月水质指标值超过水质控制目标，上游区、县（市）应当给予下游区、县（市）超标补偿
2015	九洲江流域生态补偿	桂粤两省（区）共同设立九洲江流域水环境补偿资金，各出资 3 亿元，中央财政依据年度考核结果，达标则每年拨付广西 3 亿元

附表 9　我国矿产开发生态补偿政策法规

年份	政策法规名称	主要内容
1986	中华人民共和国矿产资源法	国家对矿产资源实行有偿开采。开采矿产资源，必须按照国家有关规定缴纳资源税和资源补偿费
1989	中华人民共和国环境保护法	开发利用自然资源，必须采取措施保护生态环境
1993	中华人民共和国资源税暂行条例	在中华人民共和国境内开采本条例规定的矿产品或者生产盐的单位和个人，为资源税的纳税义务人，应当依照本条例缴纳资源税
1994	矿产资源补偿费征收管理规定	在中华人民共和国领域和其他管辖海域开采矿产资源，应当依照本规定缴纳矿产资源补偿费。矿产资源补偿费按照矿产品销售收入的一定比例计征，企业缴纳的矿产资源补偿费列入管理费用
1994	中华人民共和国矿产资源法实施细则	国家对矿产资源的勘查、开采实行许可证制度。勘查矿产资源，必须依法申请登记，领取勘查许可证，取得探矿权；开采矿产资源，必须依法申请登记，领取采矿许可证，取得采矿权
1996	国务院关于环境保护若干问题的决定	按照“污染者付费、利用者补偿、开发者保护、破坏者恢复”的原则，抓紧制定、完善促进环境保护、防止环境污染和生态破坏的经济政策和措施
1996	中华人民共和国矿产资源法（修订）	开采矿产资源，必须遵守有关环境保护的法律规定，防止污染环境。开采矿产资源给他人生产、生活造成损失的，应当负责赔偿，并采取必要的补救措施
2000	全国生态环境保护纲要	在沿江、沿河、沿湖、沿库、沿海地区开采矿产资源，必须落实生态环境保护措施，尽量避免和减少对生态环境的破坏。已造成破坏的，开发者必须限期恢复。已停止采矿或关闭的矿山、坑口，必须及时做好土地复垦
2005	国务院关于全面整顿和规范矿产资源开发秩序的通知	新建和已投产生产矿山企业要制订矿山生态环境保护与综合治理方案，报经主管部门审批后实施。对废弃矿山和老矿山的生态环境恢复与治理，按照“谁投资、谁受益”的原则，积极探索通过市场机制多渠道融资方式，加快治理与恢复的进程
2005	矿山生态环境保护与污染防治技术政策	生态功能保护区内的开采活动必须符合当地的环境功能区规划，并按规定进行控制性开采，开采活动不得影响本功能区内的主导生态功能
2006	关于逐步建立矿山环境治理和生态恢复责任机制的指导意见	高度重视建立矿山环境治理和生态恢复责任机制的工作，采取有效措施督促企业按规定提取矿山环境治理恢复保证金，确保资金专项用于矿山环境治理和生态恢复

续表

年份	政策法规名称	主要内容
2006	关于深化煤炭资源有偿使用制度改革试点的实施方案	对遗留的煤矿环境治理问题，试点省（区）要制定矿区环境治理和生态恢复规划，按照企业和政府共同负担的原则加大投入力度。对不属于企业职责或责任人已经灭失的煤矿环境问题，以地方政府为主，根据财力区分重点逐步解决
2007	关于开展生态补偿试点工作的指导意见	建立矿山生态补偿基金，解决矿产资源开发造成的历史遗留和区域性环境污染、生态破坏的补偿问题，以及环境健康损害赔偿问题，按照企业和政府共同负担的原则加大矿山环境整治力度，“多还旧账”。现有和新建矿山要落实企业矿山环境治理和生态恢复责任，建立矿产资源开发环境治理与生态恢复保证金制度，做到“不欠新账”
2009	矿山地质环境保护规定	开采矿产资源造成矿山地质环境破坏的，由采矿权人负责治理恢复，治理恢复费用列入生产成本。矿山地质环境治理恢复责任人灭失的，由矿山所在地的市、县国土资源行政主管部门，使用政府专项资金进行治理恢复
2011	中华人民共和国资源税暂行条例（修订）	对资源税税目税率等进行修改，界定更为具体
2014	中华人民共和国环境保护法（修订）	国家加大对生态保护地区的财政转移支付力度。有关地方人民政府应当落实生态保护补偿资金，确保其用于生态保护补偿。国家指导受益地区和生态保护地区人民政府通过协商或者按照市场规则进行生态保护补偿
2014	关于实施煤炭资源税改革的通知	2014 年 12 月 1 日起在全国范围内实施煤炭资源税从价计征改革，同时清理相关收费基金
2014	关于全面清理煤炭原油天然气收费基金有关问题的通知	自 2014 年 12 月 1 日起，在全国范围统一将煤炭、原油、天然气矿产资源补偿费费率降为零，停止征收煤炭、原油、天然气价格调节基金，取消煤炭可持续发展基金（山西省）、原生矿产品生态补偿费（青海省）、煤炭资源地方经济发展费（新疆维吾尔自治区）
2015	煤炭资源税征收管理办法（试行）	纳税人开采并销售应税煤炭按从价定率办法计算缴纳资源税。应税煤炭包括原煤和以未税原煤（即自采原煤）加工的洗选煤
2016	关于全面推进资源税改革的通知	通过全面实施清费立税、从价计征改革，理顺资源税费关系，建立规范公平、调控合理、征管高效的资源税制度，有效发挥其组织收入、调控经济、促进资源节约集约利用和生态环境保护的作用

续表

年份	政策法规名称	主要内容
2017	关于落实资源税改革优惠政策若干事项的公告	对符合条件的充填开采和衰竭期矿山减征资源税，实行备案管理制度。减征资源税的充填开采，应当同时满足以下三个条件：一是采用先进适用的胶结或膏体等充填方式；二是对采空区实行全覆盖充填；三是对地下含水层和地表生态进行必要的保护
2018	资源税征收管理规程	纳税人开采或者生产资源税应税产品，应当依法向开采地或者生产地主管税务机关申报缴纳资源税
2018	关于进一步规范稀土矿钨矿矿业权审批管理的通知	新设稀土矿、钨矿采矿权，必须依法进行环境影响评价，符合生态环境保护要求。对存在严重破坏环境、不履行矿山生态修复义务的采矿权，不得分配开采总量控制指标
2019	土地复垦条例实施办法	土地复垦应当综合考虑复垦后土地利用的社会效益、经济效益和生态效益。生产建设活动造成耕地损毁的，能够复垦为耕地的，应当优先复垦为耕地
2019	矿山地质环境保护规定	开采矿产资源造成矿山地质环境破坏的，由采矿权人负责治理恢复，治理恢复费用列入生产成本。矿山地质环境治理恢复责任人灭失的，由矿山所在地的市、县自然资源主管部门，使用经市、县人民政府批准设立的政府专项资金进行治理恢复